李修清　汪洋　陈芳 / 主编

AutoCAD 2016 中文版 园林景观设计教程

中国青年出版社
CHINA YOUTH PRESS
中青雄狮

图书在版编目（CIP）数据

AutoCAD 2016中文版园林景观设计教程／李修清，汪洋，陈芳主编.
— 北京：中国青年出版社，2017. 10
ISBN 978-7-5153-4885-8
I.①A… II.①李… ②汪… ③陈… III. ①园林设计-景观设计-计算机辅助设计-AutoCAD软件-教材 IV. ①TU986.2-39
中国版本图书馆CIP数据核字（2017）第205348号

策划编辑 张 鹏
责任编辑 张 军
封面设计 彭 涛

AutoCAD 2016中文版园林景观设计教程
李修清 汪洋 陈芳 / 主编

出版发行：中国青年出版社
地　　址：北京市东四十二条21号
邮政编码：100708
电　　话：（010）50856188／50856199
传　　真：（010）50856111
企　　划：北京中青雄狮数码传媒科技有限公司
印　　刷：三河市文通印刷包装有限公司
开　　本：787 x 1092 1/16
印　　张：15.5
版　　次：2018年5月北京第1版
印　　次：2018年5月第1次印刷
书　　号：ISBN 978-7-5153-4885-8
定　　价：39.90元（特赠视频与素材等超值海量实用资料，加封底QQ群获取）

本书如有印装质量等问题，请与本社联系
电话：（010）50856188 / 50856199
读者来信：reader@cypmedia.com
投稿邮箱：author@cypmedia.com
如有其他问题请访问我们的网站：http://www.cypmedia.com

前言

AutoCAD绘图软件在园林设计领域的使用非常广泛，现在能够熟练地使用该绘图软件已经成为园林设计师们必须掌握的技能，也是衡量园林设计水平高低的重要尺度。

本书以AutoCAD 2016中文版为创作基础，遵循由局部到整体、由理论知识到实际应用的写作原则，带领读者全面学习园林设计图纸的绘制方法和技巧。AutoCAD 2016版本引入了全新的功能，包括全新的用户界面、完善云线功能、智能标注以及增加系统变量监视器等。使用该软件绘制园林图纸，不仅能够灵活完成概念和细节设计，还可以创作、管理和分享设计作品，这些特性使得AutoCAD广泛应用于园林景观设计领域。

全书共11章，其中各章节内容介绍如下：

篇名	章节	知识体系
Part 1 基础知识篇	Chapter 1	介绍了园林设计基本概念以及园林规划设计的基本步骤
	Chapter 2	介绍了AutoCAD入门知识体系，知识点包括图形文件的基本操作、系统选项的设置、坐标系统设置、辅助功能设置以及图层管理设置等
	Chapter 3	介绍了园林基本图形的绘制，知识点包括点、线、矩形、多边形以及圆形对象等图形的绘制操作
	Chapter 4	介绍了园林图形的编辑，知识点包括图形的复制、旋转、镜像、阵列、偏移、打断、倒角和圆角，多线和多段线等图形的编辑以及图形图案的填充等
	Chapter 5	介绍了图块在园林图纸中的应用，知识点包括块的创建与编辑、块属性的创建与编辑、外部参照的使用与管理、设计中心的应用方法等
	Chapter 6	介绍了文本、多重引线与表格的应用，知识点包括文字样式的创建与设置、文本的创建与编辑，多重引线的创建与管理，表格样式、表格的创建与应用等
	Chapter 7	介绍了尺寸标注的相关知识，知识点包括标注样式的新建与设置，以及各类尺寸标注的创建与编辑，如线性标注、角度标注、半径/直径标注、圆心标注、快速标注、引线标注等
	Chapter 8	介绍了园林图纸的输出与打印，知识点包括图形的输入输出、模型与布局、打印参数的设置等
Part 2 综合案例篇	Chapter 9	介绍了庭院绿化平面图的绘制操作，内容包含园林植物配置原则，庭院平面轮廓的绘制，院内园路、地被的绘制以及植物配置表的制作操作
	Chapter 10	介绍了园林构筑物与小品的绘制操作，内容包含园林构筑物、园林小品概述，景观亭、景观凳平立面以及详图的绘制
	Chapter 11	介绍了小型公园总平面图的绘制操作，内容包含公园设计基本概念，公园入口、广场平面图的绘制，建筑、景观小品的绘制，公园园路及水路的绘制等

本书由一线老师编写，他们将多年积累的经验与技术融入到本书中，力求保证知识内容的全面性、递进性和实用性，以帮助读者掌握技术精髓并提升专业技能。本书不仅适合作为大中专院校及高等院校相关专业的教学用书，还适合作为社会培训班的培训教材，同时也是AutoCAD爱好者不可多得的参考资料。在学习过程中，欢迎加入读者交流群（QQ群：74200601、23616092）进行学习探讨。

本书在编写和案例制作过程中力求严谨细致，但由于水平和时间有限，疏漏之处在所难免，望广大读者批评指正。

编　者

目 录

Part 1 基础知识篇

Chapter 01 园林设计入门

Chapter 02 AutoCAD园林绘图基础

Chapter 03

绘制园林基本图形

Chapter 05

园林图形中图块的应用

Chapter 06

为园林图形添加文字说明

Chapter 07

为园林图形添加尺寸标注

Chapter 10 绘制园林构筑物与小品图

Chapter 11 绘制小型公园总平面图

Part 1
基础知识篇

- Chapter 01 园林设计入门
- Chapter 02 AutoCAD园林绘图基础
- Chapter 03 绘制园林基本图形
- Chapter 04 编辑园林图形
- Chapter 05 园林图形中图块的应用
- Chapter 06 为园林图形添加文字说明
- Chapter 07 为园林图形添加尺寸标注
- Chapter 08 输出与打印园林图纸

Chapter 01

园林设计入门

课题概述

想要成为一名优秀的园林设计师，不仅要会使用一些常用绘图软件绘图，还需要了解并掌握该学科的一些专业理论知识。理论加实践，才能设计出布局合理，整体结构清晰的作品。

教学目标

本章将会为用户介绍园林景观设计的一些基本入门知识，例如园林设计的职责范围与要求、构成要素以及设计的方法步骤等，从而便于读者尽快对园林设计这门学科有一个初步认识与了解。

章节重点

★★★　园林设计的方法与步骤
★★　园林构成要素及设计
★　园林设计风格分类

注："★"个数越多表示难度越高，以下皆同。

1.1 园林设计概述

园林设计是在指定的地域内，使用园林艺术手段对当前地域内的地形、树木、建筑以及水系进行改造设计。园林设计研究的内容主要有：各大公园景观设计；商业、学校、医院等周边环境设计；园林绿地设计等。主要是研究如何使用艺术手段来平衡自然、建筑和人类活动之间的复杂关系，从而达到和谐完美、生态良好的境界。

1.1.1 园林设计的风格分类

园林风格主要分为两大类，一种是国外风格，另一种是中式风格。下面将简单介绍这两类风格的特征及组成元素。

1. 国外风格

国外风格又可分为5大类，分别为东南亚风格、地中海风格、欧式风格、现代派风格以及日式风格。

（1）东南亚风格

东南亚风格主要以泰国风格为主，讲究自然、生态，任茂林丛生，随流水潺潺；任木制随行，随小件艺术品情趣横生。该风格组成元素有：大型棕榈与攀藤植物；茅草篷屋或原木的小亭台；富有宗教特色的雕塑、手工艺品、泳池以及流线型小岛等，如图1-1、1-2所示。

图1-1 东南亚植被园林

图1-2 东南亚泳池休憩景观

（2）地中海风格

大的露天餐厅、花架、阳伞是地中海风格园林中最为常见的。该风格的组成元素有：开放式的草地，精修的乔灌木，地上、墙上、木栏上处处可见的花草藤木组成的立体绿化，手工漆刷白灰泥墙，海蓝色屋瓦与门窗，连续拱廊与拱门以及陶砖等建材。颜色明亮、大胆，丰厚而又简单，如图1-3所示。

（3）欧式风格

欧式园林又分为多种不同的风格，例如意大利、法国、英国等。该园林风格规整有序，结构严谨理性，组成元素分别为：经典欧式建筑、台地、雕塑、喷泉、台阶水瀑、整型植物等，如图1-4所示。

图1-3 地中海园林风格

图1-4 欧式园林风格

（4）现代派风格

现代派风格追求极简主义，利用几何式的直线条构成，以硬景为主，多用树阵点缀其中，在局部细节上利用新鲜和时尚的造型元素，以突出超前感，色彩对比强烈。组成元素为：以简单的点、线、面为基本构图元素，以抽象雕塑品、艺术花盆、石块、鹅卵石、木板、竹子、不锈钢为一般的造景元素，取材上更趋于不拘一格，如图1-5所示。

（5）日式风格

日式风格遵循着不对称的原则，主要通过在沙上铺设石径，沿着河岸散置山石以及在局部配备石灯笼和一些优美的植物来体现宁静、简朴的感觉。组成元素一般为：奇石、石灯笼、洗手钵、防水砾石、篱笆、植物，以青石板分布间隔路径，以鹅卵石迭起和外围花草的间隔，如图1-6所示。

图1-5 现代派园林风格

图1-6 日式园林风格

2. 中式风格

中式风格可分为两种：传统中式和现代中式，下面将分别介绍这两种风格的具体特点。

（1）传统中式

传统中式风格类似于古典园林，苏州园林就是一个很好的例子。该风格呈现出一种曲折转合中亭台廊榭的巧妙映衬，溪山环绕中山石林荫的趣味渲染的古典园林效果。组成元素一般为：亭台楼阁、假山、流水、曲径、梅兰竹菊等，如图1-7所示。

（2）现代中式

现代中式风格是在现代建筑规划的基础上，将传统的造景用现代手法进行演绎，有适当的硬地满足功能空间需要，软硬景相结合。组成元素一般为：建筑和墙体颜色为黑灰白色系，是中国古典园林和现代园林要素的结合，如图1-8所示。

图1-7 传统中式园林风格

图1-8 现代中式风格

1.1.2 园林设计的原则

设计师想要创造出一个舒适、愉悦的活动空间环境，则必须遵循以下4点原则：

- 自然生态设计原则。设计与生态相协调，即能环保又能满足人类的需求，最小程度上损害自然环境，在追求设计多样性的同时，减少对自然资源的剥夺。
- 以人为本设计原则。注重提高人的价值，尊重人的自然需要和社会需要的动态设计理念。
- 经济性原则。保护不可再生资源，作为自然遗产，不到万不得已不要使用。
- 整体性原则。环境和人的舒适感依赖于多样性和统一性的平衡，人性化的需求带来景观的多元化和空间个性化的差异，但它们也不是完全孤立的，尽可能地融入景观的总体次序，整合为一体。

1.2 园林构成要素

园林构成要素可分为四类：山水地形、植物、建筑小品以及广场与道路，它们之间是相互联系的。

1. 地形

地形是构成园林的骨架，主要有平地、丘陵、山峰等类型。地形要素的利用和改造，将影响到园林的形式、建筑的布局、植物配置、景观效果、给排水工程、小气候等因素，如图1-9所示。园林地形通常可分为5大类，分别为：平坦地形、凸面地形、凹面地形、山脊和谷地。

图1-9 园林地形示意

2. 植物种植

植物种植是园林中生命的构成要素，主要包括乔木、灌木、攀援植物、花卉和草坪等。植物的四季景观、本身的形态、色彩和芳香等都是园林造景的题材。园林植物与地形、水体、建筑、山石等有机的配植，可以形成优美的环境，如图1-10所示。

图1-10　园林植物种植示意

3. 建筑小品

园林建筑小品既要满足建筑的使用功能要求，又要满足园林小品的造景要求，是与园林环境密切结合，与自然融为一体的建筑类型，如图1-11所示。

图1-11　建筑小品示意

园林建筑小品是改善、美化人们生活环境的设施，也是供人们休息、游览、文化娱乐的场所，随着园林活动的日益增多，园林建筑小品类型也日益丰富起来，例如茶室、餐厅、展览馆、体育场所等等，以满足人们的需要。

4. 道路及广场

园林道路及广场是园林的重要构成元素之一，而园林道路又是园林的脉络，它的规划布局及走向必须满足该区域使用功能的要求，同时也要与周围环境相协调，如图1-12所示。

图1-12 园林广场示意

在对公园道路进行设计时，应与建筑、广场组合，不宜过分随意，并且要考虑其图案、色彩、装饰诸因素的应用，以提高园景的观赏效果。而建筑与道路之间，应根据建筑的性质、体量、用途，确定建筑前的广场或地坪的形状大小。

1.3 园林规划设计的一般步骤

园林规划设计通常可分为以下几个阶段：资料收集、调查研究阶段；编写计划任务书；总体设计方案阶段；局部详细设计阶段以及施工图设计阶段等，下面将对园林规划设计的操作步骤进行简单介绍。

1.3.1 设计前准备工作

设计师在做园林规划设计前，需要准备以下3个方面的工作。

1. 充分了解当地的自然条件、环境及历史状况

（1）了解业主对设计任务的要求及城市总体规划红线图。

（2）了解园林周边的环境关系，未来发展情况。

（3）了解园林周边城市景观、建筑形式、体量、色彩等与周边市政的交通联系，人流集散方向，周围居民的类型与社会结构，如属于厂矿区、文教区或商业区等的情况。

（4）了解该地段的能源情况，例如电源、水源、排污、排水，以及周围是否有污染源，如有毒有害的厂矿企业或传染病医院等情况。

（5）了解规划用地的水文、地质、地形、气象等方面的资料。

（6）了解植物状况。

（7）了解甲方要求的园林设计标准及投资额度。

2. 收集图纸资料

在进行园林设计前，除了要具备城市总体规划红线图外，还应要求甲方提供以下图纸资料：

（1）地形图

根据面积大小，提供1:2000、1:1000、1:500规划范围内总平面地形图。图纸应明确显示以下内容：设计范围（红线范围、坐标数字）；规划范围内的地形、标高及现状物（现有建筑物、构筑物、山体、水系、植物、道路、水井，还有水系的进、出口位置、电源等）的位置；现状物中，要求保留利用、改造和拆迁等情况要分别注明；四周环境情况：与市政交通联系的主要道路名称、宽度、标高点数值以及走向和道路、排水方向；周围机关、单位、居住区的名称、范围，以及今后发展状况。

（2）局部放大图

该图纸要满足建筑单位设计及其周围山体、水系、植被、园林小品及园路的详细布局。

（3）要保留使用的主要建筑物的平、立面图

平面位置注明室内、外标高；立面图要标明建筑物的尺寸、颜色等内容。

（4）现状树木分布位置图（1:200，1:500）

该图纸主要标明要保留树木的位置，并注明品种、胸径、生长状况和观赏价值等，有较高观赏价值的树木最好附有彩色照片。

（5）地下管线图（1:500，1:200）

该图纸一般要求与施工图比例相同，图内应包括要保留的上水、雨水、污水、化粪池、电信、电力、暖气沟、煤气、热力等管线位置及井位等。除平面图外，还要有剖面图，并需要注明管径的大小，管底或管顶标高，压力、坡度等。

3. 现场勘察

设计师必须到现场进行踏查。一方面，核对、补充所收集的图纸资料；另一方面，设计师到现场，可以根据周围环境条件，进入艺术构思阶段。还有在现场踏查的同时，需拍摄一些环境现状照片，以供设计时参考。

1.3.2 编写计划任务书阶段

计划任务书是进行某项目规划设计的指示性文件。设计者将所收集到的资料，经过分析、研究，定出总体设计原则和目标，编制出园林设计的要求和说明。

（1）要明确规划设计的原则；

（2）弄清该项规划在全市园林绿地系统中的地位和作用，以及地段特征、四周环境、面积大小和游人容纳量；

（3）设计功能分区和活动项目；

（4）确定建筑物的项目、容人量、面积、高度建筑结构和材料的要求；

（5）拟定规划布置在艺术、风格上的要求，园内公用设备和卫生要求；

（6）做出近期、远期的投资以及单位面积造价的定额；

（7）制定地形、地貌的图表以及水系处理的工程；

（8）拟出该园分期实施的程序。

1.3.3 总体规划阶段

在该阶段需要设计师绘制以下图纸内容：

1. 位置图

设计师需在图纸中表现出该区域在城市中的位置、轮廓、交通和四周街坊环境关系，属于示意性图纸，要求简单明了。

2. 现状分析图

设计师根据已掌握的全部资料，经分析、整理、归纳后，分成若干空间，对现状作综合评述。例如：经过对四周道路的分析，根据主、次城市干道的情况，确定出入口的大体位置和范围，如图1-13所示。

3. 功能分区图

以现状分析图为基础，根据不同年龄段游人活动规划，确定不同的分区，划分不同的空间，如图1-14所示。

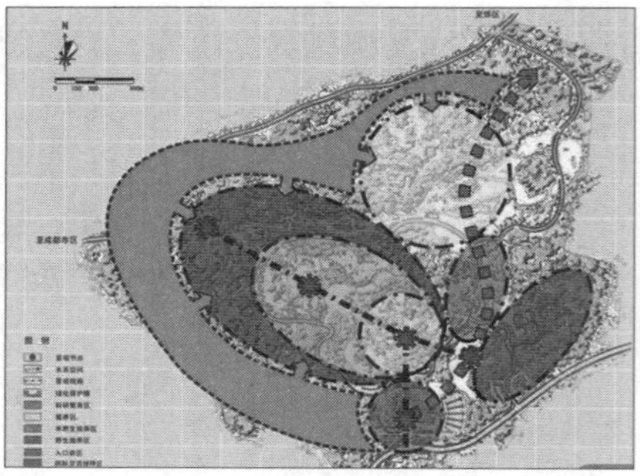

图1-13　现状分析图

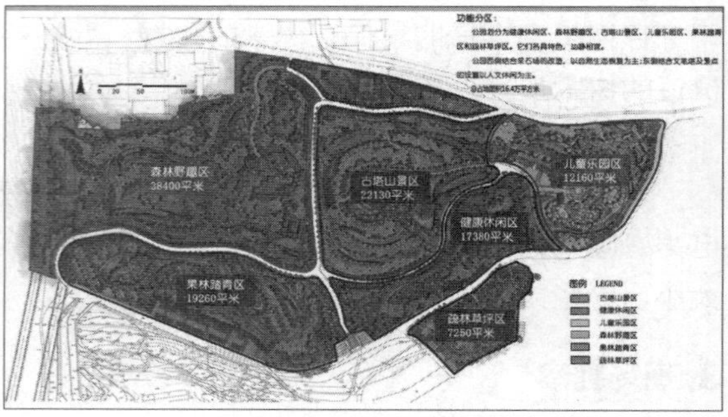

图1-14　功能分区图

4. 总体设计方案图

总体设计方案图应包括以下几个方面内容：

（1）设计地域与周边环境的关系：主要、次要、专用出入口与市政关系，即面临街道的名称、宽度；周围主要单位名称或居民区等。

（2）该园林主要、次要、专用出入口的位置、面积、规划形式，主要出入口的内、外广场、停车场、大门等布局。

（3）该地形总体规划，道路系统规划。

（4）建筑物、构筑物等布局情况。

（5）植物配置图，图上需标明密林、疏林、树丛、草坪、花坛、盆景园等植物景观。

此外，总设计图应准确标明指北针、比例尺、图例等内容，如图1-15所示。

图1-15　总体平面图

5. 地形图

地形是全园的骨架，要求能反映出公园的地形结构。

（1）根据功能分区图，确定需要分隔遮挡成通透开敞的地方。

（2）根据设计内容和景观需要，绘出制高点、山峰、丘陵起伏、缓坡平原、小溪河湖等陆地及水体造型；水体要标明最高水位、常水位、最低水位线。

（3）要注明入水口、排水口的位置（总排水方向、水源以及雨水聚散地）等。

（4）确定园林主要建筑所在地的地坪标高，桥面标高，各区主要景点、广场的高程，以及道路变坡点标高。

（5）必须标明该场地周边市政设施、道路、人行道以及邻近单位的地坪标高，以便确定该场地与四周环境之间的排水关系；用不同粗细的等高线控制高度及不同的线条或色彩表示出图面效果。

6. 道路系统设计图

在图纸上确定公园的主要出入口、次要入口与专用入口，主要广场的位置及主要环路的位置，以及消防的通道。同时确定主干道、次干道等的位置以及各种路面的宽度、排水纵坡。并初步确定主要道路的路面材料，铺装形式等，如图1-16所示。

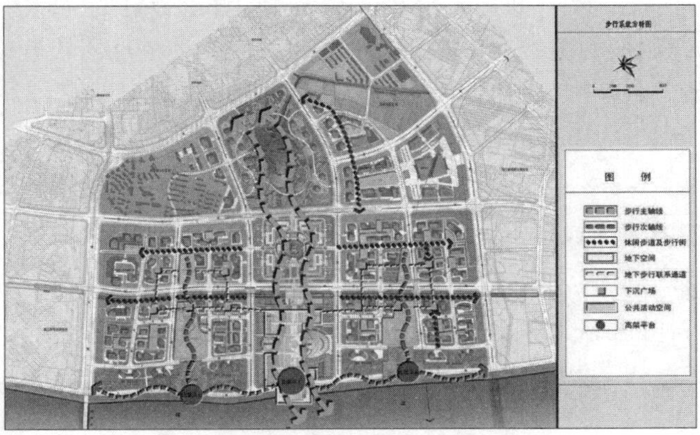

图1-16　道路系统图

7. 种植设计图

根据总设计图及苗木来源等情况，安排全园及各区的基调树种，确定不同地点的密林、疏林、林间空地、林缘等种植方式和树林、树丛、树群、孤立树以及花草栽植点等。

8. 管线总体设计图

根据总设计方案，设计上水水源的引进方式、总用水量、消防、生活、造景、树木喷灌、管网的大致分布、管径大小、水压高低及雨水、污水的排放方式等。

9. 电气规划图

根据设计总图，规划总用电量、利用系数、分区供电设施、配电方式、电缆的敷设以及各区各点的照明方式、广播通讯等设置。

10. 园林建筑布局图

在平面上反映建筑在全园的布局，主要、次要、专用出入口的售票房、管理处、造景等各类园林建筑的平面造型。除平面布局外，还应画出主要建筑物的平面、立面图。

1.3.4 局部详细设计阶段

经业主与有关部门审定，对设计方案提出新的意见和要求后，设计师需对其方案进行修改。在总体设计方案最终确定后，需进行局部详细设计阶段，其主要设计内容如下：

1. 平面图

根据项目或工程的不同分区，划分若干局部，每个局部根据总体设计的要求，进行局部详细局部设计。详细设计平面图要求标明建筑平面、标高及与周围环境的关系。道路的宽度、形式、标高；主要广场、地坪的形式、标高；花坛、水池面积的大小和标高；波岸的形式、宽度、标高。同时平面上标明雕塑、园林小品的造型，一般比例尺：1:500。

2. 纵、横平面图

为更好地表达设计示意图，在局部艺术布局最重要部分，或局部地形变化部分，做出断面图，一般比例尺：1:200~1:500。

3. 局部种植设计图

在总体设计方案确定后，着手进行局部景区、景点的详细设计的同时，要进行1:500的种植设计工作。一般1:500的比例尺的图纸上，能准确地反映乔木的种植点、栽植数量、树种。树种主要包括密林、疏林、树丛、园路树、湖岸树的位置。其他种植类型，如花坛、花镜、水生植物、灌木丛、草坪等的种植设计图可选用1:300或1:200比例尺。

1.3.5 施工设计阶段

通常在设计方案确定后，接下来就得进入施工图阶段了。在施工设计阶段要做出施工总图、竖向设计图、道路广场设计、种植设计、水系设计、园林建筑设计、管线设计、电气管线设计、假山设计、雕塑设计、栏杆设计、标牌设计；做出苗木表、工程量统计表、工程预算表等。

1. 施工总图（放线图）

标明各设计因素的平面关系和它们的准确位置，标出放线的坐标网、基点、基线的位置，其作用一是作为施工的依据；二是作为平面施工图的依据。图纸包括如下内容：保留现有的地下管线（红线表示）、建筑物、构筑物、主要现场树木等；设计地形等高线（细黑虚线表示）、高程数字、山石和水体（以粗黑线加细线表示）；园林建筑和构筑物的位置（以粗黑线表示）；道路广场、园灯、园椅、果皮箱等（用中等黑线表示）；放线坐标网做出工程序号、透视线等。

2. 竖向设计图（高程图）

用以标明各设计因素的高差关系，如山峰、丘陵、高地、缓坡、平地、溪流、河湖岸边、池底、各景区的排水方向、雨水的汇集点及建筑、广场的具体高程等。一般绿地坡地不得小于0.5%，缓坡度在8%~12%，陡坡在12%以上。

3. 道路广场设计

主要标明项目内各种道路、广场的具体位置，宽度、高程、纵横坡度、排水方向；路面做法、结构、路牙的安装与绿地的关系；道路广场的交接、拐弯、交叉路口、不同等级道路的交接、铺装大样、回车道、停车场等。

4. 种植设计图（植物配植图）

主要表现树木花草的种植位置、品种、种植方式、种植距离等。

5. 水系设计图

表明水体的平面位置、水体形状、大小、深浅及工程做法。

6. 园林建筑设计图

表现各景区园林建筑的位置及建筑本身的组合、尺寸、式样、大小、高矮、颜色及做法等。以施工总图为基础画出建筑的平面位置、建筑底层平面、建筑各方向的剖面、屋顶平面、必要的大样图、建筑结构图及建筑庭院中活动设施工程、设备、装修设计。

7. 管线设计图

在管线规划图的基础上，表现出上水（消防、生活、绿化用水）、下水（雨水、污水）、暖气、煤气等各种管网的位置、规格、埋深等。

8. 电气管线设计图

在电气规划图的基础上，将各种电器设备、绿化灯具位置及电缆走向位置标示清楚。在种植设计图的基础上，用粗黑线标示出各路电缆的走向、位置及各种灯的灯位及编号、电源接口位置等。注明各路用电量、电缆选型敷设、灯具选型及颜色要求等。

9. 园林小品设计图

做出山石施工模型，便于施工掌握设计意图，参照施工总图及水体设计画出山石平面图、立面图、剖面图，注明高度及要求。

10. 苗木表及工程量统计表

苗木表包括编号、品种、数量、规格、来源、备注等，工程量包括项目、数量、规格、备注等。

11. 设计工程预算

该预算包括土建部分（按项目估出单价）和绿化部分（按基本建设材料预算价格制出苗木单价）。

1.3.6 编写设计说明书

设计说明书主要是说明设计者的构思、设计要点等内容，主要包括以下几点内容。

（1）位置、现状、范围、面积、游人量；

（2）工程性质、规划设计原则；

（3）设计主要内容（地形地貌、空间围合、河湖水系、出入口、道路系统、竖向设计、建筑布局、种植规划、园林小品等）；

（4）功能分区（各区内容）；

（5）管线电器说明；

（6）管理机构。

课后练习

通过本章的学习，使用户对园林设计的相关知识有了大概的了解。下面再结合习题，来巩固园林设计的一些基础常识。

1. 填空题

（1）________是园林中生命的构成要素，主要有乔木、灌木、攀援植物、花卉、草坪等。

（2）园林地形通常可分为________地形、________地形、________地形、________和________五大类。

（3）在规划设计的前期准备阶段，设计师需要准备________、________、________这3大方面的工作。

（4）________是进行某项目规划设计的指示性文件。设计者将所收集到的资料，经过分析、研究，定出总体设计原则和目标，编制出进行园林设计的要求和说明。

（5）________是以现状分析图为基础，根据不同年龄段游人活动规划，确定不同的分区，划分不同的空间。

2. 选择题

（1）一般常临水而筑，用作观景或布置茶座之用的是（　　）。

A、亭　　B、舫

C、榭　　D、廊

（2）（　　）是园林中的高层建筑，用作登高望远，游息赏景，常用作茶室、餐厅或接待室。

A、厅堂　　B、楼阁

C、亭　　D、榭

（3）下面哪一项设计原则不是在进行园林设计时需遵循的（　　）。

A、以人为本原则　　B、以自然生态为原则

C、以整体性为原则　　D、以区域气候为原则

（4）下面那一项不是园林构成要素（　　）。

A、建筑小品　　B、植物种植

C、水系　　D、道路和广场

（5）下面哪一项不是在总体规划设计阶段范围内（　　）。

A、剖面图　　B、总体方案图

C、功能分区图　　D、种植设计图

（6）在进行施工设计阶段，下面哪一项不在设计范围内（　　）。

A、总体施工图　　B、竖向设计图

C、地形图　　D、水系设计图

3. 操作题

（1）通过互联网查找并下载园林图纸，进行观摩。

（2）在学习本章内容的基础上，对你所在的城市 / 学校的某一区域进行规划设计，并给出规划说明。

Chapter 02

AutoCAD 园林绘图基础

课题概述

对于初学园林设计专业的用户来说，想要学好园林设计知识，除了掌握一定的理论知识外，还要具备一定的绘图能力。与园林设计相关绘图软件很多，AutoCAD软件是绘制园林图纸的必备工具之一。

教学目标

本章将为用户介绍AutoCAD 2016软件的基本绘图知识，其中包括图形文件的基本操作、系统选项设置、图层管理等相关知识点，从而让初学者对AutoCAD 2016软件基础操作有一定的了解。

章节重点

★★★★ 图层设置与管理
★★★ 绘图输入操作
★★ 系统选项设置
★ 图形文件的基本操作

光盘路径

上机实践：实例文件\第2章\上机实践\CAD经典模式空间.dwg
课后练习：实例文件\第2章\课后练习\更改窗口界面.dwg

2.1 AutoCAD 2016工作界面介绍

成功安装AutoCAD 2016后，系统会在桌面创建AutoCAD的快捷启动图标，并在程序文件夹中创建Auto-CAD程序组。用户可以通过以下方式启动AutoCAD 2016软件。

- 执行“开始>所有程序>Autodesk>AutoCAD 2016-简体中文>AutoCAD 2016-简体中文(Simplified Chinese)”命令启动。
- 双击桌面上的AutoCAD快捷启动图标启动。
- 双击任意一个AutoCAD图形文件启动。

首次启动AutoCAD 2016后，工作界面为默认的暗黑色，用户可通过设置，对工作界面的颜色进行调整，如图2-1所示。具体操作以下章节将会介绍。

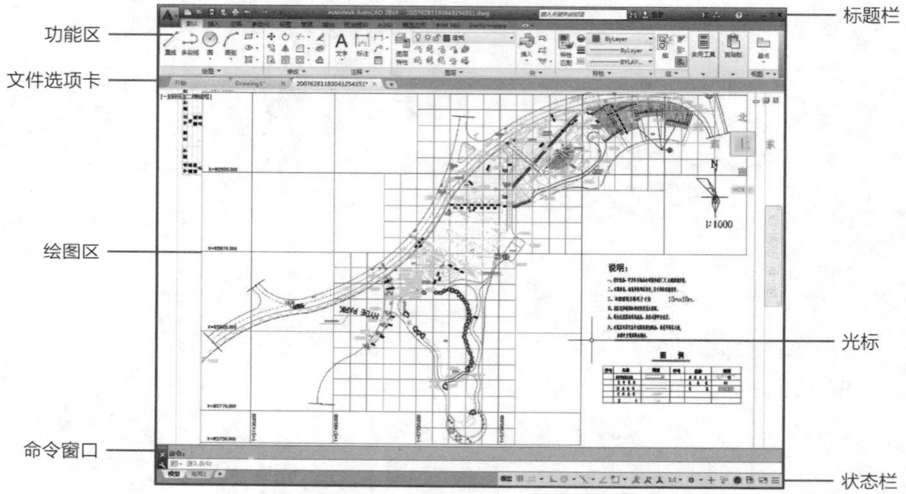

图2-1 AutoCAD 2016工作界面

2.1.1 标题栏、菜单栏与功能区

标题栏、菜单栏与功能区是显示绘图和环境设置命令等内容的区域，下面将分别对其功能进行介绍。

1. 标题栏

标题栏位于工作界面的最上方，由“文件菜单”按钮、工作空间、快速访问工具栏、当前图形标题、搜索栏、Autodesk online服务以及窗口控制按钮组成。将光标移至标题栏上，单击鼠标右键或按Alt+空格键，将弹出窗口控制菜单，从中可执行窗口的最大化、还原、最小化、移动、关闭等操作，如图2-2所示。

图2-2 窗口控制菜单

2. 菜单栏

默认情况下，菜单栏是处于隐藏状态，用户只需在标题栏中单击“自定义快速访问工具栏”按钮，在弹出的快捷菜单中选择“显示菜单栏”选项即可显示。如图2-3所示。

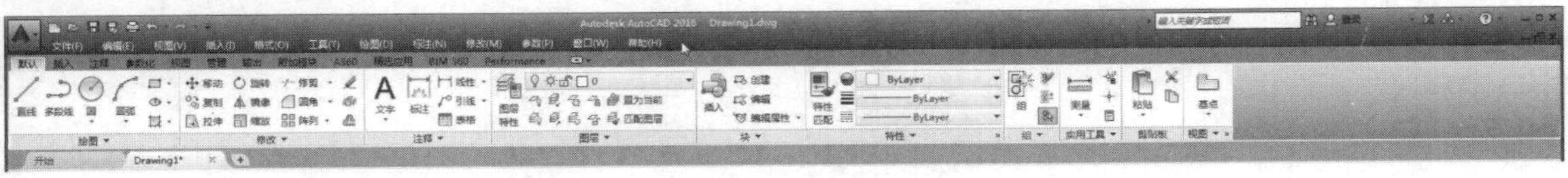

图2-3　菜单栏

菜单栏中主要包括文件、编辑、视图、插入、格式、工具、绘图、标注、修改、参数、窗口、帮助等12个主菜单。选择任意菜单选项，即可打开相应的菜单列表，用户可根据需要选择所需的功能命令，如图2-4所示。

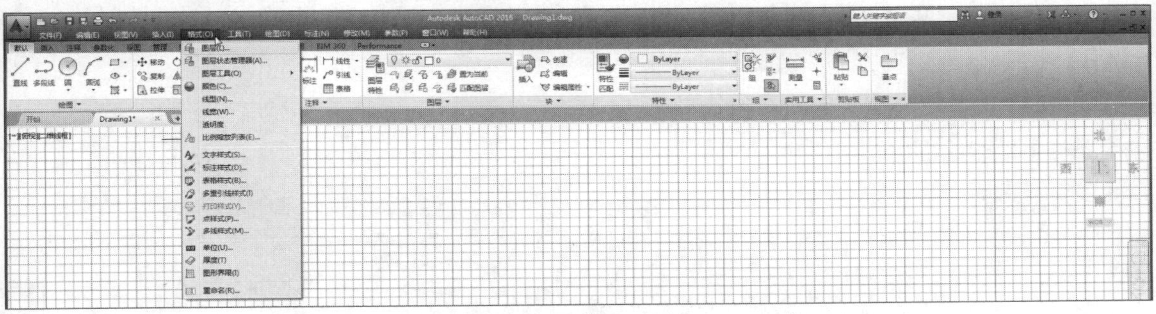

图2-4　“格式”菜单列表

3. 功能区

在AutoCAD中，功能区包含功能区选项卡、功能区面板和功能区按钮3部分，其中功能区按钮是代替命令的简便工具，利用它们可以完成绘图过程中的大部分工作，而且使用工具进行操作的效率比使用菜单要高得多。使用功能区时无需显示多个工具栏，通过单一紧凑的工作界面使应用程序变得简洁有序，使绘图窗口变得更大。

在功能区面板中单击面板标题右侧的“最小化面板按钮”按钮，可以设置不同的最小化选项，如图2-5所示。

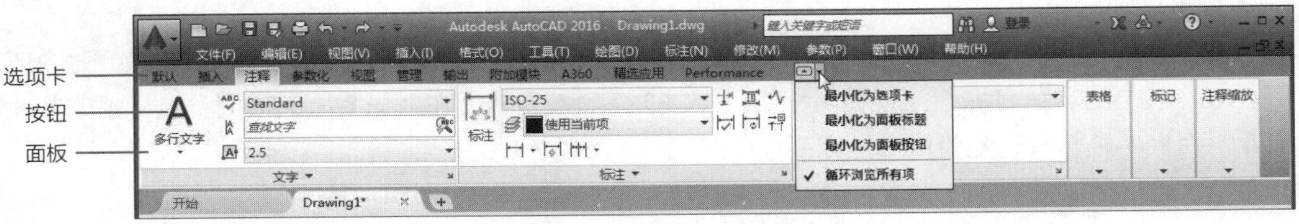

图2-5　功能区

2.1.2 绘图区域、坐标系图标

在AutoCAD 2016中，绘图区域是用于绘制图形的“图纸”，而坐标系图标用于显示当前的视角方向。

1. 绘图区域

绘图区域是用户的工作窗口，是绘制、编辑和显示图形对象的区域，如图2-6所示。其中，有

“模型”和“布局”两种绘图模式，单击“模型”或“布局”标签可以在这两种模式之间进行切换。一般情况下，用户在模型空间绘制图形，然后转至布局空间安排图纸输出布局。

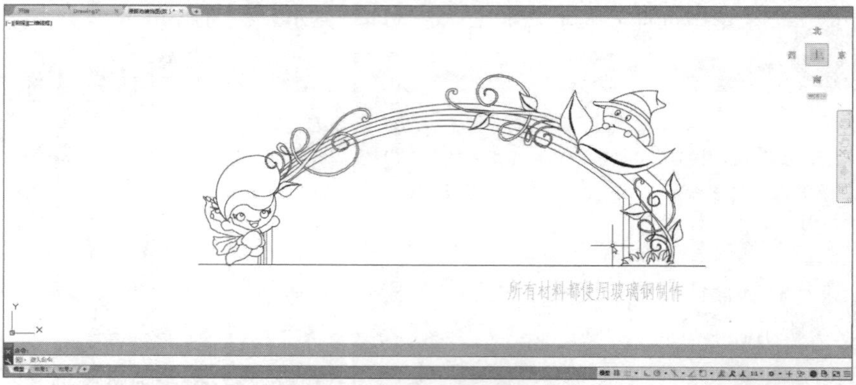

图2-6 AutoCAD绘图区域

工程师点拨

【2-1】更改绘图区背景颜色

启动AutoCAD 2016软件后，系统默认绘图区颜色为黑色，如果想对其颜色进行更改，可执行“文件>选项”命令，在打开的“选项”对话框中，单击“显示”选项卡，在“窗口元素”选项组中单击“颜色”按钮，在打开的“图形窗口颜色”对话框中，单击“颜色”下拉按钮，选择满意的颜色选项，单击“应用并关闭”按钮即可完成绘图区背景颜色的设置，如图2-7所示。

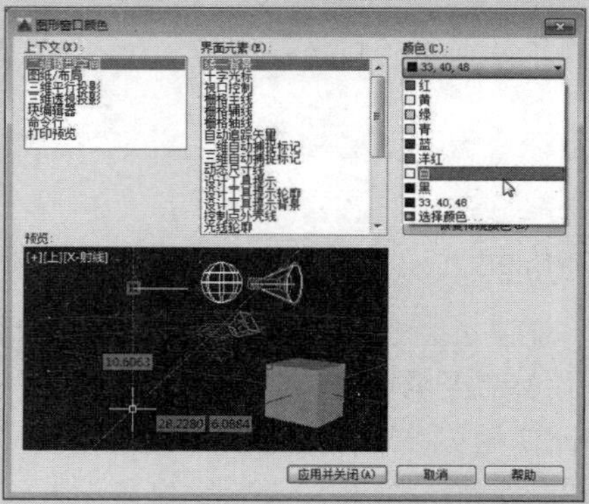

图2-7 更改绘图区背景颜色

2. 坐标系图标

坐标系图标用于显示当前坐标系的位置，如坐标原点、X、Y、Z轴、正方向等，如图2-8所示。AutoCAD的默认坐标系为世界坐标系（WCS），如果重新设定坐标系原点或调整坐标系的其他位置，则世界坐标系就变为用户坐标系（UCS）。

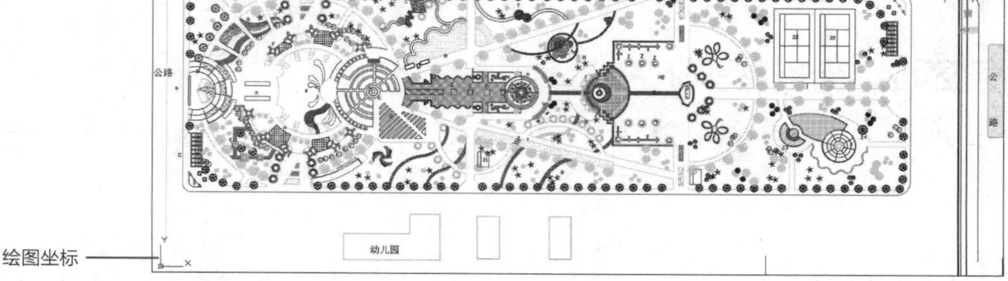

图2-8 坐标图标

2.1.3 命令窗口与文本窗口

命令窗口是用户通过键盘输入命令、参数等信息的地方，用户通过菜单和功能区执行的命令也会在命令窗口中显示。默认情况下，命令窗口位于绘图区域的下方，用户可以通过拖动命令窗口的左边框，将其移至任意位置。

在AutoCAD 2016中为命令行搜索添加了新内容，即自动更正和同义词搜索，当输入错误命令时，系统将自动启动与之相近的命令并搜索到多个可能的命令，如图2-9所示。

文本窗口是记录AutoCAD历史命令的窗口，用户可以通过按F2键，弹出文本窗口，以便于快速访问完整的历史记录，如图2-10所示。

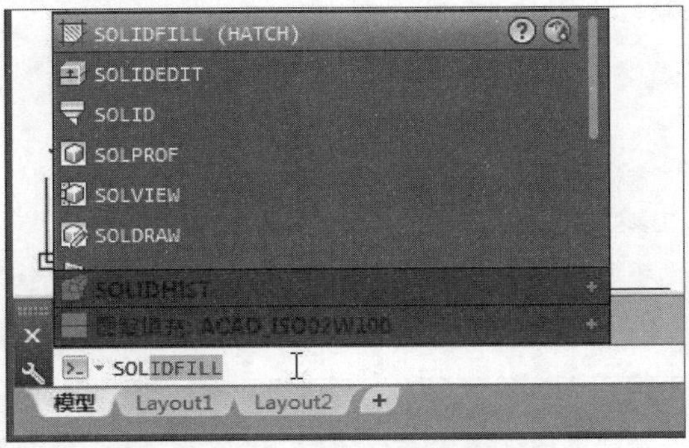

图2-9 浮动状态下的命令行

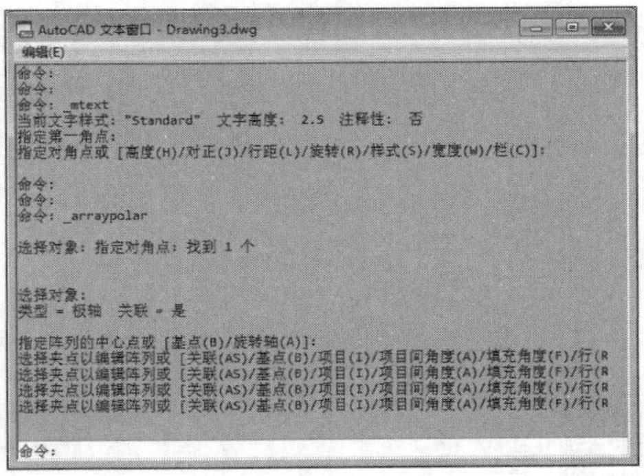

图2-10 文本窗口

2.1.4 状态栏与快捷菜单

下面将对AutoCAD 2016的状态栏与快捷菜单功能进行简单介绍。

1. 状态栏

状态栏位于工作界面的最底端，用于显示当前的绘图状态。状态栏最左端显示光标的坐标值，其后是推断约束、捕捉模式、栅格显示、正交模式、极轴追踪、对象捕捉、对象捕捉追踪、注释监视器、线宽和模型等具有绘图辅助功能的控制按钮，如图2-11所示。

图2-11 状态栏

2. 快捷菜单

一般情况下快捷菜单是隐藏的，在绘图窗口空白处单击鼠标右键将弹出快捷菜单，在无操作状态下单击鼠标右键弹出的快捷菜单，与在操作状态下单击鼠标右键弹出的快捷菜单是不同的，如图2-12所示为无操作状态下的快捷菜单。

图2-12 无操作状态下的快捷菜单

2.1.5 工具选项板窗口

工具选项板窗口为用户提供组织、共享和放置块及填充图案选项卡，如图2-13所示。用户可以通过以下方式打开或关闭工具选项板。

- 执行“工具>选项板>工具选项板”命令，打开或关闭工具选项板窗口。
- 单击“视图”选项卡下“选项板”面板中的“工具选项板”按钮。

单击工具选项板窗口右上角的“特性”按钮，将会显示特性菜单，从中可以对工具选项板执行移动、改变大小、自动隐藏、设置透明度、重命名等操作。

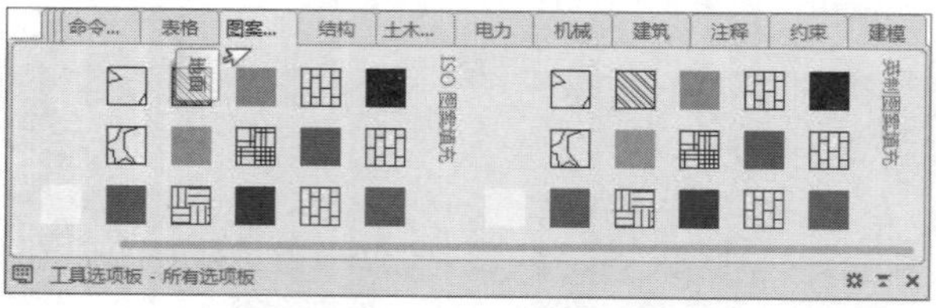

图2-13 工具选项板

2.2 图形文件的基本操作

在CAD软件中，图形文件的新建、打开、保存以及关闭操作，都可以使用多种方法进行操作，用户可以根据自己的制图习惯来选择所需的方法。

2.2.1 新建图形文件

启动AutoCAD 2016后，在打开的“开始”界面中，单击“开始绘制”图案按钮，即可新建一个空白图形文件，如图2-14所示。

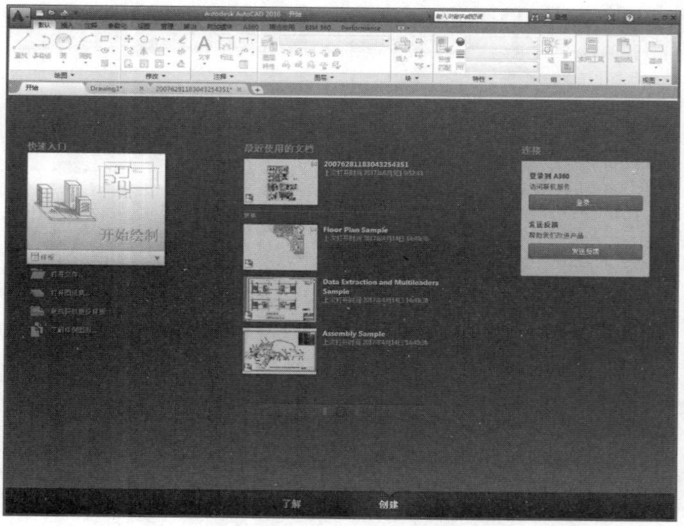

图2-14 “开始”界面

除了以上新建空白文件的操作外，用户还可通过以下几种方法来新建图形文件。

- 执行“文件>新建”命令。
- 单击“菜单浏览器”按钮，在弹出的列表中执行“新建>图形”命令。
- 单击快速访问工具栏中的“新建”按钮。
- 单击绘图区上方文件选项栏中的“新图形”按钮。
- 在命令行中输入NEW命令，然后按回车键。

执行以上任意操作后，系统将自动打开“选择样板”对话框，从文件列表中选择需要的样板，然后单击“打开”按钮，即可创建新的图形文件。

打开图形时，用户还可以选择不同的计量标准，即单击“打开”按钮右侧的下拉按钮，若选择“无样板打开-英制”选项，则使用英制单位为计量标准绘制图形；若选择“无样板打开-公制”选项，则使用公制单位为计量标准绘制图形，如图2-15所示。

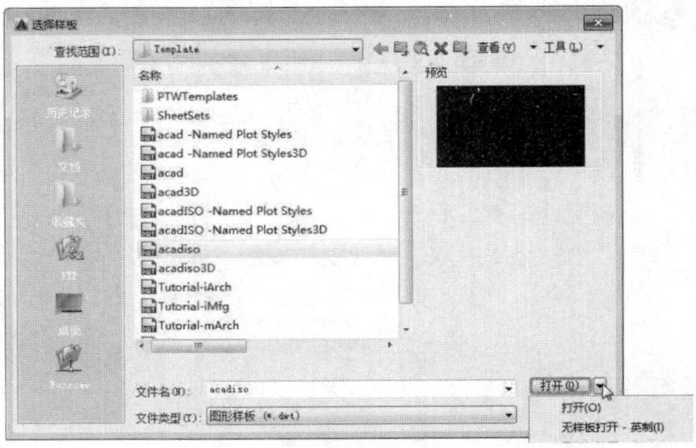

图2-15　选择新建文件选项

2.2.2 打开图形文件

启动AutoCAD 2016后，在打开的“开始”界面中，单击“打开文件”选项按钮，在“选择文件”对话框中，选择所需图形文件即可打开。

用户还可以通过以下方式打开已有的图形文件。

- 执行“文件>打开”命令。
- 单击“菜单浏览器”按钮，在弹出的列表中执行“打开>图形”命令。
- 单击快速访问工具栏中的“打开”按钮。
- 在命令行中输入OPEN命令，再按回车键。

执行以上任意操作后，系统将自动打开“选择文件”对话框，如图2-16所示。

在“选择文件”对话框中，单击“查找范围”下拉按钮，在弹出的下拉列表中，选择要打开图形所在的文件夹，选择图形文件，单击“打开”按钮或者双击文件名，即可打开图形文件，如图2-17所示。

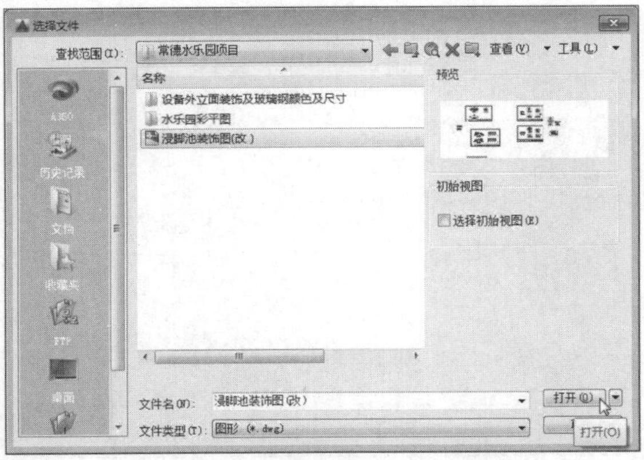

图2-16 “选择文件”对话框

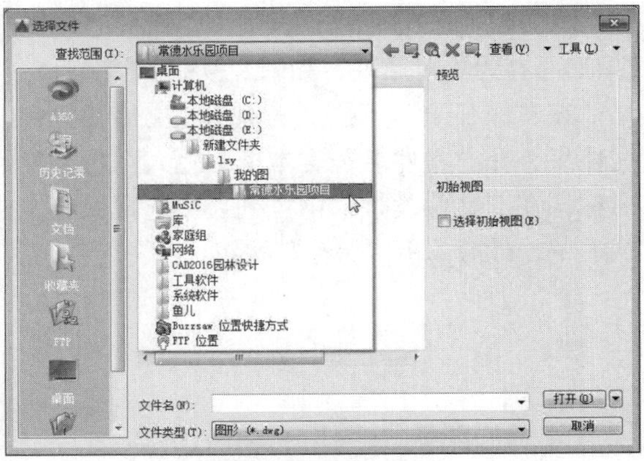

图2-17　选择要打开的图形文件

在“选择文件”对话框中也可以单击“打开”按钮右侧的下拉按钮，在弹出的下拉列表中选择所需的方式来打开图形文件。

AutoCAD 2016支持同时打开多个文件，利用AutoCAD的这种多文档特性，用户可在打开的所有图形之间来回切换、修改、绘图，还可参照其他图形进行绘图，在图形之间复制和粘贴图形对象，或从一个图形向另一个图形移动对象。

工程师点拨

【2-2】使用“查找”功能打开文件

在“选择文件”对话框中，单击“工具”下拉按钮，选择“查找”选项，在弹出的“查找”对话框中，输入要打开的文件名称，并设置好查找范围，单击“开始查找”按钮，进行查找，稍等片刻即可显示查找结果，双击查找到的文件，返回上一层对话框，选择查找到的文件，单击“打开”按钮即可打开该文件，如图2-18所示。

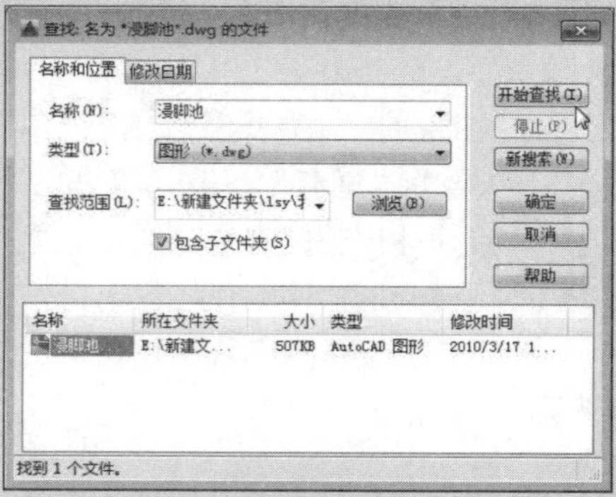

图2-18 “查找”对话框

2.2.3 保存图形文件

对图形进行编辑后，要及时对图形文件进行保存操作。用户可以直接保存文件，也可以更改名称后保存为另一个文件。

1. 保存新建的图形文件

通过下列方式可以保存新建的图形文件。

- 执行“文件>保存”命令。
- 单击“菜单浏览器”按钮，在弹出的列表中执行“保存”命令。
- 单击快速访问工具栏中的“保存”按钮。
- 在命令行中输入SAVE命令，再按回车键。

执行以上任意一种操作后，系统将自动打开“图形另存为”对话框，如图2-19所示。

在“保存于”下拉列表中指定文件要保存的文件夹，在“文件名”文本框中输入图形文件的名称，在“文件类型”下拉列表中选择保存文件的类型，最后单击“保存”按钮。

图2-19 “图形另存为”对话框

2. 图形换名保存

对于已保存的图形，用户可以更改名称保存为另一个图形文件。先打开需要另存为的图形，然后通过下列方式实施换名保存操作。

- 执行“文件>另存为”命令。
- 单击“菜单浏览器”按钮，在弹出的菜单中执行“另存为”命令。
- 在命令行中输入SAVE，再按回车键。

执行以上任意一种操作后，系统将会自动打开“图形另存为”对话框，设置需要的名称及其他选项后保存即可。

2.2.4 关闭并退出图形文件

图形绘制完毕并保存后，用户可直接单击软件右上角“关闭”按钮，关闭并退出软件操作。当然用户也可执行“文件>退出Autodesk AutoCAD 2016”命令，关闭图形文件。

2.3 坐标系统设置

AutoCAD中的坐标系分为两种：世界坐标系和用户坐标系。在绘制二维图形时，用户可通过X、Y坐标来精确定位。默认情况下，系统将以世界坐标系为当前坐标。

2.3.1 世界坐标系

世界坐标系（WCS）是由X、Y、Z三个相互垂直并相交的坐标轴组成。在绘制二维图形时，Z轴正方向是垂直于屏幕的，所以在绘制时，只显示X轴和Y轴。三条坐标轴相交的中心点称为原点，以方框标记，如图2-20所示。

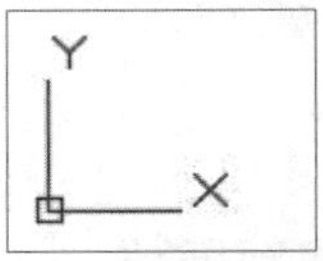

图2-20 世界坐标系

2.3.2 用户坐标系

为了方便绘图，在绘制过程中经常需要变换坐标系的原点和坐标轴的方向，这些由用户创建的坐标系统称为用户坐标系（UCS）。在用户坐标系中，用户可任意指定或移动坐标原点和坐标轴。在默认情况下，用户坐标系的坐标原点处是没有方框标记，如图2-21所示。

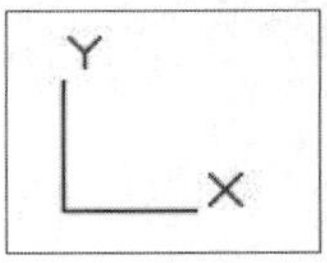

图2-21 用户坐标系

创建用户坐标系可以通过执行“工具>新建UCS”菜单命令下的子命令来实现，也可以通过在命令窗口中输入UCS命令来完成。

2.3.3 坐标输入方法

在绘图过程中，用户可使用相对于原点的确切X坐标和Y坐标位置的绝对坐标，也可以使用相对于上一确定点的相对坐标。此外，还可以使用相对或绝对极坐标指定点。

1. 绝对坐标

常用的绝对坐标表示方法有两种：绝对直角坐标和绝对极坐标。

（1）绝对直角坐标

绝对直角坐标是指相对于坐标原点（0，0）或（0，0，0）的位移，可使用数字形式来表示点的三个坐标值，坐标之间需用逗号隔开。例如，在命令行中输入（20，50，30），表示在X轴正方向距离原点20个单位，在Y轴正方向距离原点50个单位，在Z轴正方向距离原点30个单位。

（2）绝对极坐标

绝对极坐标通过相对于坐标原点的距离和角度来定义点的位置。输入极坐标时，距离和角度之间用“<”符号隔开。如在命令行中输入（30<45），表示该点与X轴成45°角，距离原点30个单位。在默认情况下，AutoCAD以逆时针旋转为正，顺时针旋转为负。

2. 相对坐标

相对坐标是指相对于上一个点的坐标，以上一个点为参考点，用位移增量确定点的位置。输入相对坐标时，需在坐标值前加上@符号。如上一个操作点的坐标为（50，30），输入（20，10），则表示该点的绝对直角坐标为（70，40）。

工程师点拨

【2-3】隐藏坐标系

在绘图过程中，如果用户想要隐藏坐标系，可直接在命令行中输入UCSICON命令后，根据提示选择“关（OFF）”选项，此时坐标系将被隐藏。按照同样的操作，如果选择“开（ON）”选项，则显示坐标系。

2.4 AutoCAD系统选项设置

在操作过程中，如果用户想对当前界面的颜色、光标属性、文件路径、文件自动保存时间、绘图属性以及系统配置等设置进行更改，可在AutoCAD“选项”对话框中进行相应的设置。

执行以下任意操作后，系统将打开“选项”对话框，用户可在该对话框中设置所需的系统配置，如图2-22所示。

- 执行“工具>选项”命令。
- 单击“菜单浏览器”按钮，在弹出的列表中选择“选项”选项。
- 在命令行中输入OPTIONS，再按回车键。
- 在绘图区域中单击鼠标右键，在弹出的快捷菜单中选择“选项”命令。

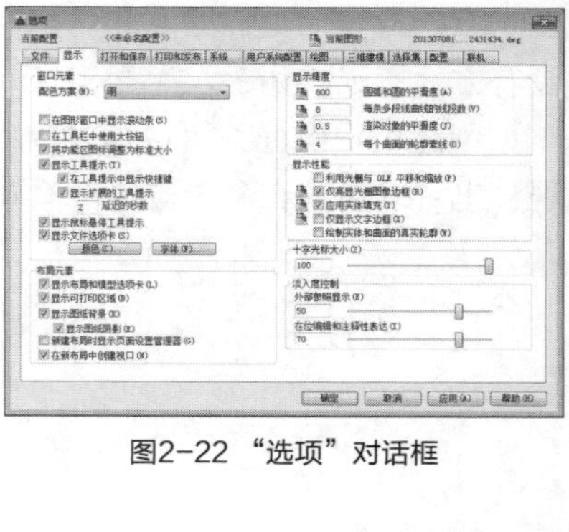

图2-22 “选项”对话框

2.4.1 系统显示设置

在“选项”对话框的“显示”选项卡中，用户可对窗口元素、布局元素、显示精度、显示性能、十字光标大小、淡入度控制等显示性能值进行更改，下面将分别对其功能进行简单介绍。

1. 设置窗口元素

在“窗口元素”选项组中，用户可对窗口配色、窗口显示滚动条、工具大按钮显示以及工具提示显示等功能进行设置，图2-23为更改窗口配色参数设置。

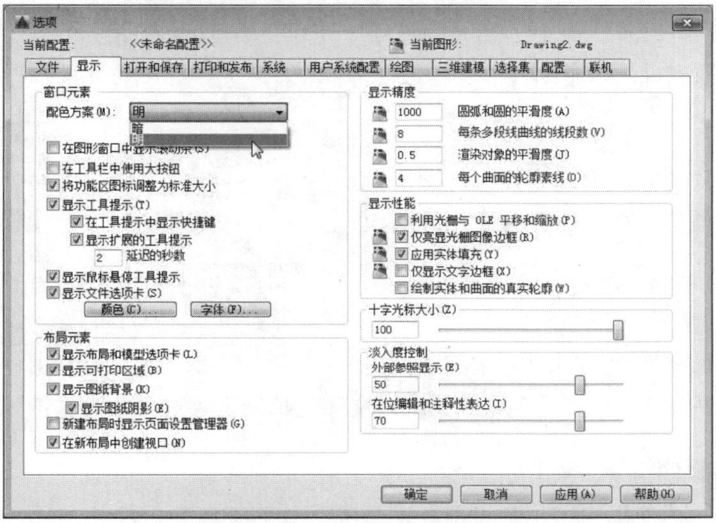

图2-23　设置窗口配色参数

2. 设置布局元素

在“布局元素”选项组中，用户可对图纸布局相关功能及控制图纸布局的显示功能进行设置，图2-24、2-25所示为打印区域的显示和隐藏效果对比。

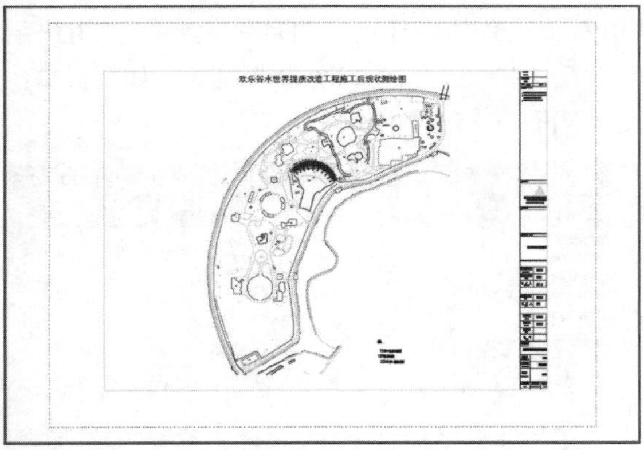

图2-24　显示打印区域

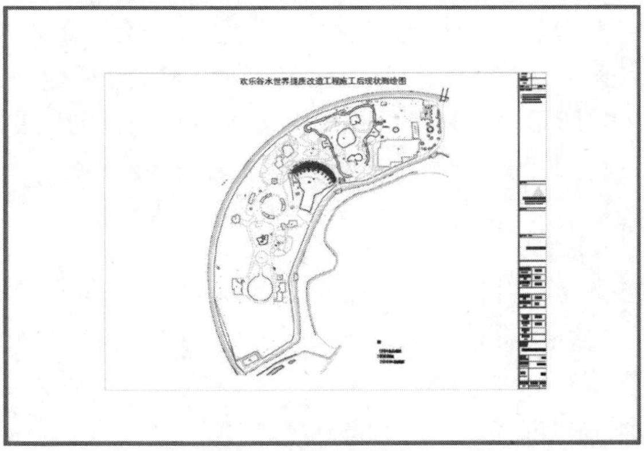

图2-25　隐藏打印区域

3. 设置显示精度及性能

在“显示精度”选项组中，用户可对圆弧或圆的平滑度、每条多段线的段数等项目参数进行设置；而在“显示性能”选项组中，用户可对使用光栅和OLE进行平移与缩放、显示光栅图像的边框、实体的填充、仅显示文字边框等参数设置。

4. 设置十字光标大小及淡入度控制

在“十字光标”选项组中，用户可对光标延长线参数进行设置；而在“淡入度控制”选项组中，用户可对图形显示效果进行相应的设置。

2.4.2 文件的打开和保存设置

在“打开和保存”选项卡中，用户可对“文件保存”、“文件安全措施”、“文件打开”、“外部参照”等功能选项进行设置，如图 2-26 所示。下面将对常用设置选项进行简单介绍。

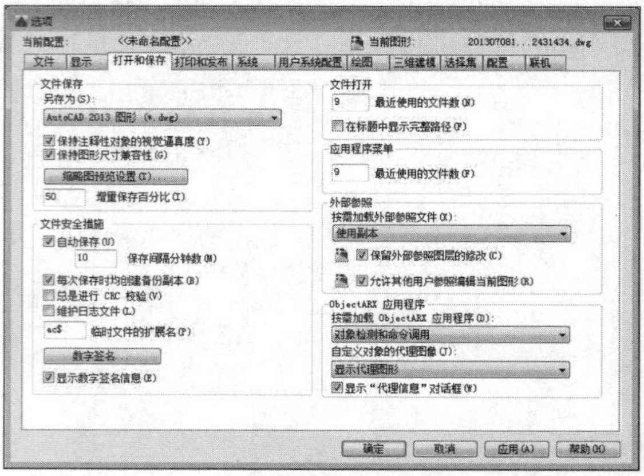

图2-26 “打开和保存”选项卡

1. 文件保存设置

在“文件保存”选项组中，用户可对文件保存的类型、缩略图预览、增量保存百分比等选项参数进行设置。

2. 文件安全措施设置

在“文件安全措施”选项组中，用户可对文件自动保存的间隔时间、副本的创建以及临时文件的扩展名等选项参数进行设置。

3. 文件打开与外部参照设置

在“文件打开”选项组中，用户可对在窗口中打开的文件数目及最近打开的文件数目进行设置；而在“外部参照”选项组中，用户可对调用外部参照时的状况，启用、禁用或使用副本等选项进行参数设置。

2.4.3 其他系统选项设置

在“选项”对话框中，除了以上介绍的两类常用系统设置外，还有“打印和发布”、“用户系统配置”、“绘图”、“三维建模”、“选择集”、“配置”以及“联机”等系统设置选项卡，如图2-27、2-28所示。用户可根据绘图需求进行相应的设置，在此不再一一介绍了。

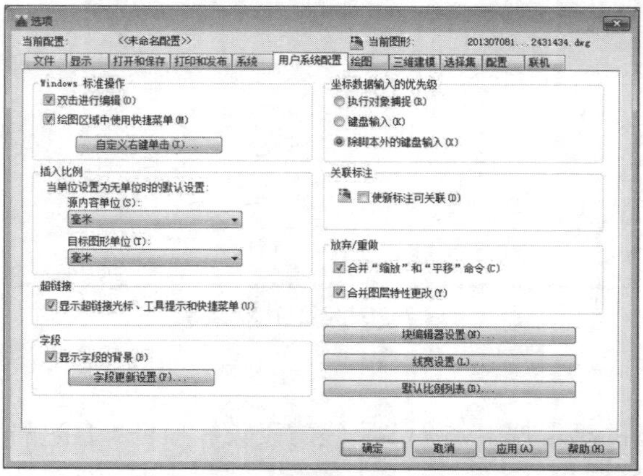

图2-27 “用户系统配置”选项卡

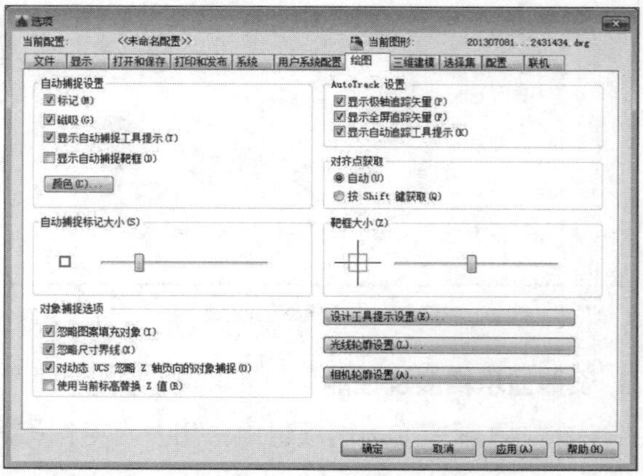

图2-28 “绘图”选项卡

2.5 绘图输入操作

AutoCAD软件提供了多种绘图输入方式供用户选择，对于初学者来说，使用菜单和工具栏方式输入是最简单的。若想加快绘图速度，则需熟知命令行输入的方式进行操作。

2.5.1 命令输入方式

在AutoCAD中，常用的命令输入方式有三种：调用菜单栏命令、使用命令选项卡以及命令行输入命令，用户可根据绘图习惯来选择输入方式。

1. 调用菜单栏输入命令

菜单栏命令的调用方法主要是通过选择菜单栏中的下拉菜单命令，或选择快捷菜单中的相应命令进行输入。例如，要在绘图区中绘制一个圆形，用户可执行菜单栏中的“绘图>圆>圆心、直径”命令，其后根据命令行中的提示完成圆形的绘制，如图2-29所示。

2. 使用功能区输入命令

该方法是通过在功能区的命令选项面板中，单击所需命令来输入的。例如在功能区中执行“默认>绘图>圆>圆心、半径”命令，根据命令行提示，同样也可在绘图区中绘制圆形，如图2-30所示。

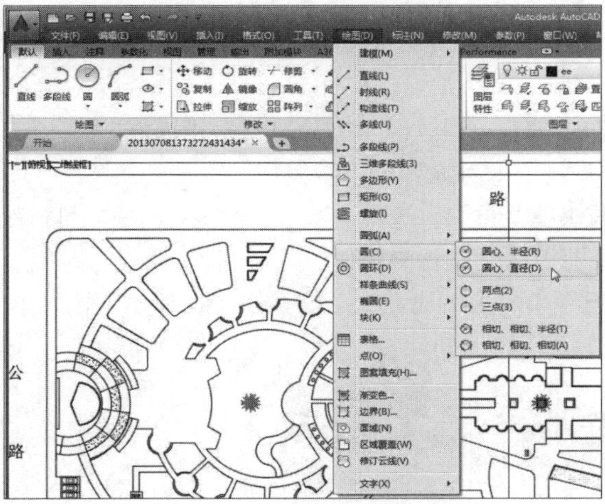

图2-29　菜单栏命令输入

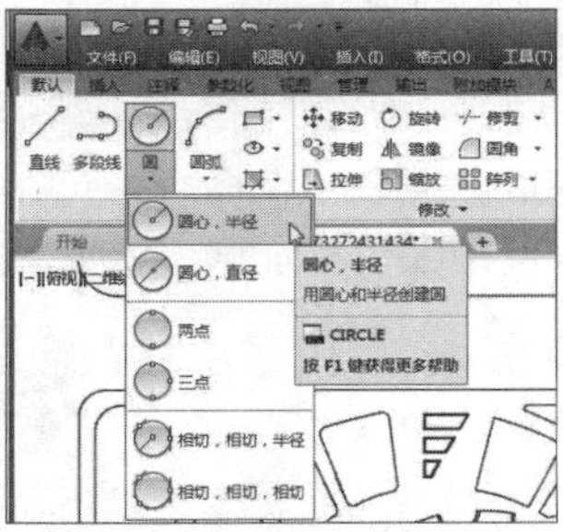

图2-30　使用功能区命令输入

3. 使用命令行输入命令

用户也可以在命令行中直接输入命令，按回车键，并根据提示完成图形的绘制。

命令行提示信息如下：

```
CIRCLE
（输入“圆”命令，按回车）
指定圆的圆心或 [三点(3P)/两点(2P)/切点、切点、半径(T)]:
指定圆的半径或 [直径(D)]: 200
```

工程师点拨

【2-4】使用快捷命令方法输入

使用命令行输入命令的方法是最快速，也是最常用的方法。通常在图形绘制过程中，为了提高绘图效率，在命令行中，只输入某项命令开头的字母，按回车键即可执行该命令。例如输入C，系统则会自动执行圆命令。

2.5.2 命令的重复、撤销及重做

重复使用同一项命令，或取消上一步操作等，是图形绘制过程中经常遇到的操作。下面将分别对其进行简单介绍。

1. 命令的重复

在图形绘制过程中，如果要反复使用同一项命令，可通过以下方法进行命令重复操作。

- 按键盘上的空格键，即可重复执行上一次命令。
- 在绘图区空白处单击鼠标右键，在弹出的快捷菜单中选择“重复<CIRCLE>”命令，同样也可执行命令重复操作，如图2-31所示。

图2-31 右键菜单重复命令

2. 撤销命令

在完成某一项操作后，若想将该操作取消，可通过以下方法执行撤销操作。

- 在命令行中输入UNDO或U后按回车键，即可撤销上一步操作。
- 右键单击绘图区空白处，在弹出的快捷菜单中，选择“放弃<***>”选项即可撤销操作。
- 在标题栏中执行“放弃”命令，即可撤销执行的操作。

如果想同时撤销多个命令，可在标题栏中单击“放弃”下拉按钮，在弹出下拉菜单中选择要撤销到的命令选项即可，如图2-32所示。

图2-32 同时撤销多个命令

3. 重做命令

在AutoCAD中，如果撤销了不该撤销的步骤，则需要执行重做命令。使用重做命令，可将撤销的图形还原回来，用户可通过以下方法进行操作。

- 按下Ctrl+Z组合键，即可执行重做命令。
- 在命令行中输入REDO后，按回车键。
- 在菜单栏中执行“编辑>重做”命令，同样可进行重做操作，如图2-33所示。

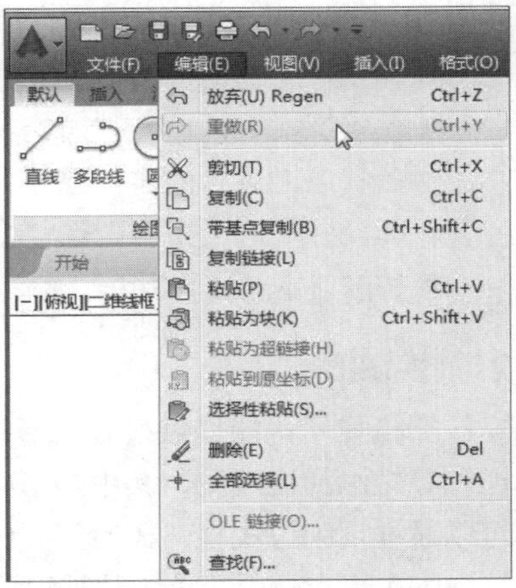

图2-33 执行重做命令

2.6 绘图辅助功能设置

为了更精确地绘制图形，就需要使用辅助功能。在AutoCAD软件中，辅助功能主要包括捕捉模式、栅格显示、正交模式、极轴追踪、对象捕捉和对象捕捉追踪等，下面将分别对其进行简单介绍。

2.6.1 捕捉栅格

栅格显示是指在绘图区域中按指定行间距和列间距排列的栅格点。利用栅格可对齐图形对象，并且能够直观地显示图形之间的距离，如图2-34所示。通常在打印输出图纸时，栅格是不会被打印出来的。

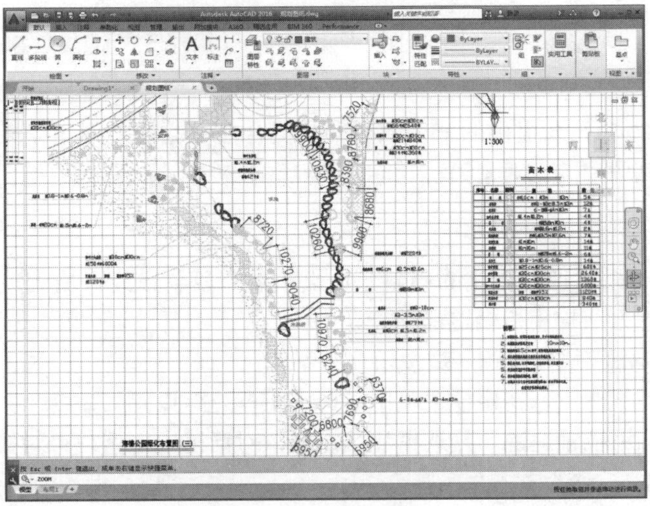

2-34 显示的栅格

1. 显示与隐藏栅格

在AutoCAD 2016软件中，用户可根据自己的绘图习惯，通过以下几种方式对栅格进行显示或隐藏操作。

- 在状态栏中，单击“栅格显示”按钮。
- 在状态栏中，右击“栅格显示”按钮，在弹出的快捷菜单中选择“网格设置”命令，在“草图设置”对话框中勾选“启用栅格”复选框即可，反之则隐藏栅格。
- 按F7键或Ctrl＋G组合键，对栅格的显示与隐藏进行切换操作。

2. 捕捉栅格

栅格显示只能提供绘制图形的参考背景，捕捉才是约束鼠标移动的工具。栅格捕捉分为矩形捕捉和等轴测捕捉两种，其中矩形捕捉为常用捕捉模式，而等轴侧捕捉则在绘制轴侧图时使用。用户可以通过下列方式打开或关闭“栅格捕捉”功能。

- 在状态栏中，单击“捕捉模式”按钮。
- 在状态栏中，右击“捕捉模式”按钮，在打开的快捷菜单中选择“捕捉设置”命令，在“草图设置”对话框中，勾选“启用捕捉”复选框。反之，则取消捕捉。

用户在该对话框中，还可对捕捉的间距值进行设置，如图2-35所示。

- 按F9键，对栅格捕捉的打开与关闭进行切换。

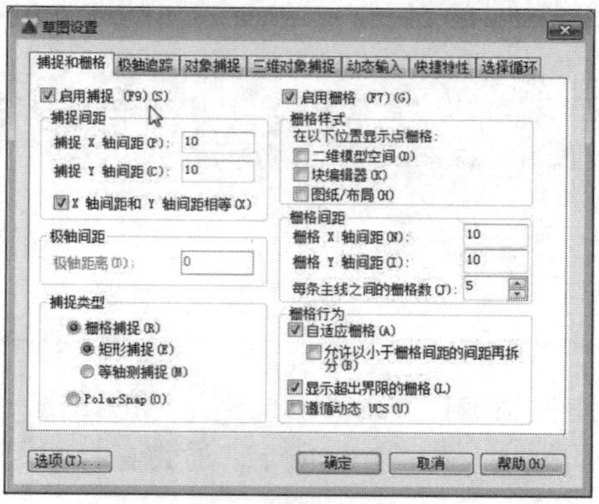

图2-35　捕捉栅格设置

2.6.2 对象追踪

对象追踪是AutoCAD系统提供的一个便捷的捕捉功能，它是按照预先指定的角度或按照与其他对象的指定关系绘制图形的。对象追踪功能分为两种：极轴追踪和对象捕捉追踪。

1. 极轴追踪

在绘制过程中，如果需按照指定的倾斜角度去绘制一段斜线段，极轴追踪功能就能派上用场了。用户可以通过以下方法启用极轴追踪功能。

- 在状态栏中，单击“极轴追踪”按钮。
- 右击“极轴追踪”按钮，在快捷菜单中选择“正在追踪设置”命令，其后在“草图设置”对话框中勾选“启用极轴追踪”复选框启用。在该对话框中，用户可对极轴角度进行设置，如图2-36所示。
- 按F10键，对极轴追踪功能的启用与关闭进行切换。

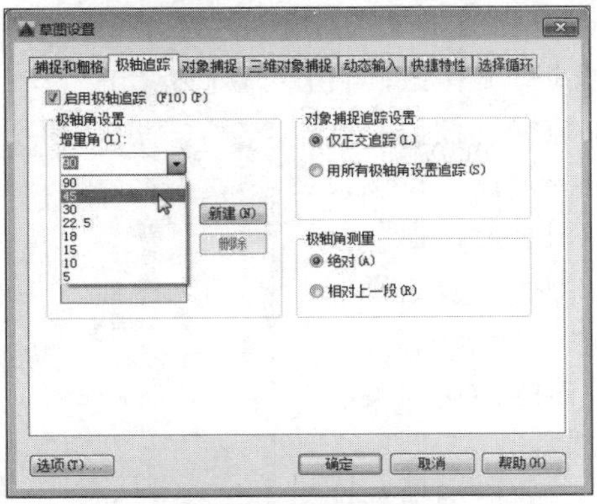

图2-36　设置极轴角度

工程师点拨

【2-5】极轴角设置方法

在“草图设置”对话框中，单击“增量角”下拉按钮，选择满意的角度值即可完成极轴的设置。当然用户也可在“增量角”数值框中直接输入角度值。而附加角是极轴追踪使用列表中的任意一种附加角度，它起到辅助的作用，当绘制角度时，如果是附加角设置的角度则会有提示。附加角度是绝对的，而非增量的，新建附加角时最多可添加10个附加角度。

2. 对象捕捉追踪

若用户预先知道要追踪的方向或角度，则使用极轴追踪功能；若事先不知具体追踪方向或角度，但知道与其他图形对象的某种特定关系，则使用对象捕捉追踪功能。用户可以通过以下方法启用对象捕捉追踪功能。

- 在状态栏中单击“对象捕捉追踪”按钮，启用对象捕捉追踪功能。
- 右击“对象捕捉追踪”按钮，在弹出的“草图设置”对话框中，勾选“启用对象捕捉追踪”复选框。
- 按F3键，对对象捕捉追踪功能的启用与关闭进行切换。

2.6.3 对象捕捉

对象捕捉是AutoCAD中使用最频繁，也是最为重要的工具之一。它是通过已存在的实体对象的特殊点或特殊位置来确定点的位置。对象捕捉有两种：自动对象捕捉和临时对象捕捉。临时对象捕捉是通过“对象捕捉”工具栏实现。在菜单栏中执行“工具>工具栏>AutoCAD>对象捕捉”菜单，即可打开“对象捕捉”工具栏，如图2-37所示。

图2-37　对象捕捉工具栏

在该工具栏中显示了CAD所有捕捉模式，较为常用的捕捉模式有端点捕捉、中点捕捉、圆心捕捉、垂直捕捉、交点捕捉以及现象点捕捉等。

自动捕捉功能就是当用户将光标移至某一图形上时，系统会自动捕捉到该图形上所有捕捉点，并显示出相应的标记。如果光标放在捕捉点上多停留一会，系统还会显示捕捉的提示，这样在选点之前，可以预览和确认捕捉点。

用户可通过以下方法可以打开或关闭对象捕捉模式。

- 单击状态栏中的“对象捕捉”按钮，启用对象捕捉功能。
- 在状态栏中右击“对象捕捉”按钮，选择“对象捕捉设置”命令，在“草图设置”对话框中勾选“启用对象捕捉”复选框即可启用，如图2-38所示。反之则取消捕捉功能。
- 按F3键，对对象捕捉功能的启用与关闭进行切换。

在“草图设置”对话框的“对象捕捉”选项卡中，用户可根据绘制需求，勾选所需捕捉的模式设即可。

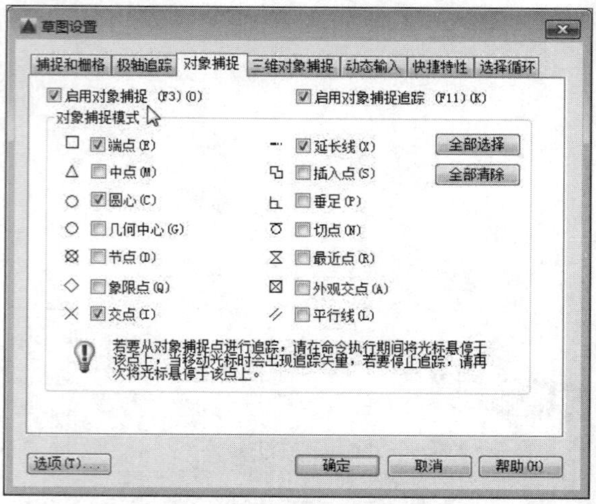

图2-38　启动对象捕捉功能

2.6.4 正交模式

正交模式是在任意角度和直角之间进行切换，在约束线段为水平或垂直的时候，可以使用正交模式。正交模式只能沿水平或垂直方向移动，取消该模式则可沿任意角度进行绘制。用户可通过以下方法打开或关闭正交模式。

- 在状态栏中，单击“正交模式”按钮。
- 按F8键，对正交模式的打开与关闭进行切换。

工程师点拨

【2-6】正交模式与极轴模式之间的关系

在AutoCAD软件中，有很多捕捉模式可以同时开启，但有一对则不可以，这就是正交模式与极轴模式。因为开启正交模式时，光标会被限制在水平或垂直方向移动，不可在斜线段上捕捉。所以正交模式和极轴模式如果开启其中一种，另一种将自动关闭。

2.7 图层管理

图层在AutoCAD制图中是一项比较重要的功能，合理地管理并设置好图层，可为用户节省一大半的绘图时间，提高绘图效率。下面将对图层的新建与设置进行介绍。

2.7.1 新建与删除图层

在AutoCAD 2016中，创建与删除图层、设置图层属性操作都是通过“图层特性管理器”面板来实现的。用户可以通过以下方式打开“图层特性管理器”面板。

- 执行“格式>图层”命令打开。
- 在“默认”选项卡的“图层”面板中，单击“图层特性”按钮打开。
- 在命令行中输入LAYER，按回车键打开。

1. 新建图层

在“图层特性管理器”面板中，单击“新建图层”按钮，系统将自动创建一个新层，并命名为“图层1”，如图2-39所示。双击“图层1”名称，对其名称进行更改。

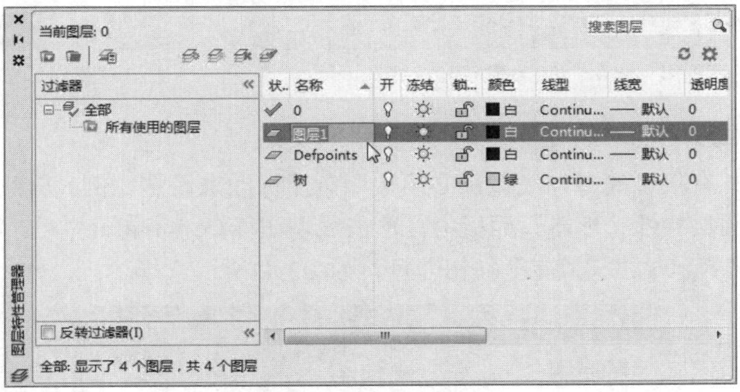

图2-39　新建图层

除了以上介绍的方法新建图层外，用户还可以直接右击“图层特性管理器”面板的空白处，在弹出的快捷菜单中选择“新建图层”命令。

2. 删除图层

若想删除多余的图层，可在“图层特性管理器”面板中，选中要删除的图层，单击“删除图层”按钮，或按Delete键执行删除操作。

工程师点拨

【2-7】无法删除的图层

在“图层管理器”面板中，有些图层是无法删除的，例如0层、当前图层、依赖外部参照的图层以及一些局部打开图形中的图层也被视为已参照不能删除。

2.7.2 图层属性设置

图层创建完毕后，用户可以根据需要对创建的图层属性进行更改，例如图层的颜色、线型、线宽以及图层的开启、关闭和锁定等。

1. 更改图层颜色

为了区分图层，可以对图层颜色进行更改。在“图层特性管理器”面板中，选中要更改颜色的图层，单击其颜色图标■白，如图2-40所示。在打开的“选择颜色”对话框中，选择所需颜色，单击“确定”按钮即可完成颜色更改操作，如图2-41所示。

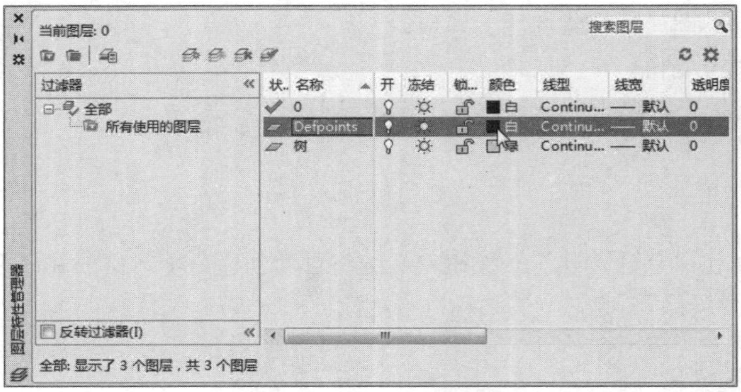

图2-40　选择“颜色”图标

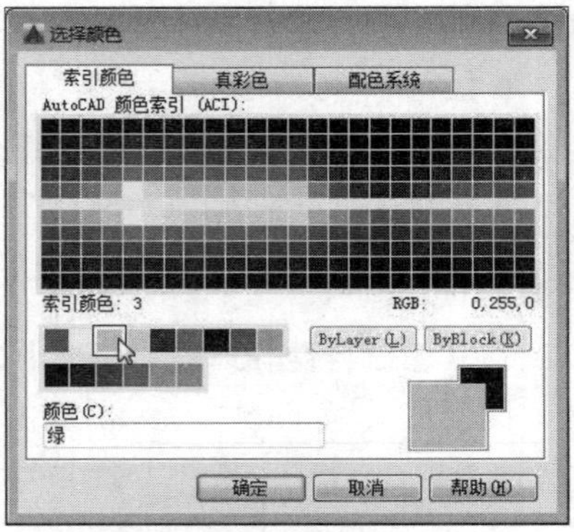

图2-41　选择更改的颜色

2. 更改图层线型和线宽

在制图过程中，有很多线型与线宽都必须按照制图标准来设定，例如轴线、外轮廓线、剖面线等。用户可在“图层特性管理器”面板中，单击线型图标Continuous，在“选择线型”对话框中，选择所需线型样式，单击“确定”按钮即可，如图2-42所示。

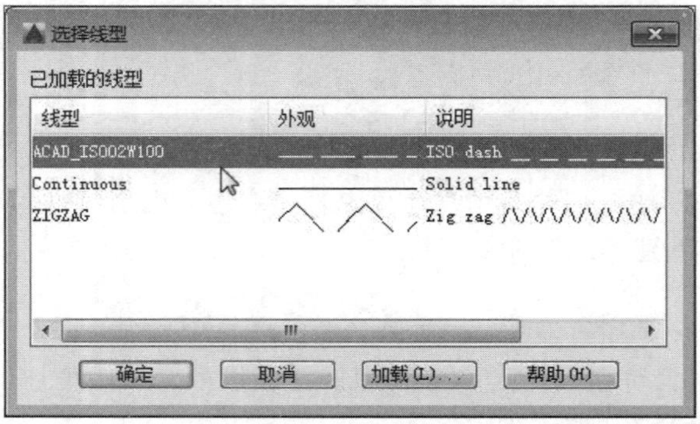

图2-42　“选择线型”对话框

如果“选择线型”对话框中没有合适的线型选项，用户可单击“加载”按钮，在“加载或重载线型”对话框中，如图2-43所示。选择满意的线型，单击“确定”按钮即可出现在“选择线型”对话框中。

在“图层特性管理器”面板中，单击线宽图标—— 默认，在“线宽”对话框中，选择所需线宽，单击“确定”按钮即可更改图层线宽，如图2-44所示。

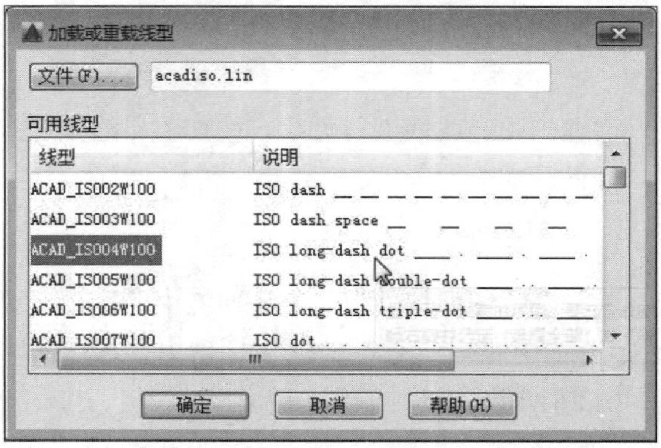

图2-43　加载线型

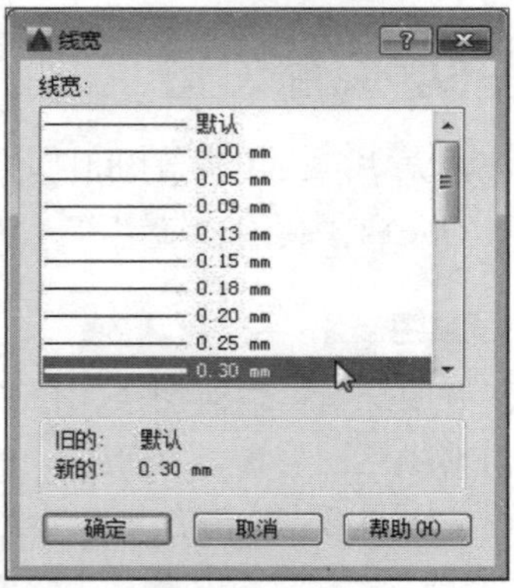

图2-44　选择线宽

3. 开/关图层

如果希望某一图层上的图形对象不显示，可将该图层关闭。在“图层特性管理器”面板中，单击图层的开按钮，当图标变成状态，该图层被关闭。此时该图层上的图形对象将被隐藏，如图2-45、2-46所示。

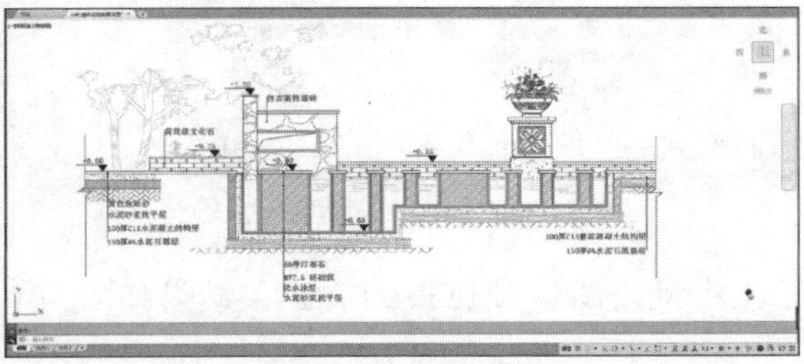

图2-45　显示树图层效果

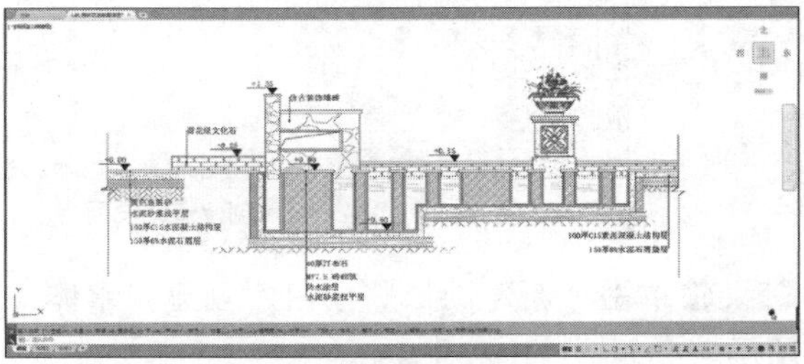

图2-46　关闭树图层后效果

若关闭当前图层，只需选择“关闭当前图层”选项即可。当前层被关闭后，若要在该层中绘制图形，其结果将不显示。

4. 锁定图层

在“图层特性管理器”面板中，单击锁定按钮，当其变成状态时，该图层即被锁定。图层锁定后，用户只能查看、捕捉位于该图层上的对象，或在该图层上绘制新的对象，而不能编辑或修改位于该图层上的图形对象，不过实体仍可以显示和输出。

5. 置为当前层

AutoCAD 2016只能在当前图层上绘制图形，系统默认当前图层为0图层，用户可以通过以下方式将所需的图层设置为当前层。

- 在“图层特性管理器”面板中，选中图层，单击“置为当前”按钮即可。
- 在“图层”面板中，单击“图层”下拉按钮，选择所需图层名名称即可。
- 在“默认”选项卡的“图层”面板中，单击“置为当前”按钮，根据命令行提示，选择一个图形对象，即可将该对象所在的图层设置为当前层。

工程师点拨

【2-8】改变比例因子

要更改已绘制对象的比例因子，可先选择该对象，然后在绘图区域中单击鼠标右键，选择快捷菜单中的“特性”命令，进行所需的更改。

示例2-1 创建并设置图纸图层

步骤01 在“默认”选项卡的“图层”选项面板中，单击“图层特性”按钮，打开“图层特性管理器”面板。

步骤02 在“图层特性管理器”面板中，单击“新建图层”按钮，新建“道路”图层，如图2-47所示。

步骤03 单击道路图层中的“颜色”按钮，打开“选择颜色”对话框，在此将颜色设为蓝色，单击“确定”按钮，如图2-48所示。

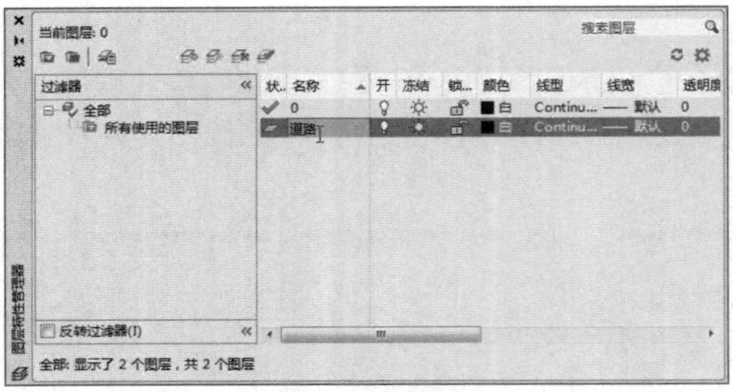

图2-47 创建道路图层

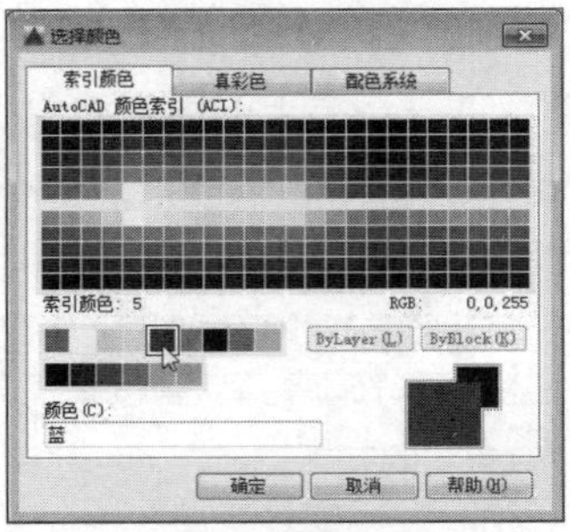

图2-48 选择颜色

步骤04 单击“新建图层”按钮，创建“水体”图层，并将该图层颜色设为青色，结果如图2-49所示。

步骤05 再次单击“新建图层”按钮，创建“植物”图层，并将该图层颜色设为绿色，结果如图2-50所示。

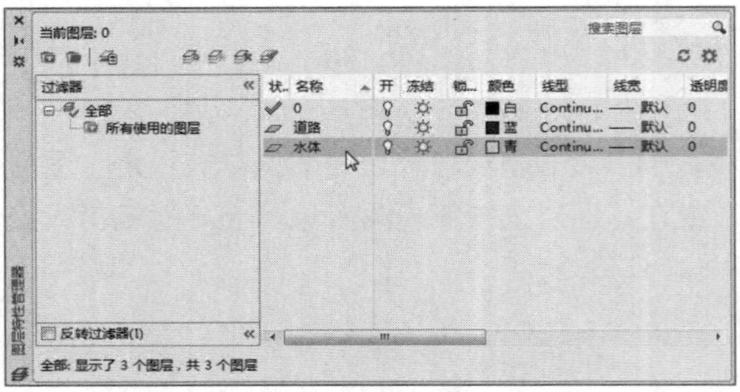

图2-49 创建水体图层

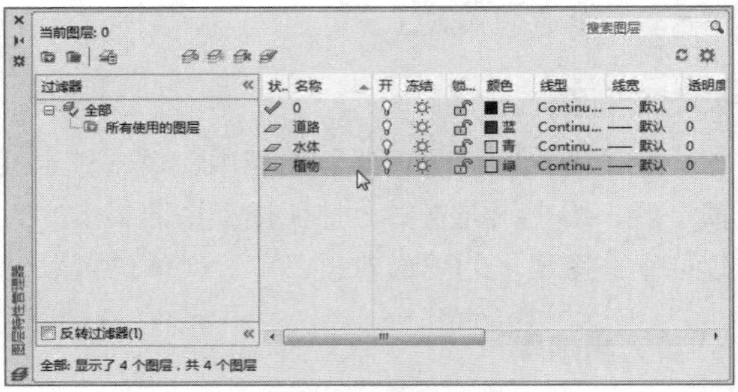

图2-50 创建植物图层

步骤06 按照以上同样的操作方法，创建剩余图层，并根据需要设置好图层颜色，结果如图2-51所示。

步骤07 选择“建筑”图层，并单击其“线宽”图标按钮，在“线宽”对话框中，选择合适的线宽，如图2-52所示。

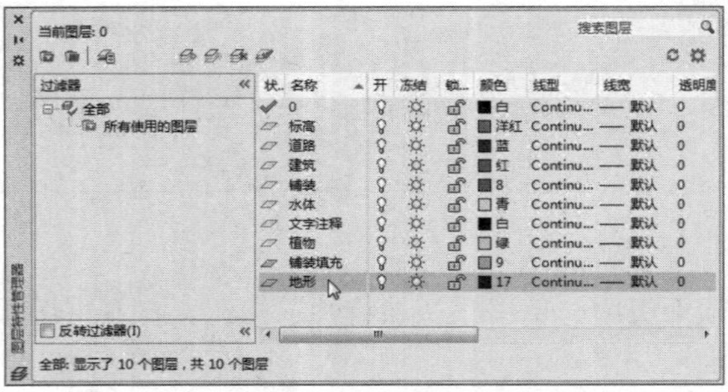

图2-51 创建其他图层

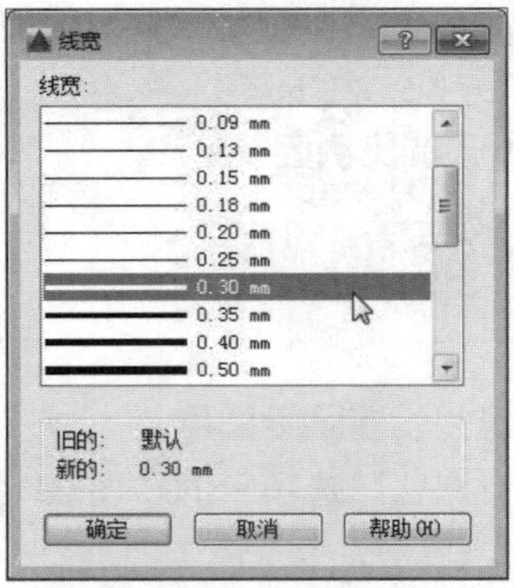

图2-52 设置建筑线宽

步骤08 选择“水体”图层，并单击其“线型”图标按钮，在“选择线型”对话框中单击“加载”按钮，如图2-53所示。

步骤09 在“加载或重载线型”对话框中，选择满意的线型后，单击“确定”按钮，如图2-54所示。

图2-53 加载线型

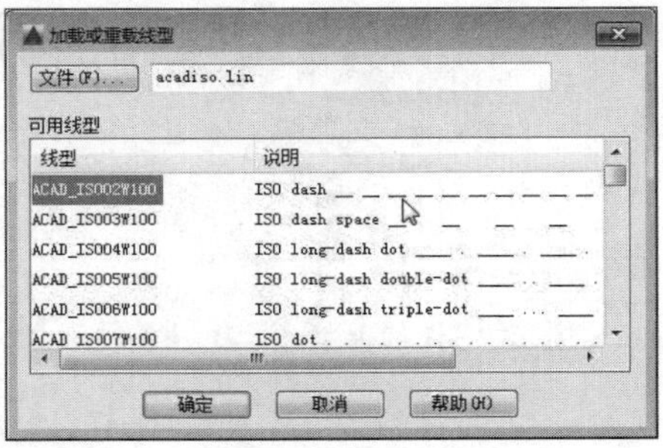

图2-54 选择线型

步骤10 返回到“选择线型”对话框，单击加载后的线型，如图2-55所示。

步骤11 单击“确定”按钮，此时水体图层的线型已发生变化，结果如图2-56所示。

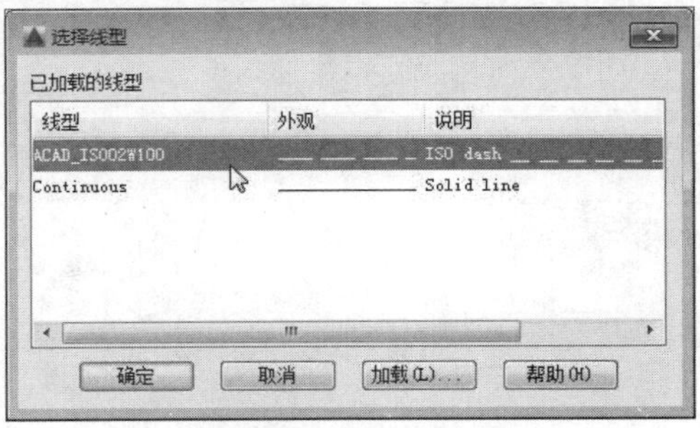

图2-55 选择加载后的线型

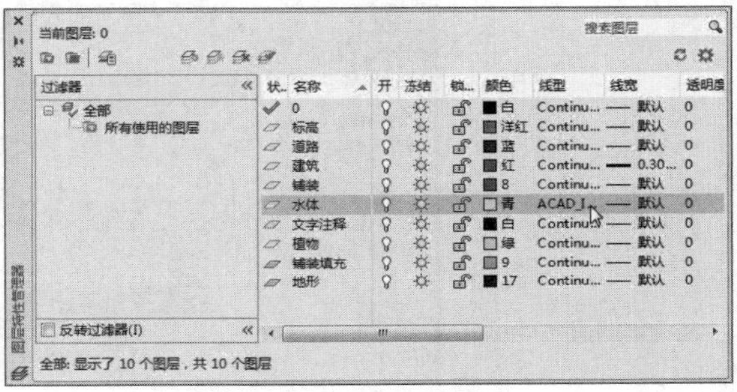

图2-56 查看线型效果

步骤12 双击“地形”图层，将其设为当前层，完成图纸图层的创建，如图2-57所示。

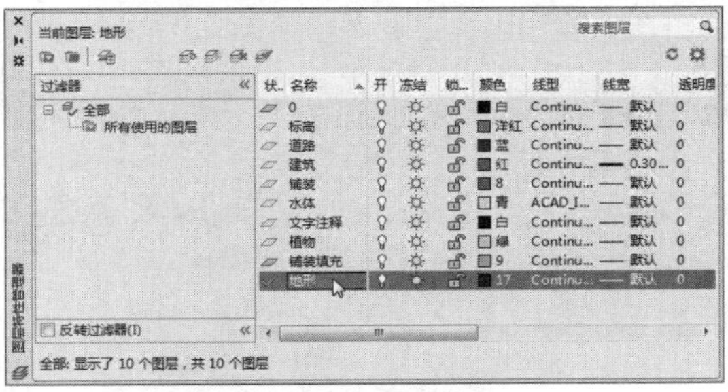

图2-57 查看最终结果

上机实践：自定义工作空间

■**实践目的：**通过本实训可了解AutoCAD 2016工作界面，并对其功能区及菜单栏进行简单操作。

■**实践内容：**根据用户绘图习惯，创建自己的绘图模式。

■**实践步骤：**使用工具栏、最小化功能区、保存工作空间等命令进行操作。

步骤01 启动AutoCAD 2016软件，并新建空白图纸。执行“工具>工具栏>AutoCAD”命令，在打开的级联菜单中选择“修改”选项，如图2-58所示。

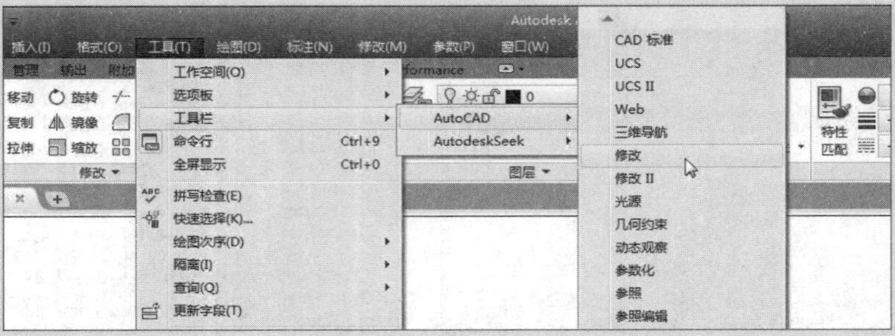

图2-58 选择“修改”选项

步骤02 此时，在绘图界面中会打开“修改”工具条，如图2-59所示。选中该工具条，将其移至绘图区满意位置。

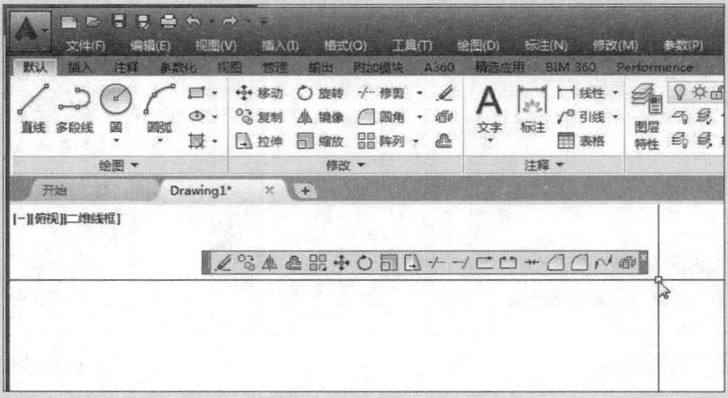

图2-59 显示“修改”工具条

步骤03 按照同样的操作，调出其他绘图工具条，并移至绘图区的合适位置，结果如图2-60所示。

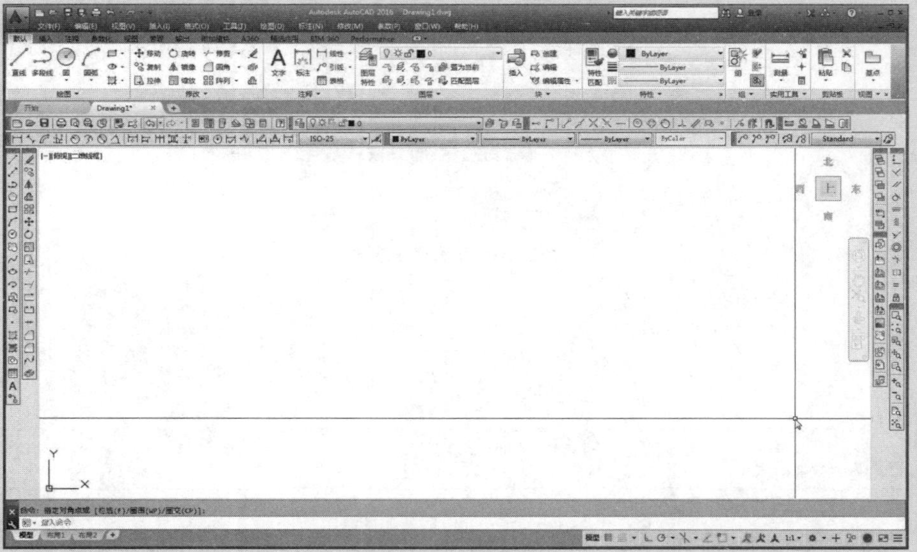
图2-60 调出所需绘图工具栏

步骤04 在功能区的空白区域单击鼠标右键，在弹出的快捷菜单中选择“关闭”命令，如图2-61所示。

步骤05 此时功能区选项面板已被不再显示，结果如图2-62所示。

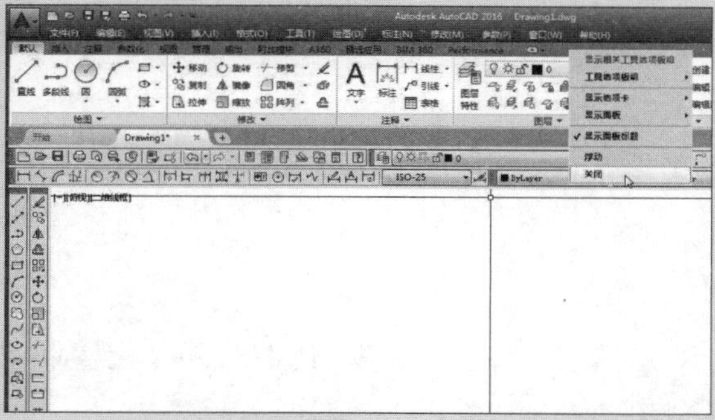

图2-61　执行“关闭”命令

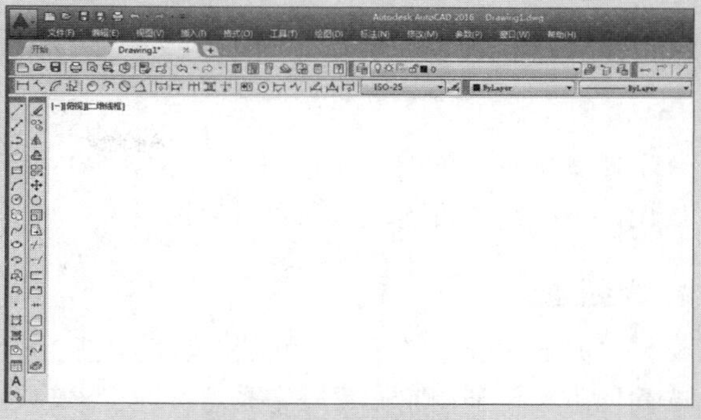

图2-62　关闭功能区面板

步骤06 单击标题栏中的“自定义快速访问工具栏”下拉按钮，选择“工作空间”选项，如图2-63所示。

步骤07 单击“工作空间”下拉按钮，选择“将当前空间另存为”选项，如图2-64所示。

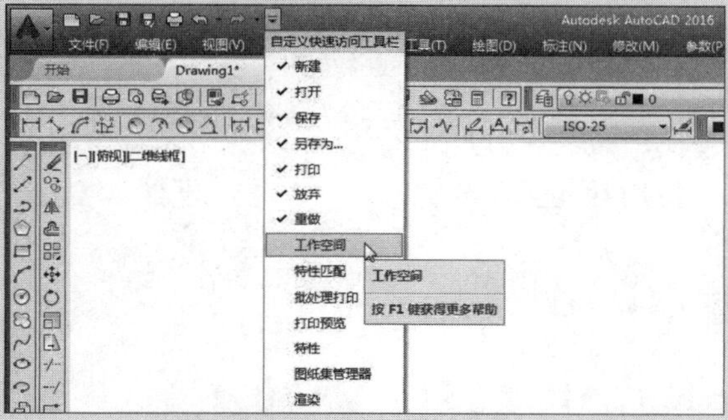

图2-63　选择“工作空间”选项

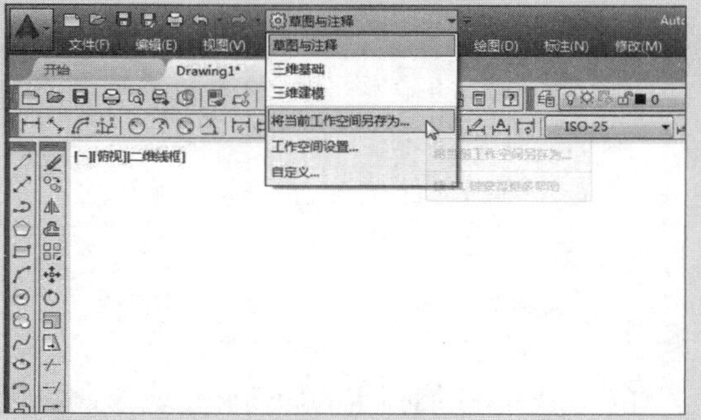

图2-64　空间另存为

步骤08 在弹出的“保存工作空间”对话框中输入空间名称后，单击“保存”按钮，如图2-65所示。

步骤09 再次单击“工作空间”下拉按钮，此时在下拉列表中会显示刚保存的空间名称，如图2-66所示。

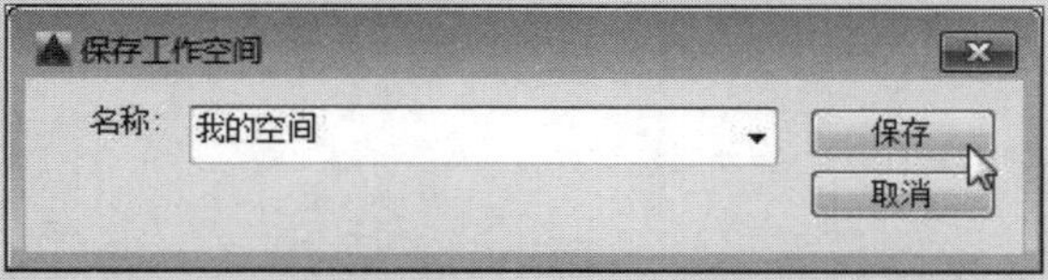

图2-65　为空间命名

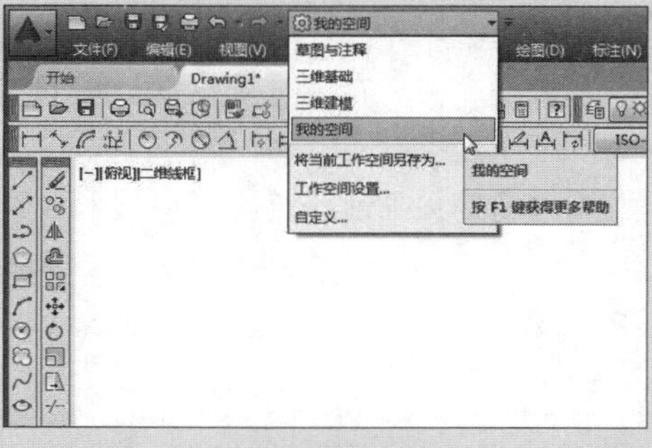

图2-66　查看保存结果

步骤10 关闭并保存当前图纸，再次启动该软件时，用户只需根据自己绘图习惯，在“工作空间”列表中选择满意的绘图模式即可。

课后练习

通过本章的学习，相信用户对AutoCAD 2016的工作界面、文件的基本操作有了一定的了解和认识。下面结合习题，来巩固所学知识。

1. 填空题

（1）在 AutoCAD 中，功能区包含________、________和________，其中功能区按钮是代替命令的简便工具，利用它们可以完成绘图过程中的大部分工作。

（2）默认情况下，菜单栏是处于隐藏状态，用户只需在标题栏中单击________按钮，在弹出的快捷菜单中，选择“_______”选项即可显示。

（3）AutoCAD 中的坐标系分为________和________两种。在绘制二维图形时，用户可通过_______、_______坐标来精确定位。默认情况下，系统将以_______为当前坐标。

2. 选择题

（1）以下哪一项不是命令输入的方式（　　）。

A、使用菜单栏输入命令　　B、使用命令行方式输入

C、使用文件菜单方式输入命令　　D、使用功能区命令输入

（2）正交模式快捷键为（　　）。

A、F11　　B、F8

C、F7　　D、F3

（3）如果需按照指定的倾斜角度去绘制一段斜线段，此时需要使用（　　）辅助功能。

A、对象捕捉追踪　　B、对象捕捉

C、栅格捕捉　　D、极轴追踪

（4）如果上一点的坐标为（10，50），输入（10，5），则该点的绝对直角坐标为（　　）。

A、20，55　　B、0，45

C、30，40　　D、20，45

3. 操作题

（1）打开素材文件，在“选项”对话框的“显示”选项卡中，利用“窗口元素”功能，设置如图 2-67 所示的窗口界面。

（2）使用对象捕捉功能，练习捕捉图形各个捕捉点，例如圆心、垂直、中心点等。

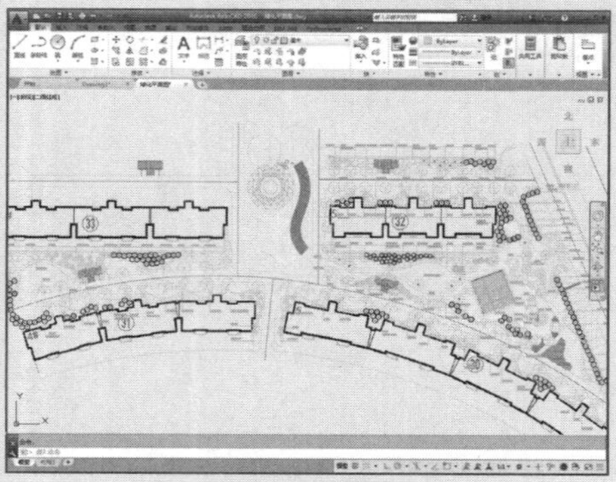

图2-67　设置窗口界面

Chapter 03

绘制园林基本图形

课题概述

所谓园林基本图形，就是利用一些简单的几何图形元组合而成的，例如线段、圆形、弧形、矩形、样条曲线等。在AutoCAD软件中，用户可根据设计需求，直接启动相应的绘图命令进行绘制。

教学目标

通过对本章内容的学习，用户可掌握AutoCAD一些基本绘图命令的方法和技巧，为以后绘制更复杂的图形打下基础。

章节重点

★★★★ 绘制圆形
★★★★ 绘制矩形及多边形
★★★ 绘制线段
★★ 绘制及设置点样式
★★ 设置绘图环境

光盘路径

上机实践：实例文件\第3章\上机实践\绘制指北针图形.dwg
课后练习：实例文件\第3章\课后练习

3.1 设置绘图环境

在使用AutoCAD进行绘图前，通常都需对当前的绘图环境进行设置，例如绘图界限、绘图单位等，下面将分别对其设置方法进行介绍。

3.1.1 绘图界限设置

绘图界限是指图形显示的一个范围边框，该边框在AutoCAD中是不可见的。在绘图前，用户需根据绘制图形的大小，来确定图形界限。在默认情况下，图形文件的大小为420mm×297mm，如需绘制较大的图形，则需要对其绘图界限进行相关设置。用户可通过下列方法来设置绘图界限。

- 执行“格式>图形界限”命令。
- 在命令行中输入LIMITS命令，然后按回车键。

执行以上任意一种操作后，命令行的提示内容如下：

```
命令： '_limits
重新设置模型空间界限：
指定左下角点或 [开(ON)/关(OFF)] <0.0000,0.0000>:
指定右上角点 <420.0000,297.0000>:
```

3.1.2 绘图单位设置

在默认情况下，AutoCAD 2016的为十进制图形单位，包括长度单位、角度单位、缩放单位、光源单位以及方向控制等。在绘图前，需对当前的图形单位进行相关设置。用户可以通过以下命令执行图形单位命令。

- 执行“格式>单位”命令。
- 在命令行中输入UNITS命令，按回车键。

执行以上任意一种操作后，系统将弹出“图形单位”对话框，如图3-1所示。在该对话框中，用户可以对图形单位的精度、插入图块时的单位等进行设置。单击“方向”按钮，即可弹出“方向控制”对话框，如图3-2所示。通常“基准角度”单位值保持默认状态即可。

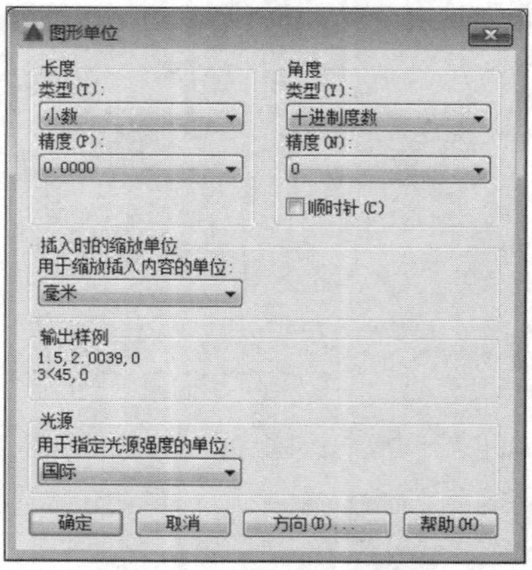

图3-1 “图形单位”对话框

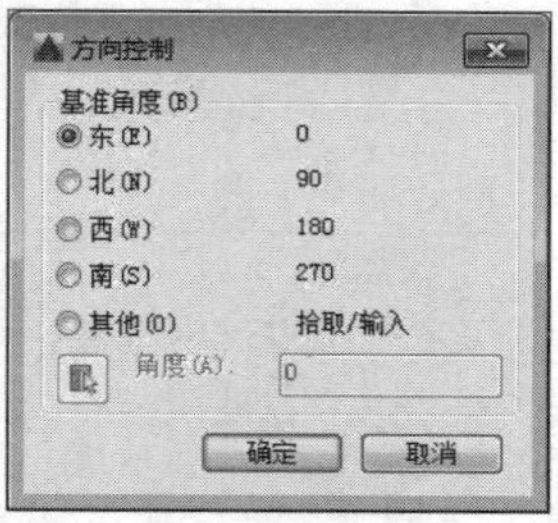

图3-2 “方向控制”对话框

3.2 绘制点

任何图形都是由无数个点组成的，所以点是构成图形的基础。在AutoCAD中，点可分为单点和多点两种样式，用户可以使用多种方式来创建点，下面介绍创建点的操作方法。

3.2.1 设置点样式

默认情况下，点是以圆点形式显示的，用户可以通过“点样式”对话框，来设置点显示的样式。执行“格式>点样式”命令，打开“点样式”对话框，根据需求选择点样式，如图3-3所示。

在该对话框中，用户还可以设置当前点的大小，单击“相对于屏幕设置大小”单选按钮，其点大小是以百分数形式实现的；单击“按绝对单位设置大小”单选按钮，则点大小是以实际单位形式显示的。

上述设置完成后，执行“点”命令，新绘制的点以及先前绘制点的样式将会以新的点类型和尺寸显示。

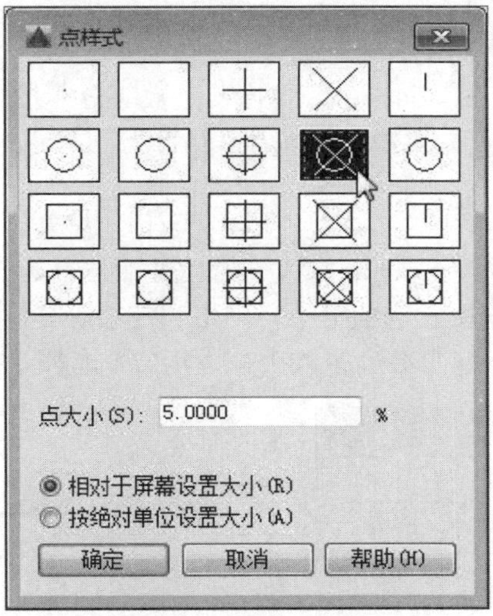

图3-3 “点样式”对话框

工程师点拨

【3-1】点样式的系统变量

在AutoCAD软件中，PDMODE表示控制点样式的系统变量，其值与“点样式”对话框中的点样式相对应。PDSIZE是控制点大小的系统变量，当PDSIZE为0时，表示所生成的点大小为绘图区域高度的5%。

3.2.2 绘制单点、多点

设置点样式后，执行“绘图>点>单点”命令，在绘图区中单击或输入点的坐标值，即可绘制单点，如图3-4所示。在“默认”选项卡的“绘图”面板中，单击“多点”按钮，即可绘制多点，如图3-5所示。

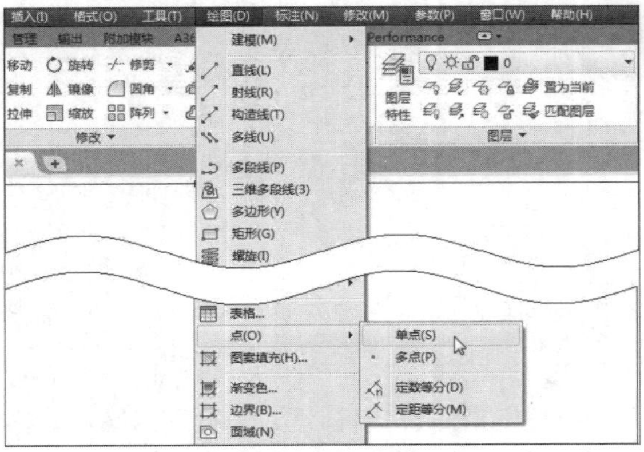

图3-4 执行菜单命令

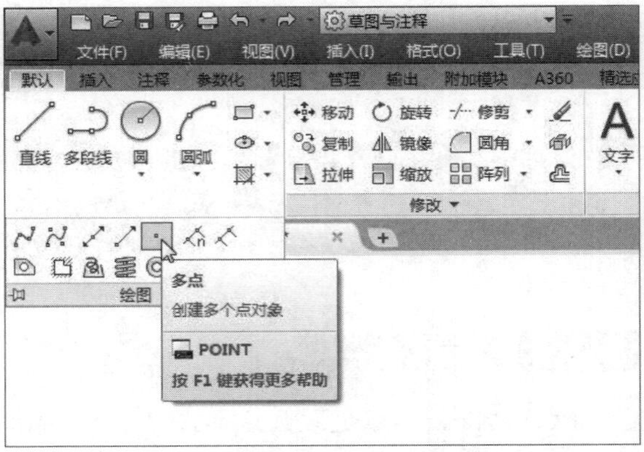

图3-5 功能区命令

3.2.3 绘制定数等分点

使用“定数等分”命令，可以将所选对象按指定的线段数目进行平均等分。这个操作并不将对象实际等分为单独的对象，仅仅是标明定数等分点的位置，以便将它们作为几何参考点。

在AutoCAD 2016中，用户可以通过以下方法执行“定数等分”命令。

- 执行“绘图>点>定数等分”命令。
- 在“默认”选项卡的“绘图”面板中，单击“定数等分”按钮。
- 在命令行中输入DIV后，按回车键。

示例3-1 使用“点样式”和“定数等分”命令，将正六边形3等分

步骤01 执行“格式>点样式”命令，打开“点样式”对话框，选择所需的点样式，如图3-6所示。

步骤02 在“默认”选项卡的“绘图”选项组中，单击“定数等分”按钮。

步骤03 根据命令行的提示，选择要等分的正六边形，并输入要等分数值，这里输入3，如图3-7所示。

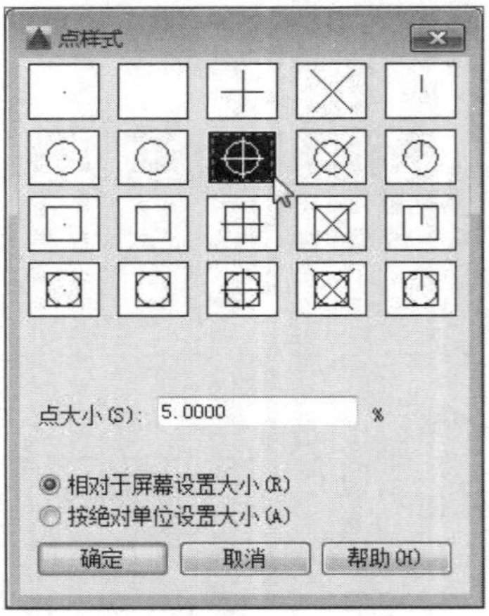

图3-6 选择点样式

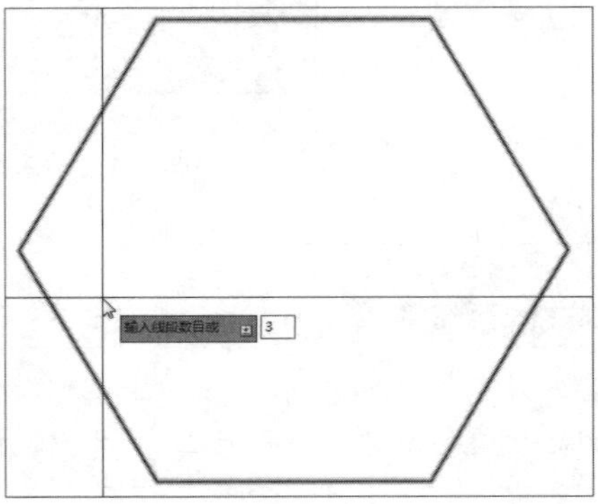

图3-7 输入分段数值

命令行提示如下：

```
命令：_divide
选择要定数等分的对象：                    (选择正六边形，回车)
输入线段数目或 [块(B)]: 3                 (输入等分段数值，回车)
```

步骤04 按回车键完成正六边形分段操作，结果如图3-8所示。

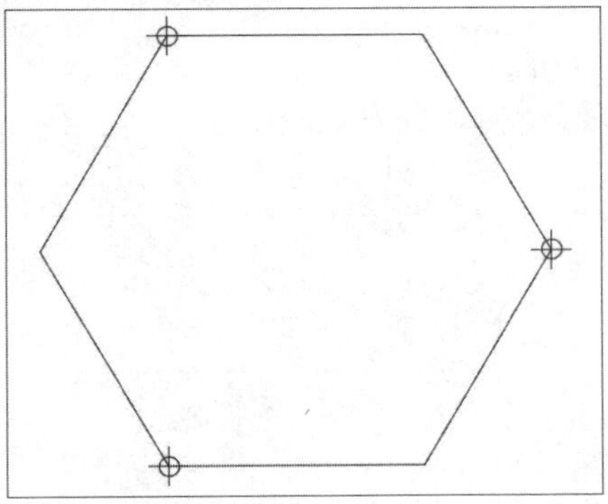

图3-8　完成3等分

3.2.4 绘制定距等分点

使用“定距等分”命令，可以从选定对象的某一个端点开始，按照指定的长度开始划分后，最后一段可能要比指定的间隔短。

在AutoCAD 2016中，用户可以通过以下方法执行“定距等分”命令。

- 执行“绘图>点>定距等分”命令。
- 在“默认”选项卡的“绘图”面板中单击“定距等分”按钮。
- 在命令行中输入MEASURE，然后按回车键 。

示例3-2 使用“定距等分”命令，将正六边形按30mm长度进行等分

步骤01 单击“绘图”面板中的“定数等分”按钮，根据命令行的提示，选择正六边形，按回车键。

步骤02 在命令行中，输入等分长度值，这里输入30，如图3-9所示。

步骤03 输入完成后按回车键，即可完成按30mm长度进行等分的操作，如图3-10所示。

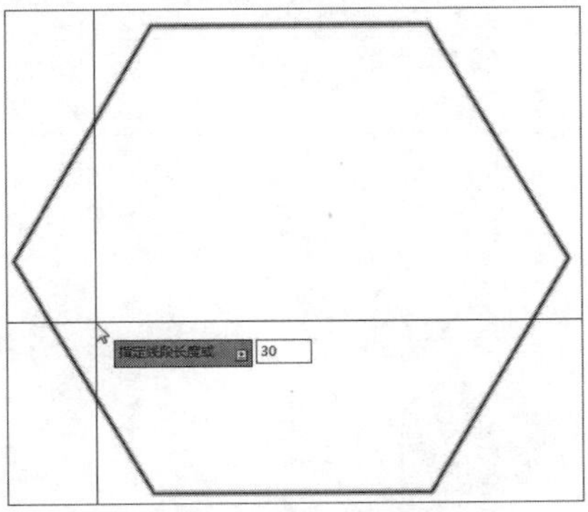

图3-9　输入等分长度值

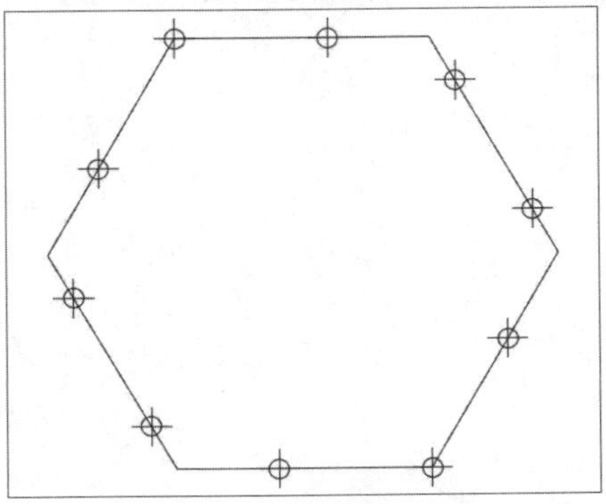

图3-10　定距等分效果

命令行提示如下：

```
命令：_measure
选择要定距等分的对象：                    （选择正六边形，回车）
指定线段长度或 [块(B)]: 30                 （输入等分长度值，回车）
```

工程师点拨

【3-2】设置放置点

放置点的起始位置从对象选取点较近的端点开始，如果对象总长不能被所选长度整除，则最后放置点到对象端点的距离不等于所选长度。

3.3 绘制线

线条的类型有多种，如直线、射线、构造线、多线、多段线、样条曲线以及矩形等。下面将为用户介绍各种线的功能和绘制方法。

3.3.1 直线的绘制

“直线”是图形绘制过程中最基本、常用的命令，用户可以通过以下方法执行“直线”命令。

- 执行“绘图>直线”命令。
- 在“默认”选项卡的“绘图”面板中单击“直线”按钮⁄。
- 在命令行中输入L后，按回车键。

示例3-3 使用“直线”命令绘制屋顶平面轮廓

步骤01 单击“绘图”面板中的“直线”按钮，在绘图区空白处指定直线起点，启用“正交”功能，向上移动光标并输入8800，按回车键确定第1点，此时需按照顺序按下键盘上的Z、空格、A、空格键，将图形全屏显示，如图3-11所示。

步骤02 将光标向右移动并输入10800，按回车键确定第2个点，如图3-12所示。

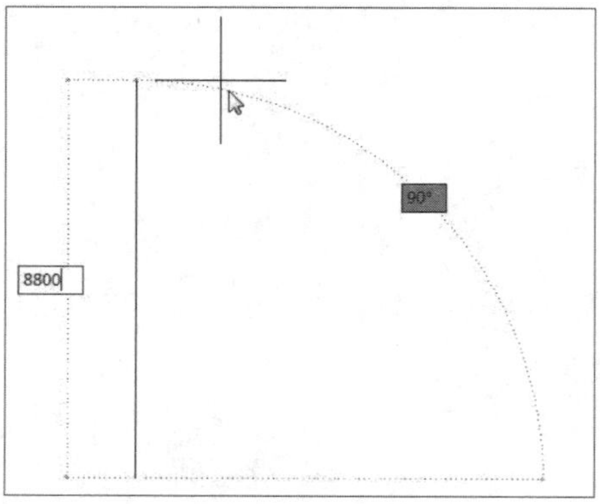

图3-11 输入长度

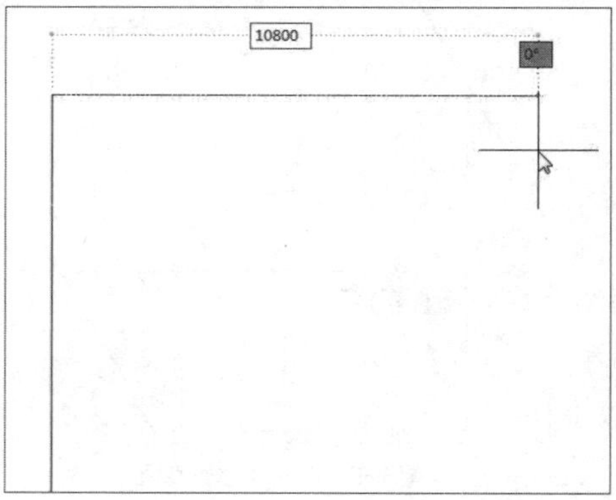

图3-12 确定第2点

步骤03 向下移动光标，并输入11400，按回车键确定第3点，如图3-13所示。

步骤04 再向左移动光标，并输入6000，按回车键确定第4点，如图3-14所示。

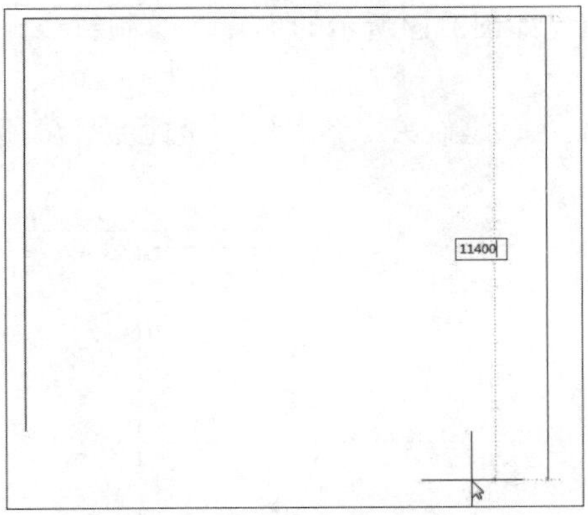

图3-13　确定第3点

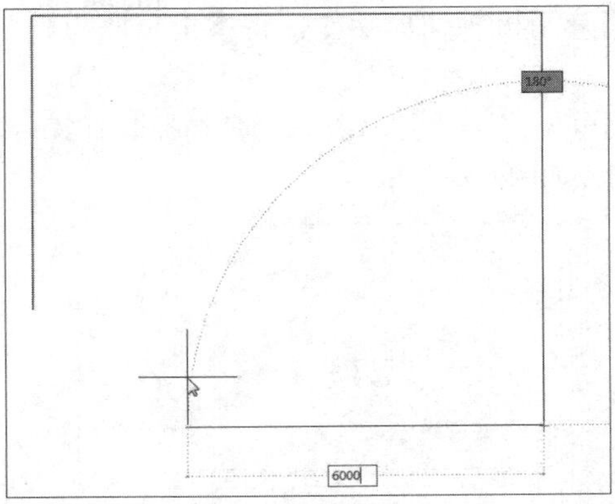

图3-14　确定第4点

步骤05 向上移动光标并输入2600，按回车键确定第5点，如图3-15所示。

步骤06 向左移动光标，捕捉起点并按回车键，完成屋顶轮廓线的绘制，如图3-16所示。

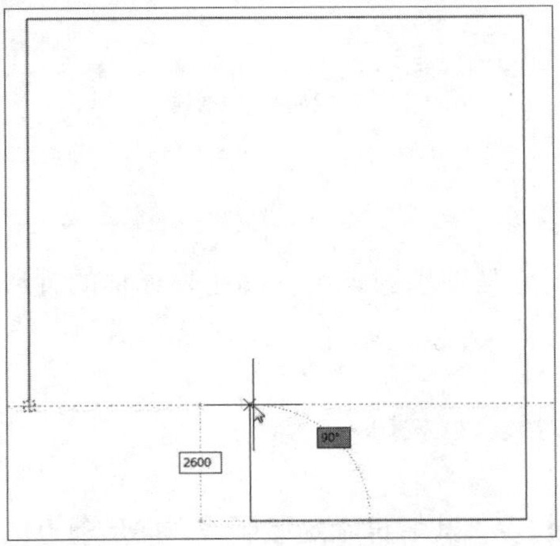

图3-15　确定第5点

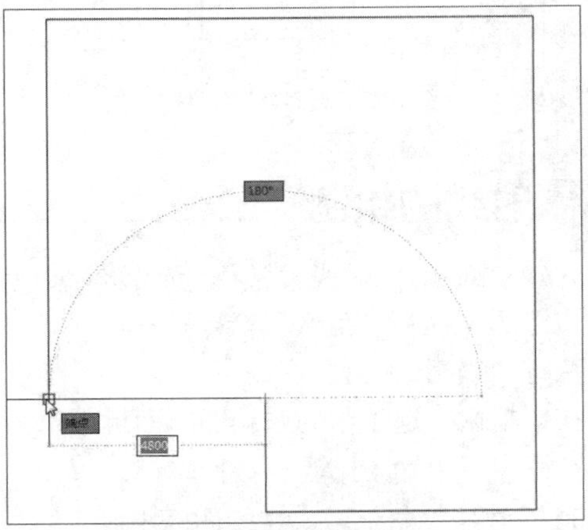

图3-16　完成轮廓线绘制

步骤07 捕捉右下角线段中点，并向上移动光标，输入5600，按回车键完成一个屋脊线的绘制，如图3-17所示。

步骤08 捕捉最左侧线段中点，并将光标向右移动，输入10800，按回车键完成另一侧屋脊线的绘制，如图3-18所示。

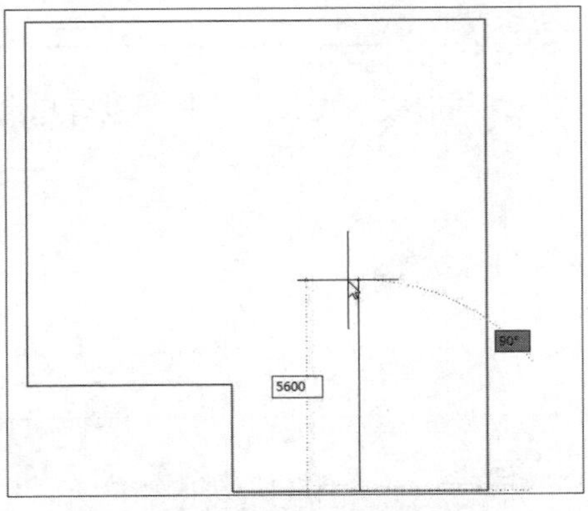

图3-17　绘制第1条屋脊线

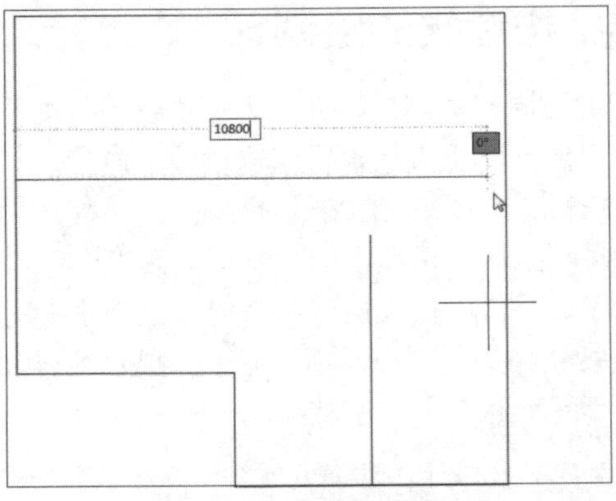

图3-18　绘制第二条屋脊线

步骤09 启用极轴捕捉功能，将增量角设为45，捕捉如图3-19所示的端点，绘制斜线，如图3-19所示。

步骤10 移动光标，并沿着45度角捕捉与直线段的交点，绘制第二条斜线，至此完成屋顶轮廓图形的绘制，如图3-20所示。

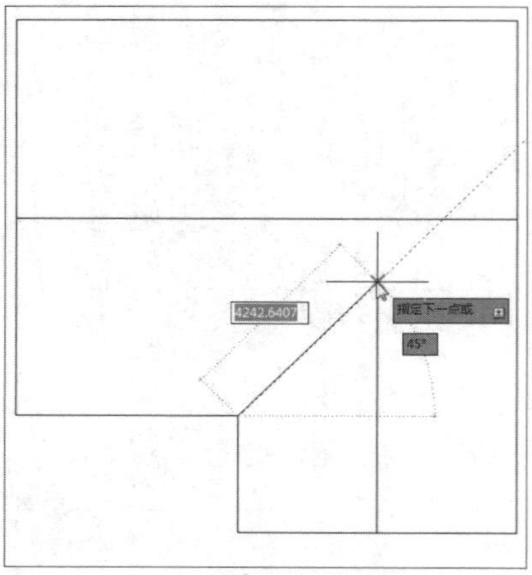

图3-19 绘制第1条斜线

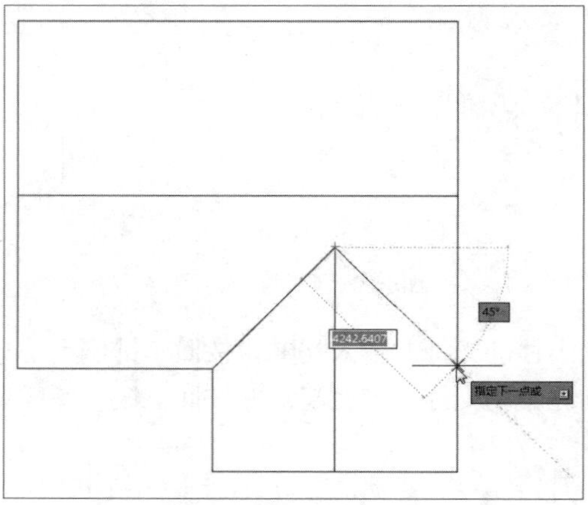

图3-20 绘制第2条斜线

3.3.2 射线的绘制

在AutoCAD中，射线常常作为辅助线来使用，它是一端固定，一端无限延伸的直线。用户可以通过以下方法执行“射线”命令。

- 执行“绘图>射线”命令。
- 在“默认”选项卡的“绘图”面板中单击“射线”按钮。
- 在命令行中输入RAY，按回车键。

执行“射线”命令后，在绘图区中确定射线的起点，其后再确定该射线方向所通过的点，按回车键完成射线的绘制。使用相同的方法，用户可重复绘制多条射线。

命令行提示如下：

```
命令：_ray 指定起点：                                   （指定射线起点）
指定通过点：                                            （指定通过点，回车）
```

3.3.3 构造线的绘制

构造线同样是作为辅助线来使用，与射线不同的是，构造线两端无限延长，没有起点和终点。用户可以通过以下方法执行“构造线”命令。

- 执行“绘图>构造线”命令。
- 在“默认”选项卡的“绘图”面板中单击“构造线”按钮。
- 在命令行中输入快捷命令XL，然后按回车键。

执行“构造线”命令后，命令行提示内容如下：

```
命令：_xline
指定点或 [水平(H)/垂直(V)/角度(A)/二等分(B)/偏移(O)]：      （在绘图区指定一点）
指定通过点：                                              （指定要通过的点，回车）
```

3.3.4 多段线的绘制及设置

多段线是由相连的直线或弧线组合而成。在绘制多段线时，用户可以随时选择下一条线的宽度、线型和定位方法，从而连续地绘制出不同属性线段的多段线。

1. 绘制多段线

在AutoCAD软件中，用户可以通过下列方法执行“多段线”命令。

- 执行“绘图>多段线”命令。
- 在“默认”选项卡的“绘图”面板中，单击“多段线”按钮。
- 在命令行中输入命令PL，然后按回车键。

执行“多段线”命令后，命令行提示内容如下。

```
命令：_pline
指定起点：                                                  （指定多段线起点）
当前线宽为 0.0000                                           （设置多段线线宽，默认为 0）
指定下一个点或 [圆弧(A)/半宽(H)/长度(L)/放弃(U)/宽度(W)]：  （指定下一点，直至终点）
```

示例3-4 使用“多段线”命令绘制石块立面图

步骤01 单击“绘图”面板中的“多段线”按钮，根据命令行提示，在绘图区中指定线段起点，其后在命令行中输入W，设置起点宽度为10，如图3-21所示。

步骤02 按回车键，设置终点宽度同样为10，再次按回车键，指定线段下一点，如3-22所示。

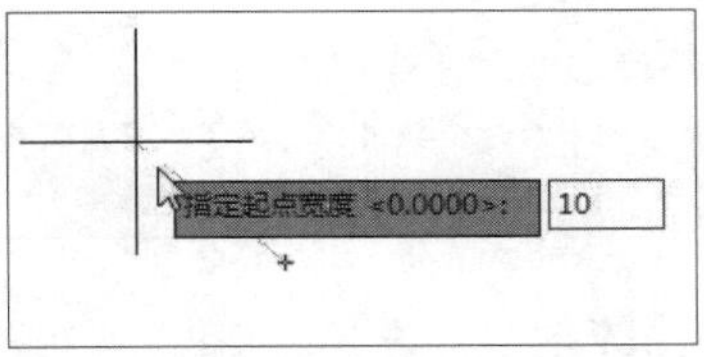

图3-21 设置起点宽度

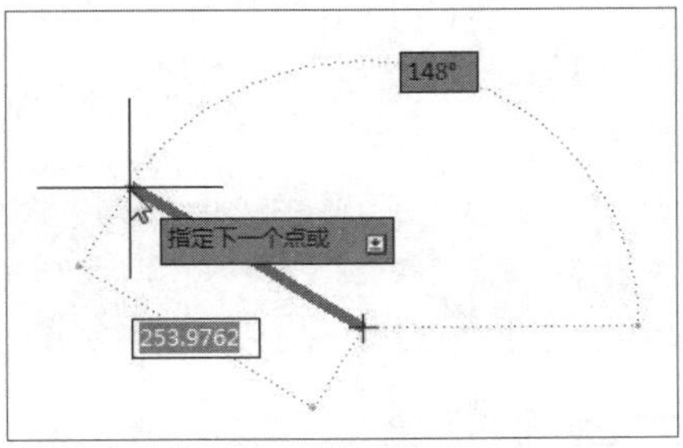

图3-22 指定下一点

步骤03 在绘图区中指定第二点，如图3-23所示。

步骤04 继续指定下一点，直至终点，按回车键结束绘制，结果如图3-24所示。

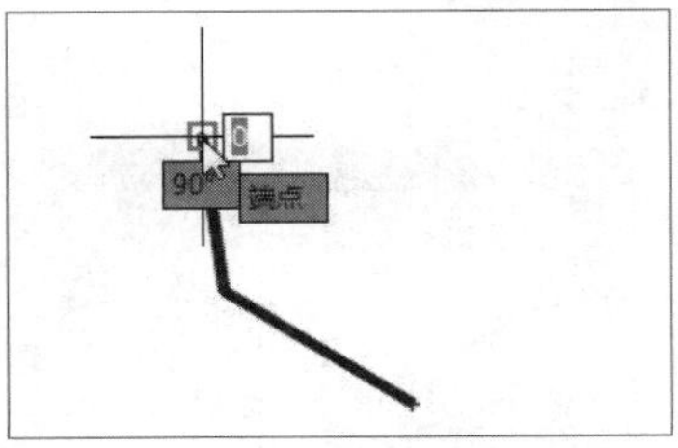

图3-23 指定第二点

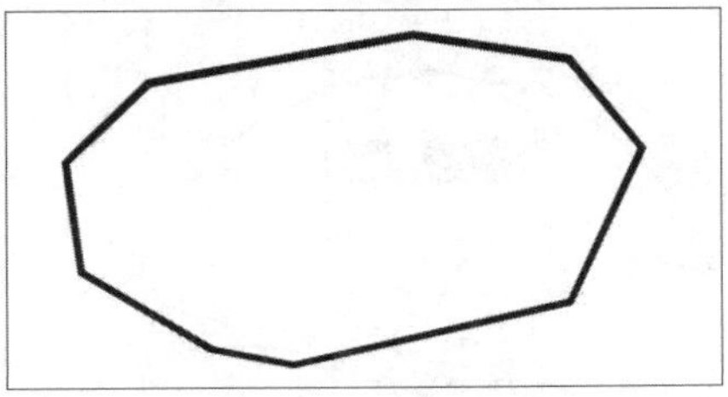
图3-24 绘制结果

步骤05 再次执行“多段线”命令，捕捉图形右下角端点，按照命令行提示输入W，将起点宽度和终点宽度都设为3，如图3-25所示。

步骤06 设置好后，根据命令行提示指定下一点，直至结束，完成石块纹路的绘制，如图 3-26 所示。

步骤07 按照同样的操作，绘制其他纹路线，最终结果如图3-27所示。

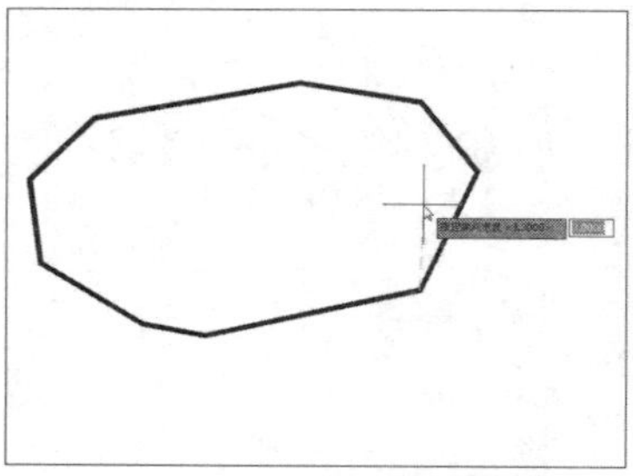

图3-25 设置多段线宽度值

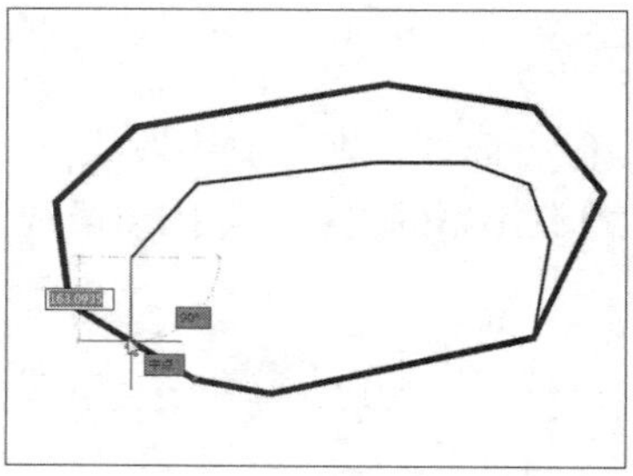

图3-26 绘制石块纹路

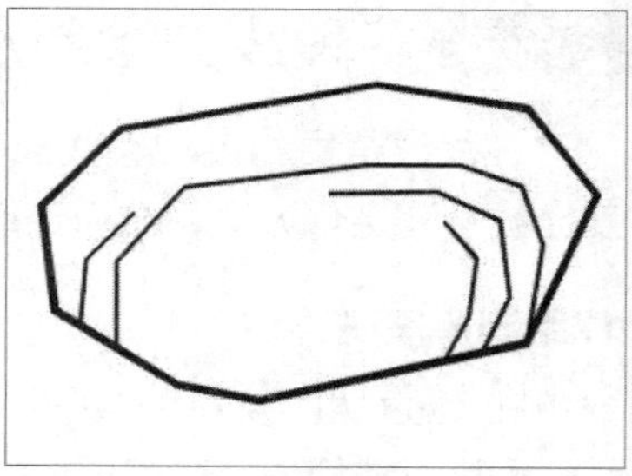

图3-27 最终结果

工程师点拨

【3-3】绘制圆弧

在绘制多段线过程中，如果需要绘制圆弧，可在命令行中根据提示输入A，其后指定圆弧端点即可。如果圆弧弧度不合适，可以在输入A之后，根据提示再次输入D，指定圆弧的方向点，即可更改弧度大小。

2. 编辑多段线

多段线绘制完成后，如果需要对绘制的多段线属性进行更改，可执行“编辑多段线”命令。在AutoCAD 2016软件中，用户可通过以下方法执行编辑多段线命令。

- 在“默认”选项卡的“修改”面板中，单击“编辑多段线”按钮。
- 双击要编辑的多段线即可执行。
- 在命令行中，输入命令PE，然后按回车键。

执行“编辑多段线”命令后，命令行提示如下：

```
PEDIT
选择多段线或 [多条(M)]:(选取要编辑的多段线)
输入选项 [闭合(C)/合并(J)/宽度(W)/编辑顶点(E)/拟合(F)/样条曲线(S)/非曲线化(D)/线型生成(L)/反转(R)/放弃(U)]:(根据需要输入命令，如合并多段线，可输入“J”，回车)
```

示例3-5 使用“编辑多段线”命令对树叶图形进行编辑修改

步骤01 在“默认”选项卡的“修改”面板中，单击“编辑多段线”按钮，根据命令行提示，选中树叶图形的任意一条弧线段，如图3-28所示。

步骤02 按回车键，根据提示选择Y选项，再次按回车键，如图3-29所示。

图3-28 选择弧线段

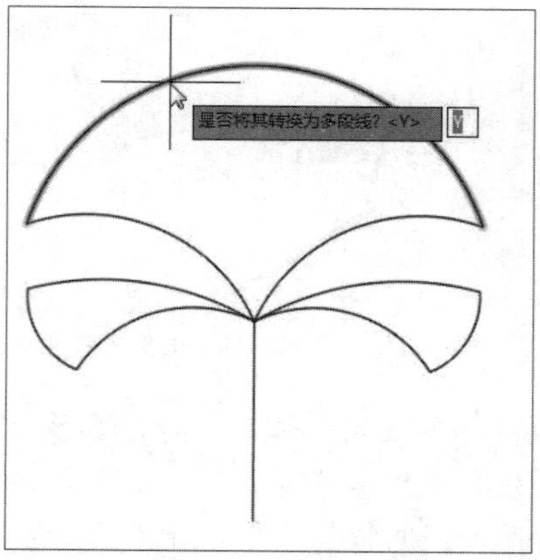

图3-29 转换为多段线

步骤03 在弹出的快捷菜单中，选择“合并”选项，如图3-30所示。

步骤04 根据命令提示，选中树叶图形的所有弧线，按回车键，完成多段线合并操作，结果如图3-31所示。

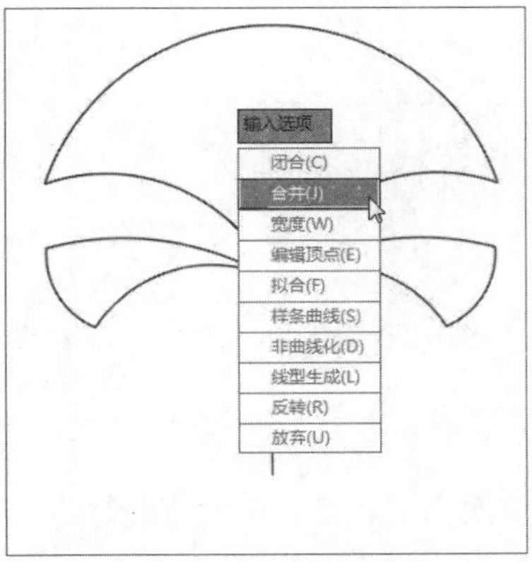

图3-30　合并多段线

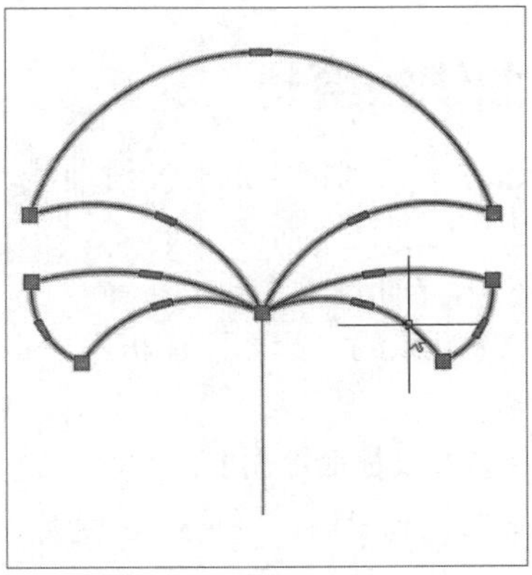

图3-31　完成合并

步骤05 再次执行“编辑多段线”命令，选中合并后的树叶图形，在弹出的快捷菜单中，选择“宽度”选项，如图3-32所示。

步骤06 根据提示输入新宽度值，这里设为50，按两次回车键完成设置，最终结果如图3-33所示。

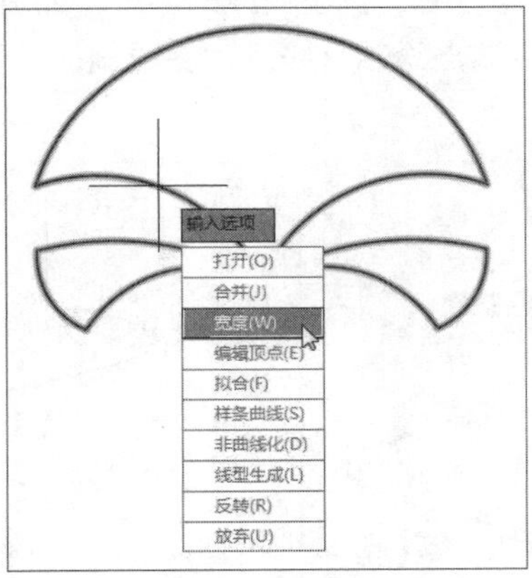

图3-32　设置宽度

图3-33　完成设置

3.3.5 修订云线的绘制

修订云线是由连续圆弧组成的多段线，在园林图纸中，常用来绘制灌木丛、绿地等图形。用户可以通过以下方法执行“修订云线”命令。

- 执行“绘图>修订云线”命令。
- 在“默认”选项卡的“绘图”面板中单击“矩形修订云线”按钮。
- 在命令行中输入REVCLOUD，按回车键。

执行“修订云线”命令后，命令行提示如下：

```
命令：_revcloud
最小弧长：0.5    最大弧长：0.5    样式：普通
指定起点或 [弧长(A)/对象(O)/样式(S)] <对象>:          (指定云线起点，直到结束，回车)
```

在AutoCAD 2016软件中，系统罗列了三种修订云线样式，分别为矩形修订云线、多边形修订云线和徒手画修订云线，用户可根据绘图需要，选择相关的命令。在命令行中，用户也可对当前云线的属性进行设置，例如弧长、样式等。

3.3.6 样条曲线的绘制

样条曲线是通过一系列指定点的光滑曲线，来绘制不规则的曲线图形。在AutoCAD中，用户可以通过以下方法执行“样条曲线”命令。

- 执行“绘图>样条曲线”命令的子命令。
- 在“默认”选项卡的“绘图”面板中，单击“样条曲线拟合”按钮或“样条曲线控制点”按钮。
- 在命令行中输入快捷命令SPL，按回车键。

执行“样条曲线”命令后，根据命令行提示，依次指定起点、中间点和终点，即可绘制出样条曲线。

示例3-6 使用“样条曲线”命令绘制剖面符号

步骤01 在“默认”选项卡的“绘图”面板中，单击“样条曲线拟合”按钮，根据命令行提示，在绘图区中指定第一点以及下一点，直到结束并按回车键，结果如图3-34所示。

步骤02 选中该样条曲线的起点，向下移动光标至合适位置，调整曲线的形状，如图3-35所示。

步骤03 执行“直线”命令，捕捉该样条曲线的两个端点绘制直线段，完成剖面符号的绘制，最终结果如图3-36所示。

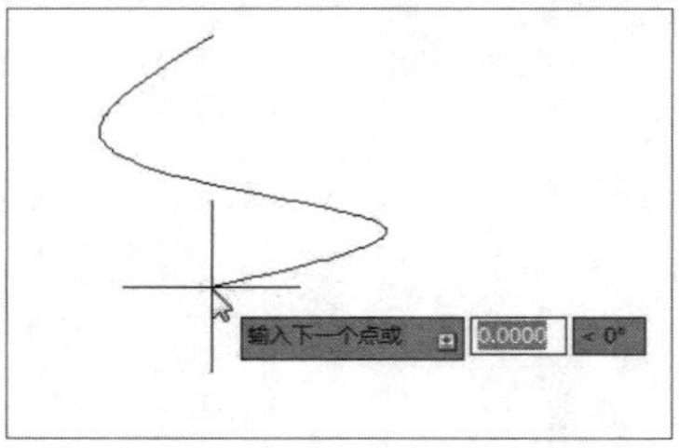

图3-34 绘制样条曲线

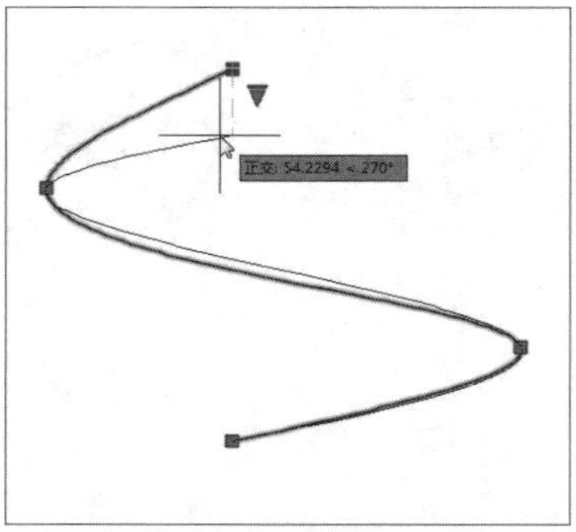

图3-35 调整曲线形状

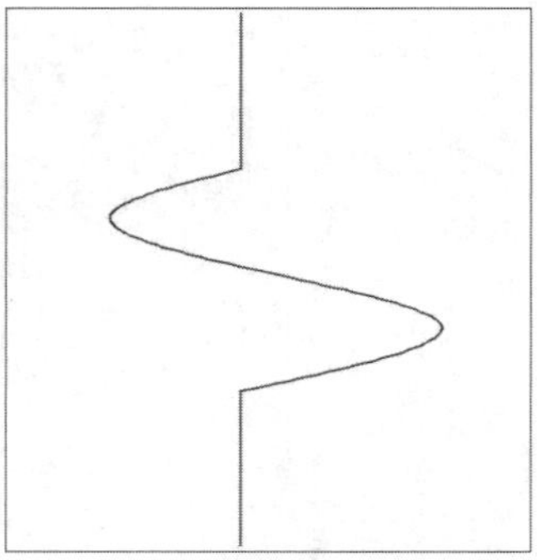

图3-36 最终结果

工程师点拨

【3-4】编辑样条曲线

样条曲线绘制好后，用户可对其进行编辑操作，方法与编辑多段线相似。用户只需双击样条曲线，在弹出的快捷菜单中，选择所需的编辑选项，再根据命令行的提示，对当前样条曲线的属性进行调整更改。当然，用户也可以在“默认”选项卡的“修改”面板中，单击“编辑样条曲线 ”按钮，进行编辑操作。

3.3.7 多线的绘制

多线是一种由多条平行线组成的图形。在AutoCAD中绘制多线之前，需对多线的样式进行设置。下面将分别对其操作方法进行介绍。

1. 设置多线样式

在AutoCAD 2016中，可以通过设置多线的线条数目、对齐方式和线型等属性，来绘制出符合要求的多线样式。用户可以通过以下方法执行“多线样式”命令。

- 执行“格式>多线样式”命令。
- 在命令行中输入MLSTYLE，按回车键。

执行“多线样式”命令后，在弹出的“多线样式”对话框中，用户可单击“新建”按钮，新建多线样式，并对其进行命名后，单击“继续”按钮，如图3-37所示。在“新建多线样式”对话框中，用户可对其封口、填充颜色、线段颜色等进行设置，如图3-38所示。

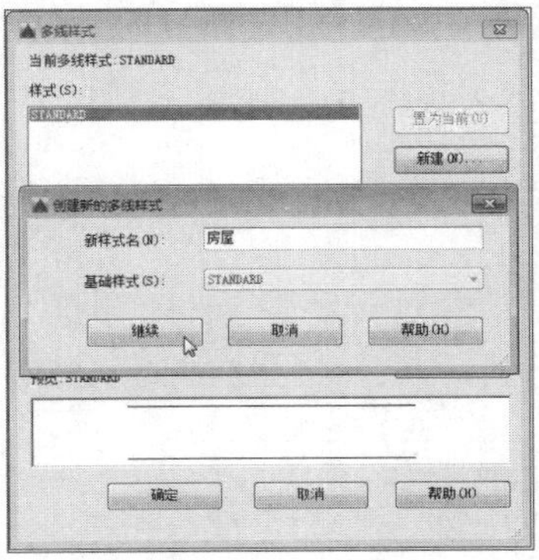

图3-37　新建多线样式

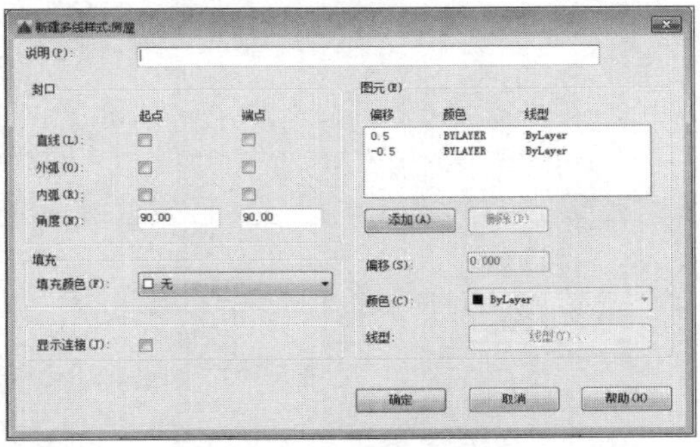

图3-38　设置多线属性

2. 绘制多线

多线样式设置完成后，可执行“多线”命令进行多线的绘制操作。用户可以通过以下方法执行“多线”命令。

- 执行“绘图>多线”命令。
- 在命令行中输入快捷命令ML，按回车键。

执行“多线”命令后，命令行提示如下：

```
命令：_mline
当前设置：对正 = 上，比例 = 20.00，样式 = STANDARD
指定起点或 [对正(J)/比例(S)/样式(ST)]:          (指定多线起点，直至结束)
```

工程师点拨

【3-5】修剪多线

在绘制多线时，难免会遇到两条多线相交的情况，如果需要对相交线进行修剪，可双击要修剪的多线，弹出“多线编辑工具”对话框，在该对话框中有12种编辑工具，用户可根据情况来选择适合的编辑工具，其后按照命令行的提示信息，完成多线的修剪操作，如图3-39所示。

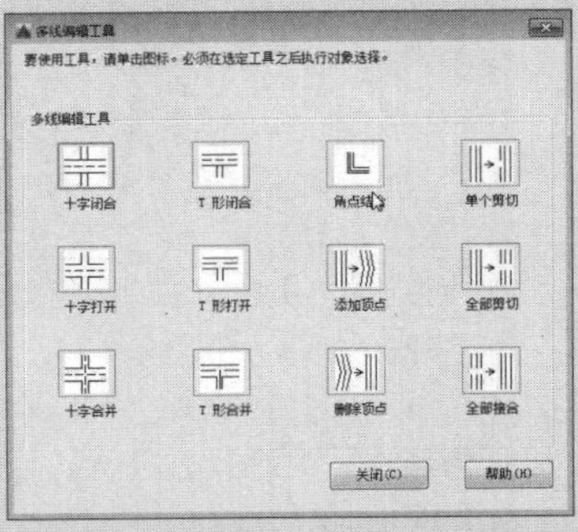

图3-39 “多线编辑工具”对话框

示例3-7 使用“多线”命令绘制建筑墙体

步骤01 在“默认”选项卡的“修改”面板中，单击“偏移”按钮，根据命令行提示，选中横向轴线，依次向下偏移3500、3500、1500、1500；其后将竖轴线依次向右偏移4000、4000、5000、4000、4000，绘制出如图3-40所示的墙体轴线。偏移命令的使用方法会在以后章节中详细介绍。

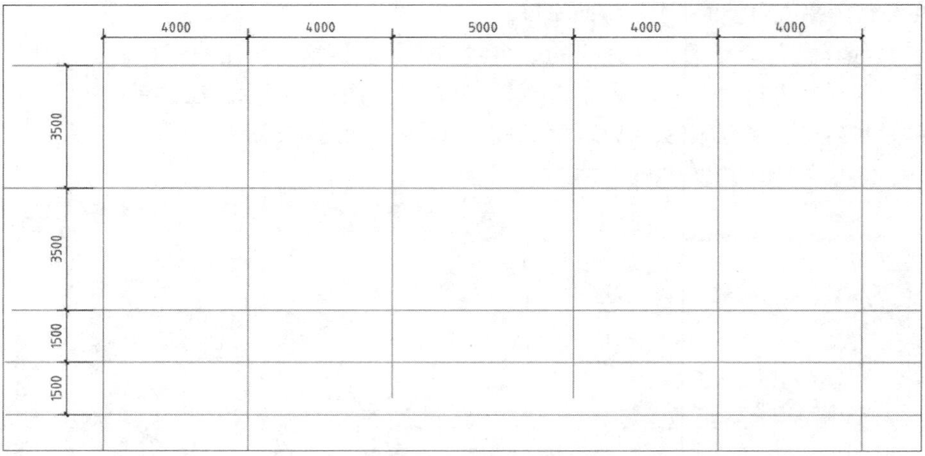

图3-40 使用偏移命令绘制墙体轴线

步骤02 执行“绘图>多线”命令，在命令行中，根据命令行提示信息输入J，将“对正”设为“无”，按回车键。其后输入S，将“比例”设为240，按回车键。在绘图区中，捕捉左下角轴线交点作为多线起点，如图3-41所示。

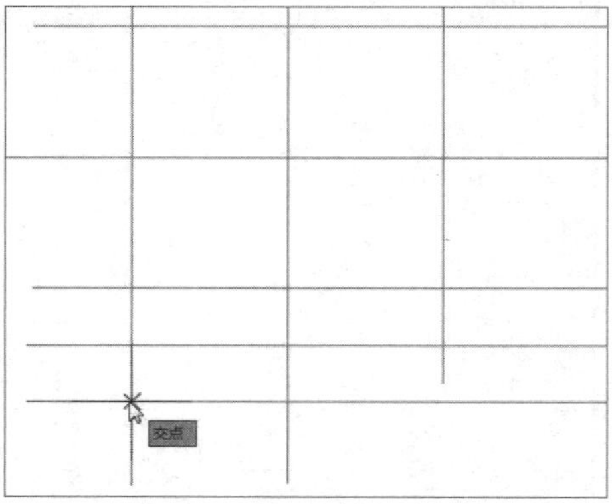

图3-41 确定多线起点

```
命令： MLINE
当前设置： 对正 = 上，比例 = 1.00，样式 = STANDARD
指定起点或 [对正(J)/比例(S)/样式(ST)]:  j                （输入“J”，设置对正类型，回车）
输入对正类型 [上(T)/无(Z)/下(B)] <上>:  z                （输入“Z”，对正为“无”，回车）
当前设置： 对正 = 无，比例 = 1.00，样式 = STANDARD
指定起点或 [对正(J)/比例(S)/样式(ST)]:  s                （输入“S”，设置比例参数，回车）
输入多线比例 <1.00>:  240                                （将比例参数设为 240，回车）
当前设置： 对正 = 无，比例 = 240.00，样式 = STANDARD
指定起点或 [对正(J)/比例(S)/样式(ST)]:                   （捕捉左下角轴线交点）
指定下一点：                                             （捕捉左上角轴线交点，确定第二点）
指定下一点或 [闭合(C)/放弃(U)]:                          （继续捕捉其他轴线交点，按回车键结束绘制）
```

步骤03 继续捕捉左上角轴线交点作为多线第二点，如图3-42所示。

步骤04 按照同样的操作，继续捕捉轴线交点，按回车键结束绘制，结果如图3-43所示。

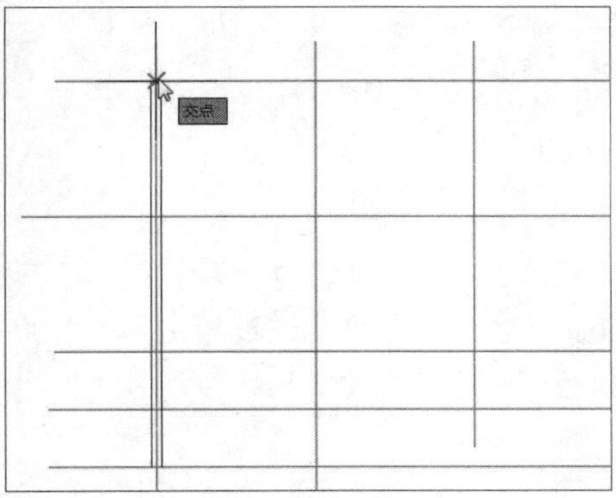

图3-42 确定多线第2点

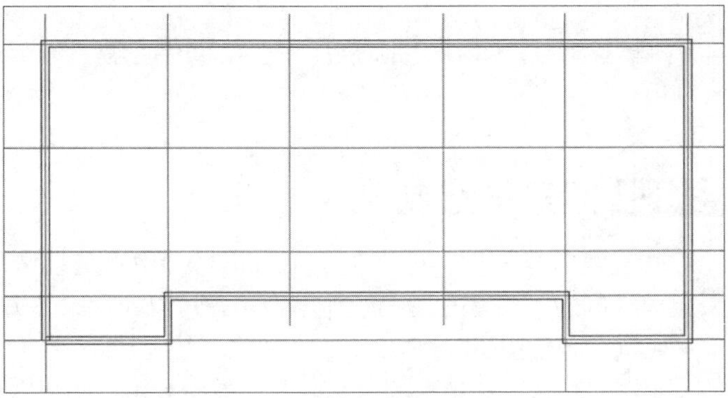

图3-43 绘制墙体线

步骤05 双击左下角相交的多线，如图3-44所示，在“编辑多线工具”对话框中，选择“角点结合”工具，结果如图3-45所示。

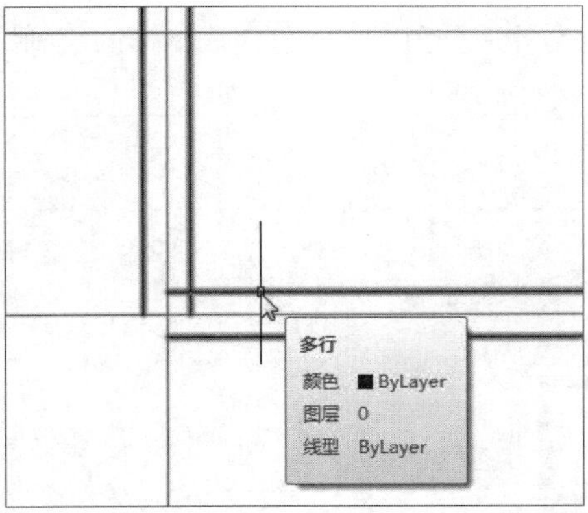

图3-44 双击相交多线

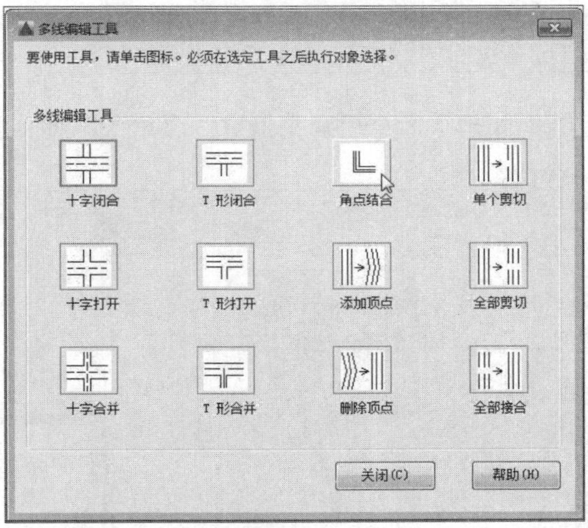

图3-45 选择编辑多线工具

步骤06 选择完成后，根据命令行提示依次选择两条相交的多线，即可完成修剪操作，如图3-46所示。

步骤07 按照以上的操作方法，使用“多线”和“编辑多线工具”命令，绘制内墙体线。最后，关闭轴线层，结果如图3-47所示。

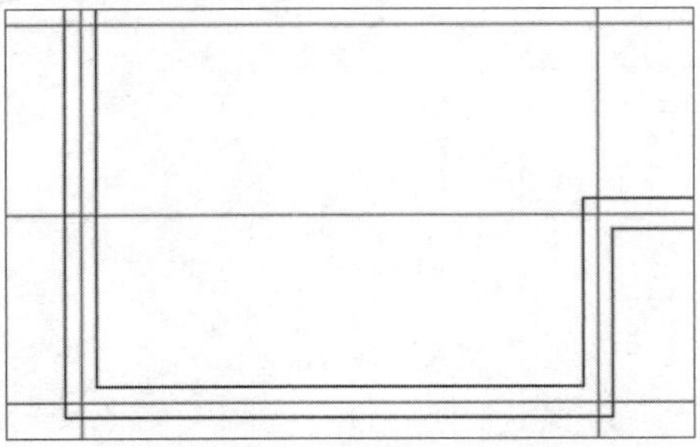

图3-46 完成修剪操作

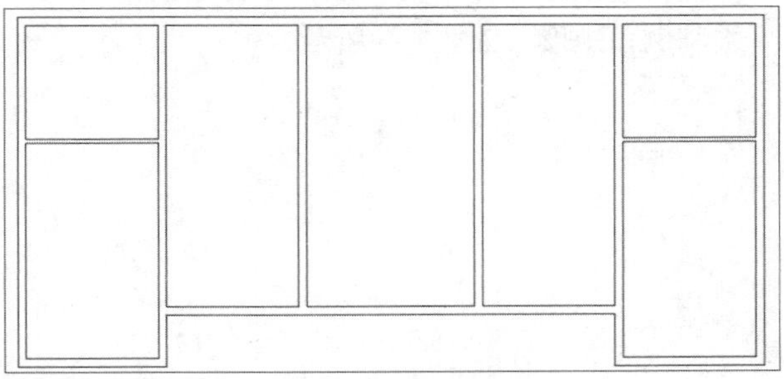

图3-47 绘制内墙体线

3.4 绘制矩形及正多边形

矩形和多边形是最基本的几何图形，下面将向用户介绍矩形和多边形的绘制操作。

3.4.1 矩形的绘制

和直线命令一样，矩形命令在AutoCAD中也是最常用的命令之一，主要是通过指定两个角点来完成绘制的。在AutoCAD软件中，用户可以通过以下方法执行“矩形”命令。

- 执行“绘图>矩形”命令。
- 在“默认”选项卡的“绘图”面板中单击“矩形”按钮。
- 在命令行中输入命令REC，按回车键。

执行“矩形”命令后，命令行提示信息如下：

```
命令： RECTANG
指定第一个角点或 [倒角(C)/标高(E)/圆角(F)/厚度(T)/宽度(W)]:(指定矩形一个角点，回车)
指定另一个角点或 [面积(A)/尺寸(D)/旋转(R)]: @200,300(输入绝对符号@，并输入矩形长与宽值，回车)
```

执行“矩形”命令后，先指定一个角点，随后指定另外一个角点，即可完成矩形的绘制操作。

工程师点拨

【3-6】设置宽度

执行“矩形”命令，根据命令行的提示信息，输入W，其后输入线宽的数值，按回车键，在绘图区中，确定好矩形一个角点，在命令行中输入长和宽的数值即可，如图3-48所示为宽度是20mm的矩形。

图3-48 宽度为20mm的矩形

3.4.2 倒角、圆角矩形的绘制

执行“矩形”命令后，在命令行输入C并按回车键，选择倒角选项，然后输入倒角距离值，即可绘制倒角矩形，如图3-49所示。

图3-49 倒角为30mm的矩形

命令行提示如下：

```
命令： RECTANG
当前矩形模式：   宽度 =20.0000
指定第一个角点或 [倒角(C)/标高(E)/圆角(F)/厚度(T)/宽度(W)]: c （输入“C”，选择“倒角”，回车）
指定矩形的第一个倒角距离 <0.0000>: 30                        （输入第1倒角距离值，回车）
指定矩形的第二个倒角距离 <30.0000>: 30                       （输入第2个倒角距离值，回车）
指定第一个角点或 [倒角(C)/标高(E)/圆角(F)/厚度(T)/宽度(W)]:   （在绘图区中指定矩形一个角点）
指定另一个角点或 [面积(A)/尺寸(D)/旋转(R)]:@300,200            （指定另一个角点，完成绘制）
```

若在命令行中输入F并按回车键，选择“圆角”选项，然后设置圆角半径，可绘制出圆角矩形，如图3-50所示。

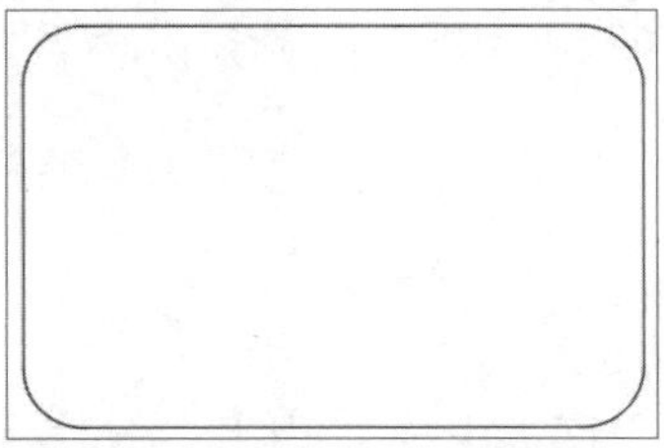

图3-50　圆角半径为30的矩形

命令行提示如下：

```
命令： RECTANG
指定第一个角点或 [倒角(C)/标高(E)/圆角(F)/厚度(T)/宽度(W)]: f （输入“F”，选择“圆角”，回车）
指定矩形的圆角半径 <0.0000>: 30                              （输入圆角半径值，回车）
指定第一个角点或 [倒角(C)/标高(E)/圆角(F)/厚度(T)/宽度(W)]:    （指定矩形一个角点，回车）
指定另一个角点或 [面积(A)/尺寸(D)/旋转(R)]: @300,200           （指定矩形另一个角点，回车完成）
```

3.4.3 正多边形的绘制

在AutoCAD软件中，默认多边形的边数为4，用户可以通过以下方法绘制出任意边数的正多边形图形。图3-51为外接圆六边形，图3-52为内接圆六边形。

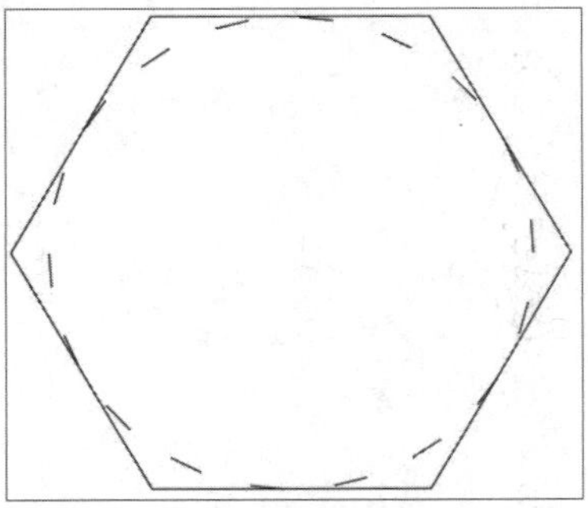

图3-51　外接圆的六边形

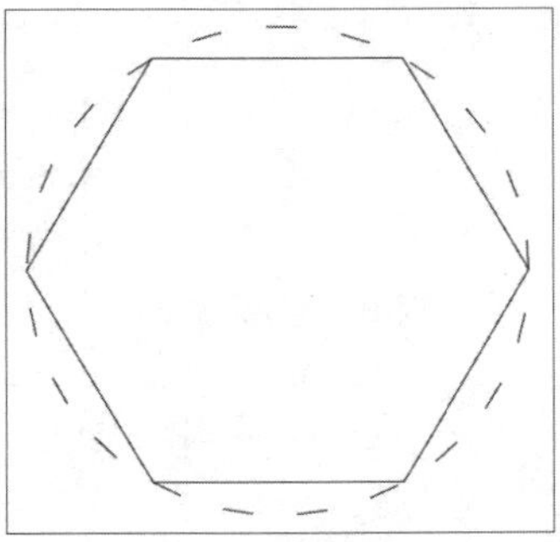

图3-52　内接圆的六边形

- 执行“绘图>多边形”命令。
- 在“默认”选项卡的“绘图”面板中，单击“多边形”按钮。
- 在命令行中输入POL命令，按回车键。

执行“多边形”命令后，命令行提示如下：

```
命令：_polygon 输入侧面数 <4>: 6                       (输入多边形的边数，回车)
指定正多边形的中心点或 [边(E)]:                          (在绘图区中，指定多边形中心点)
输入选项 [内接于圆(I)/外切于圆(C)] <I>: I                 (选择内接或外接圆选项)
指定圆的半径：200                                       (输入圆半径值，回车完成)
```

3.5 绘制圆形

在AutoCAD中，圆形命令有“圆”、“圆弧”、“椭圆”以及“圆环”等。其中，“圆”命令是最常用的命令，用户可以通过以下方法执行“圆”命令。

- 执行“绘图>圆”命令的子命令。
- 在“默认”选项卡的“绘图”面板中单击“圆”下拉按钮，在展开的下拉菜单中将显示6种绘制圆的选项，根据需要进行选择即可。
- 在命令行中输入C命令，按回车键。

3.5.1 正圆的绘制

在AutoCAD中，用户可以执行“圆心，半径”命令，根据命令行的提示信息，绘制正圆，如图3-53、3-54所示。命令行提示如下：

```
命令：_CIRCLE
指定圆的圆心或 [三点(3P)/两点(2P)/切点、切点、半径(T)]:(在绘图区中，指定圆心位置)
指定圆的半径或 [直径(D)] <86.6025>: 200 (输入圆半径值，若输入“D”，回车后，可输入直径绘制)
```

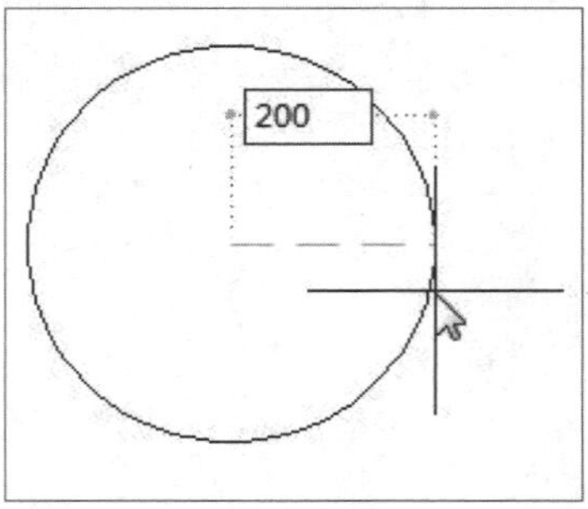

图3-53 设置圆半径值

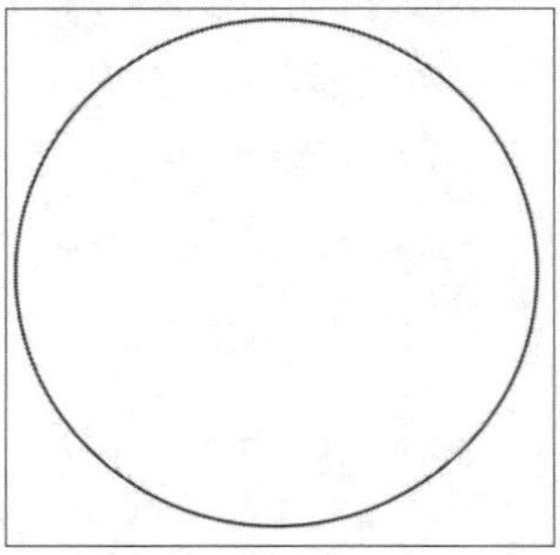

图3-54 绘制圆

3.5.2 椭圆的绘制

椭圆有长半轴和短半轴之分，长半轴与短半轴的值决定了椭圆曲线的形状。设置椭圆的起始角度和终止角度，可以绘制椭圆弧。用户可以通过以下方法执行“椭圆”命令。

- 执行“绘图>椭圆”命令子列表中的“圆心”或“轴，端点”命令。

● 在“默认”选项卡的“绘图”面板中，单击“椭圆”下拉按钮，在展开的下拉菜单中选择“圆心”或“轴，端点”选项。

● 在命令行中输入EL命令，按回车键。

用户通过以上方法执行“圆心，直径”命令后，可根据命令行的提示信息来绘制椭圆，如图3-55、3-56、3-57所示。命令行提示如下：

```
命令： _ellipse
指定椭圆的轴端点或 [圆弧(A)/中心点(C)]: _c
指定椭圆的中心点：                                （在绘图区中，指定椭圆中心点）
指定轴的端点： 100                                （设置一条轴的长度，回车）
指定另一条半轴长度或 [旋转(R)]: 50                （输入另一半轴的长度，回车完成绘制）
```

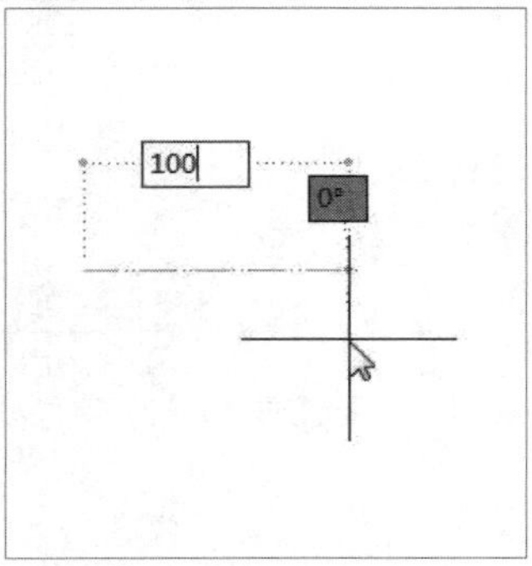

图3-55　设置一条轴长度

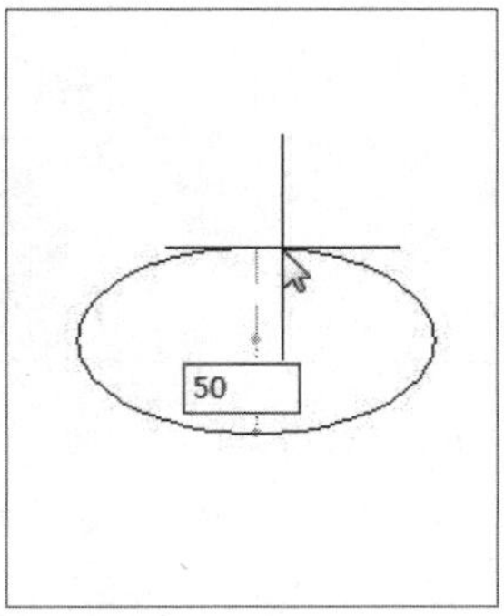

图3-56　设置另一半轴长度

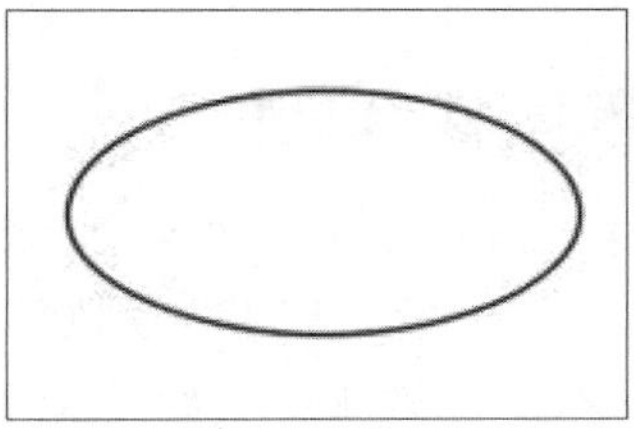
图3-57　完成绘制

3.5.3 圆弧及椭圆弧的绘制

绘制圆弧的方法有很多种，默认情况下只需指定圆弧的起点、圆弧上的点以及圆弧的端点即可。在AutoCAD中，用户可以通过以下方法执行“圆弧”命令。

● 执行“绘图>圆弧”命令子菜单中的命令。

● 在“默认”选项卡的“绘图”面板中，单击“圆弧”下拉按钮，在展开的下拉菜单中选择合适的选项。

通过执行“三点”命令后，用户可根据命令行的提示信息绘制图形，如图3-58所示。命令行的提示如下：

```
命令： _arc
指定圆弧的起点或 [圆心(C)]:                       （在绘图区中，指定圆弧起点）
指定圆弧的第二个点或 [圆心(C)/端点(E)]:           （指定圆弧上的点）
指定圆弧的端点：                                  （指定圆弧端点即可）
```

椭圆弧其实是椭圆的一部分弧线，用户只需指定椭圆弧的起止角和终止角，即可绘制椭圆弧。在AutoCAD 2016中，用户可以通过以下方法执行“椭圆弧”命令。

● 执行“绘图>椭圆弧”命令。

● 在“默认”选项卡的“绘图”面板中，单击“椭圆”下拉按钮，在展开的下拉菜单中选择“椭圆弧”选项。

执行“椭圆弧”命令后，用户可根据命令行提示信息绘制图形，如图3-59所示。命令行提示内容如下：

```
命令：_ellipse
指定椭圆的轴端点或 [圆弧(A)/中心点(C)]: _a
指定椭圆弧的轴端点或 [中心点(C)]:                    (指定椭圆弧中心点)
指定轴的另一个端点: 300                              (输入轴一个端点长度值，回车)
指定另一条半轴长度或 [旋转(R)]: 50                   (输入另一条半轴长度值，回车)
指定起点角度或 [参数(P)]: 60                         (输入椭圆弧起点角度，回车)
指定端点角度或 [参数(P)/夹角(I)]: 200                (输入椭圆弧端点角度值，回车即可)
```

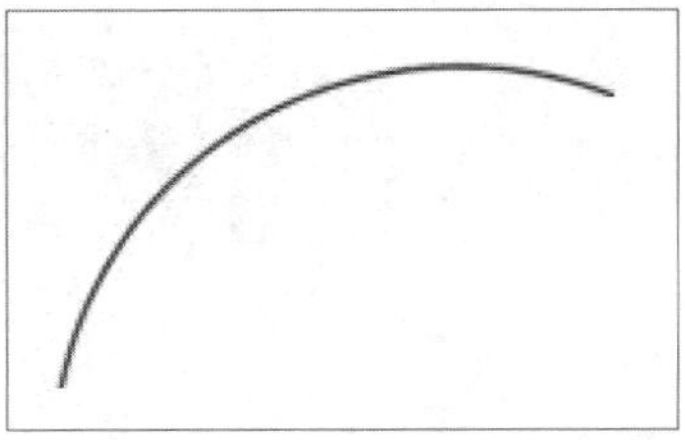

图3-58 圆弧

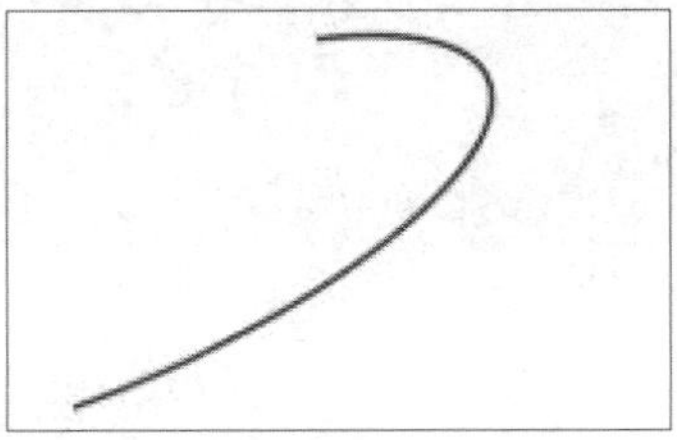

图3-59 椭圆弧

3.5.4 圆环的绘制

圆环是由两个圆心相同、半径不同的圆组成的，分为填充环和实体填充圆，即带有宽度的闭合多段线。用户可通过以下方法执行“圆环”命令。

- 执行“绘图>圆环”命令即可。
- 在“默认”选项卡的“绘图”面板中，单击“圆环”按钮◎。
- 在命令行输入DO命令，按回车键即可。

执行“圆环”命令后，用户可根据命令行提示信息绘制圆环，命令行提示如下：

```
命令：_donut
指定圆环的内径 <100.0000>: 100                      (输入圆环内径值，回车)
指定圆环的外径 <200.0000>: 150                      (输入圆环外径值，回车)
指定圆环的中心点或 <退出>:                          (在绘图区中，指定圆环的位置)
```

示例3-8 使用“圆环”、“圆”以及“文字”命令，绘制交通标志图形

步骤01 在“默认”选项卡的“绘图”面板中，单击“圆”按钮，根据命令行的提示，绘制一个半径为65mm的圆，如图3-60所示。

步骤02 在“默认”选项卡的“绘图”面板中，单击“圆环”按钮，根据命令行的提示，绘制一个内径为100mm，外径为120mm的圆环，并捕捉圆心中点，放置在圆形正中位，如图3-61所示。

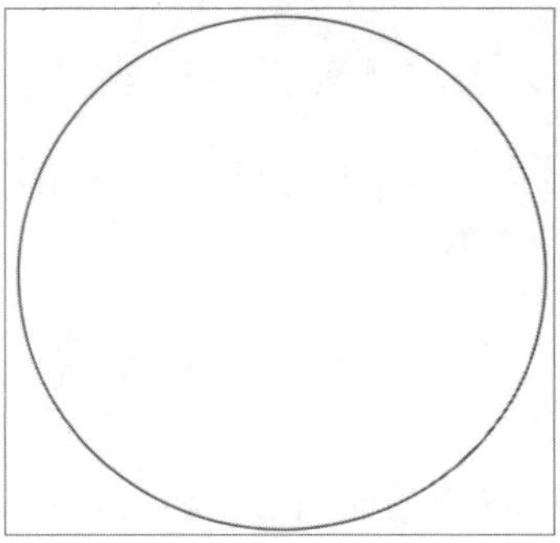

图3-60 绘制圆形

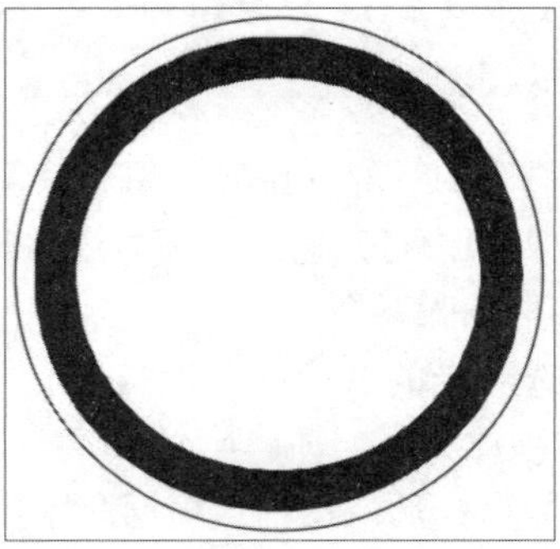

图3-61 绘制圆环

步骤03 在“默认”选项卡的“注释”选项组中，单击“多行文字 ”按钮，在圆环中心位置框选文字范围，如图3-62所示。

步骤04 此时在圆环内会显示文字编辑框，在该编辑框中输入文字。

步骤05 输入完成后，选中该文字，切换至“文字编辑器”选项卡，在“样式”面板中的“文字高度”文本框中输入50，如图3-63所示。

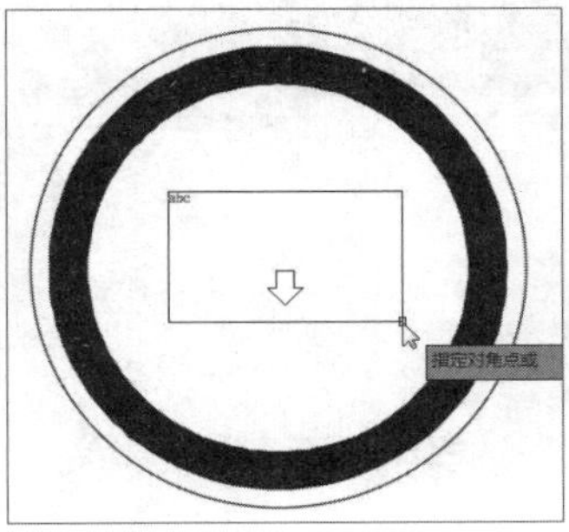

图3-62 框选文字范围

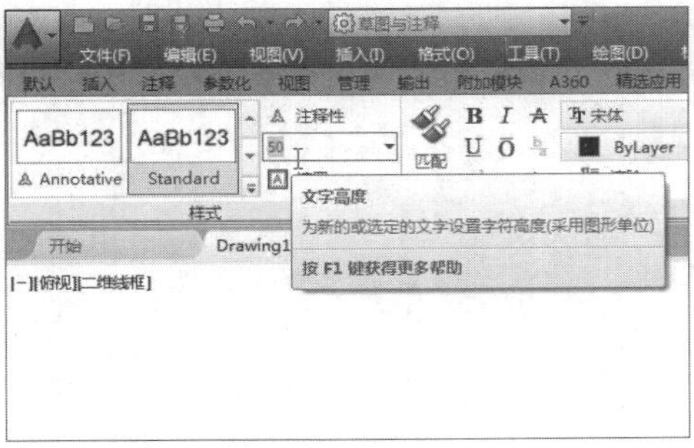

图3-63 设置文字高度

步骤06 同样选中该文字，在“格式”面板中，设置字体为“黑体”，然后单击“加粗”按钮**B**，将字体加粗显示，如图3-64所示。

步骤07 设置完成后，在“默认”选项卡的“修改”面板中，单击“移动 ”按钮，选择文字，将其移至圆环中心位置，最终结果如图3-65所示。

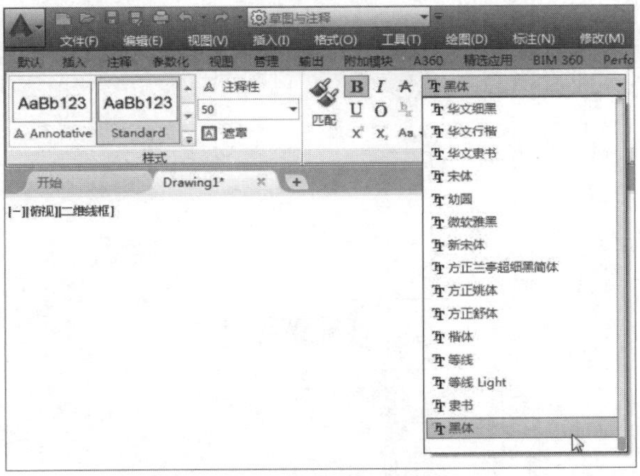

图3-64 设置文字属性

图3-65 最终效果

上机实践：绘制指北针图形

■**实践目的：** 通过本实训，让用户掌握一些基本图形的绘制方法。

■**实践内容：** 使用直线、圆形、极轴追踪以及编辑多段线命令绘制图形。

■**实践步骤：** 首先使用“圆”命令，绘制圆形；其后使用“直线”和“极轴追踪”命令，绘制指北针图标；最后使用“编辑多段线”命令，将直线合并成多段线，具体操作介绍如下。

步骤01 执行“绘图>圆”命令，根据命令行的提示绘制半径为50mm的圆形。

步骤02 在状态栏中右击，选择“极轴”命令，在“草图设置”对话框的“极轴追踪”选项卡中，勾选“启用极轴追踪”复选框，如图3-66所示。

步骤03 接着在状态栏中右击，选择“对象捕捉”命令，在“草图设置”对话框的“对象捕捉”选项卡中，根据需要勾选如图3-67所示的捕捉复选框。

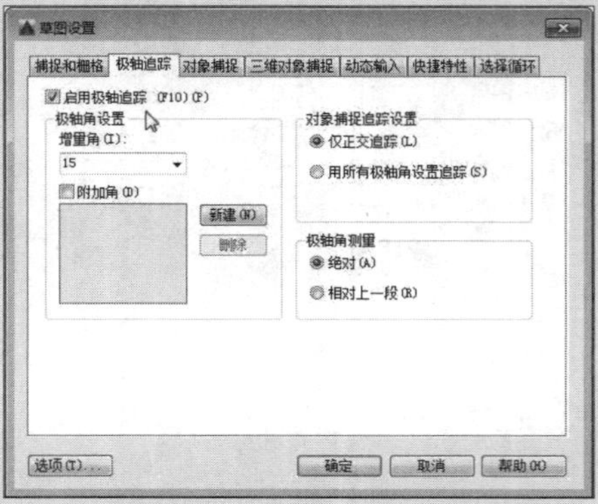

图3-66 启动极轴追踪功能

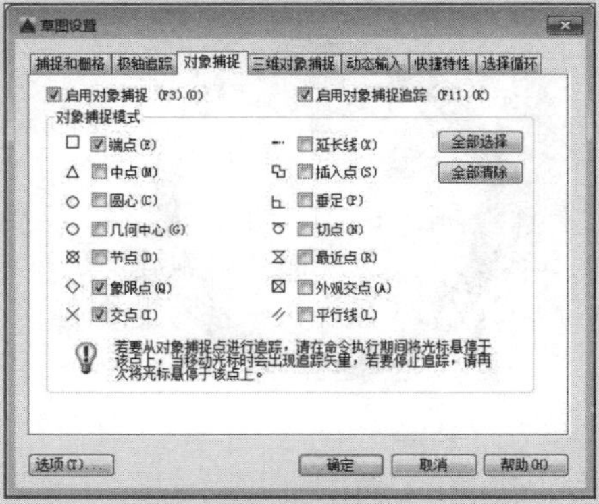

图3-67 设置对象捕捉

步骤04 执行“绘图>直线”命令，捕捉圆形上方现象点，如图3-68所示。

步骤05 向下移动光标，并沿着极轴追踪的辅助线绘制斜线，相交于圆形，如图3-69所示。

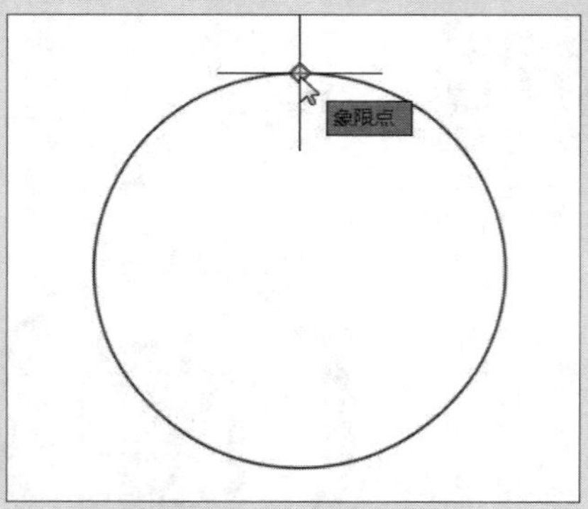

图3-68 捕捉现象点

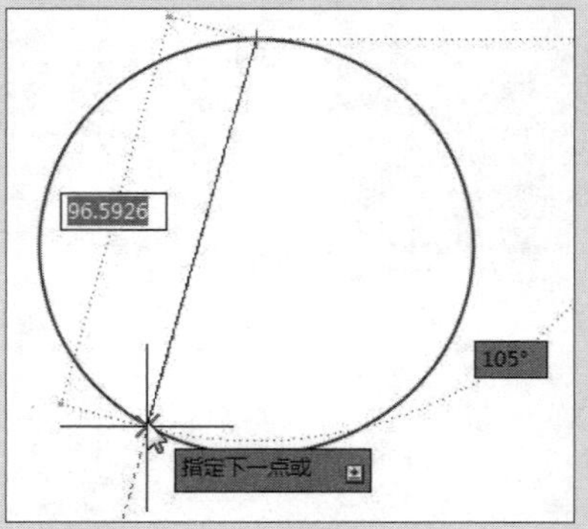

图3-69 绘制斜线

步骤06 向上移动光标，继续沿着极轴辅助线，绘制斜线，如图3-70所示。

步骤07 继续沿着极轴追踪辅助线，绘制如图3-71所示的斜线段。

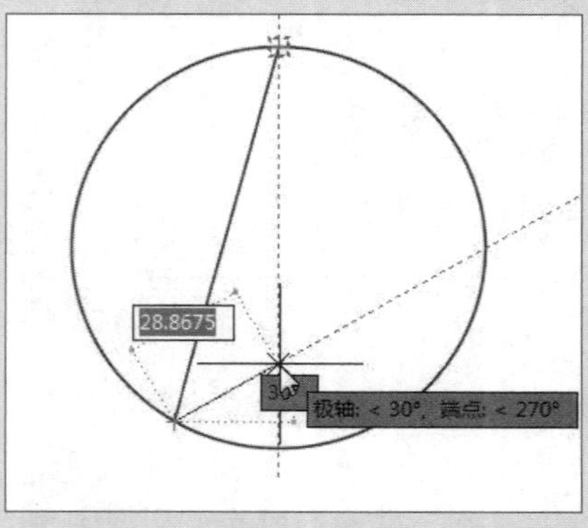

图3-70 绘制第二条斜线

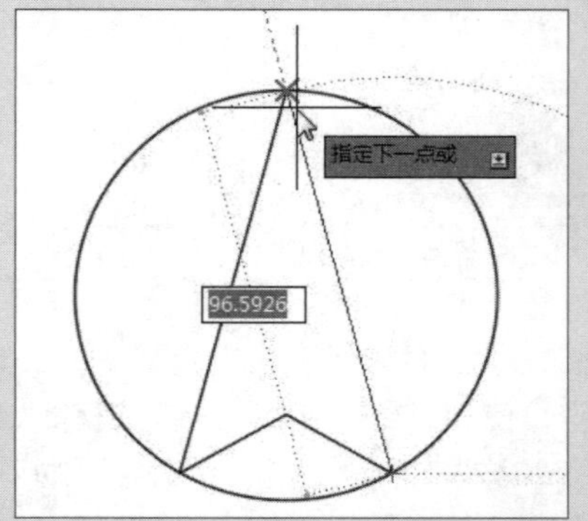

图3-71 完成指北图标的绘制

步骤08 在“默认”选项卡的“修改”面板中，单击“编辑多段线”按钮，根据命令行的提示，选择一条斜线，按回车键，将其转换为多段线，如图3-72所示。

步骤09 在弹出的快捷列表中，选择“合并”选项，如图3-73所示。

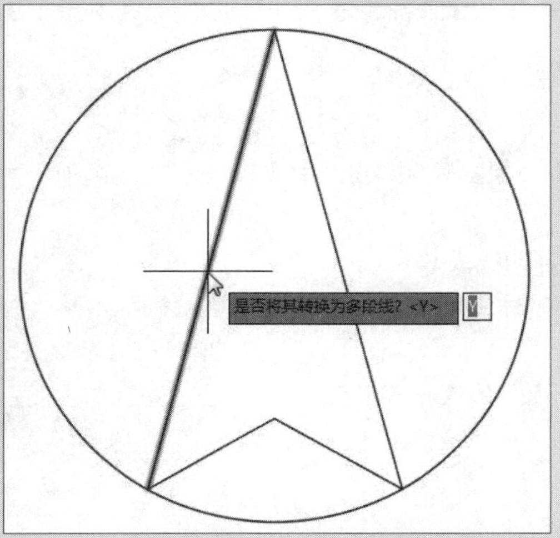

图3-72 转换多段线

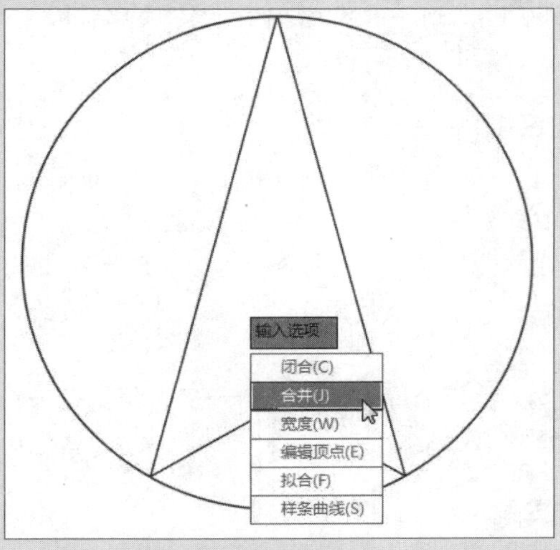

图3-73 合并多段线

步骤10 选择其他斜线段，按回车键，完成多段线合并操作，如图3-74所示。

步骤11 在“默认”选项卡的“注释”选项组中，单击“多行文字 ”按钮，在合适位置框选文字范围，输入N字样。

步骤12 选中N字样，将文字高度设为30，字体设为黑体。至此，指北针图形已绘制完毕，最终结果如图3-75所示。

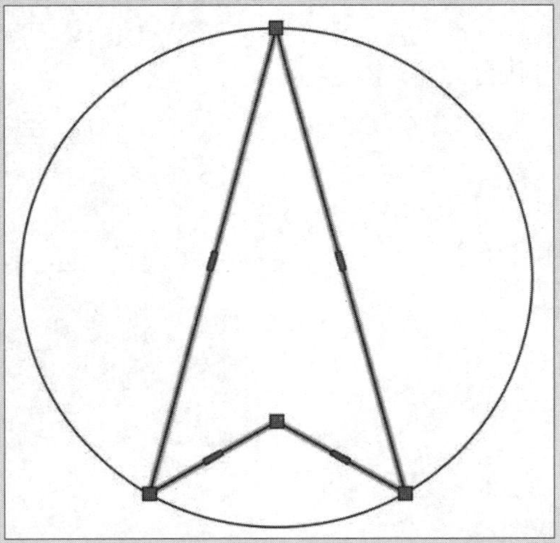

图3-74 完成合并操作

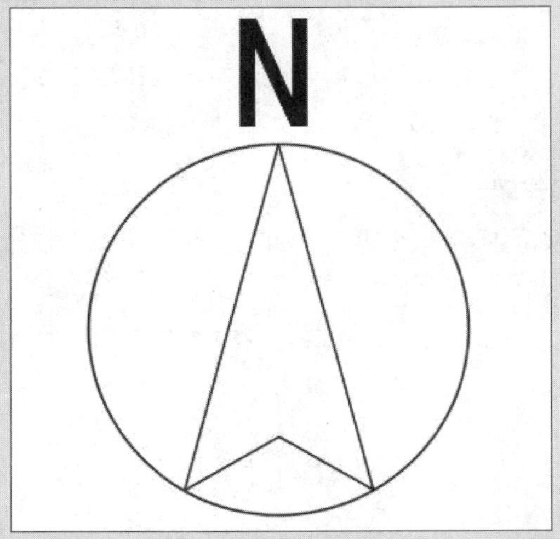

图3-75 最终效果

课后练习

本章介绍了AutoCAD中一些基本图形的绘制方法，下面将通过一些练习题来巩固一下所学的知识。

1. 填空题

（1）在“默认”选项卡的“绘图”面板中，在“绘图”下拉列表中选择________选项，可在绘图区中绘制多点。

（2）使用________命令，可以将所选对象按指定的线段数目进行平均等分。

（3）________是由连续圆弧组成的多段线，在园林图纸中，常用该命令来绘制灌木丛、绿地等图形。

（4）执行“样条曲线”命令后，根据命令行提示，依次指定________、________和________，即可绘制出样条曲线。

2. 选择题

（1）使用哪一项命令，可以将所选对象按指定的距离进行平均等分（　　）。

A、定距等分　　B、定数等分　　C、定线等分　　D、定点等分

（2）哪一种线形是绘制图形过程中最基本、最常用的绘图命令（　　）。

A、多段线　　B、多线　　C、射线　　D、直线

（3）下面哪一项是通过指定一系列点的光滑曲线，来绘制不规则的曲线图形（　　）。

A、样条曲线　　B、构造线　　C、多线　　D、弧线

（4）执行“矩形”命令时，在命令行中输入哪一项参数，可以绘制圆角矩形（　　）。

A、C　　B、F　　C、E　　D、W

（5）在命令行中输入下列哪一项快捷命令，可以执行“圆”命令（　　）。

A、REC　　B、CO　　C、C　　D、L

3. 操作题

（1）利用“多边形”和“弧线”命令绘制如图3-76所示的图形。

（2）利用“圆环”命令绘制五环图形，如图3-77所示。

图3-76　绘制拼花图形

图3-77　五环图形

Chapter 04

编辑园林图形

课题概述

使用AutoCAD绘制图纸时，编辑图形命令要结合绘图命令一起使用，才可以完成更为复杂图形的编辑与绘制。本章将向用户介绍一些基本的图形编辑命令，例如选择图形、复制图形、修剪图形以及填充图形等。

教学目标

通过对本章内容的学习，让用户能够合理安排并组织图形，保证图形的准确性，减少重复操作，从而提高设计及绘图效率。

章节重点

★★★★　编辑图形夹点
★★★　打断、修剪、分解及填充图形
★★★　拉伸、移动、旋转及缩放图形
★★　复制、偏移、阵列及镜像图形
★　选择、删除以及恢复图形对象

光盘路径

上机实践：实例文件\第4章\上机实践\绘制观景亭及周边水景平面图.dwg
课后练习：实例文件\第4章\课后练习.dwg

4.1 选择图形

图形的选择大致可分为两种：选择单个图形和选择多个图形。在默认情况下，用户只需在绘图区中单击所需图形，即可选中，此时，被选中的图形以蓝色高亮来显示，如图4-1、4-2所示。

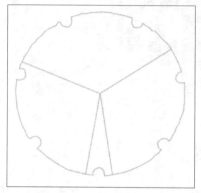

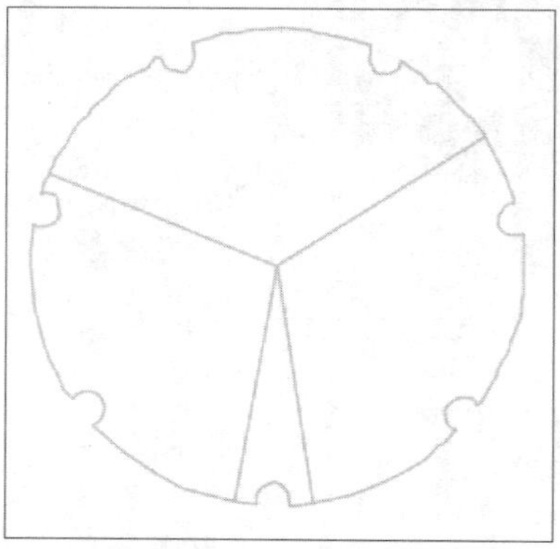

图4-1 未选中的图形

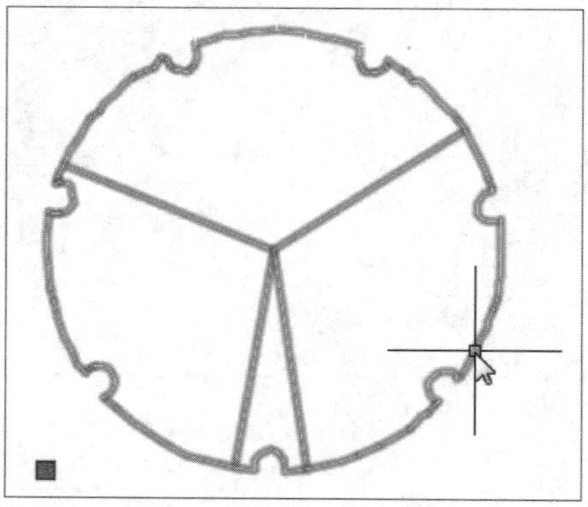

图4-2 被选中的图形

4.1.1 图形选择的方式

在AutoCAD软件中，除了通过直接单击来选择图形外，还有其他几种选择方式，例如窗口方式、窗交方式以及不规则框选方式等。

1. 使用窗口方式选择

在绘图区中选择第一个对角点，从左向右移动鼠标显示出一个实线矩形，如图4-3所示。选择第二个角点后，即可选取完全包含在实线矩形中的对象，不在该窗口内的或者只有部分在该窗口内的对象则不被选中，如图4-4所示。

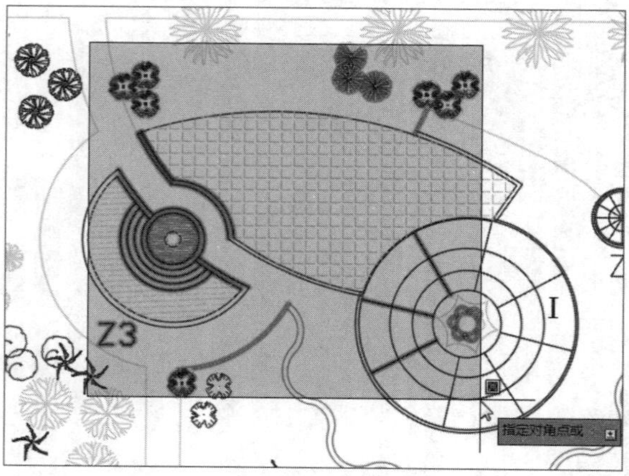

图4-3 窗口框选所需图形

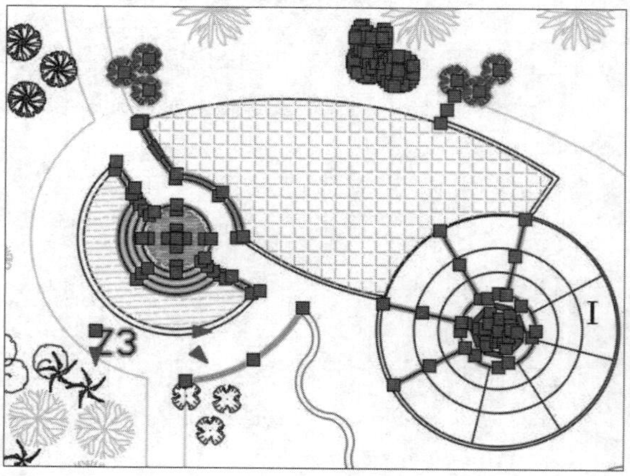

图4-4 完成选择

2. 使用窗交方式选择

在图形窗口中选择第一个对角点，从右向左移动鼠标显示一个虚线矩形，如图4-5所示。选择第二角点后，全部位于窗口内或与窗口边界相交的对象都将被选中，如图4-6所示。

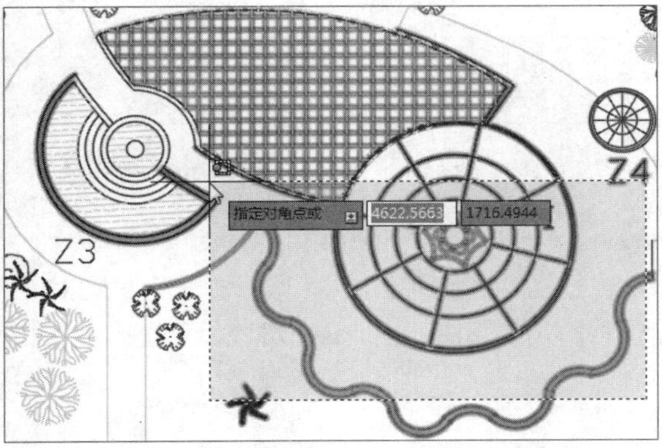

图4-5 窗交框选所需图形

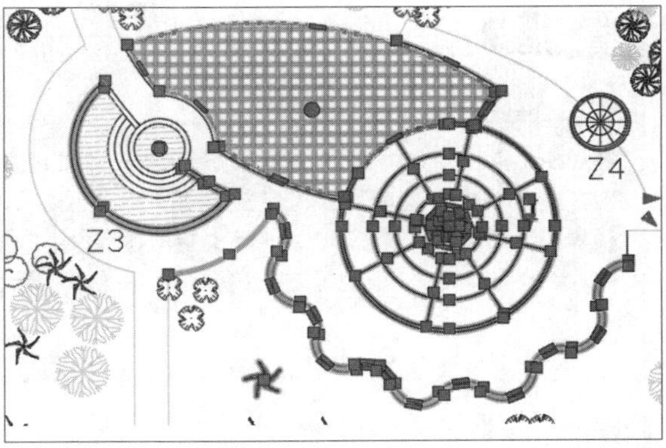

图4-6 完成选择

3. 使用不规则框选方式选择

首先在命令行中输入SELECT命令，按回车键。然后输入“？”并按回车键，此时在命令行中会显示多种选择方式，选择一种不规则方式（栏选、圈围、圈交）。最后，在绘图区中根据需要指定拾取点，将图形框选在内即可完成操作，图4-7、4-8所示为栏选图形。

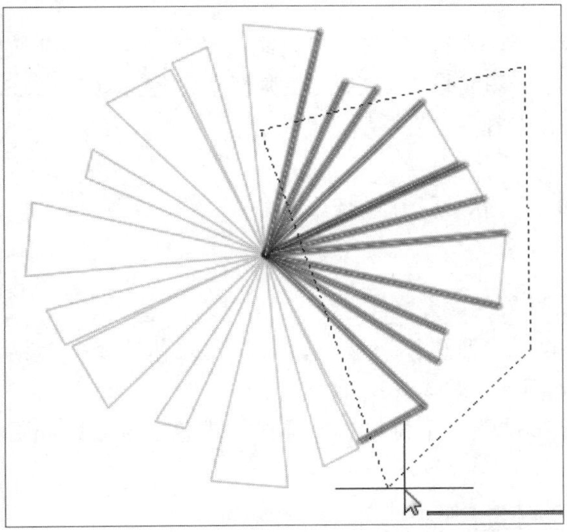

图4-7 框选范围

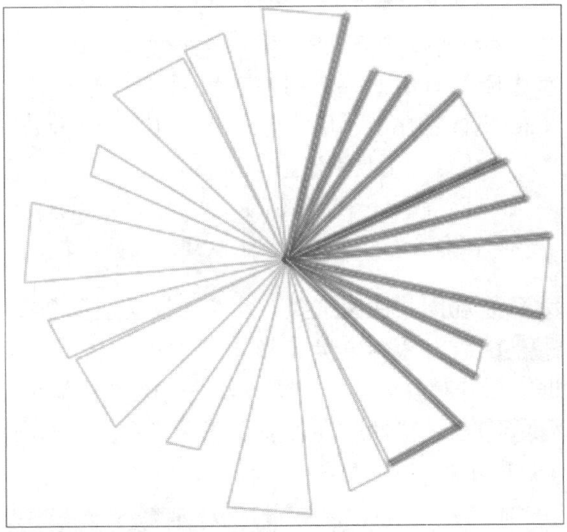

图4-8 栏选结果

命令行提示如下：

命令： SELECT
选择对象： ?　　（输入“？”，回车）
* 无效选择 *
需要点或窗口 (W)/ 上一个 (L)/ 窗交 (C)/ 框 (BOX)/ 全部 (ALL)/ 栏选 (F)/ 圈围 (WP)/ 圈交 (CP)/ 编组 (G)/ 添加 (A)/ 删除 (R)/ 多个 (M)/ 前一个 (P)/ 放弃 (U)/ 自动 (AU)/ 单个 (SI)/ 子对象 (SU)/ 对象 (O)
选择对象： f　　（输入选取模式，回车）
指定第一个栏选点或拾取 / 拖动光标：　　（指定拾取第一点，回车）
指定下一个栏选点或 [放弃 (U)]:　　（继续指定拾取点，直至结束，回车即可完成选择操作）
指定下一个栏选点或 [放弃 (U)]:
找到 13 个

工程师点拨

【4-1】设置对象选择模式

在AutoCAD软件中，用户可以根据需要对选择的模式进行设置。执行“工具>选项”命令，在“选项”对话框中，单击“选择集”选项卡，在该选项卡中，可对拾取框的大小、选择集的模式以及夹点尺寸、颜色等参数进行设置，如图4-9所示。

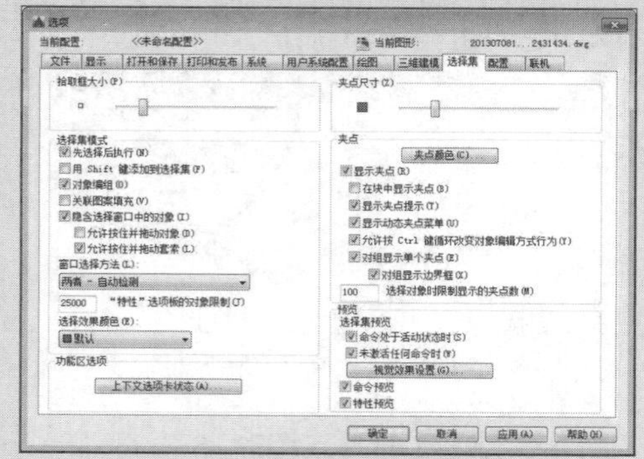

图4-9　设置选择模式

4.1.2 快速选择图形对象

在一张复杂的图纸中，如果想要快速地选择某一类图形，可使用“快速选择”命令。在“快速选择”对话框中，用户可根据图形的图层、颜色、图案填充等特性和类型来创建选择集。在AutoCAD 2016中，用户可以通过以下方法执行“快速选择”命令。

- 执行“工具>快速选择”命令。
- 在“默认”选项卡的“实用工具”面板中，单击“快速选择”按钮。
- 在命令行中输入QSELECT，按回车键。

示例4-1 利用“快速选择”命令，快速选择图纸中所有青色填充图案

步骤01 打开素材文件，单击“实用工具”面板中的“快速选择”按钮，打开“快速选择”对话框，在“对象类型”下拉列表中选择“图案填充”选项，如图4-10所示。

步骤02 在“特性”列表框中选择“颜色”选项，单击“值”下拉按钮，选择“青色”选项，如图4-11所示。

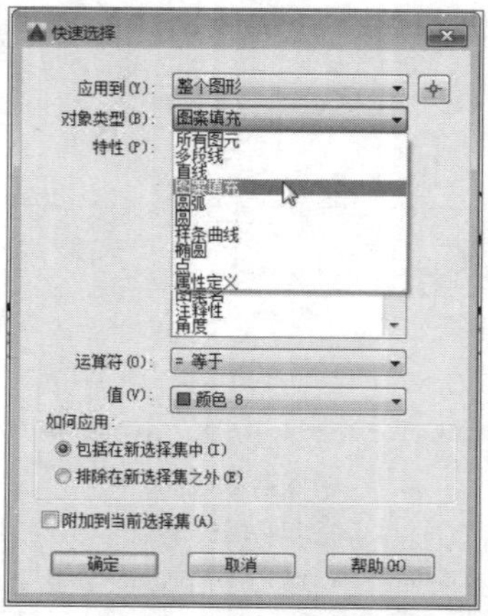

图4-10　选择对象类型

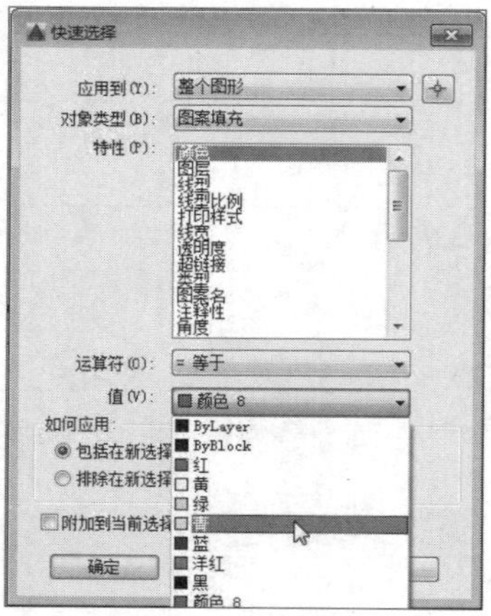

图4-11　设置值选项

步骤03 单击“确定”按钮，即可将图形中所有带青色填充的图案选中，如图4-12、4-13所示。

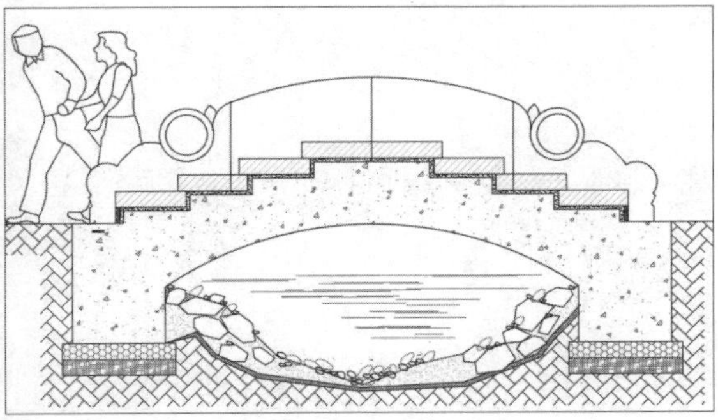

图4-12 未选择之前

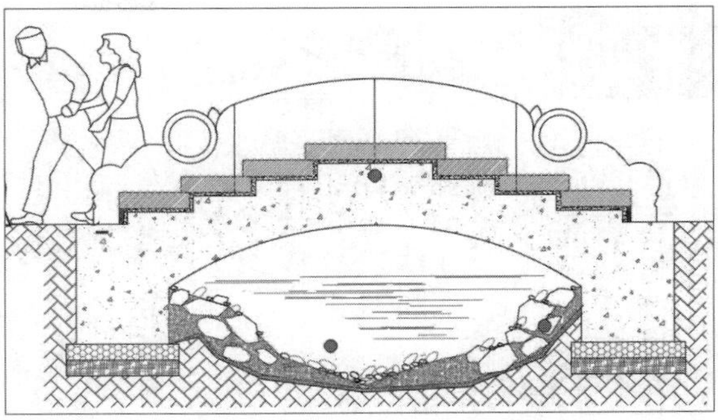

图4-13 选择结果

4.1.3 编组选择图形

编组选取顾名思义就是将一组图形进行编组，创建一个选择集。编组是已命名的对象选择，随图形一起保存。用户可以通过以下方法执行“对象编组”命令。

- 在“默认”选项卡的“组”面板中，单击该面板的下拉按钮，选择“编组管理器”选项。
- 在命令行中输入CLASSICGROUP命令，然后按回车键即可。

执行以上任意一种操作后，将打开“对象编组”对话框，如图4-14所示。在该对话框中的“编组名”文本框中输入编组的名称后，单击“新建”按钮。在绘图区中选择所有要编组的图形后，按回车键，返回到“对象编组”对话框，单击“确定”按钮，完成编组操作。当在绘图区中再次单击刚编组后的任意一图形时，其他所有被编组图形将被一起选中。

在“对象编组”对话框中，用户还可以对编组的对象执行添加、删除、重命名、分解以及重排等操作。

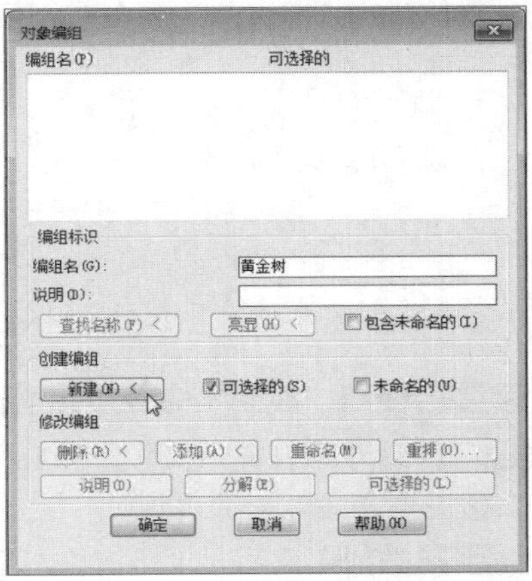

图4-14 “对象编组”对话框

4.2 删除图形

在绘图过程中，由于误操作需要删除一些图形，或者需要删除一些辅助图形时，用户可以通过以下方法执行“删除”命令。

- 执行“修改>删除”命令。
- 在“默认”选项卡的“修改”面板中单击“删除”按钮。
- 在命令行中输入E命令，按回车键，执行删除操作。

如果误删除某些图形，可按Ctrl+Z快捷键，或在命令行中输入OOPS命令进行恢复操作，但只能恢复最后一次操作。

4.3 复制图形

在AutoCAD软件中，使用“复制”、“偏移”、“镜像”以及“阵列”四种命令，都可以对图形执行复制操作。下面将对这四种命令的操作方法进行介绍。

4.3.1 复制图形

复制对象时将原对象保留，只移动原对象的副本图形，复制后的对象将继承原对象的属性。在AutoCAD 2016中，用户可通过以下方法执行“复制”命令。

- 执行“修改>复制”命令。
- 在“默认”选项卡的“修改”面板中，单击“复制”按钮。
- 在命令行中输入CO命令，按回车键。

执行上述命令后，命令行的提示信息如下：

```
命令： _copy
选择对象： 找到 1 个                                    （选择要复制的图形对象，回车）
选择对象：
当前设置：  复制模式 = 多个
指定基点或 [位移（D）/ 模式（O）] <位移>:                （指定复制的基点）
指定第二个点或 [阵列（A）] <使用第一个点作为位移>:       （指定要复制位移的点，回车完成操作）
```

示例4-2 使用“复制”命令复制窗格图形

步骤01 打开素材原图文件，单击“修改”面板中的“复制”按钮，选择要复制的图形，这里框选窗格图形。

步骤02 按回车键后，单击窗格左下角角点作为复制基点，如图4-15所示。

步骤03 向右移动光标，并捕捉窗格右下角角点，如图4-16所示。按回车键完成复制操作，结果如图4-17所示。

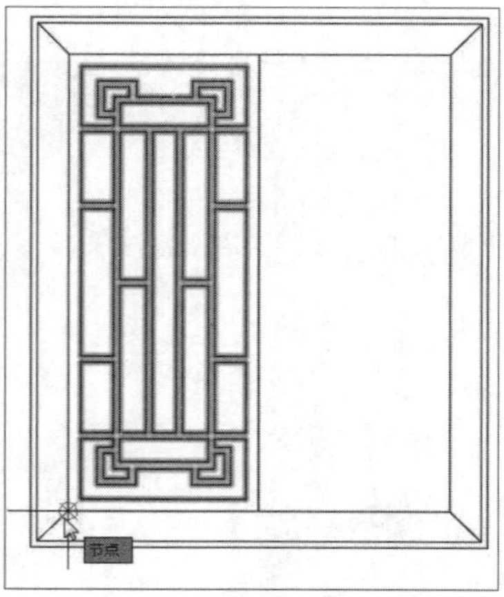

图4-15 指定复制基点

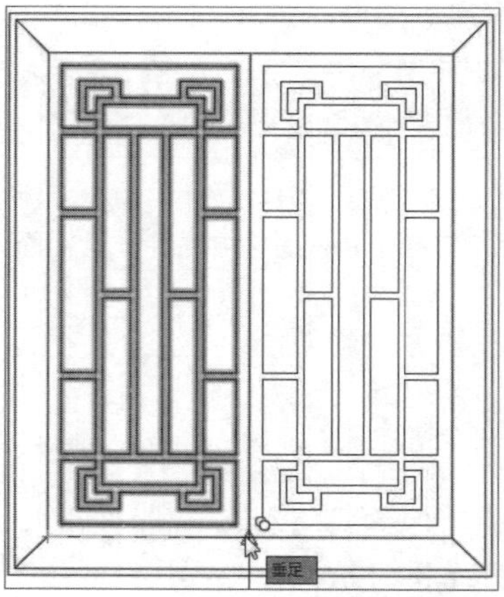

图4-16 指定复制的第二点

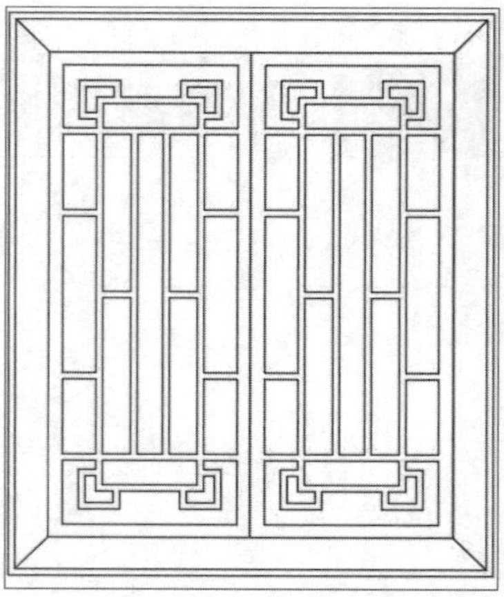

图4-17 完成复制操作

4.3.2 阵列图形

在AutoCAD软件中，阵列命令可分为三种方式，分别为矩形阵列、环形阵列以及路径阵列。用户可通过以下方法执行“阵列”命令。

- 执行“修改>阵列>矩形阵列\路径阵列\环形阵列”命令。
- 在“默认”选项卡的“修改”面板中，单击“矩形阵列”、“路径阵列”或“环形阵列”按钮。
- 在命令行中输入AR命令后，按回车键。

执行“矩形阵列”命令后，系统将自动生成3行4列的矩形阵列，命令行提示如下：

```
命令： _arrayrect
选择对象： 找到 1 个                                    （选择需要阵列的图形）
选择对象：                                              （按回车键确认）
类型 = 矩形   关联 = 是
选择夹点以编辑阵列或 [关联(AS)/基点(B)/计数(COU)/间距(S)/列数(COL)/行数(R)/层数(L)/退出(X)]
<退出>: cou                                             （选择“计数”选项）
输入列数数或 [表达式(E)] <4>: 5                          （输入列数值）
输入行数数或 [表达式(E)] <3>: 5                          （输入行数值）
选择夹点以编辑阵列或 [关联(AS)/基点(B)/计数(COU)/间距(S)/列数(COL)/行数(R)/层数(L)/退出(X)]
<退出>:                                                 （按回车键，完成操作）
```

示例4-3 使用“环形阵列”命令，对植物图形对象进行阵列操作

步骤01 打开素材原图文件，单击“修改”面板中的“环形阵列”按钮，选择阵列对象，这里选择植物图形，如图4-18所示。

步骤02 按回车键，根据命令行提示选择阵列中心，这里选择喷泉中心点，如图4-19所示。

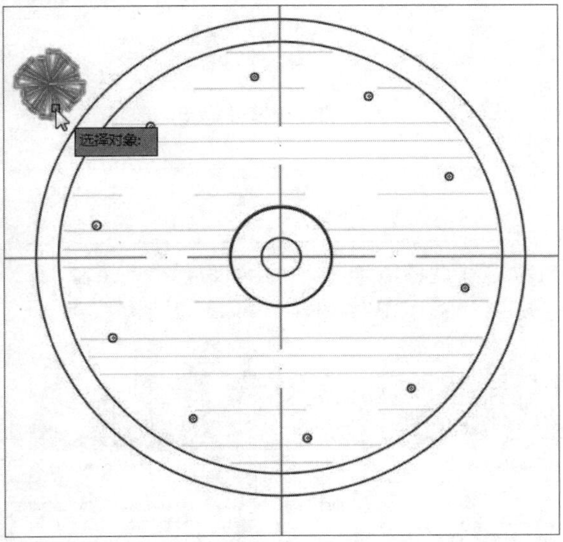

图4-18 选择植物图形

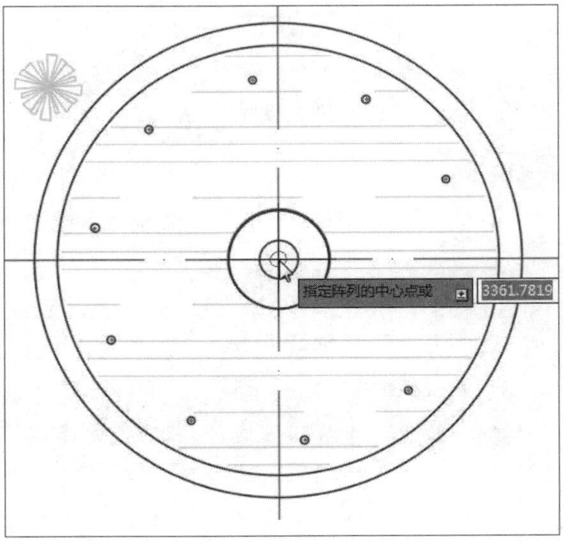

图4-19 指定阵列中心点

步骤03 选择好后按回车键，在命令行中输入I，再次按回车键，输入阵列数值，这里输入12，如图4-20所示。

```
命令：_arraypolar
选择对象：找到 1 个                                              （选择植物图形）
选择对象：                                                       （按回车键，确认）
类型 = 极轴  关联 = 是
指定阵列的中心点或 [基点(B)/旋转轴(A)]:                           （指定喷泉中心点为阵列中心）
选择夹点以编辑阵列或 [关联(AS)/基点(B)/项目(I)/项目间角度(A)/填充角度(F)/行(ROW)/层(L)/旋转
项目(ROT)/退出(X)] <退出>: I                                      （选择“项目”选项）
输入阵列中的项目数或 [表达式(E)] <6>: 12                           （输入需要阵列的数值）
选择夹点以编辑阵列或 [关联(AS)/基点(B)/项目(I)/项目间角度(A)/填充角度(F)/行(ROW)/层(L)/旋转
项目(ROT)/退出(X)] <退出>:                                        （按回车键，完成环形阵列操作）
```

步骤04 按回车键完成植物图形阵列的设置，最终阵列效果如图4-21所示。

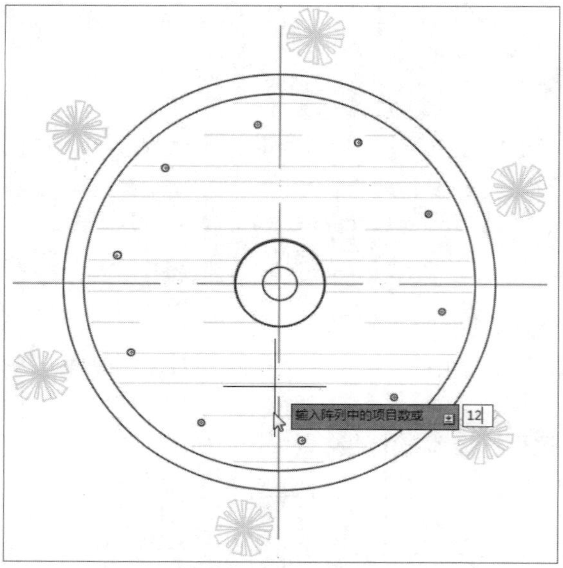

图4-20 设置阵列数值

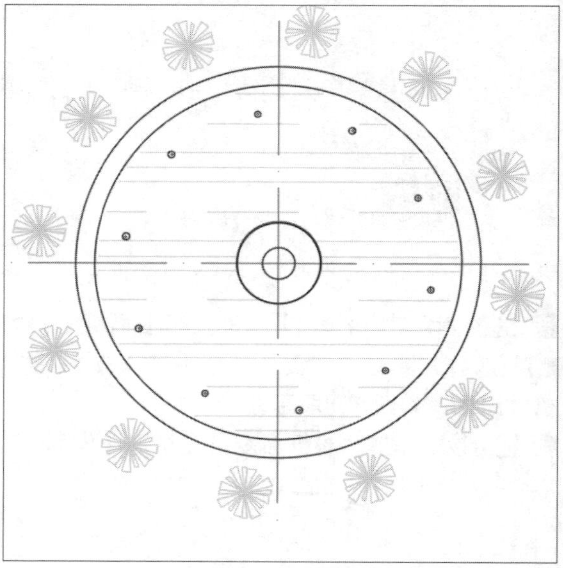

图4-21 最终阵列效果

工程师点拨

【4-2】使用“阵列”选项卡调整阵列参数

当图形阵列完成后，如果对当前阵列的图形不满意，用户可再次对其进行修改编辑。选中阵列后的图形，在“阵列”选项卡中，根据需要对阵列参数进行设置，例如项目参数、行参数、层级参数、特性设置、选项参数等，图4-22所示为环形阵列设置面板。

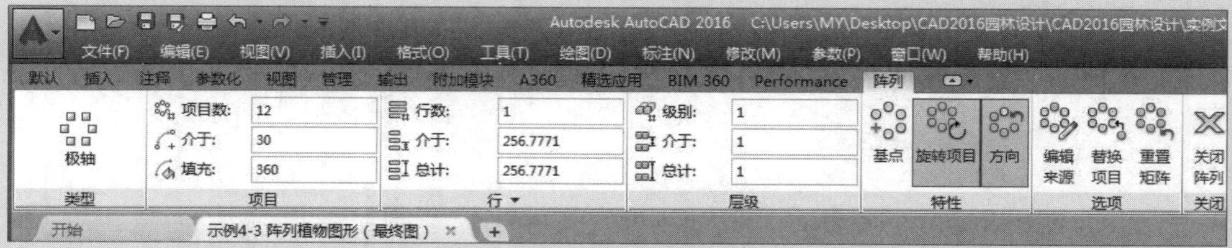

图4-22 环形“阵列”选项卡

路径阵列是沿整个路径或部分路径平均分布对象副本，路径可以是曲线、弧线、折线等所有开放型线段，其操作方法与矩形、环形阵列相似，用户只需根据命令行提示的信息来操作，即可完成路径阵列操作，命令行提示如下：

```
命令：_arraypath
选择对象：找到 1 个                                    （选择所需阵列图形）
选择对象：                                             （按回车键，确认）
类型 = 路径   关联 = 是
选择路径曲线：                                         （选择路径）
选择夹点以编辑阵列或 [关联(AS)/方法(M)/基点(B)/切向(T)/项目(I)/行(R)/层(L)/对齐项目(A)/z 方向(Z)/退出(X)] <退出>: I     （选择“项目”选项，回车）
指定沿路径的项目之间的距离或 [表达式(E)] <165.4774>: 150   （输入阵列图形的间距值，回车）
最大项目数 = 10
指定项目数或 [填写完整路径(F)/表达式(E)] <10>: 9           （输入阵列数目，回车完成操作）
选择夹点以编辑阵列或 [关联(AS)/方法(M)/基点(B)/切向(T)/项目(I)/行(R)/层(L)/对齐项目(A)/z 方向(Z)/退出(X)] <退出>:
```

4.3.3 镜像图形

镜像命令在AutoCAD软件中是非常实用的，它是按照一条镜像轴线，将图形进行翻转复制，从而创建出一组对称图形来。在AutoCAD 2016中，用户可以通过以下方法执行“镜像”命令。

- 执行“修改>镜像”命令。
- 在“默认”选项卡的“修改”面板中单击“镜像”按钮。
- 在命令行中输入MI命令，按回车键。

执行“镜像”命令后，命令行提示内容如下。

```
命令：_mirror
选择对象：找到 1 个                          （选择所需图形）
选择对象：                                   （按回车键，确认）
指定镜像线的第一点：                         （指定镜像轴起点）
指定镜像线的第二点：                         （指定镜像轴终点）
要删除源对象吗？[是(Y)/否(N)] <否>: N        （选择“否”，按回车键完成操作）
```

示例4-4 使用“镜像”命令镜像坐凳剖面图形

步骤01 打开素材原图文件，在“默认”选项卡的“修改”面板中，单击“镜像”按钮，在绘图区中框选左侧坐凳剖面图形，如图4-23所示。

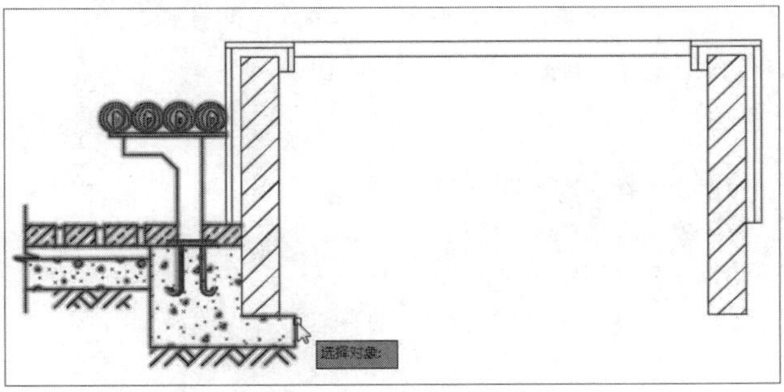

图4-23 选择坐凳剖面图形

步骤02 按回车键后，捕捉花池第1个中心点为镜像起点，如图4-24所示。

步骤03 向下移动鼠标，继续捕捉花池第2个中心点，此时在花池右侧可预览到镜像结果，确认无误后，在弹出的快捷菜单中选择“否”命令，如图4-25所示。

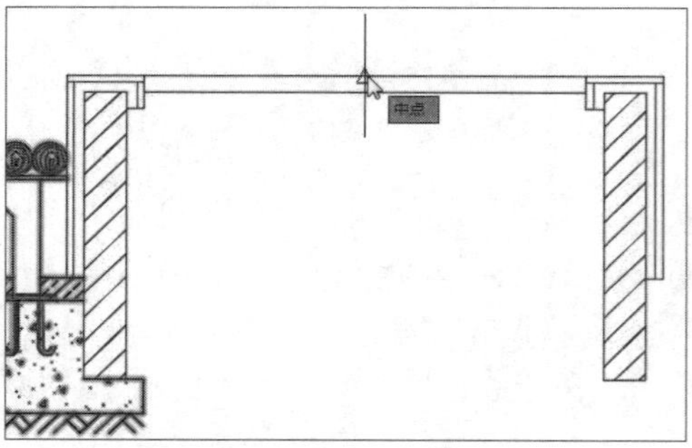

图4-24 指定花池镜像轴起点

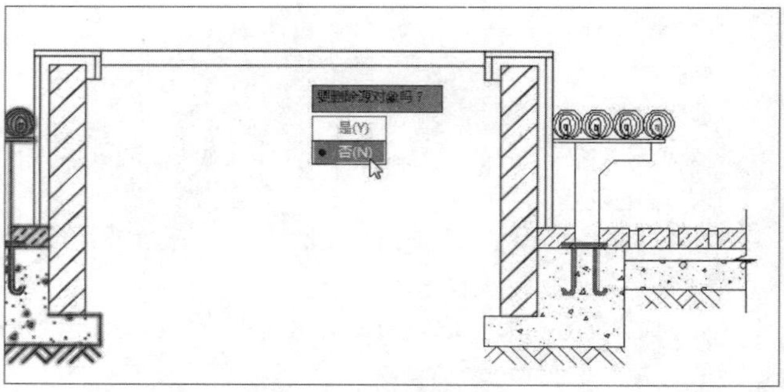

图4-25 保留源对象

步骤04 选择完成后按回车键，完成镜像操作，结果如图4-26所示。

图4-26 查看镜像效果

4.3.4 偏移图形

偏移命令在制图中的使用频率是非常高的，它是按照一定的偏移值对图形进行复制、位移操作，减少了重复绘制，大大提高绘图效率。在AutoCAD 2016中，用户可以通过以下方法执行“偏移”命令。

- 在菜单栏中执行“修改>偏移”命令。
- 在“默认”选项卡的“修改”面板中，单击“偏移”按钮。
- 在命令行中输入O命令，按回车键。

执行上述偏移命令后，命令行提示如下。

```
当前设置： 删除源 = 否  图层 = 源  OFFSETGAPTYPE=0
指定偏移距离或 [ 通过 (T)/ 删除 (E)/ 图层 (L)] <100.0000>:
选择要偏移的对象，或 [ 退出 (E)/ 放弃 (U)] < 退出 >:
指定要偏移的那一侧上的点，或 [ 退出 (E)/ 多个 (M)/ 放弃 (U)] < 退出 >:
```

示例4-5 使用“偏移”和“复制”命令绘制花架平面图

步骤01 执行“直线”命令，绘制一条长1500mm的直线段。在“默认”选项卡的“修改”面板中，单击“偏移”按钮，根据命令行提示输入偏移距离，这里输入100，如图4-27所示。

步骤02 输入完成后按回车键，选中1500mm长的直线段后，将鼠标向右移动并单击，此时在距离直线100mm位置，会显示该线段，如图4-28所示。

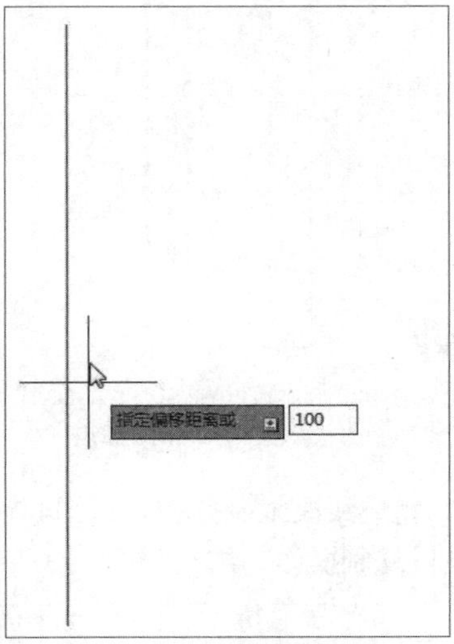

图4-27 设置偏移值

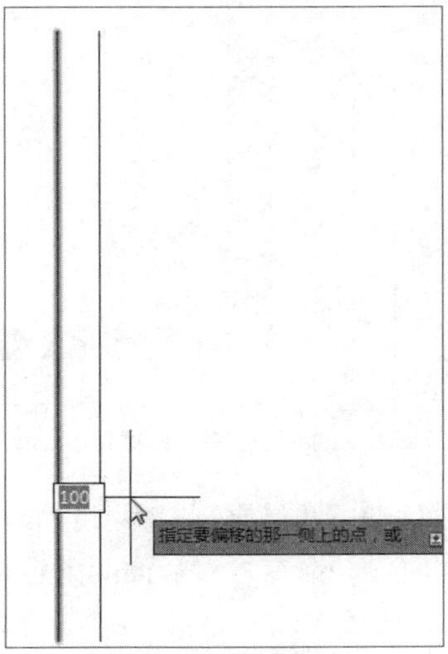

图4-28 指定偏移方向

步骤03 按两次回车键，输入第二个偏移值，这里输入200mm并按回车键，如图4-29所示。

步骤04 选中偏移后的线段，将鼠标再次向右移动并单击，此时在距离200mm的位置显示该线段，如图4-30所示。

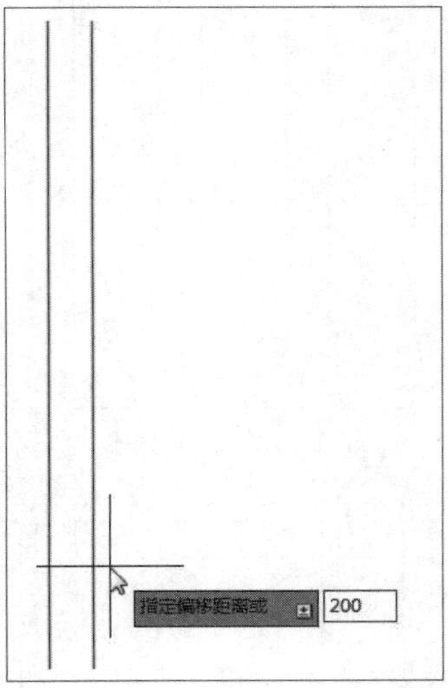

图4-29 设置偏移值

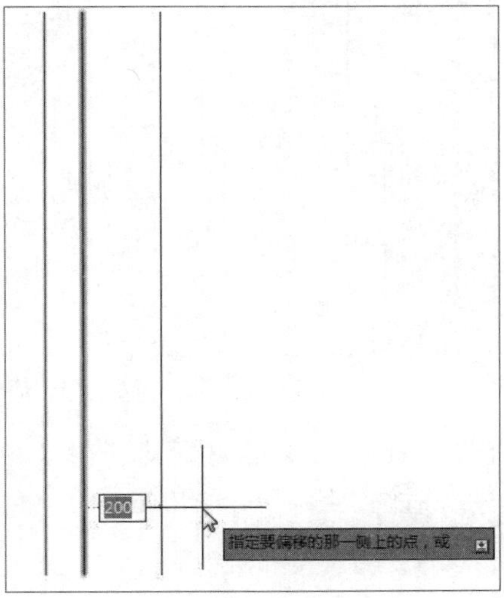

图4-30 指定偏移方向

步骤05 按照以上的操作方法，将刚偏移后的线段再次向右偏移100mm，如图4-31所示。

步骤06 执行“复制”命令，选中第3、第4两条直线，按回车键，指定第2条直线端点，如图4-32所示。

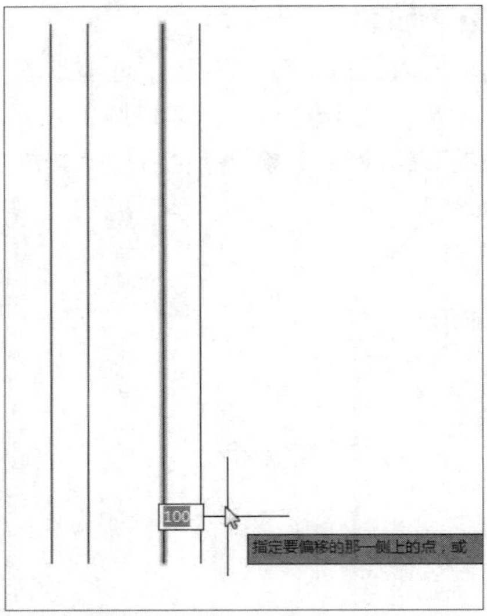

图4-31　再次偏移100mm

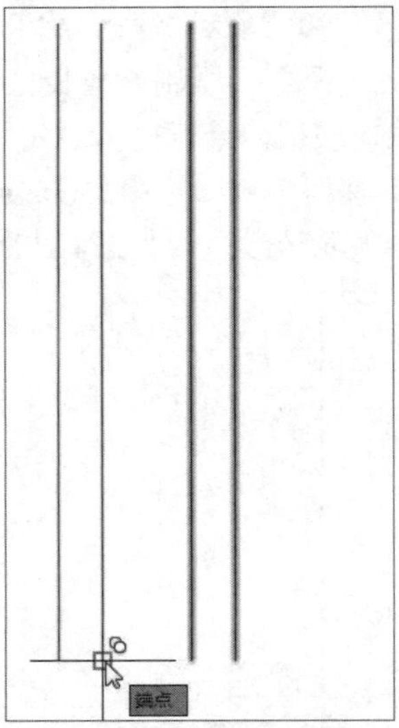

图4-32　指定端点

步骤07 将光标向右移动，并指定第4条线段的端点，完成线段复制操作，如图4-33所示。

步骤08 继续执行“复制”命令，对后面两条直线进行复制操作，结果如图4-34所示。

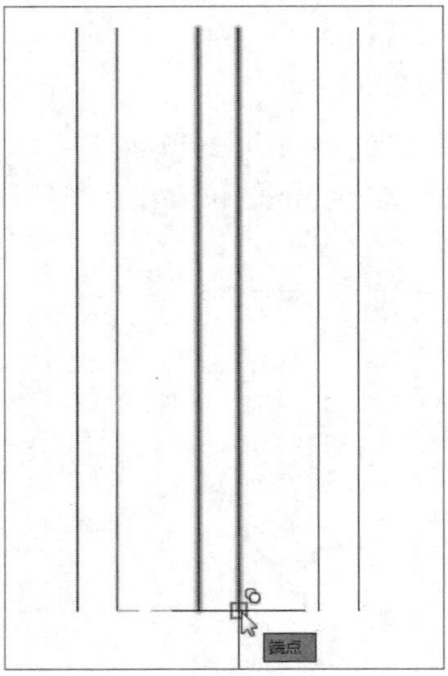

图4-33　复制线段

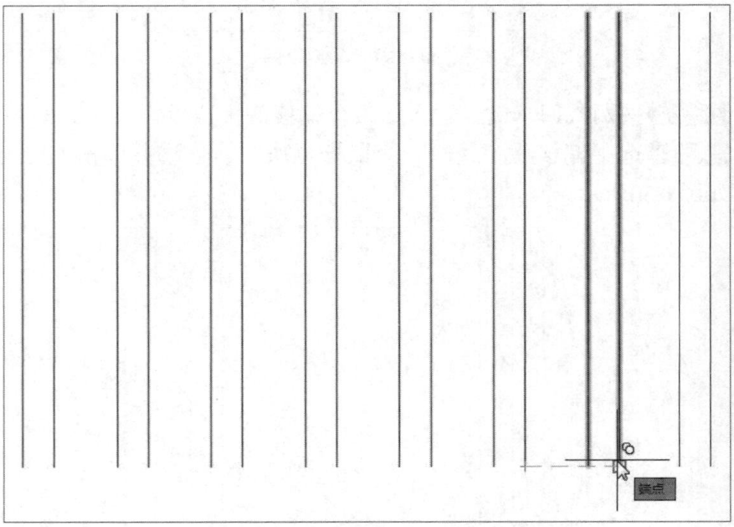

图4-34　继续复制线段

步骤09 执行“直线”命令，对7组线段进行封口，其后在图形中合适位置绘制一条2400mm的横线，结果如图4-35所示。

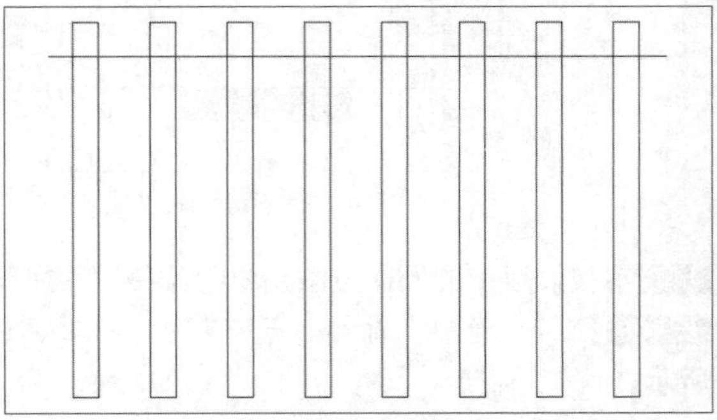
图4-35　绘制横线段

步骤10 执行“偏移”命令，按照以上的操作方法，将该横线向下依次偏移100mm、1000mm、100mm，结果如图4-36所示。

步骤11 执行“直线”命令，将两组横线段封口，其后执行“修订云线”命令，根据命令行提示将最小弧长设为100mm，最大弧长设为200mm，并将其进行反转设置。完成后，在花架上随意绘制植物图形，最终结果如图4-37所示。

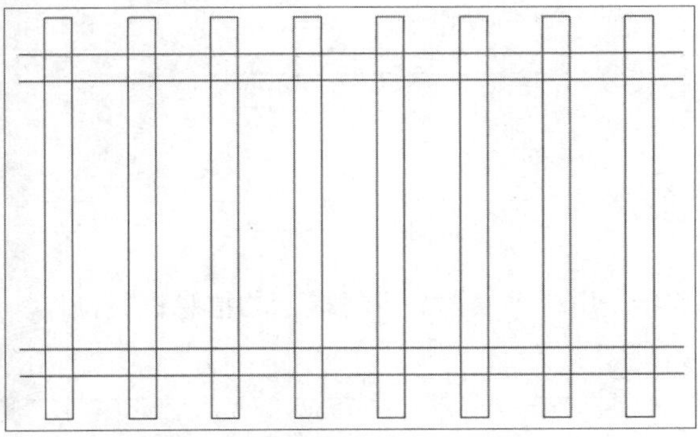

图4-36 偏移横线段

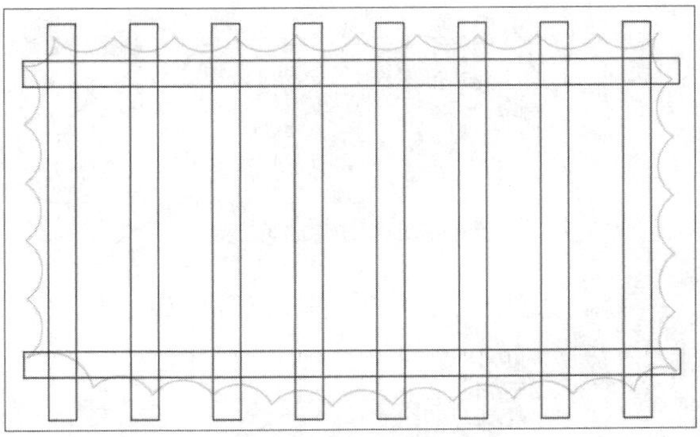

图4-37 绘制植物图形

工程师点拨

【4-3】偏移特殊线段

使用偏移命令偏移多段线或样条曲线时，当偏移距离大于可调整的距离，系统将自动进行修剪操作。

4.4 改变图形位置

在绘图过程中，如果需要将图形或图形某一部分按照指定要求，对其位置进行调整设置，可使用“移动”、“旋转”、“缩放”等命令，下面分别对其操作进行介绍。

4.4.1 移动图形

要想将图形按照一定的距离或角度进行移动，可使用“移动”命令来实现。在AutoCAD 2016中，用户可通过以下方法执行“移动”命令。效果如图4-38、4-39、4-40所示。

- 执行“修改>移动”命令。
- 在“默认”选项卡的“修改”面板中，单击“移动”按钮✥。
- 在命令行中输入M命令，按回车键。

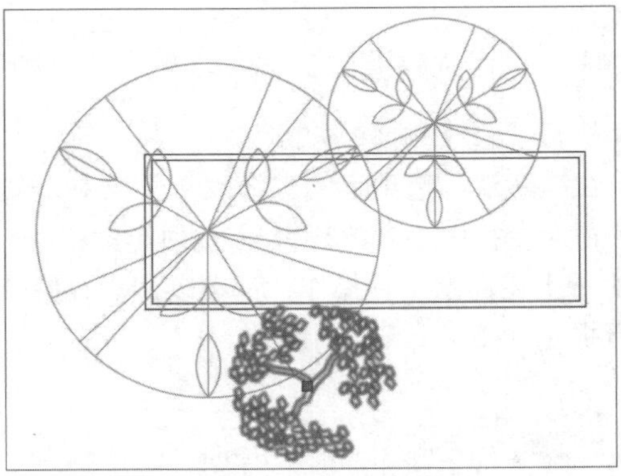

图4-38 选中需移动的图形

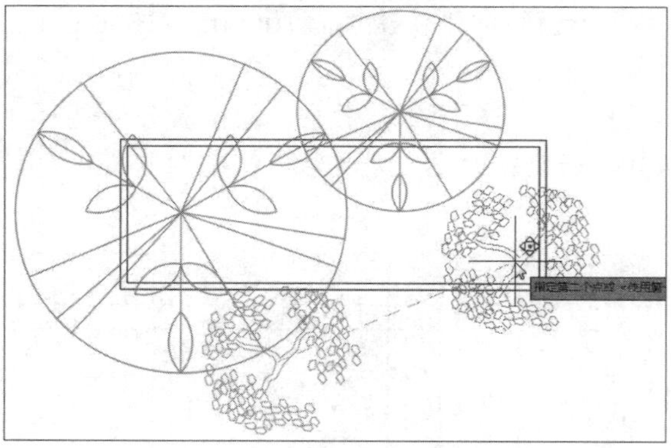

图4-39　指定移动第二点

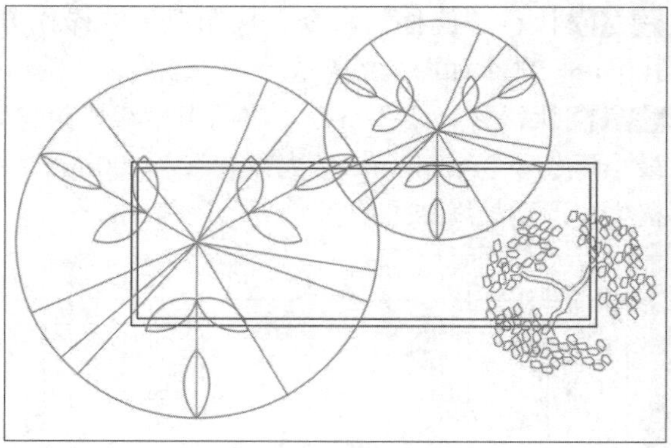

图4-40　完成移动操作

执行上述任意一种操作，都可以启用“移动”命令，用户可根据命令行提示的信息进行操作。命令行提示如下：

```
命令： _move
选择对象： 找到 1 个                                  （选择所需移动的图形）
选择对象：                                            （按回车键，确认）
指定基点或 [位移(D)] <位移>:                          （指定并捕捉移动的基点）
指定第二个点或 <使用第一个点作为位移>:                （指定第 2 点，按回车键完成操作）
```

4.4.2 旋转图形

旋转图形是将图形以指定的角度绕基点进行旋转，在AutoCAD 2016中，用户可以通过以下方法执行“旋转”命令。效果如图4-41、4-42、4-43所示。

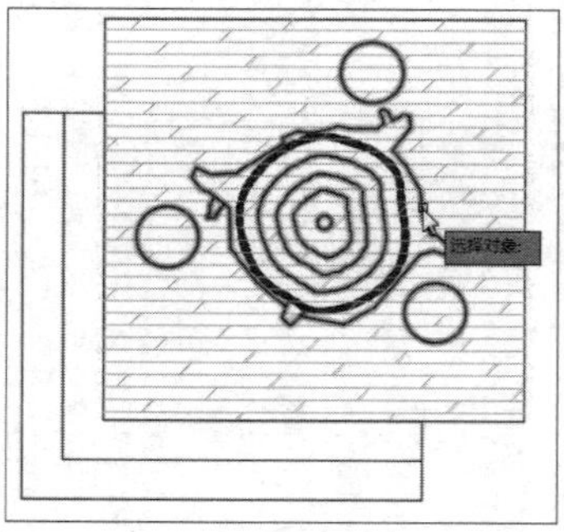

图4-41　选择所需图形

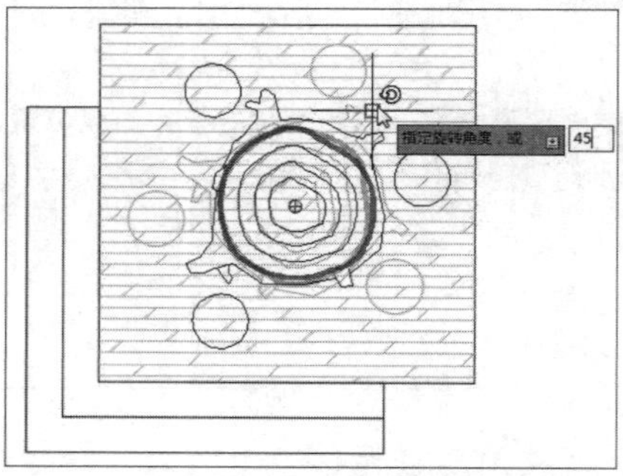

图4-42　指定旋转中心并输入旋转值

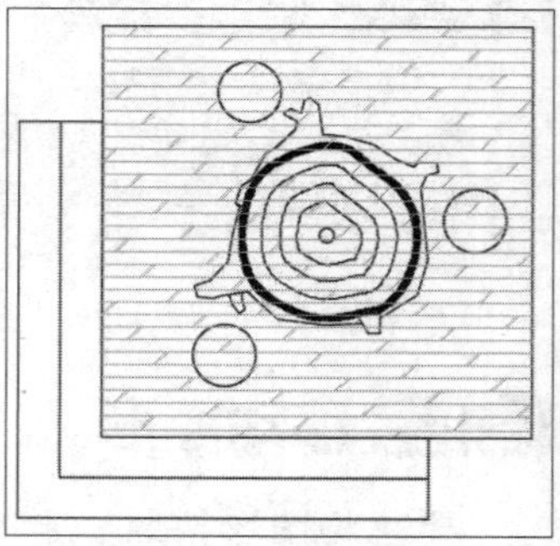

图4-43　完成旋转操作

- 执行“修改>旋转”命令。
- 在“默认”选项卡的“修改”面板中，单击“旋转”按钮。
- 在命令行中输入RO命令，按回车键。

执行上述任意一种操作，都可以启用“旋转”命令，用户可根据命令行提示的信息进行操作。命令行提示如下：

```
命令：_rotate
UCS 当前的正角方向： ANGDIR=逆时针 ANGBASE=0
选择对象：找到 1 个                                  （选择要旋转的图形）
选择对象：                                           （按回车键，确认）
指定基点：                                           （指定旋转图形的中心点）
指定旋转角度，或 [复制(C)/参照(R)] <270>: 45          （移动光标，并输入旋转角度值，回车完成操作）
```

4.4.3 缩放图形

缩放命令可将图形按统一比例放大或缩小，在AutoCAD 2016软件中，用户可通过以下方法执行“缩放”命令。效果如图4-44、4-45、4-46所示。

图4-44 选择需缩放的图形

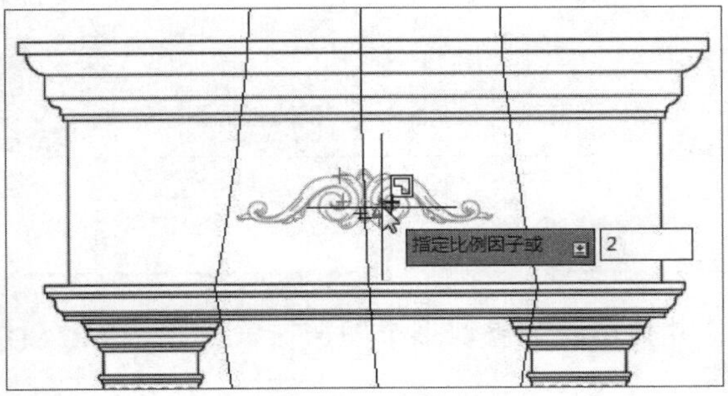

图4-45 设置缩放比例

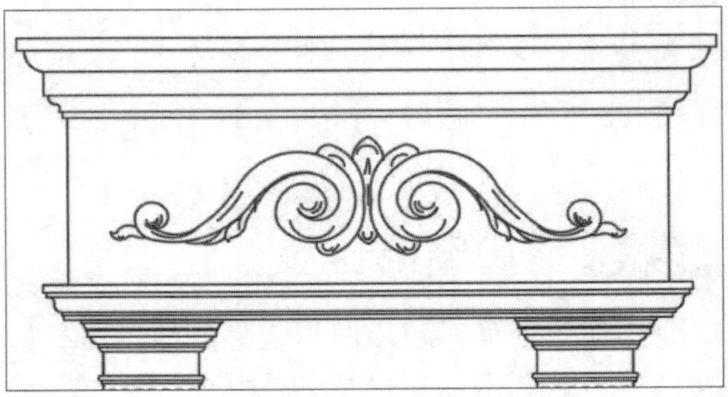

图4-46 完成缩放

- 执行菜单栏中的“修改>缩放”命令。
- 在“默认”选项卡的“修改”面板中，单击“缩放”按钮。
- 在命令行中输入SC命令，按回车键。

执行上述任意一种操作，都可以启用“缩放”命令，用户可根据命令行的提示信息进行操作。命令行提示如下：

```
命令：_SCALE
选择对象：找到 1 个                                  （选择要缩放的图形）
选择对象：                                           （按回车键，确认）
指定基点：                                           （指定缩放基点）
指定比例因子或 [复制(C)/参照(R)]: 2                   （输入缩放比例值，回车完成操作）
```

4.5 改变图形特性

在绘图过程中，如果要对指定图形进行编辑，使其特性发生改变，可根据实际情况使用“打断”、“修剪”、“分解”、“倒角”及“图案填充”等命令进行操作。

4.5.1 打断图形

打断图形指的是删除图形上的某一部分或将图形分成两部分。在AutoCAD 2016中，用户可以通过以下方法执行“打断”命令。

- 执行菜单栏中的“修改>打断”命令。
- 在“默认”选项卡的“修改”面板中，单击该面板下拉按钮，选择“打断”选项。
- 在命令行中输入BR命令，按回车键。

执行上述任意一种操作，都可以启用“打断”命令，用户可根据命令行的提示信息进行操作。命令行提示如下：

```
命令：_break
选择对象：                                        （选择对象，回车）
指定第二个打断点 或 [第一点(F)]:                  （指定打断点，完成操作）
```

工程师点拨

【4-4】“打断”命令的使用技巧

如果对圆执行打断命令，系统将沿逆时针方向将圆上从第一个打断点到第二个打断点之间的那段圆弧删除。

4.5.2 修剪图形

修剪命令可对超出图形边界的线段进行修剪，并且可同时修剪多个图形对象。在AutoCAD 2016中，用户可以通过以下方法执行“修剪”命令。

- 执行菜单栏中的“修改>修剪”命令。
- 在“默认”选项卡的“修改”面板中，单击“修剪”按钮。
- 在命令行中输入TR命令，按回车键。

执行上述任意一种操作，都可以启用“修剪”命令，用户可根据命令行提示的信息进行操作。命令行提示如下：

```
命令：_trim
当前设置：投影=UCS，边=无
选择剪切边...
选择对象或 <全部选择>:  找到 1 个                 （选择修剪边界图形）
选择对象：                                        （按回车键，确认）
选择要修剪的对象，或按住 Shift 键选择要延伸的对象，或[栏选(F)/窗交(C)/投影(P)/边(E)/删除(R)/
放弃(U)]:                                         （选择要修剪的图形即可）
```

示例4-6 使用“修剪”、“矩形”、“圆”和“偏移”等命令，绘制方形拼花地砖图形

步骤01 执行“矩形”命令，根据命令行的提示，绘制一个1000mm×1000mm的正方形，如图4-47所示。

步骤02 执行“偏移”命令，根据命令行的提示，选中矩形，并向内偏移50mm，结果如图4-48所示。

图4-47 绘制正方形

图4-48 偏移矩形

步骤03 执行“圆”命令，捕捉矩形一侧的中心点作为圆心点，绘制一个半径为500mm的圆形，如图4-49所示。

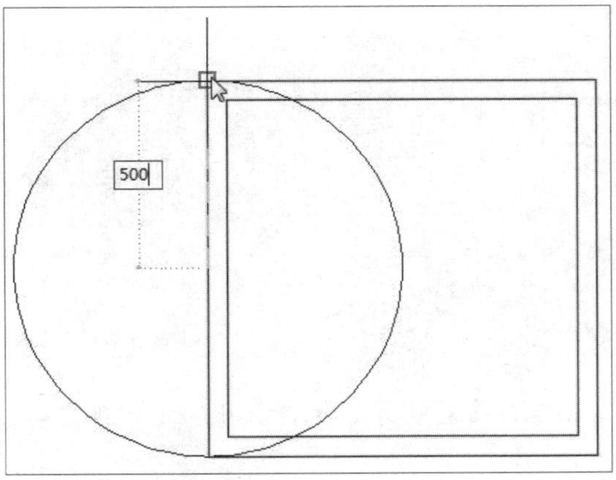

图4-49 绘制圆形

步骤04 执行“复制”命令，对刚绘制的圆形执行复制操作，结果如图4-50所示。

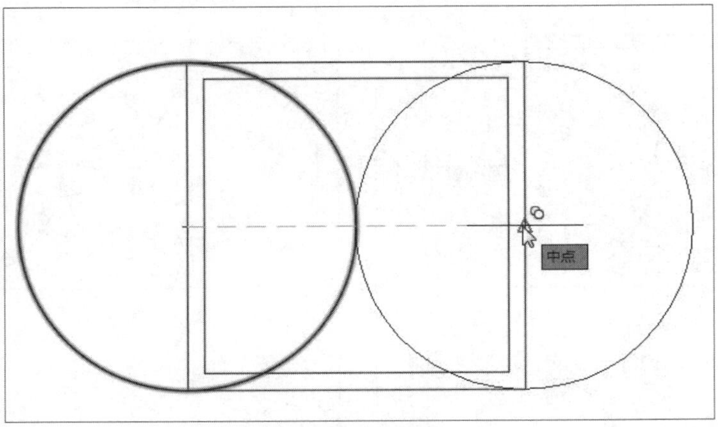

图4-50 复制圆形

步骤05 执行“旋转”命令，对两个圆形进行90度旋转复制，如图4-51所示。

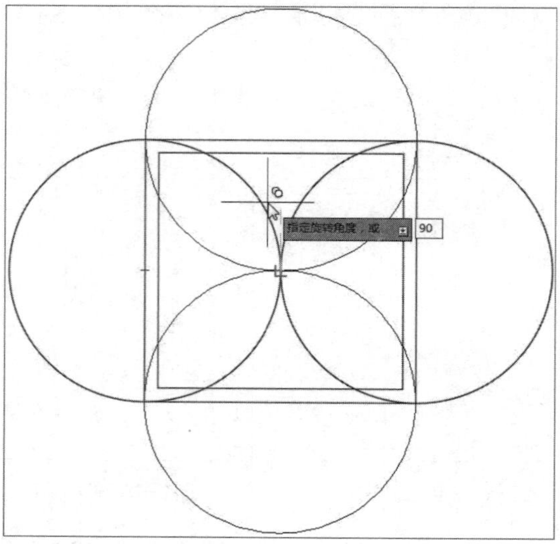

图4-51 旋转复制圆形

命令行提示如下：

命令：_rotate	
UCS 当前的正角方向： ANGDIR=逆时针 ANGBASE=0	
选择对象：指定对角点：找到 2 个	（选择两个圆形）
选择对象：	（按回车键，确认）
指定基点：	（指定两个圆的相交点为旋转基点）
指定旋转角度，或［复制（C）/参照（R）］<0>: c	（输入“C”选项，回车，进行复制）
旋转一组选定对象。	
指定旋转角度，或［复制（C）/参照（R）］<0>: 90	（输入旋转角度值，回车完成操作）

步骤06 执行“修剪”命令，根据命令行提示，选择大正方形，如图4-52所示。按回车键后，框选图形外侧的半圆形，如图4-53所示。

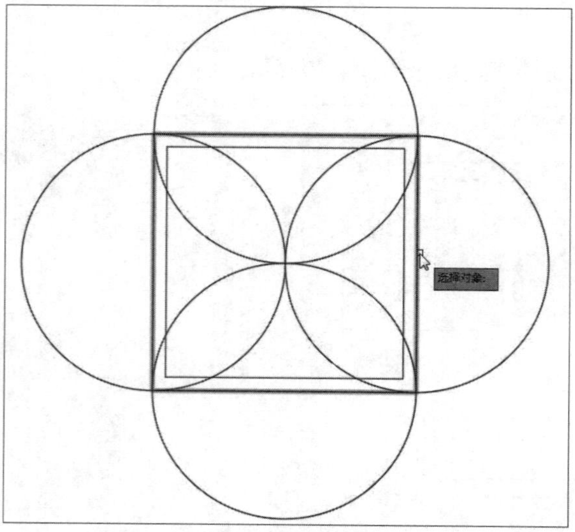

图4-52 选择大正方形

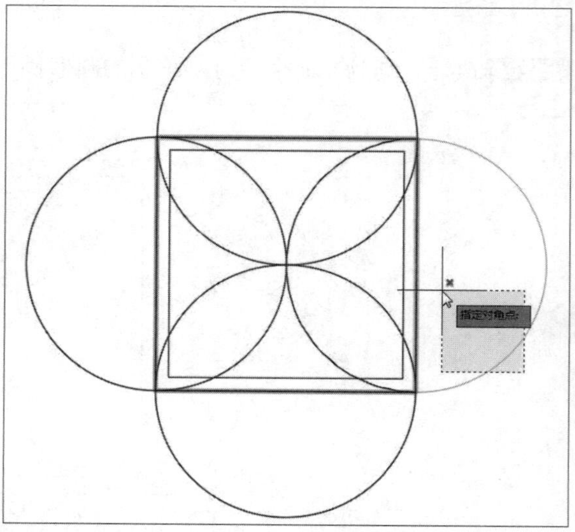

图4-53 框选半圆形

步骤07 选择后即可完成修剪操作，如图4-54所示。按照同样的操作方法，继续修剪其他半圆形，完成拼花地砖的绘制操作，结果如图4-55所示。

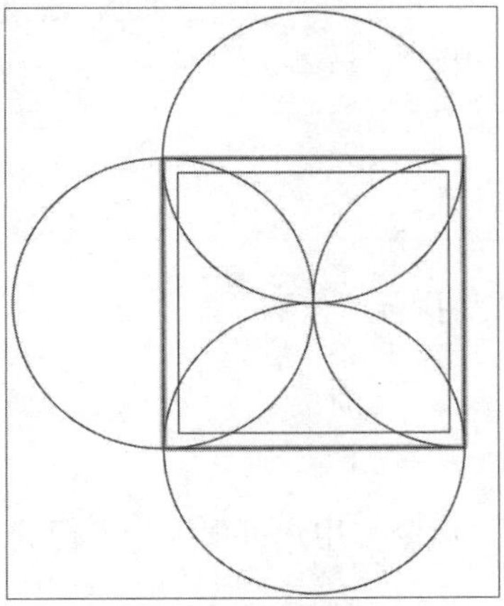

图4-54　完成修剪操作

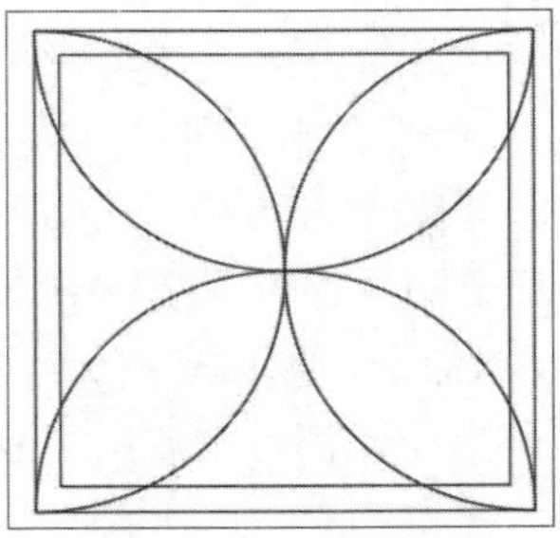

图4-55　最终结果

4.5.3 延伸图形

延伸命令是将要延伸的图形对象延伸至另一个图形边界线上。用户可通过下列方法执行“延伸”命令。效果如图4-56、4-57、4-58所示。

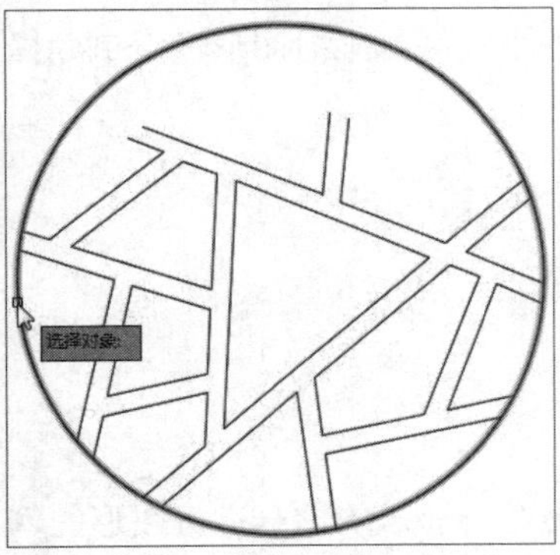

图4-56　选择要延长到的边界线

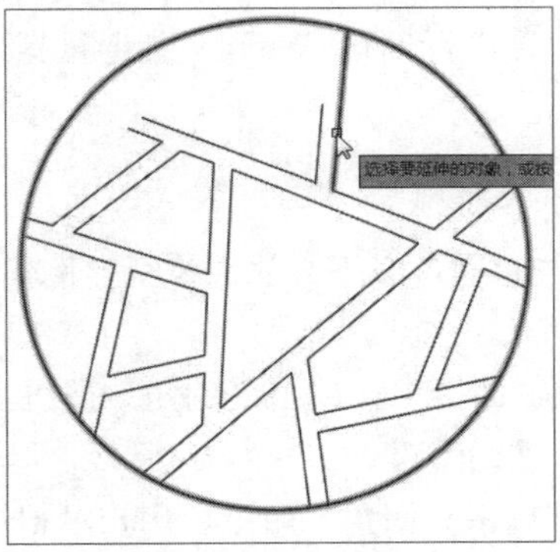

图4-57　选择延伸线段

图4-58　完成延伸操作

- 执行菜单栏中的“修改>延伸”命令。
- 在“默认”选项卡的“修改”面板中，单击“修剪”下拉按钮，选择“延伸”选项即可。
- 在命令行中输入EX命令，按回车键。

执行上述任意一种操作，都可以启用“延伸”命令，用户可根据命令行提示的信息进行操作。命令行提示如下：

```
命令：_extend
当前设置：投影=UCS，边=延伸
选择边界的边...
选择对象或 <全部选择>：  找到 1 个                    （选择要延长到的边界线）
选择对象：                                            （按回车键，确认）
选择要延伸的对象，或按住 Shift 键选择要修剪的对象，或[栏选(F)/窗交(C)/投影(P)/边(E)/放弃(U)]:
                                                      （选择要延伸的图形对象即可）
```

工程师点拨

【4-5】修剪与延伸命令相互切换

使用修剪命令或延伸命令时，用户可按Shift键将这两个命令相互切换操作。

4.5.4 分解图形

在AutoCAD 2016软件中，用户可通过以下方法执行“分解”命令。

- 执行菜单栏上的“修改>分解”命令。
- 在“默认”选项卡的“修改”面板中，单击“分解”按钮。
- 在命令行中输入X命令，按回车键。

执行上述任意一种操作，都可以启用“分解”命令，用户可根据命令行提示的信息进行操作。命令行提示如下：

```
命令：_explode
选择对象：找到 1 个                                    （选择需要分解的图形）
选择对象：                                            （按回车键，完成分解操作）
```

4.5.5 图形的倒角与圆角

倒角是将图形相邻的两条直角边进行倒角，而圆角是通过指定的半径圆弧来对图形进行倒角操作，下面将分别对其操作进行介绍。

1. 倒角

在AutoCAD 2016软件中，用户可通过以下方法来执行“倒角”命令。

- 执行菜单栏中的“修改>倒角”命令。
- 在“默认”选项卡的“修改”面板中，单击“倒角”按钮。
- 在命令行中输入CHA命令，按回车键。

执行上述任意一种操作，都可启用“倒角”命令，用户可根据命令行提示的信息进行图形的倒角操作，对比效果如图4-59、4-60所示。命令行提示如下：

```
命令：_chamfer
（“修剪”模式）当前倒角距离 1 = 0.0000，距离 2 = 0.0000
选择第一条直线或 [放弃(U)/多段线(P)/距离(D)/角度(A)/修剪(T)/方式(E)/多个(M)]:  d
                                                  （选择“距离”选项，回车）
指定 第一个 倒角距离 <0.0000>: 30                   （设置第 1 个倒角距离）
指定 第二个 倒角距离 <3.0000>: 30                   （设置第 2 个倒角距离）
选择第一条直线或 [放弃(U)/多段线(P)/距离(D)/角度(A)/修剪(T)/方式(E)/多个(M)]:
                                                  （选择第 1 条倒角边）
选择第二条直线，或按住 Shift 键选择直线以应用角点或 [距离(D)/角度(A)/方法(M)]:
                                                  （选择第 2 条倒角边）
```

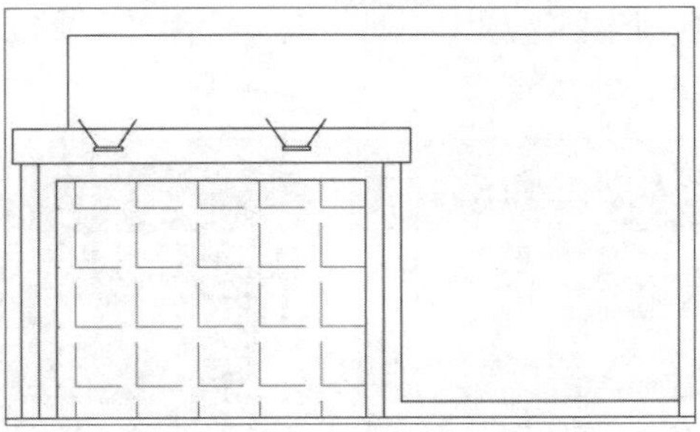

图4-59　未进行倒角操作

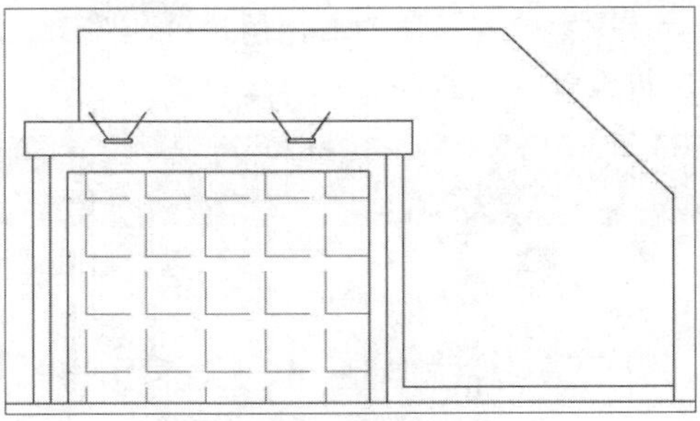

图4-60　倒角结果

2. 倒圆角

在AutoCAD 2016软件中，用户可通过以下方法来执行“倒圆角”命令。

- 执行菜单栏中的“修改>倒圆角”命令。
- 在“默认”选项卡的“修改”面板中，单击“圆角”按钮。
- 在命令行中输入F命令，按回车键。

执行上述任意一种操作，都可启用“圆角”命令，用户可根据命令行提示的信息进行操作，对比效果如图4-61、4-62所示。命令行提示如下：

```
命令：_fillet
当前设置：模式 = 修剪，半径 = 600.0000
选择第一个对象或 [放弃(U)/多段线(P)/半径(R)/修剪(T)/多个(M)]: r        (选择“半径”选项，回车)
指定圆角半径 <600.0000>: 300                                              (设置新圆角半径值)
选择第一个对象或 [放弃(U)/多段线(P)/半径(R)/修剪(T)/多个(M)]:            (选择第1条倒角边)
选择第二个对象，或按住 Shift 键选择对象以应用角点或 [半径(R)]:            (选择第2条倒角边)
```

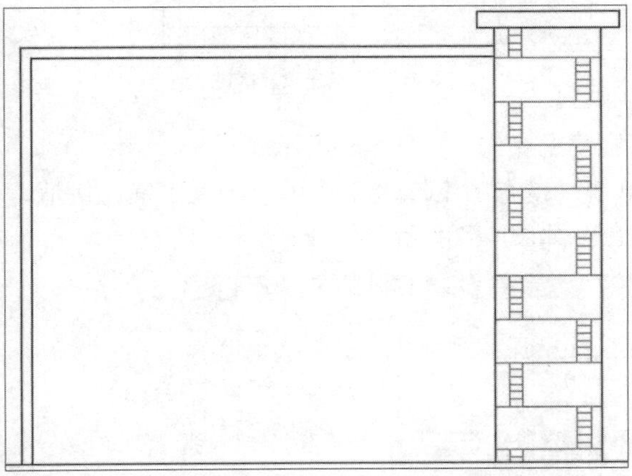

图4-61　未进行倒圆角操作

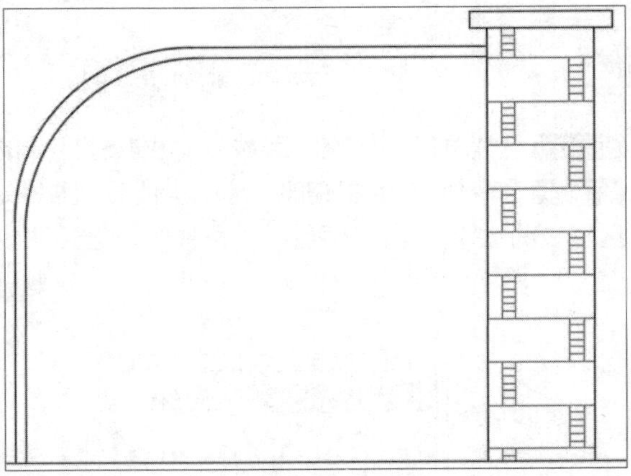

图4-62　倒圆角结果

4.5.6 填充图形

在AutoCAD 2016软件中，用户可通过以下方法对一些封闭的图形进行图案填充操作。

- 执行菜单栏中的“绘图>图案填充”命令。
- 在“默认”选项卡的“绘图”面板中，单击“图案填充”按钮。
- 在命令行中输入H快捷命令，按回车键。

执行"图案填充"命令后，用户可在"图案填充创建"选项卡中对图案、特性、边界以及选项等参数进行设置，如图4-63所示。

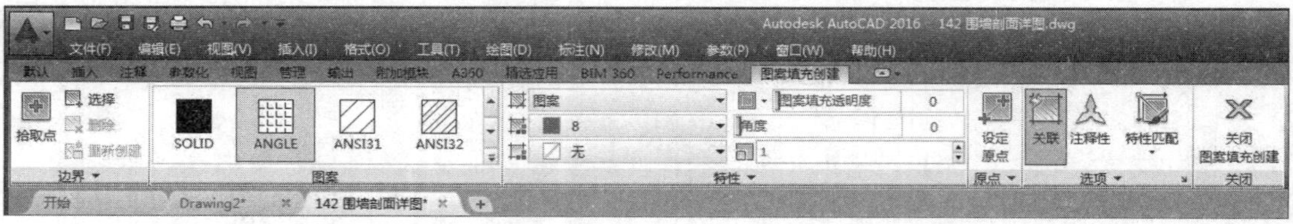

图4-63 "图案填充创建"选项卡

示例4-7 使用"图案填充"命令，为拼花图形进行图案填充操作

步骤01 打开绘制的拼花地砖图形文件，在"默认"选项卡的"绘图"面板中，单击"图案填充"按钮，在"图案填充创建"选项卡的"图案"面板中，选择满意的图案样式，如图4-64所示。

步骤02 选择完成后，在绘图区中单击要填充的区域，即可完成图案填充操作，如图4-65所示。

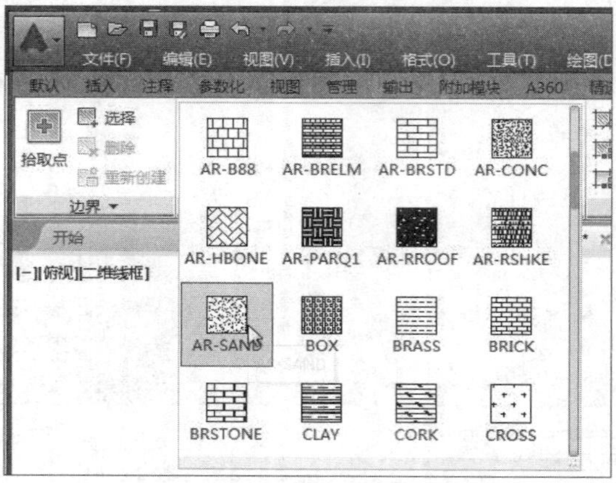

图4-64 选择图案样式选项

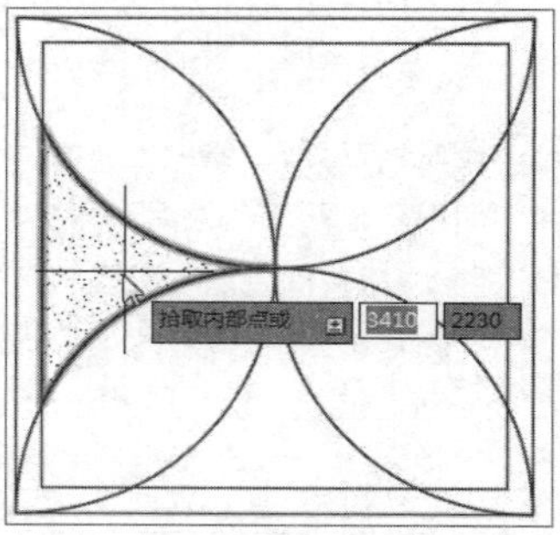

图4-65 单击填充区域

步骤03 继续单击要填充的区域，完成其他区域的图案填充操作，如图4-66所示。

步骤04 选中填充后的图形，在"特性"面板中，单击"填充图案比例"选项，设置图案比例值，这里设为0.3，单击"颜色"下拉按钮，选择图案颜色，如图4-67所示。

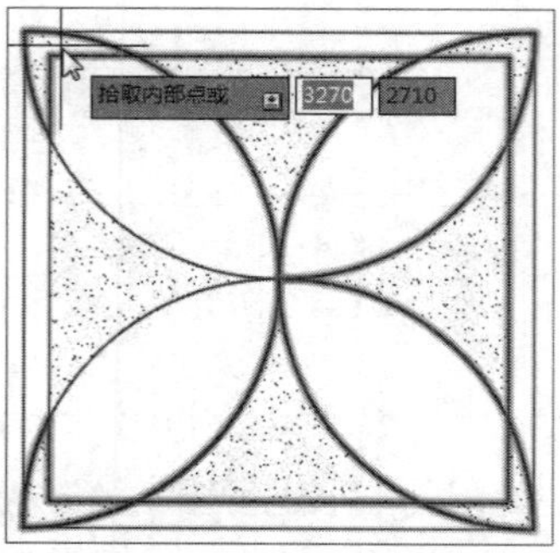

图4-66 完成填充操作

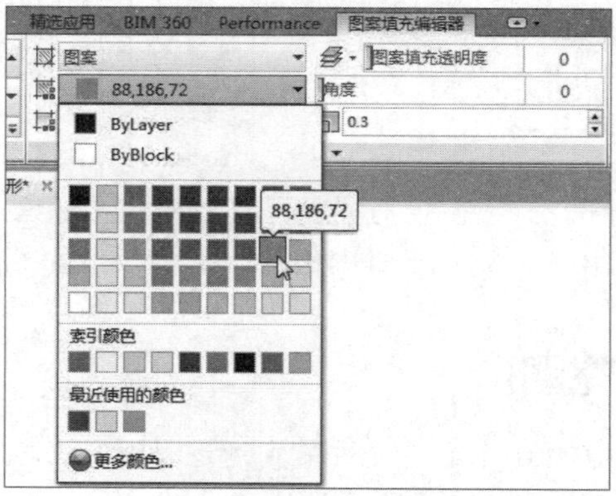

图4-67 设置填充比例和颜色

步骤05 用户也可在"特性"面板中，对图案的角度和透明度进行设置，这里为默认值，最终结果如图4-68所示。

图4-68　最终填充结果

4.6 编辑图形属性

在编辑图形时，用户可对图形本身的某些特性进行修改编辑，从而能够轻松地对图形进行绘制操作。

4.6.1 编辑夹点模式

选择某一图形后，该图形上会显示多个夹点。用户可利用这些夹点来对图形进行编辑操作，例如拉伸、移动、旋转及缩放等。下面将分别对这些操作进行介绍。

1. 拉伸对象

选择要编辑的图形，并单击其中任意一个夹点，当夹点呈红色时，移动光标即可将其拉伸。默认情况下，夹点操作模式为拉伸，效果如图4-69、4-70、4-71所示。

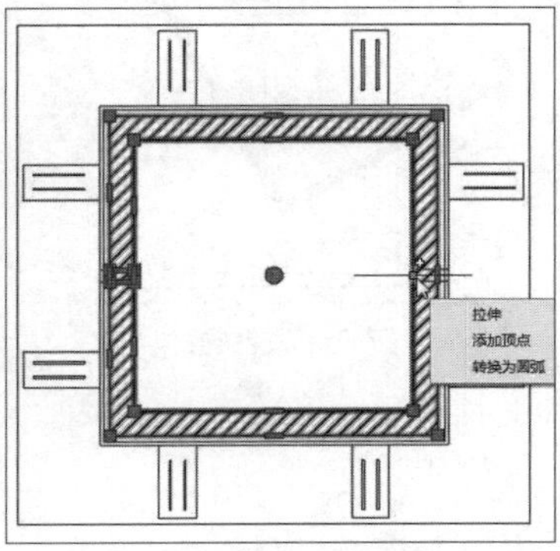

图4-69　单击夹点

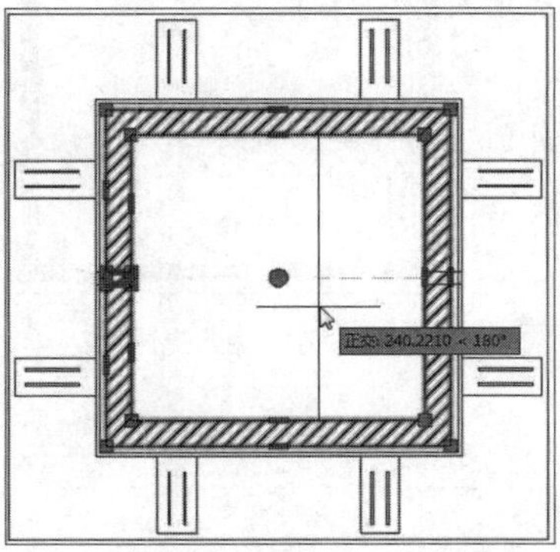

图4-70　拉伸夹点

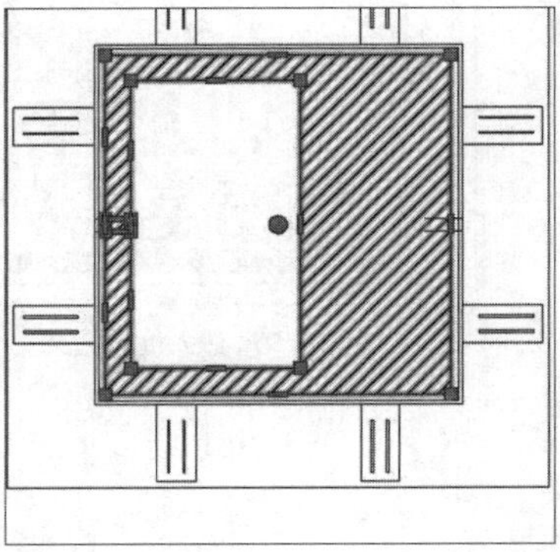

图4-71　完成拉伸

工程师点拨

【4-6】设置夹点显示方式

默认情况下，夹点是以蓝色高亮显示的，用户可根据喜好对其显示模式进行设置。执行“文件>选项”命令，打开“选项”对话框，切换至“选择集”选项卡，在“夹点”相关选项组中，对夹点大小、颜色以及夹点显示方式进行调整。

2. 移动对象

移动对象是在位置上平移，其大小和方向都不改变。选择要移动的图形对象，进入夹点选择状态，在命令行中输入mo，按回车键进入移动模式，移动该图形即可，效果如图4-72、4-73、4-74所示。

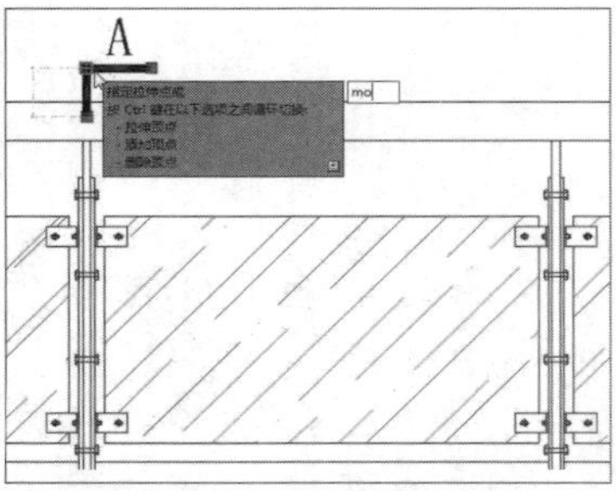

图4-72　进入移动模式

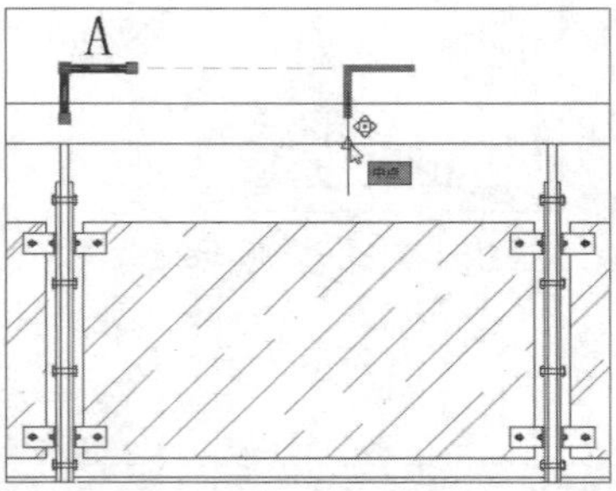

图4-73　移动图形

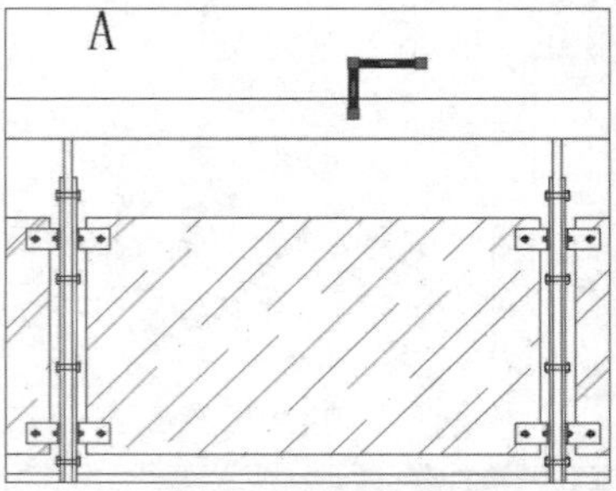

图4-74　完成移动操作

命令行提示如下：

```
** 拉伸 **
指定拉伸点或 [基点(B)/复制(C)/放弃(U)/退出(X)]:mo     (输入“mo”，回车，进入移动模式)
** MOVE **
指定移动点 或 [基点(B)/复制(C)/放弃(U)/退出(X)]:      (指定下一个移动点)
```

3. 旋转对象

选择图形并进入夹点选择模式，在命令行中输入RO，进入旋转模式，输入旋转角度，按回车键即可完成旋转操作，对比效果如图4-75、4-76、4-77所示。

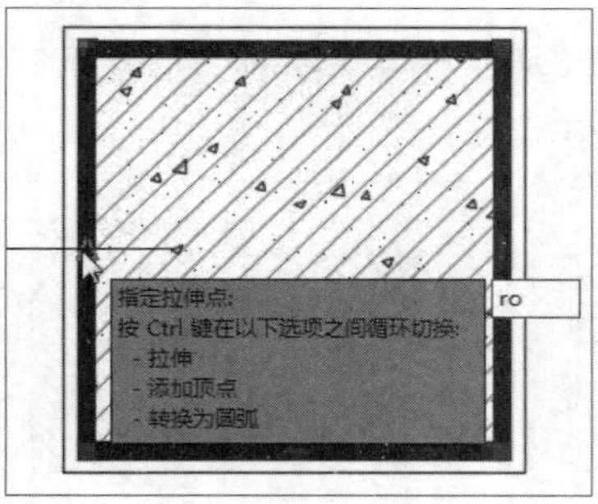

图4-75　进入旋转模式

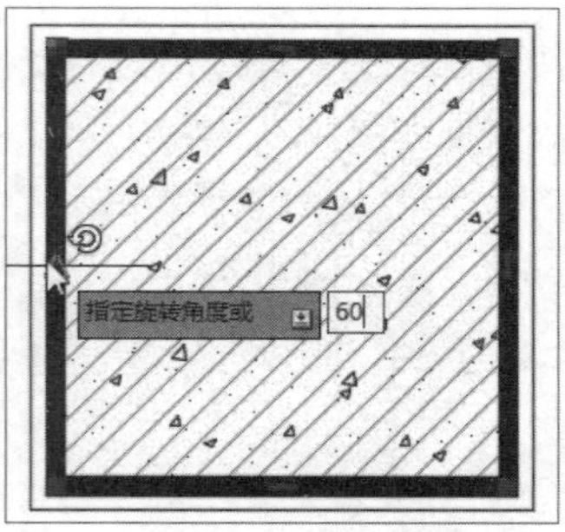

图4-76　输入旋转角度

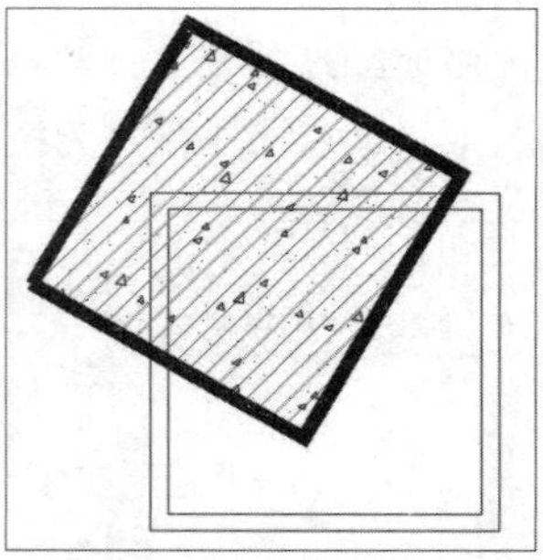

图4-77　完成旋转操作

命令行提示如下：

```
** 拉伸 **
指定拉伸点:ro                                   (输入“RO”，回车进入旋转模式)
** 旋转 **
指定旋转角度或 [基点(B)/复制(C)/放弃(U)/参照(R)/退出(X)]: 60(输入旋转角度，回车即可)
```

4. 缩放对象

选择图形并进入夹点选择模式，在命令行中输入SC，进入缩放模式，输入缩放比例值，按回车键即可完成缩放操作，效果对比如图4-78、4-79、4-80所示。

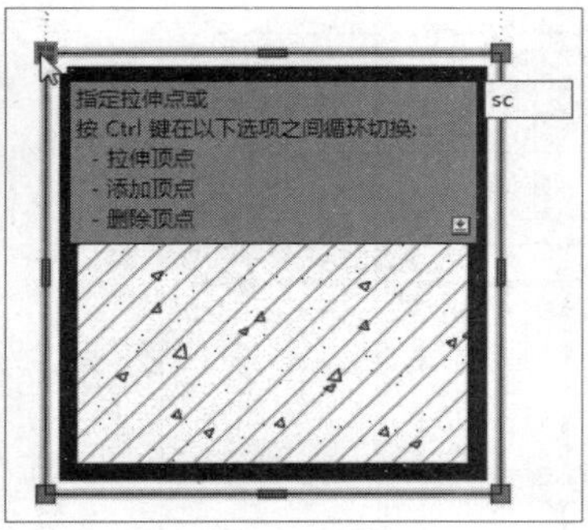

图4-78　进入缩放模式

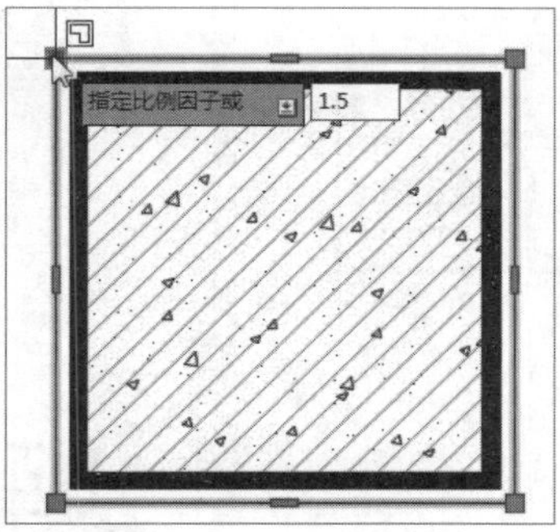

图4-79　输入比例值

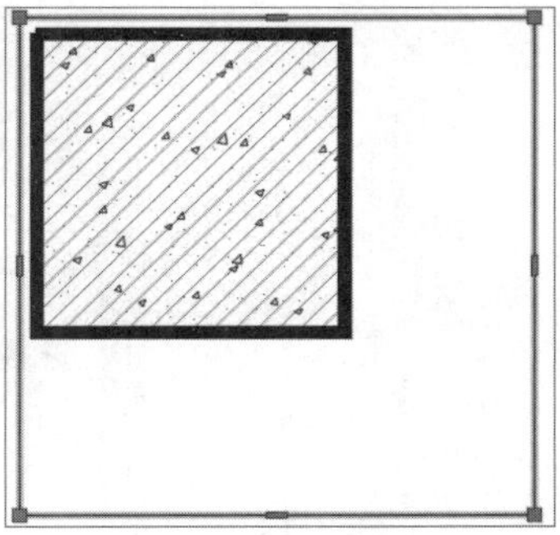

图4-80　完成缩放操作

命令行提示如下：

```
** 拉伸 **
指定拉伸点或 [基点(B)/复制(C)/放弃(U)/退出(X)]:sc          （输入"SC"，回车，进入缩放模式）
** 比例缩放 **
指定比例因子或 [基点(B)/复制(C)/放弃(U)/参照(R)/退出(X)]: 1.5     （输入比例值，回车完成操作）
```

工程师点拨

【4-7】镜像对象

在对夹点进行编辑时，除了以上介绍的4种编辑模式外，还可进行镜像操作，方法与“镜像”命令相似，选中图形并进入夹点选择模式，在命令行中输入MI后，按回车键进行镜像操作，此时当前选择的夹点为镜像轴上的第1点，用户只需指定镜像轴上的第2点并选择是否删除原图形，即可完成镜像操作。

4.6.2 图形特性匹配设置

在AutoCAD软件中，利用“特性匹配”命令可将当前图形的属性与源图形的属性进行匹配，使其属性相同。该命令可方便快捷地复制图形属性，并保持不同图形对象的属性相同。用户可通过以下方法来执行“特性匹配”命令。

- 执行菜单栏中的“修改>特性匹配”命令。
- 在“默认”选项卡的“特性”面板中，单击“特性匹配”按钮。
- 在命令行中输入MA命令，按回车键。

执行上述任意一种操作，都可执行“特性匹配”命令，用户可根据命令行提示的信息进行操作，效果如图4-81、4-82所示。命令行提示如下：

```
命令: '_matchprop
选择源对象:                                  （选择要被复制的图形）
当前活动设置: 颜色 图层 线型 线型比例 线宽 透明度 厚度 打印样式 标注 文字 图案填充 多段线 视口 表格材质 阴影显示 多重引线
选择目标对象或 [设置(S)]:                      （选择结果图形）
```

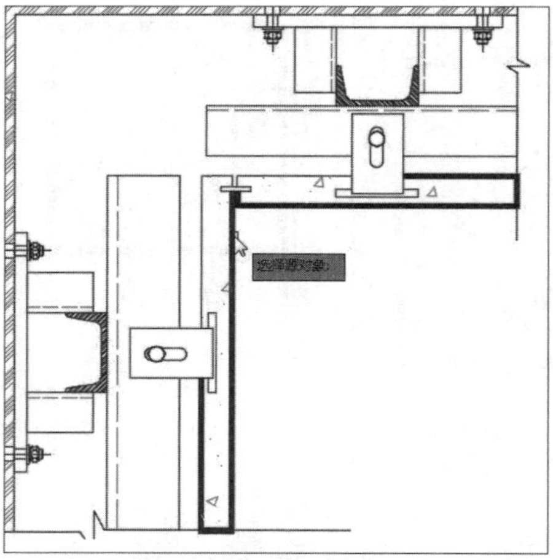

图4-81 选择要被复制图形

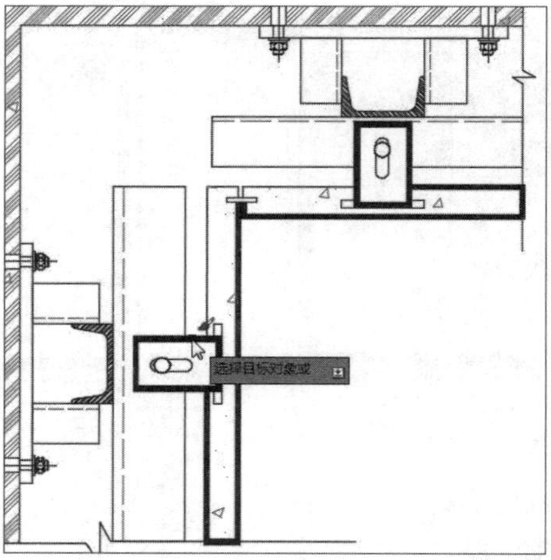

图4-82 选择结果图形

上机实践：绘制观景亭及周边水系平面图

- **实践目的：** 通过练习本实训，帮助用户掌握一些图形编辑命令的使用方法。
- **实践内容：** 应用本章所学的知识绘制观景亭平面图。
- **实践步骤：** 首先执行“矩形”、“偏移”命令，绘制观景亭平面轮廓；接着使用“多段线”、“修剪”命令，绘制台阶轮廓；最后执行“多段线”命令，绘制水系和石块，具体操作过程介绍如下。

步骤01 在“默认”选项卡的“绘图”面板中，单击“矩形”按钮，根据命令行提示，输入“@3600，3600”，绘制3600mm×3600mm的矩形，如图4-83所示。

步骤02 双击鼠标中键，将图形全屏显示。在“修改”面板中单击“偏移”按钮，按照命令行提示，将矩形向内依次偏移150mm、300mm，完成亭子基座的绘制，结果如图4-84所示。

图4-83 绘制亭子基座轮廓

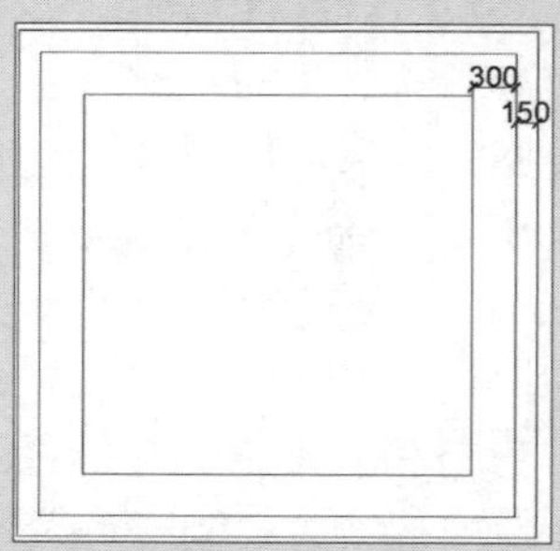

图4-84 绘制亭子基座

步骤03 在“绘图”面板中，单击“直线”按钮，在最小的矩形中绘制两条相交的直线段，作为亭顶图形，如图4-85所示。

步骤04 在“绘图”面板中，单击“图案填充”按钮，在“图案填充创建”选项卡的“图案”面板中，选择满意的填充图案，这里选择“AR-B88”图案选项，如图4-86所示。

步骤05 在“特性”面板中，选择“填充颜色”为8选项，将填充角度设为90，如图4-87所示。

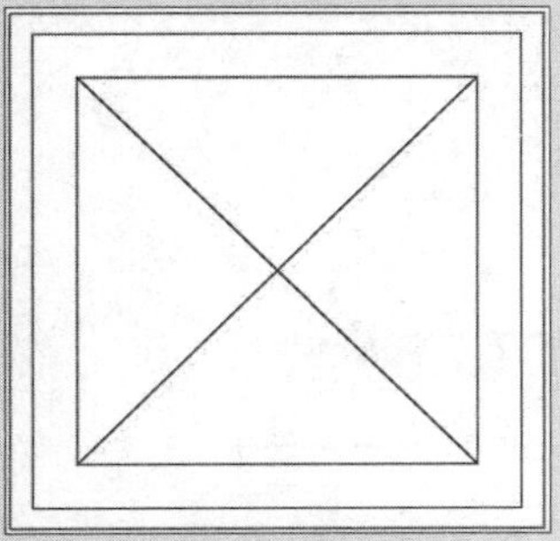

图4-85 绘制亭顶线段

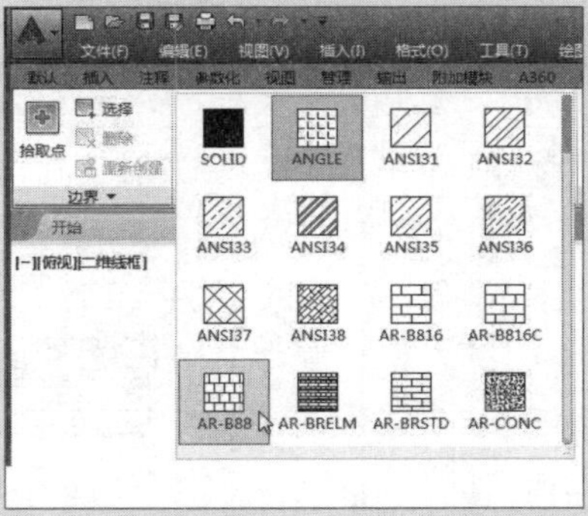

图4-86 选择填充图案样式

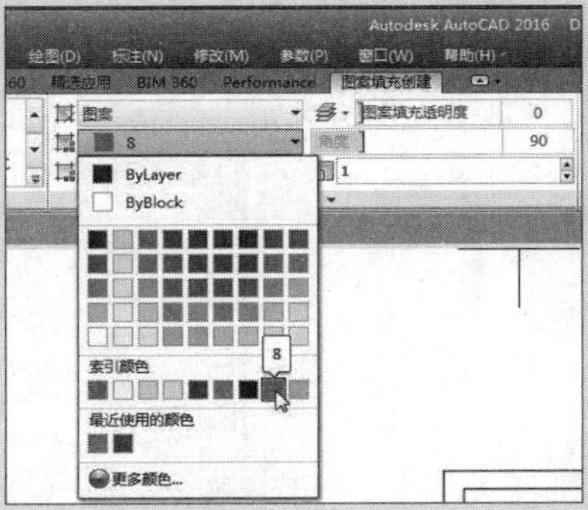

图4-87 设置填充颜色和角度

步骤06 设置完成后，拾取图4-88所示的图形区域，完成填充操作。

步骤07 再次执行“图案填充”命令，拾取图4-89所示的图形区域，在“特性”面板中，将填充角度设为0。

步骤08 按照以上图案填充的操作方法，将填充图案设为DOLMIT，将填充颜色设为ByLayer，将填充比例设为6，然后拾取基座图形并对其执行填充操作，结果如图4-90所示。

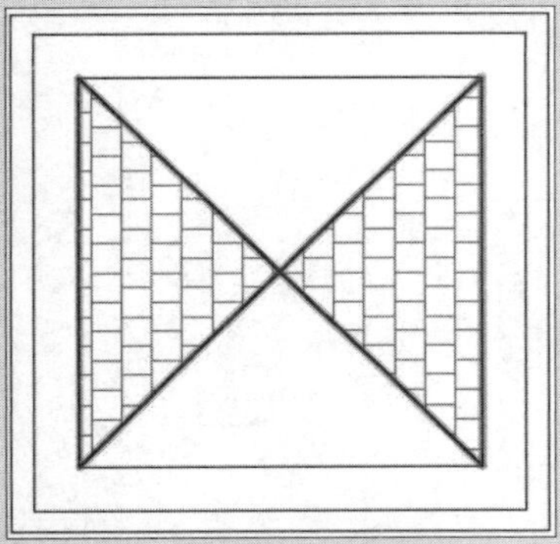

图4-88 拾取填充区域

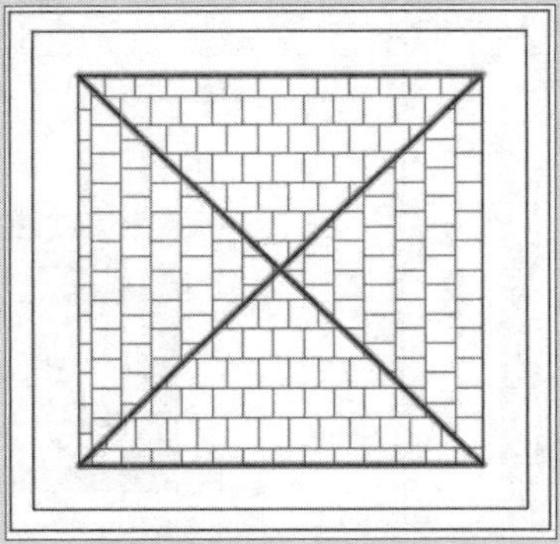

图4-89 填充亭顶剩余区域

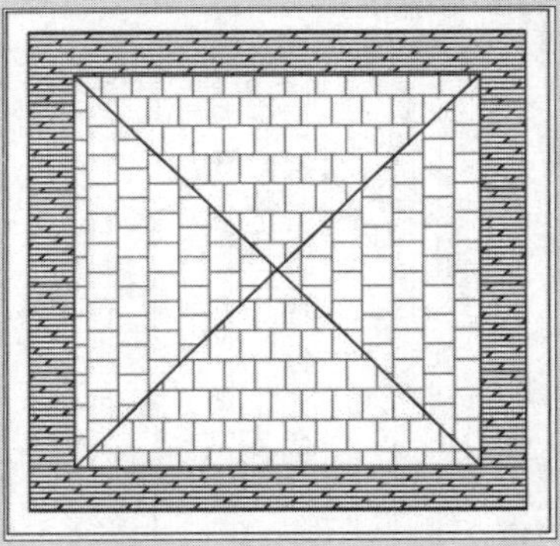

图4-90 填充基座图形

步骤09 执行“多段线”命令，按照图4-91所示的线段进行绘制，完成台阶轮廓线的绘制。

步骤10 执行“偏移”命令，将刚绘制的台阶轮廓线向内依次偏移300mm，结果如图4-92所示。

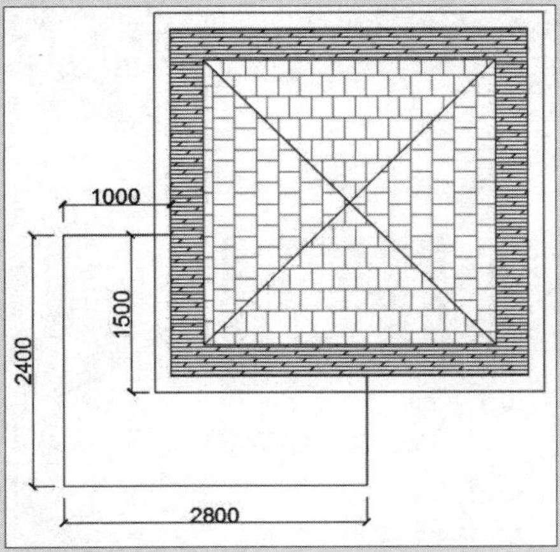

图4-91 绘制台阶轮廓线

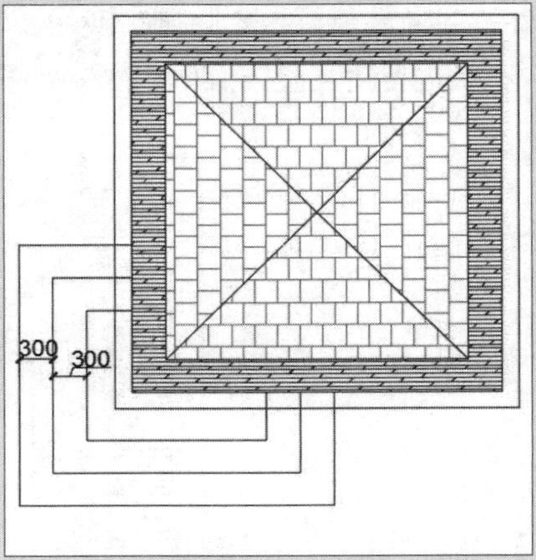

图4-92 偏移台阶轮廓线

步骤11 执行“直线”命令，绘制台阶转折线，如图4-93所示。

步骤12 在“修改”面板中单击“修剪”按钮，选中最外侧的多段线，按回车键，选择亭子基座边缘线，如图4-94所示。

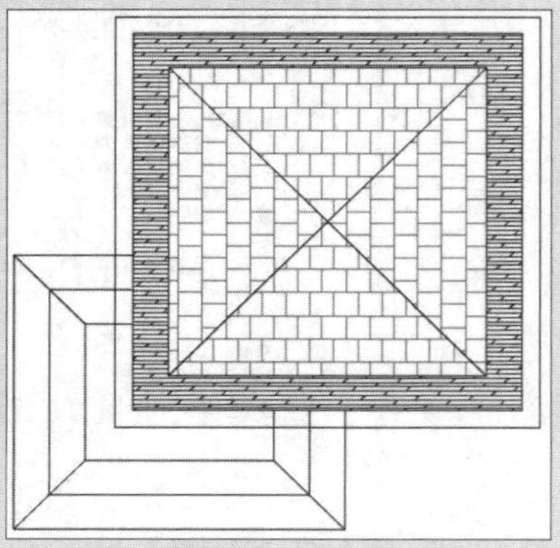

图4-93　绘制转折线

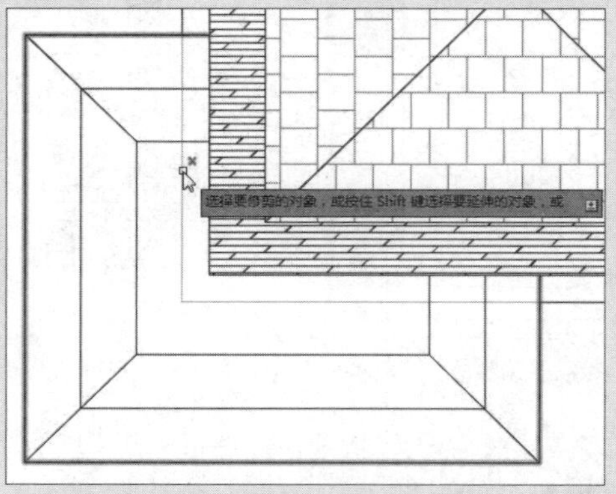

图4-94　修剪线段

步骤13 选择后即可完成图形的修剪操作，如图4-95所示。

步骤14 在“绘图”面板中单击“样条曲线”按钮，在图形中的合适位置绘制水路轮廓线，结果如图4-96所示。

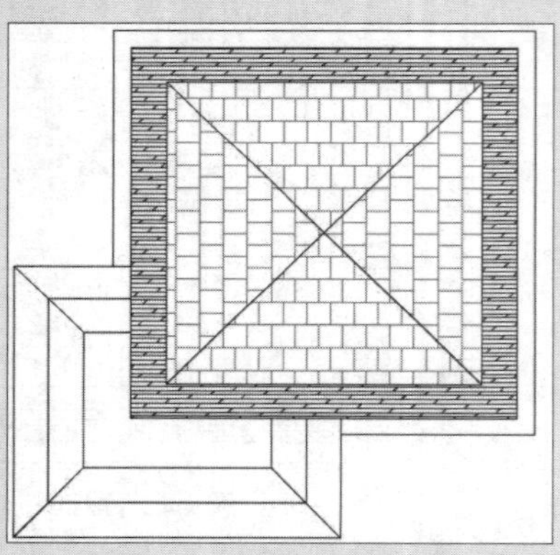

图4-95　查看修剪结果

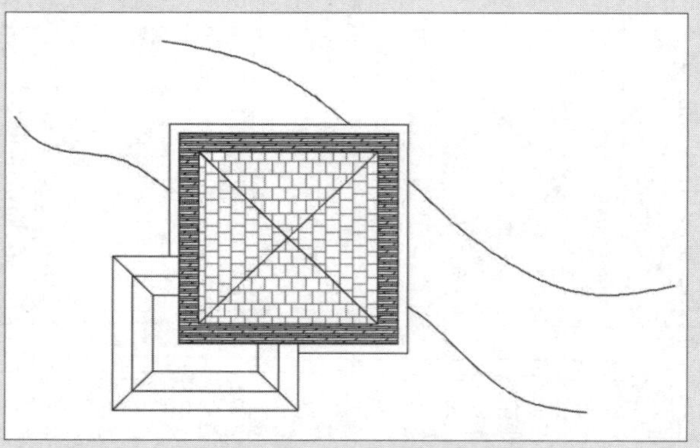

图4-96　绘制水路轮廓线

步骤15 在“绘图”面板中单击“多段线”按钮，绘制石块轮廓图形，如图4-97所示。

步骤16 在“修改”面板中单击“复制”按钮，将石块图形沿着水路轮廓进行复制，然后单击“旋转”按钮，对石块进行适当旋转操作，结果如图4-98所示。

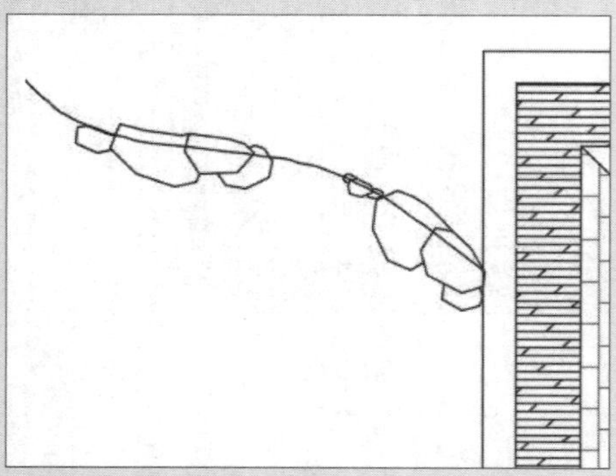

图4-97　绘制石块轮廓图形

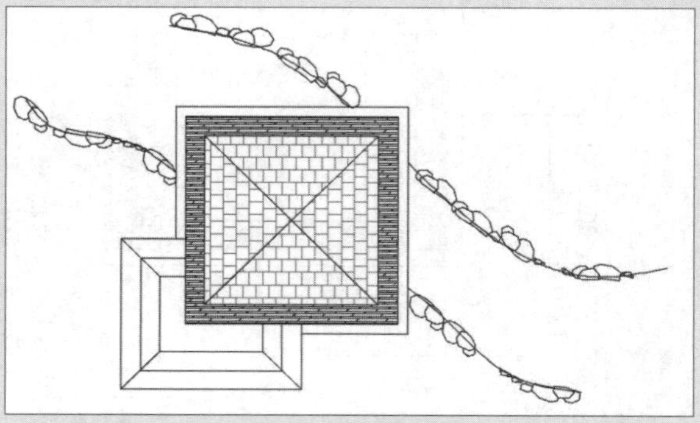

图4-98　复制旋转石块图形

步骤17 在“修改”面板中单击“缩放”按钮，对石块图形进行适当缩放操作，然后执行“修剪”命令，对样条线进行修剪，结果如图4-99所示。

步骤18 执行“样条曲线”命令，绘制如图4-100所示的图形。

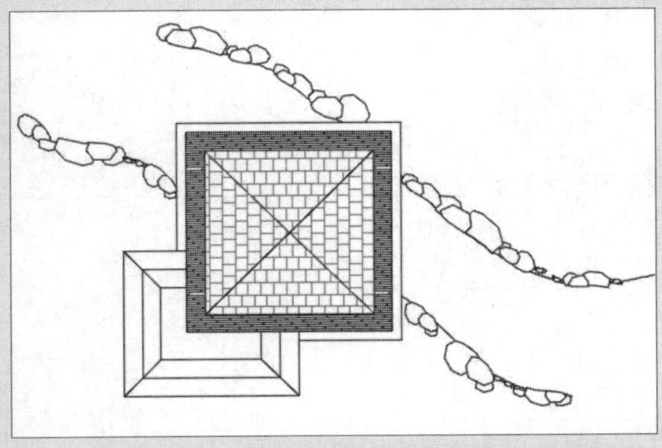

图4-99　缩放并修剪石块图形

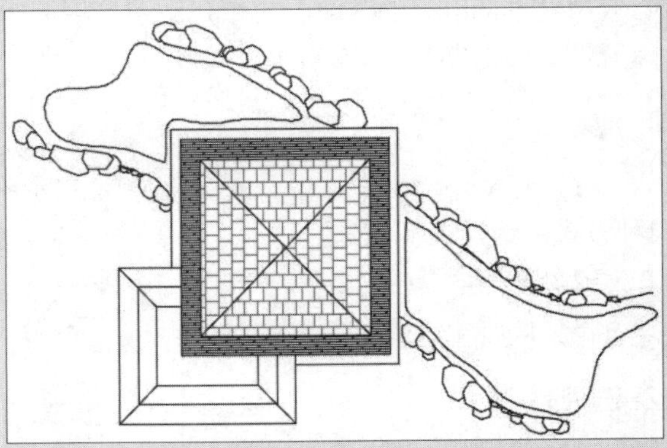

图4-100　绘制样条曲线

步骤19 执行“图案填充”命令，在“图案填充创建”选项卡的“图案”列表中，选择GOST_WOOD图案选项，如图4-101所示。

步骤20 在“特性”面板中，将图案颜色设为绿色，将图案填充角度设为90，将填充比例设为180，如图4-102所示。

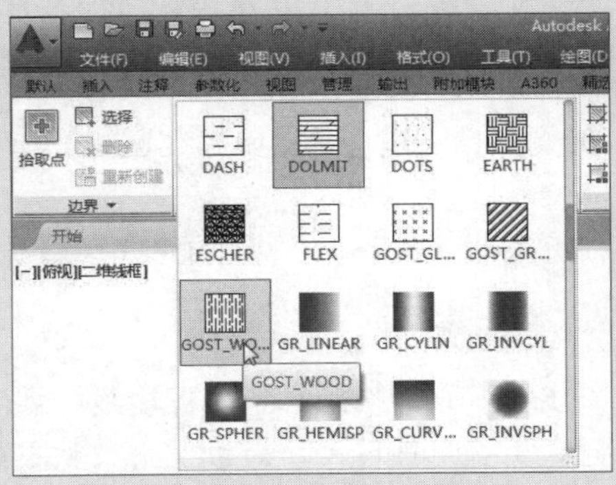

图4-101　选择填充图案样式

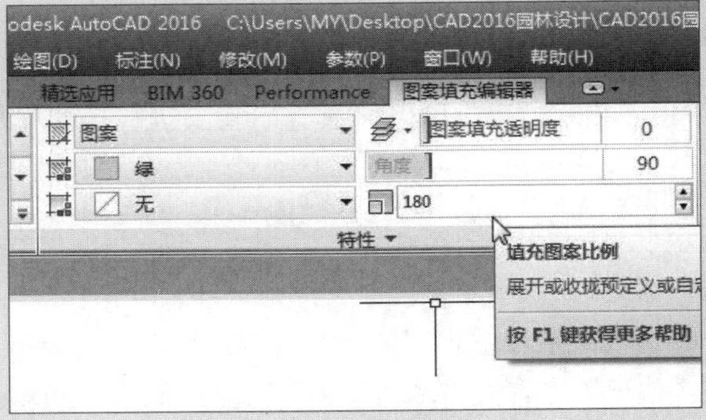

图4-102　设置填充特性

步骤21 设置完成后，拾取刚绘制的样条曲线区域，完成水路填充操作，如图4-103所示。

步骤22 然后删除样条曲线，最终效果如图4-104所示。

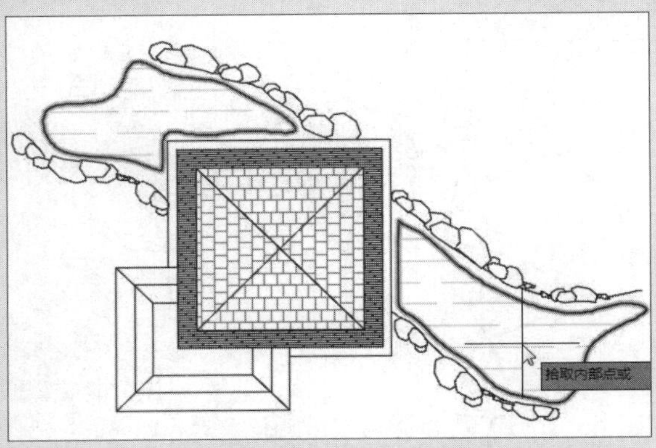

图4-103　完成水路填充

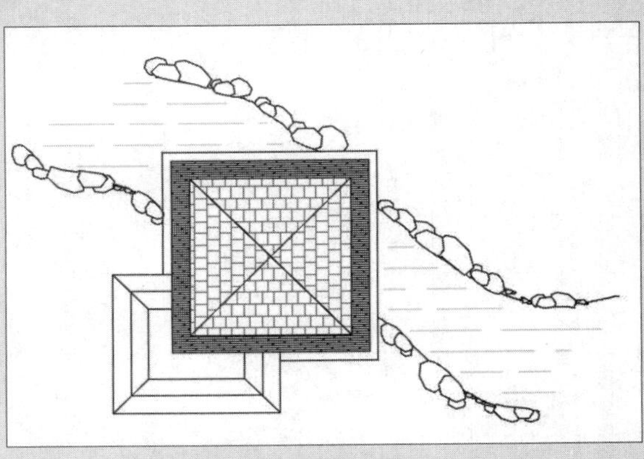

图4-104　删除样条曲线

课后练习

通过本章内容的学习，使用户对图形的编辑功能有了大体的了解。下面再通过一些练习题来巩固所学的知识点。

1. 填空题

（1）在AutoCAD软件中，除了直接单击图形对象来选择外，还有________、________以及________3种方式可选择图形对象。

（2）阵列命令可分为三种方式，分别为：________、________以及________。

（3）在命令行中输入________命令，可快速启动偏移命令。

2. 选择题

（1）下面哪一项命令是按照一条轴线，对图形进行翻转复制，创建出对称图形（　　）。

A、旋转　　B、缩放
C、镜像　　D、环形阵列

（2）在命令行中，输入O（偏移）命令，按回车键后，下面哪一项是正确的操作（　　）。

A、先要指定偏移方向，再输入偏移距离　　B、先输入偏移距离，再选择偏移线段
C、先选择要偏移的线段，再输入偏移距离　　D、以上方法都可以

（3）在命令行中，输入下面哪一项快捷命令，可执行“修剪”命令（　　）。

A、CO　　B、F　　C、RO　　D、TR

（4）如果对填充的图案不满意，需要进行疏密及方向的调整，可以在“图案填充创建”选项卡的（　　）面板中进行设置。

A、边界　　B、图案　　C、特性　　D、选项

3. 操作题

（1）绘制木棉植物图形。首先利用“圆”、“直线”、“阵列”命令绘制45条木棉短线段；然后利用“偏移”、“直线”和“阵列”命令绘制木棉的8条长线段；最后删除两个辅助圆形，结果如图4-105所示。

（2）绘制灰莉球植物图形。首先利用“圆”、“弧线”命令，绘制灰莉球轮廓线；然后执行“修剪”、“图案填充”命令，修剪并填充灰莉球图形；最后执行“复制”、“缩放”、“旋转”以及“修剪”命令，绘制小灰莉球图形，结果如图4-106所示。

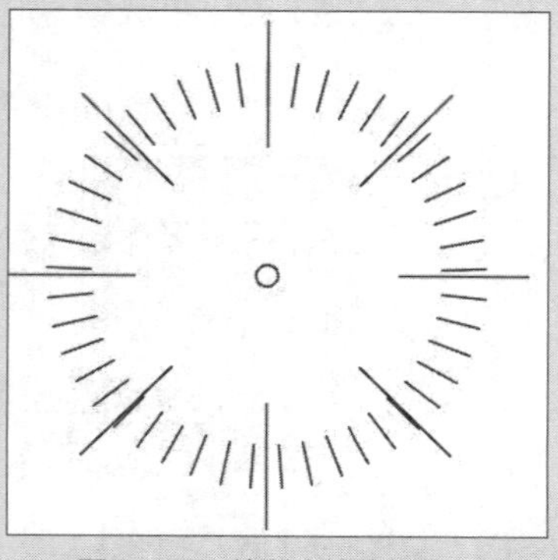

图4-105　绘制木棉植物图形

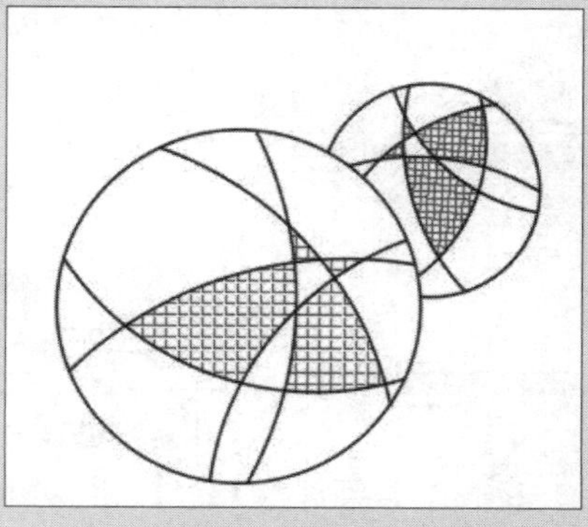

图4-106　绘制灰莉球植物图形

Chapter 05

园林图形中图块的应用

课题概述

在CAD制图过程中，经常需要绘制大量相同而又复杂的图形，例如园林图纸中一些灌木或乔木的平面或立面图形，如果一一进行绘制，工作量是非常大的。此时，如果用户能够熟练地使用AutoCAD的图块功能，就能减少这些繁杂而又费时工作，从而提高绘图效率。

教学目标

本章将主要介绍图块功能的应用，例如创建图块、编辑图块、插入图块、保存图块以及“设计中心”功能的使用操作。通过对本章内容的学习，使用户掌握图块功能的使用技巧，从而灵活地运用到工作中。

章节重点

★★★　编辑图块属性及外部参照

★★★　“设计中心”面板的应用

★★　保存、插入图块

★　创建图块

光盘路径

上机实践：实例文件\第5章\上机实践\绘制水景墙立面图.dwg

课后练习：实例文件\第5章\课后练习

5.1 创建与编辑图块

图块是由一个或多个图形对象组合成的，即将不同的形状、线型、线宽及颜色组合定义为块，常常用于绘制大量相同而又复杂的图形。在绘制过程中，用户只需将创建好的图形保存成图块，待下次使用时，直接调入即可。

5.1.1 创建块

在AutoCAD软件中，图块分为内部块和外部块两种。内部块是不能作为图形文件保存至电脑中，只能对当前图形使用，而其他图形则需重新定义；外部块是可进行保存的，并且可运用到任意图纸当中。

1. 创建内部块

在AutoCAD 2016软件中，用户可通过以下几种方法来创建内部块。

- 执行菜单栏中“绘图>块>创建”命令。
- 在“默认”选项卡的“块”面板中，单击“创建”按钮。
- 在命令行中输入B命令，按回车键。

执行以上任意一种操作，即可打开“块定义”对话框，在该对话框中进行相关的设置，即可将图形对象创建成块。

示例5-1 使用创建的内部块功能创建篮球场图块

步骤01 打开篮球场素材文件，在“默认”选项卡的“块”面板中，单击“创建”命令，打开“块定义”对话框，单击“选择对象”按钮，如图5-1所示。

步骤02 在绘图区中选取要创建的图块对象，这里框选篮球场图形，如图5-2所示。

图5-1 单击“选择对象”按钮

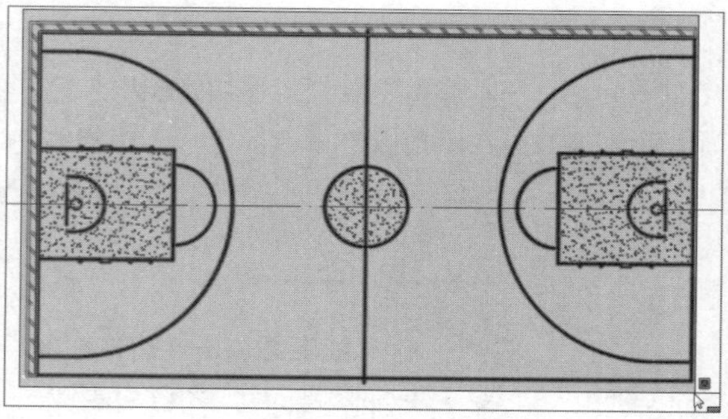

图5-2 框选篮球场图形

步骤03 按回车键返回“块定义”对话框，单击“拾取点”按钮，如图5-3所示。

步骤04 在绘图区中指定图块的基点，这里选择篮球场中心点，如图5-4所示。

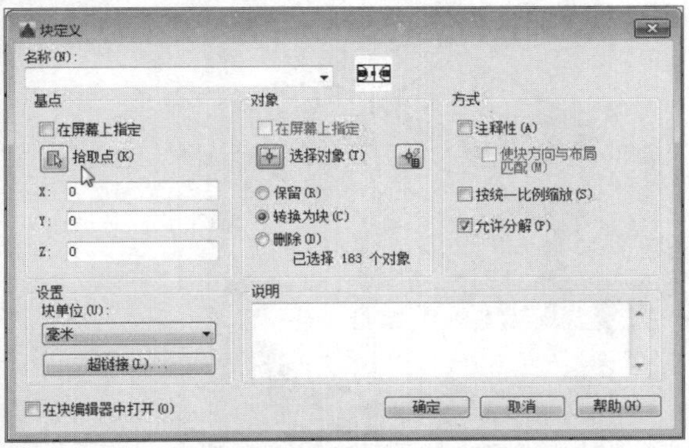

图5-3　单击“拾取点”按钮

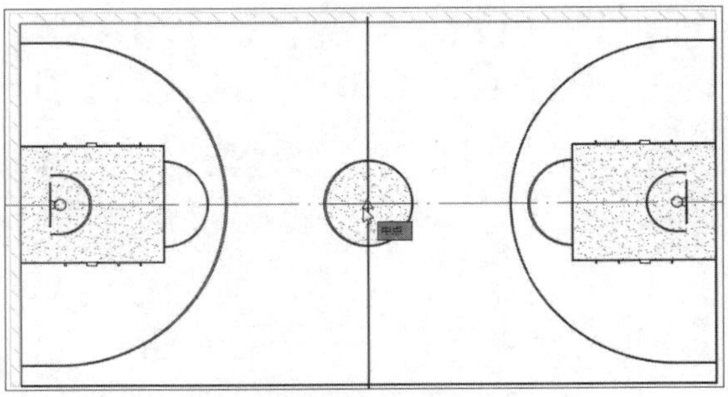
图5-4　指定图块基点

步骤05 返回“块定义”对话框，在“名称”文本框内输入图块名称为“篮球场”，将块单位设为“毫米”，如图5-5所示。

步骤06 单击“确定”按钮，完成篮球场图块的创建操作。当再次单击该图形时，该图形呈现为一个整体，结果如图5-6所示。

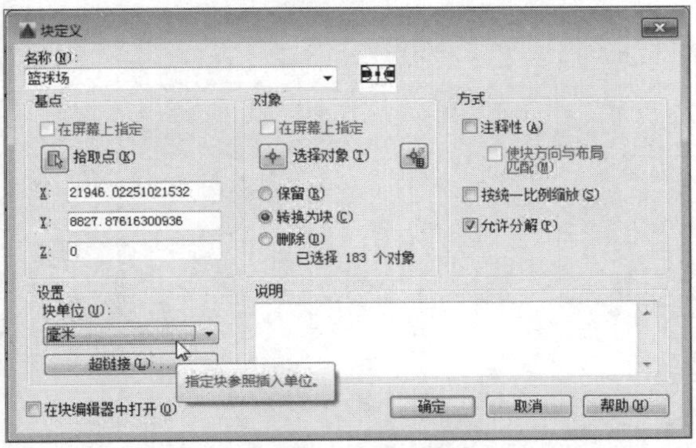

图5-5　为图块命名

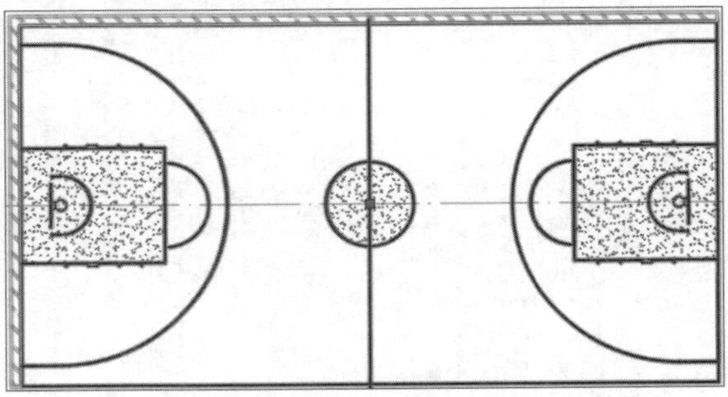
图5-6　完成图块创建

2. 创建外部块

外部块是将块或者图形文件保存到独立的图形文件中。这个独立的新图形文件可利用当前图形中定义的块创建，也可以由当前图形中被选中的对象组成。在AutoCAD 2016中，用户可以通过以下方法来创建外部块。

- 在“插入”选项卡的“块定义”面板中，单击“创建块”下拉按钮，选择“写块”选项。
- 在命令行中输入W快捷命令，按回车键。

执行以上任意一种操作，即可打开“写块”对话框，在该对话框中可以设置组成块的对象来源。

示例5-2 使用创建外部块命令创建凉亭图块

步骤01 打开凉亭图形的原始文件，在“插入”选项卡的“块定义”面板中，单击“写块”命令，打开“写块”对话框，单击“选择对象”按钮，如图5-7所示。

步骤02 在绘图区中选择要创建的块图形，这里框选凉亭立面图，如图5-8所示。

图5-7 “写块”对话框

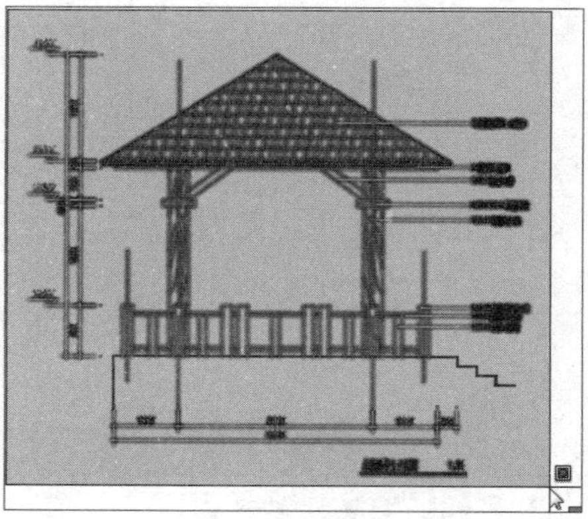

图5-8 框选块图形

步骤03 按回车键返回“写块”对话框，单击“拾取点”按钮，在绘图区中指定图形起始点，如图5-9所示。

步骤04 单击“文件名和路径”文本框后的浏览按钮，在打开的“浏览图形文件”对话框中设置图块的保存位置，单击“保存”按钮，如图5-10所示。

图5-9 指定拾取点

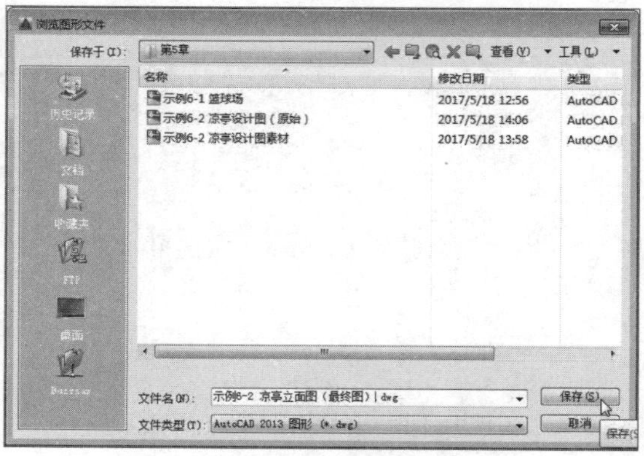

图5-10 保存图块文件

步骤05 在“写块”对话框中单击“确定”按钮，完成图块的保存操作。

5.1.2 插入块

图块创建完成后，用户可将该图块插入到图纸中。在AutoCAD 2016软件中，可通过以下方式执行插入块命令。

- 执行菜单栏中的“绘图>块>插入”命令即可。
- 在“默认”选项卡的“块”面板中，单击“插入”下拉按钮，选择“更多选项”选项。
- 在命令行中输入I快捷命令，按回车键。

执行以上任意一种操作，即可打开“插入”对话框。利用该对话框中可以将创建好的图块插入至当前图形中。

示例5-3 使用插入块命令将人物图块插入到图纸中

步骤01 打开栏杆图形的原始文件，在命令行中输入I快捷命令，打开“插入”对话框，单击“浏览”按钮，如图5-11所示。

步骤02 打开“选择图形文件”对话框，在该对话框中选择要插入的图块图形，这里选择“人物图块”文件，如图5-12所示。

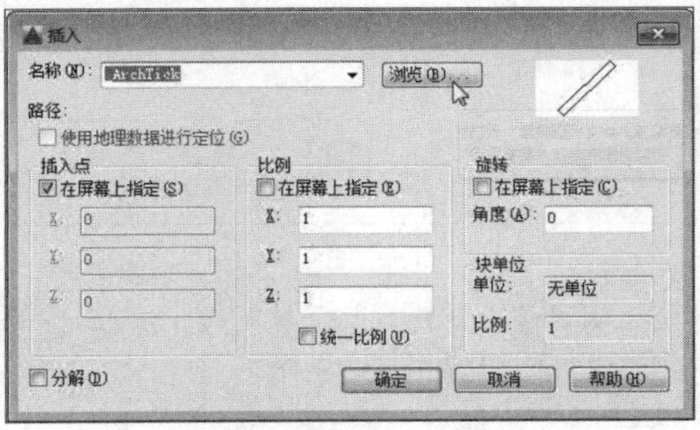

图5-11 “插入”对话框

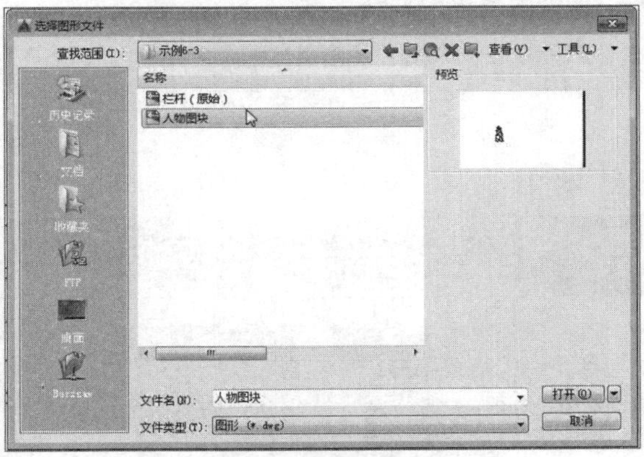

图5-12 选择所需图块图形

步骤03 单击“打开”按钮，返回至“插入”对话框，单击“确定”按钮，如图5-13所示。

步骤04 在绘图区中指定图块插入点，即可完成操作，如图5-14所示。

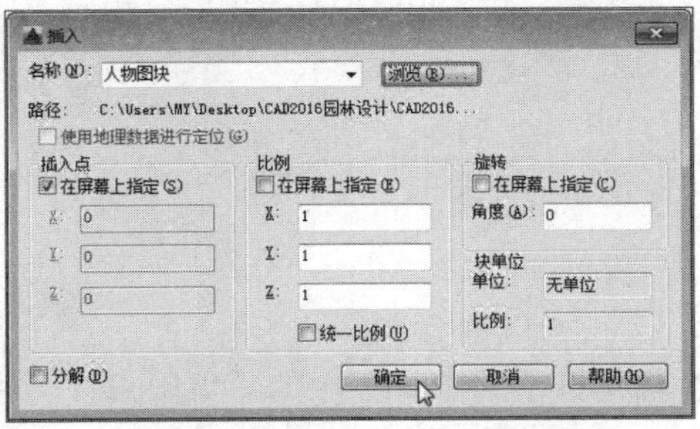

图5-13 确定插入

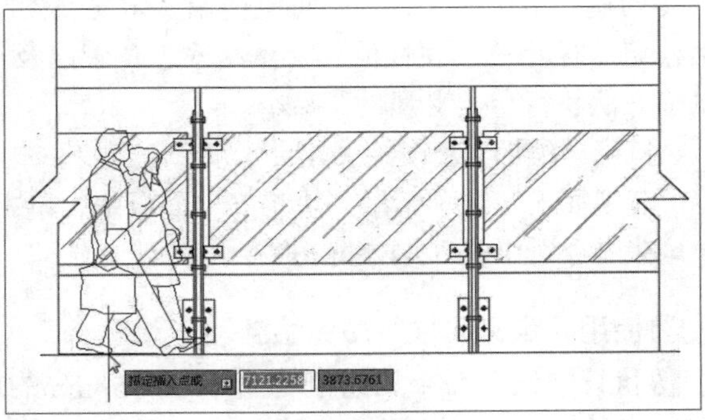

图5-14 指定插入点

步骤05 选中插入的人物图块，在“默认”选项卡的“修改”面板中，单击“缩放”按钮，根据命令行提示，指定图块的缩放基点，输入缩放比例值，这里输入1.8，按回车键，完成缩放操作，如图5-15所示。

步骤06 单击“修改”面板中的“修剪”按钮，选中图块，按回车键，选择图块中多余的线段即可完成修剪操作，结果如图5-16所示。

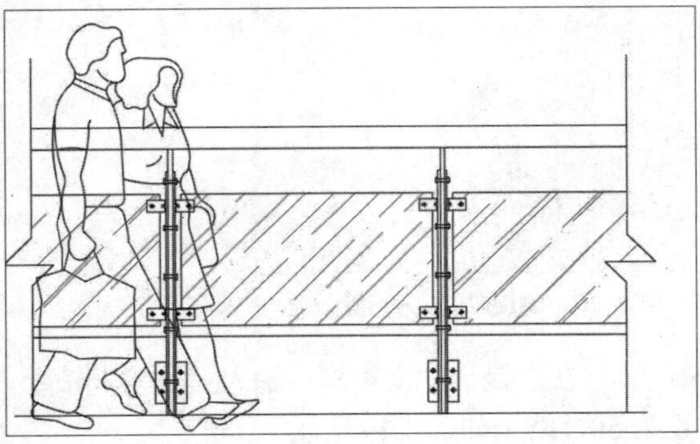

图5-15 缩放图块

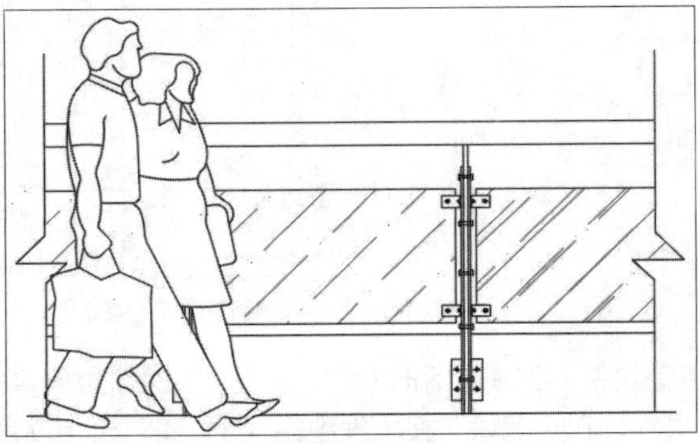

图5-16 修剪图块

工程师点拨

【5-1】修剪图块图形

由于图块是由一个或多个图形组合而成的，要想对图块进行修剪，需要先将图块分解，然后执行修剪操作。

5.2 创建与编辑块属性

块属性是块的组成部分，是包含在块定义中的文字对象。在定义块之前，要先定义该块的每个属性，然后将属性和图形一起定义成块。当然对定义好的块属性，用户还可以进行相应的编辑操作。

5.2.1 创建带有属性的块

要创建一个块属性，用户可以使用“定义属性”命令，先建立一个属性定义来描述属性特征，包括标记、提示符、属性值、文本格式、位置以及可选模式等。在AutoCAD 2016中，用户可以通过以下方法执行“定义属性”命令。

- 执行“绘图>块>定义属性”命令。
- 在“插入”选项卡的“块定义”面板中，单击“定义属性”按钮。
- 在命令行中输入ATTDEF命令，按回车键。

示例5-4 使用“定义属性”命令绘制墙体轴号

步骤01 执行“圆”命令，绘制一个半径为50mm的圆，然后开启对象捕捉中的“象限点”，执行“直线”命令，绘制一个500mm的线段，如图5-17所示。

步骤02 在“插入”选项卡的“块定义”面板中，单击“定义属性”按钮，打开“属性定义”对话框，如图5-18所示。

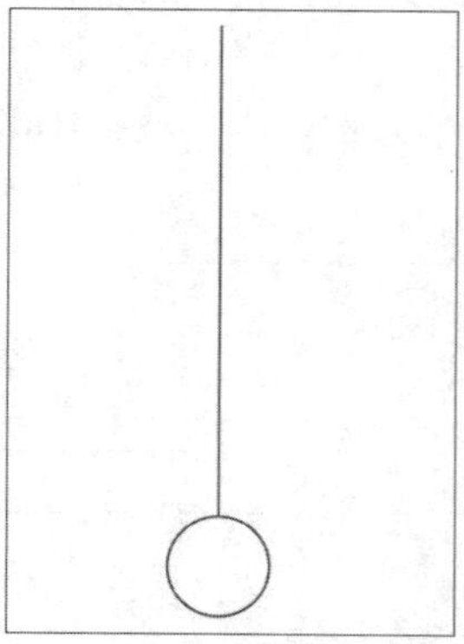

图5-17　绘制轴号图形

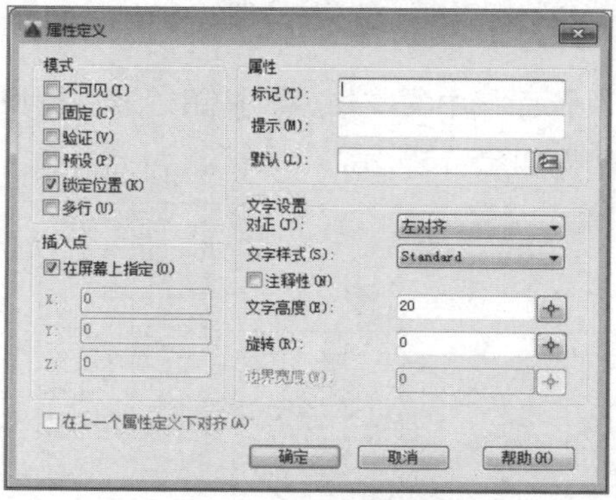

图5-18　打开“属性定义”对话框

步骤03 在当前对话框中的“标记”文本框中，输入轴号1，在“提示”文本框中输入“请输入轴号”文本，在“默认”文本框中输入1，将“文字高度”设为50，结果如图5-19所示。

步骤04 单击“确定”按钮返回绘图区，指定轴号的基点，如图5-20所示。

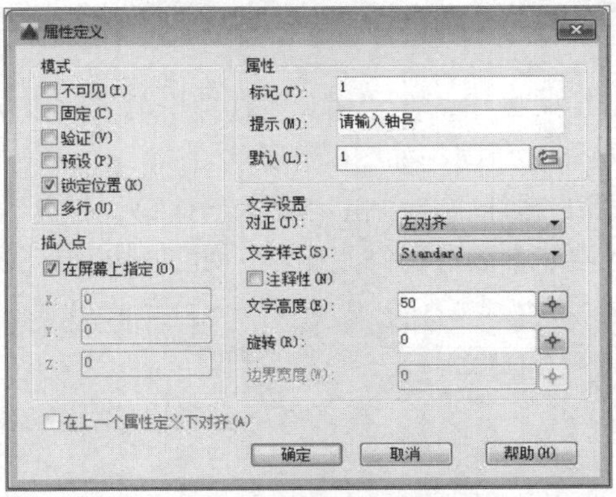

图5-19 设置图块属性参数

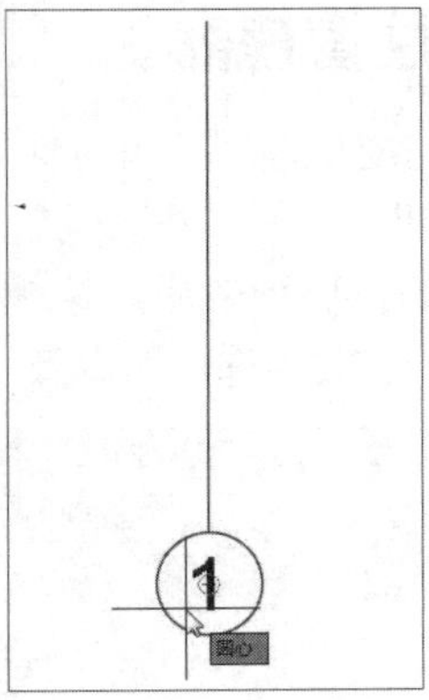

图5-20 指定标记基点

步骤05 设置完成后，在“块定义”面板中单击“写块”按钮，打开“写块”对话框。在该对话框中，单击“选择对象”按钮，框选绘制好的轴号图形，单击“拾取点”按钮，指定轴号插入点，然后设置文件保存路径，如图5-21所示。

步骤06 单击“确定”按钮，完成图块保存操作。打开所需图纸，在命令行中，输入I快捷命令，打开“插入”对话框，单击“浏览”按钮，选择刚保存好的轴号图块，如图5-22所示。

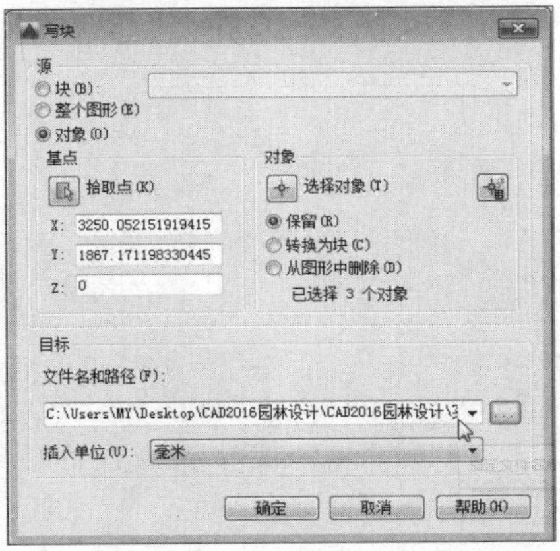

图5-21 保存图块

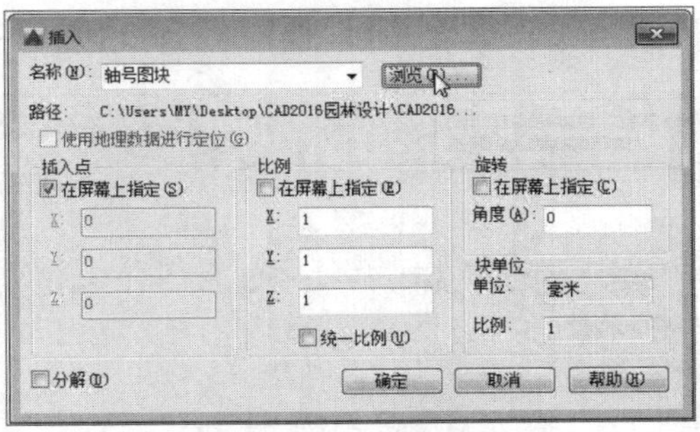

图5-22 插入保存的图块

步骤07 在图纸中指定轴号插入点，然后在打开的“编辑属性”对话框中，根据需要输入轴号数值，这里输入3，如图5-23所示。

步骤08 单击“确定”按钮，此时插入的轴号数值已发生了变化，结果如图5-24所示。

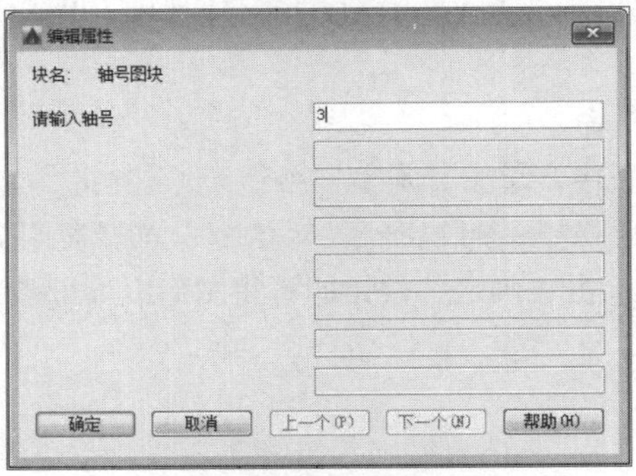

图5-23 编辑图块属性文本信息

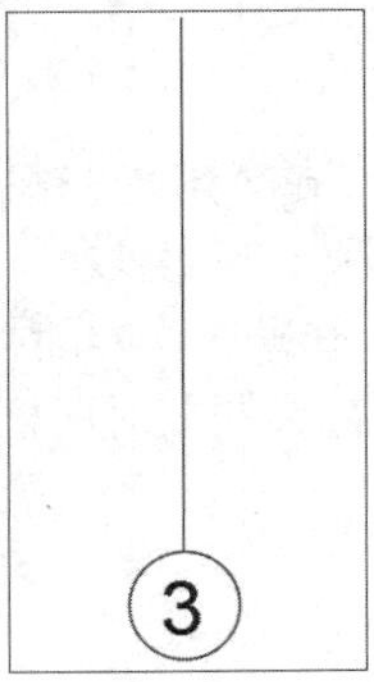

图5-24 完成操作

5.2.2 块属性管理器

属性块创建完成后，用户可对其进行编辑操作。在“插入”选项卡的“块定义”面板中，单击“管理属性”按钮，打开“块属性管理器”对话框，如图5-25所示。

在该对话框的图块列表中，选择所需的属性块，单击“编辑”按钮，打开“编辑属性”对话框，对块“属性”、“文字选项”以及“特性”参数进行修改操作，如图5-26所示。

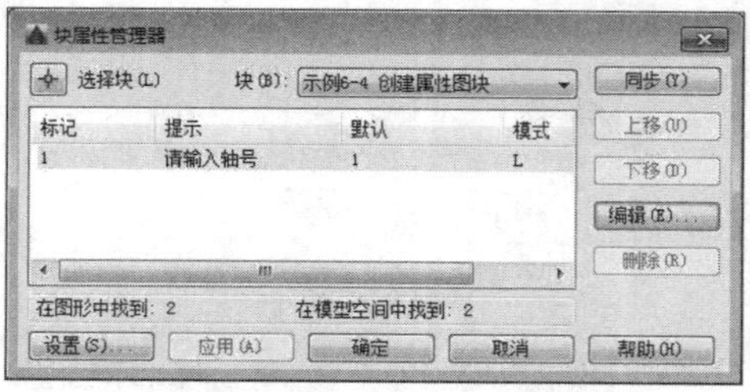

图5-25 “块属性管理器”对话框

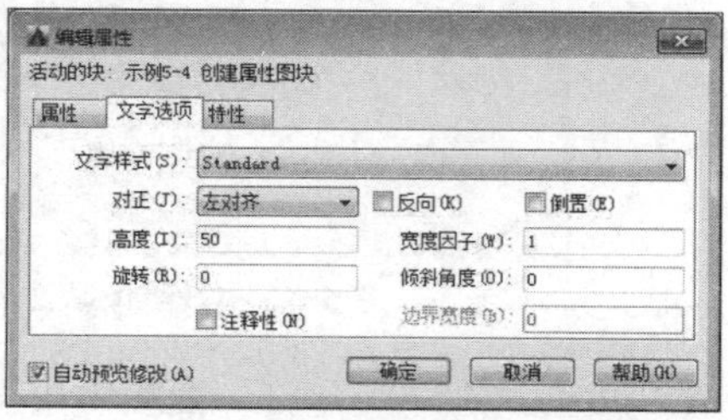

图5-26 “编辑属性”对话框

工程师点拨

【5-2】“增强属性编辑器”对话框

除了以上介绍的块属性编辑操作外，用户还可以直接双击要编辑的属性块，在打开的“增强属性编辑器”对话框中，同样可对块的属性参数进行调整设置。

5.3 外部参照的使用

外部参照是指一个图形文件对另一个图形文件的引用，即将已有的其他图形文件链接到当前图形文件中，并且作为外部参照的图形会随着原图形的修改而更新。外部参照和块不同，外部参照提供了一种更为灵活的图形引用方法。

5.3.1 附着外部参照

将图形作为外部参照附着时，会将该参照图形链接到当前图形，打开或重载外部参照时，对参照图所做的任何修改都会显示在当前图形中。在AutoCAD 2016软件中，用户可通过以下几种方式执行“附着参照”命令。

- 执行菜单栏中“插入>DWG参照”命令。
- 在“插入”选项卡的“参照”面板中，单击“附着”按钮。

执行以上任意一种操作，即会打开“选择参照文件”对话框，选择要附着的图形，单击“打开”按钮，打开“外部参照”对话框，单击“确定”按钮即可将图形以外部参照的方式插入，如图5-27、5-28所示。

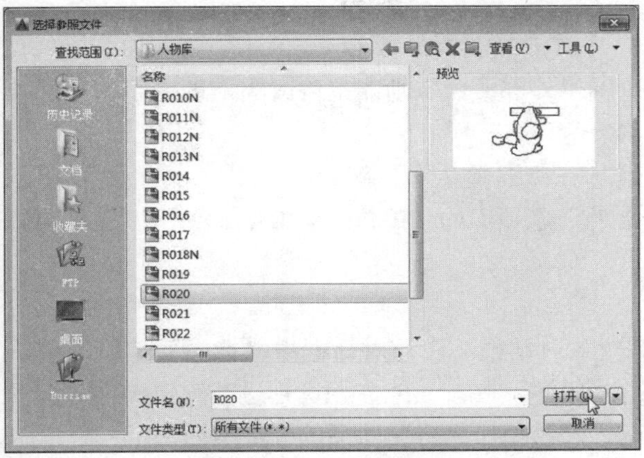

图5-27 选择参照图形

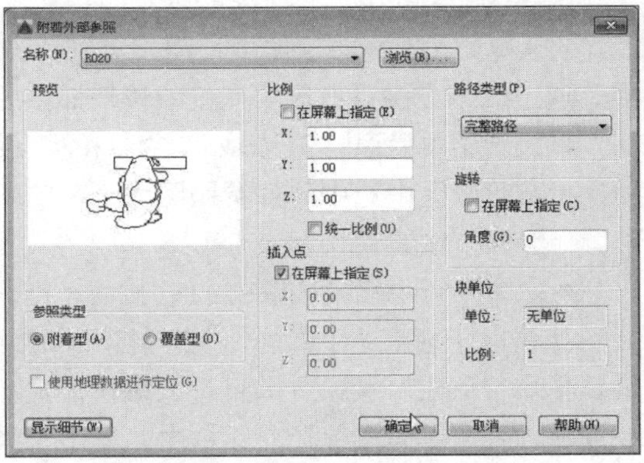

图5-28 “附着外部参照”对话框

工程师点拨

【5-3】使用“外部参照”选项面板编辑外部文件

在图纸中，右击要修改的外部参照图形，在打开的快捷菜单中选择“外部参照”命令，打开的“外部参照”选项面板，右键选择所需参照文件，在打开的快捷菜单中，用户可根据其选项来对外部图形进行编辑操作。

5.3.2 绑定外部参照

在对含有外部参照图形的最终图形文件进行保存时，需要将参照图形进行绑定操作。这样，当再次打开该图形文件时，则不会出现无法显示参照的错误提示信息。

在AutoCAD 2016软件中，可通过以下两种方式执行绑定操作。

- 执行菜单栏中“修改>对象>外部参照>绑定”命令。
- 在命令行中输入XBIND，按回车键。

执行以上任意一种操作后，即可打开“外部参照绑定”对话框。在该对话框的“外部参照”列表框中，选择要绑定的图块，单击展开按钮，选择所需外部参照的定义名，然后单击“添加”按钮，此时在“绑定定义”列表框中，则会显示将被绑定的外部参照的相关定义，单击“确定”按钮完成操作，如图5-29所示。

除了以上介绍的方法外，用户还可在“外部参照管理器”选项面板中右击所需参照图块，在弹出的快捷菜单中选择“绑定”命令，打开“绑定外部参照/DGN参考底图”对话框，单击“确定”按钮完成操作，如图5-30所示。

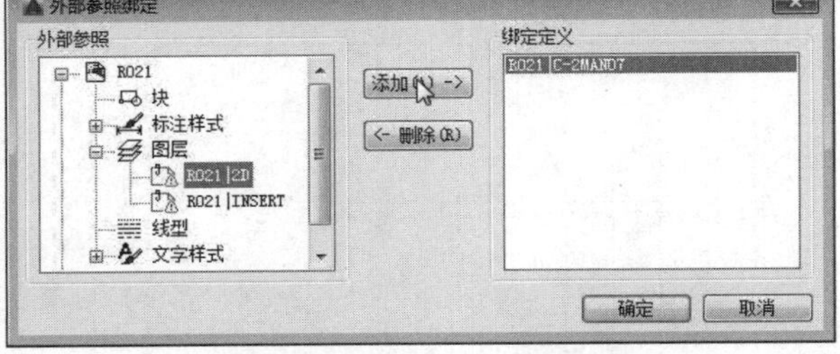

图5-29 “外部参照绑定”对话框

图5-30 “绑定外部参照/DGN参考底图”对话框

5.3.3 在位编辑外部参照

在AutoCAD 2016软件中，用户可利用“在位编辑外部参照”功能来修改当前图形中的外部参照。通过以下方法可执行“在位编辑外部参照”命令。

- 执行菜单栏中“工具>外部参照和块在位编辑>在位编辑参照”命令。
- 在绘图区中选中外部参照图块，在“外部参照”选项卡的“编辑”面板中，单击“在位编辑参照”按钮。
- 在命令行中输入REREDIT，按回车键。

执行以上任意一种操作，都可打开“参照编辑”对话框。在该对话框中，选中要编辑的参照名，单击“确定”按钮，即可进入编辑模式。在该模式中，用户可对参照图形进行编辑操作。编辑完成后，在“编辑参照”对话框中，单击“保存修改”按钮，保存编辑后的外部参照图形。

示例5-5 插入并编辑外部参照图块

步骤01 打开楼梯图形文件，在“插入”选项卡的“参照”面板中，单击“附着”按钮，在打开的“选择参照文件”对话框中选择要附着的参照文件，如图5-31所示。

步骤02 单击“打开”按钮，在“附着外部参照”对话框中保持各选项的默认状态，单击“确定”按钮，如图5-32所示。

图5-31 选择附着的参照文件

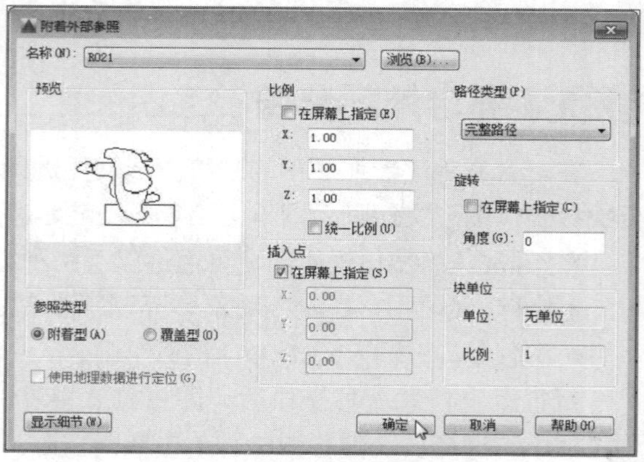

图5-32 “附着外部参照”对话框

步骤03 在绘图区中指定参照文件的插入点，执行“缩放”命令，将参照文件缩放20倍后，放置在楼梯的合适位置，执行“修剪”命令，对图形进行修剪操作，结果如图5-33所示。

步骤04 按照同样的方法，插入植物参照图形，并使用“缩放”命令缩放植物图块，结果如图5-34所示。

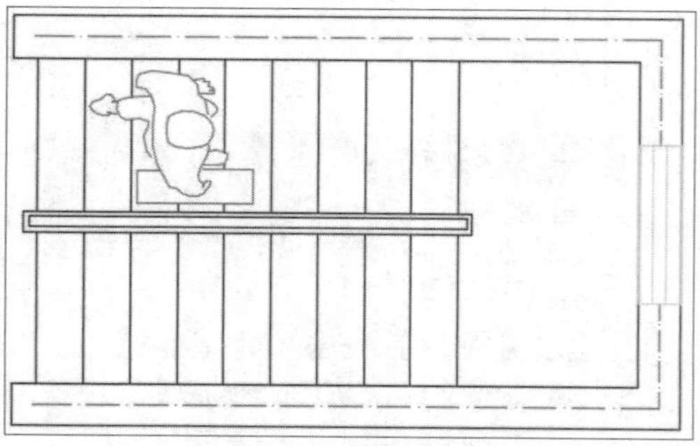

图5-33 插入人物参照图块

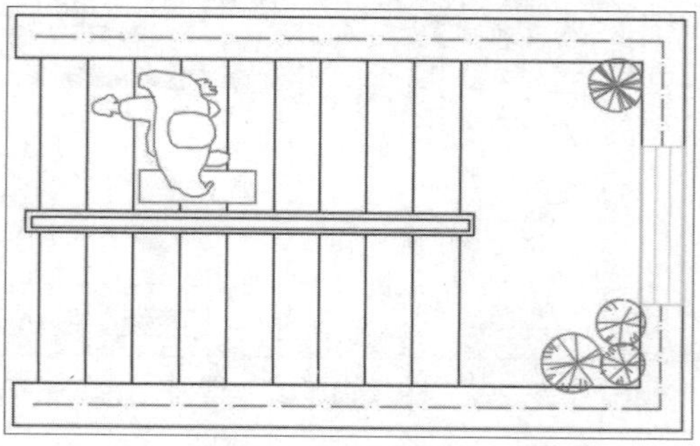

图5-34 插入参照植物图块

步骤05 选中人物参照图块，在“外部参照”选项卡的“选项”面板中，单击“外部参照”按钮，在打开的“外部参照”选项面板中，右击人物参照图块，选择“绑定”命令，如图5-35所示。

步骤06 在“绑定外部参照/DGN参考底图”对话框中，单击“确定”按钮，完成绑定操作，结果如图5-36所示。

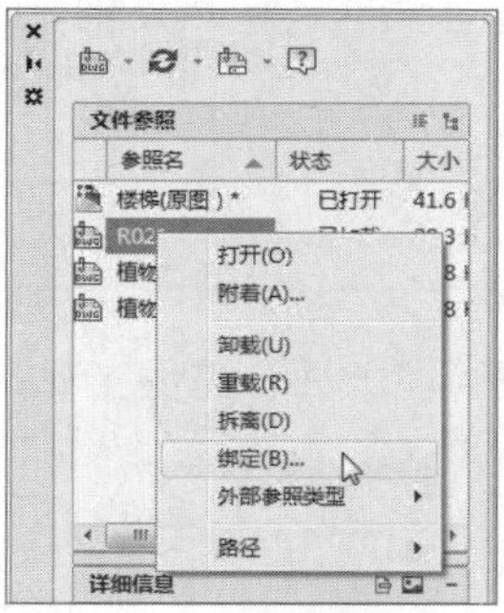

图5-35 选择“绑定”选项

图5-36 绑定外部参照

步骤07 按照同样的操作，将其他两张植物参照图执行绑定操作。选中人物参照图，执行“工具>外部参照和块在位编辑>在位编辑参照”命令，打开“参照编辑”对话框，选中人物参照图形，单击“确定”按钮，如图5-37所示。

步骤08 返回绘图区中，此时只有选中的人物图形是突出显示的。选中该人物参照图，在“默认”选项卡的“特性”面板中，单击“对象颜色”下拉按钮，选择满意的颜色，如图5-38所示。

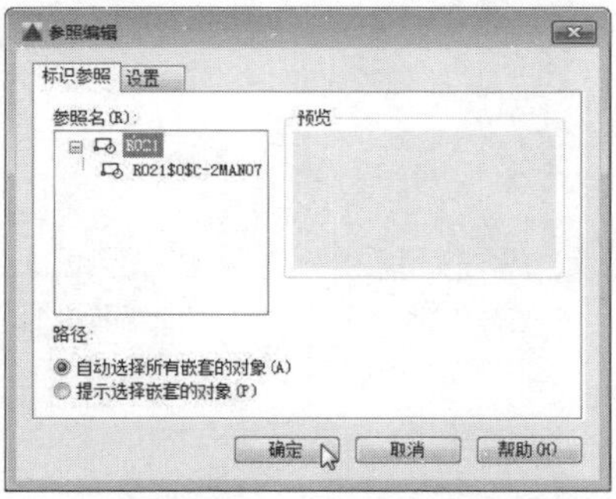

图5-37 “参照编辑”对话框

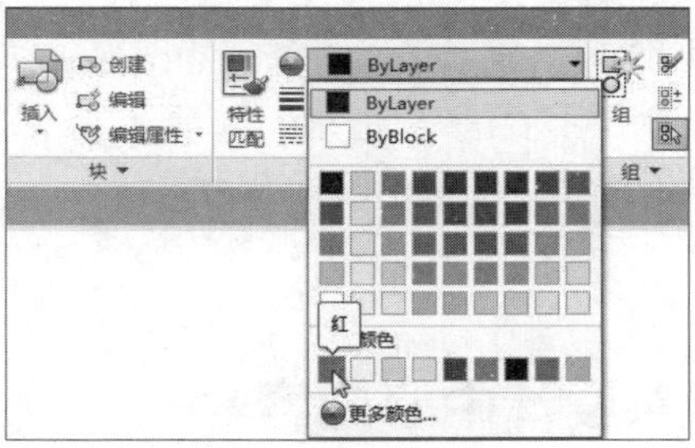

图5-38 设置线段颜色

步骤09 选择完成后，被选中的人物图块颜色已发生了变化。在“编辑参照”对话框中，单击“保存修改”按钮完成编辑保存操作，如图5-39所示。

步骤10 按照以上操作方法，将两张植物参照图的线段颜色更改为绿色，并执行保存操作，最终效果如图5-40所示。

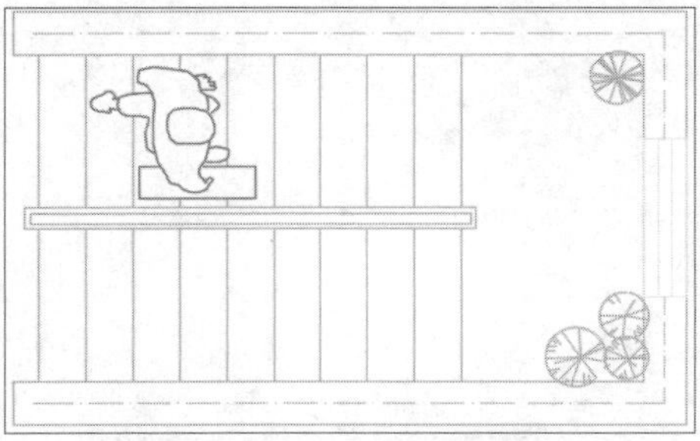
图5-39 更改人物图块颜色

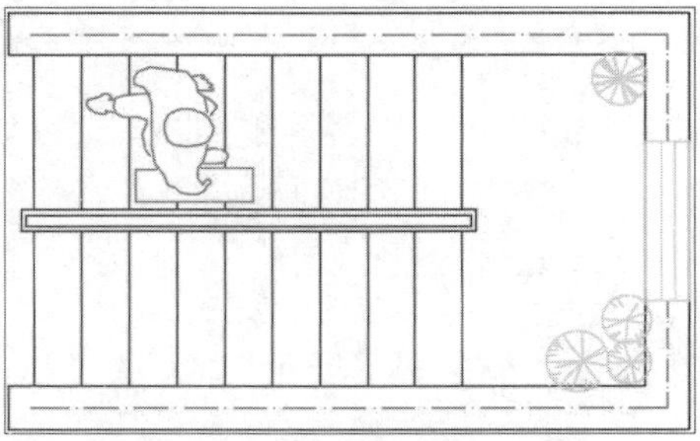
图5-40 更改植物图块颜色

5.4 设计中心的使用

利用AutoCAD设计中心，用户可以浏览、查找、预览和管理图形，将原图形中的任意内容拖动到当前图形中使用，还可以在图形之间复制、粘贴对象属性，以避免重复操作，使用起来非常方便。

5.4.1 “设计中心”选项面板

设计中心是一个重复利用和共享图形内容的有效管理工具，提供了观察和重用设计内容的强大工具，图形中任何内容几乎都可以通过设计中心实现共享。

在AutoCAD 2016中，用户可以通过以下方法执行设计中心功能命令。

- 执行“工具>选项板>设计中心”命令。
- 在“视图”选项卡的“选项板”面板中，单击“设计中心”按钮。
- 按Ctrl+2组合键。

执行以上任意一种操作，都可打开“设计中心”选项面板，如图5-41所示。“设计中心”选项面板中由3个选项卡组成，分别为：“文件夹”、“打开的图形”和“历史记录”。

“文件夹”选项卡可方便浏览本地磁盘或局域网中所有文件夹、图形文件及项目内容；“打开的图形”选项卡显示了所有打开的图形，以便查看或复制图形；“历史记录”选项卡主要用于显示最近编辑过的图形文件及目录。

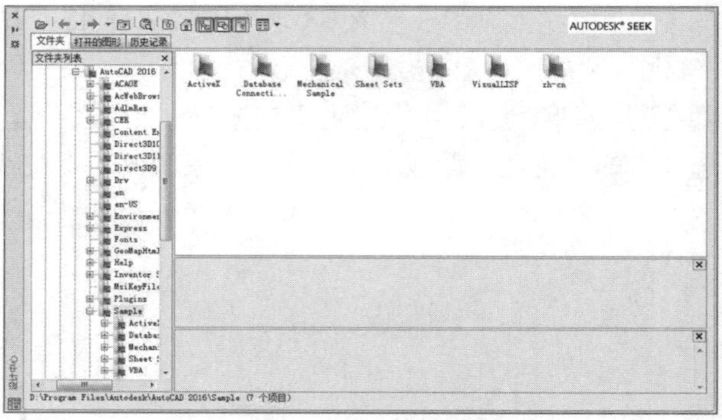

图5-41 “设计中心”选项面板

5.4.2 插入设计中心内容

通过“设计中心”选项面板，用户可方便地插入图块、引用图像及外部参照，也可以在图形之间执行复制图层、图块、线型、文字样式等操作。

打开“设计中心”面板，在“文件夹列表”中选择所需图块所在的目录，然后在右侧内容区域右键单击所需的图块文件，在打开的快捷菜单中选择“插入为块”命令，如图5-42所示。打开“插入”对话框，保持各选项参数的默认值，单击“确定”按钮即可，如图5-43所示。

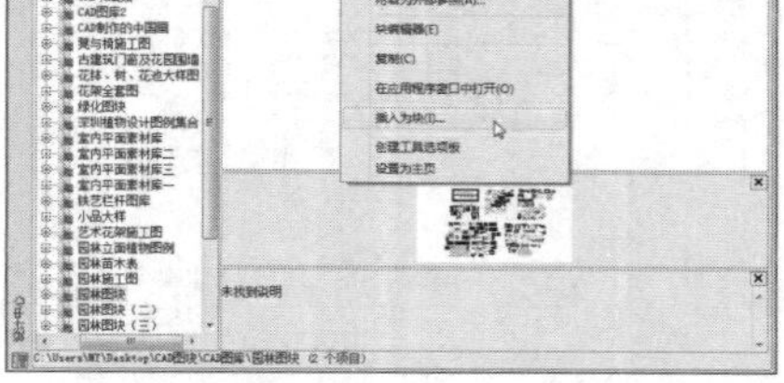

图5-42 选择“插入为块”命令

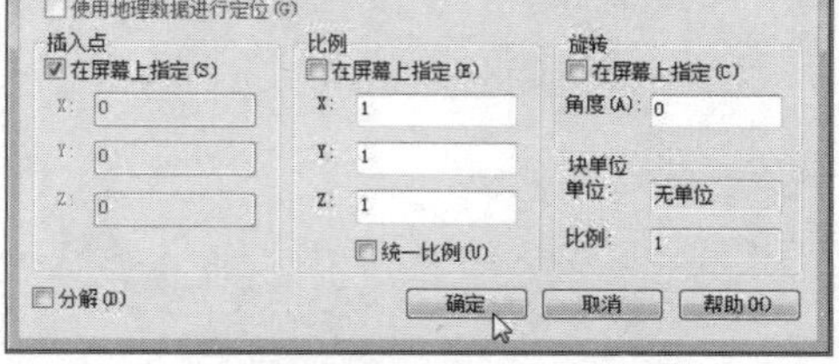

图5-43 “插入”对话框

上机实践：绘制水景墙立面图

■**实践目的**：通过本实训，可帮助用户掌握图块的插入与编辑操作。

■**实践内容**：应用所学的知识绘制水景墙立面图。

■**实践步骤**：首先用“矩形”、“直线”、“修剪”等命令绘制水景墙立面轮廓图，然后使用“图案填充”命令填充水景墙，最后使用插入图块命令，插入人物及植物图块，具体操作介绍如下。

步骤01 执行“直线”命令，绘制如图5-44所示的地平线。

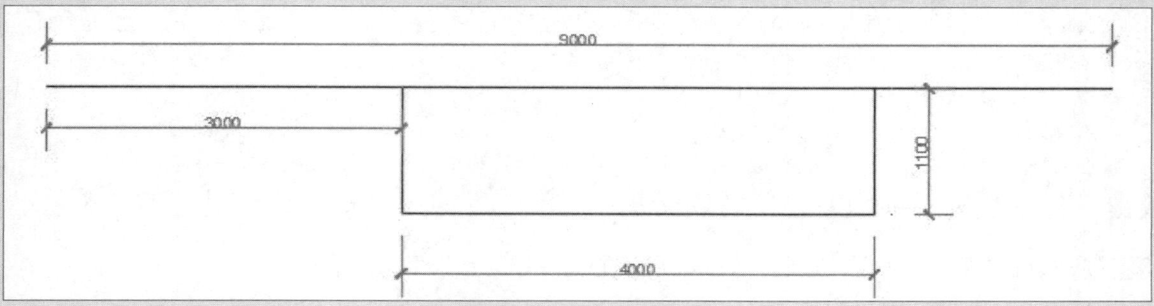

图5-44 绘制地平线

步骤02 执行“矩形”命令，绘制一个长2950mm，宽300mm的矩形，作为水景墙立面轮廓线，并放置图形中满意的位置，如图5-45所示。

步骤03 执行“分解”命令，对绘制的矩形进行分解操作，然后执行“偏移”命令，将矩形上边线段向上偏移50mm，将矩形左右两边线分别向外偏移20mm，如图5-46所示。

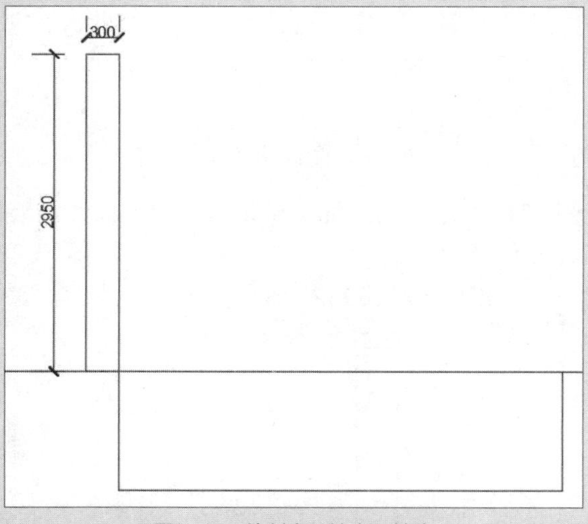

图5-45 绘制水景墙立面轮廓

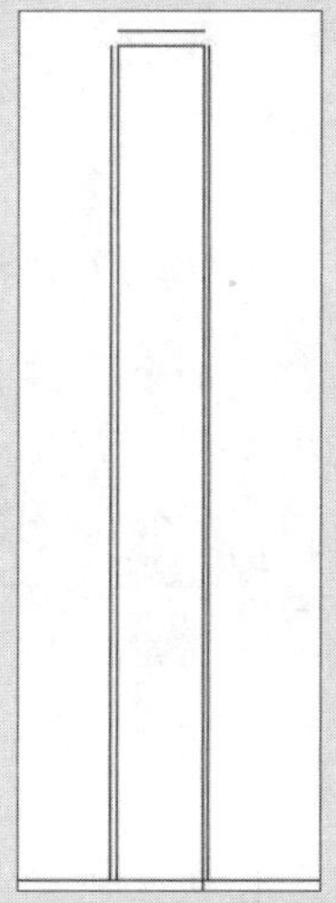

图5-46 分解并偏移矩形

步骤04 执行“倒圆角”命令，将圆角半径设为0，然后在绘图区中选择刚偏移后的线段，将其设置为封闭的矩形，结果如图5-47所示。

命令行提示如下：

```
命令： _FILLET
当前设置： 模式 = 修剪，半径 = 0.0000
选择第一个对象或 [放弃(U)/多段线(P)/半径(R)/修剪(T)/多个(M)]:        （选择偏移后的上边线）
选择第二个对象，或按住 Shift 键选择对象以应用角点或 [半径(R)]:       （选择偏移后的左边线，回车）
命令： FILLET
当前设置： 模式 = 修剪，半径 = 0.0000
选择第一个对象或 [放弃(U)/多段线(P)/半径(R)/修剪(T)/多个(M)]:        （再次选择偏移后的上边线）
选择第二个对象，或按住 Shift 键选择对象以应用角点或 [半径(R)]:       （选择偏移后的右边线，回车）
命令： FILLET
当前设置： 模式 = 修剪，半径 = 0.0000
选择第一个对象或 [放弃(U)/多段线(P)/半径(R)/修剪(T)/多个(M)]:        （选择矩形上边线）
选择第二个对象，或按住 Shift 键选择对象以应用角点或 [半径(R)]: （再次选择偏移后的左边线，回车）
命令： FILLET
当前设置： 模式 = 修剪，半径 = 0.0000
选择第一个对象或 [放弃(U)/多段线(P)/半径(R)/修剪(T)/多个(M)]:        （同样选择矩形上边线）
选择第二个对象，或按住 Shift 键选择对象以应用角点或 [半径(R)]:（选择偏移后的右边线，完成操作）
```

步骤05 执行“直线”命令，绘制如图5-48所示的线段作为水景平台轮廓。

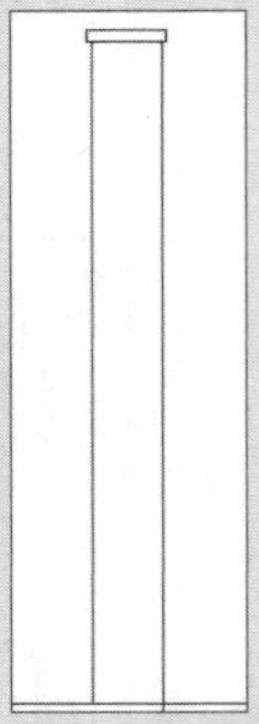
图5-47 封闭偏移的线段

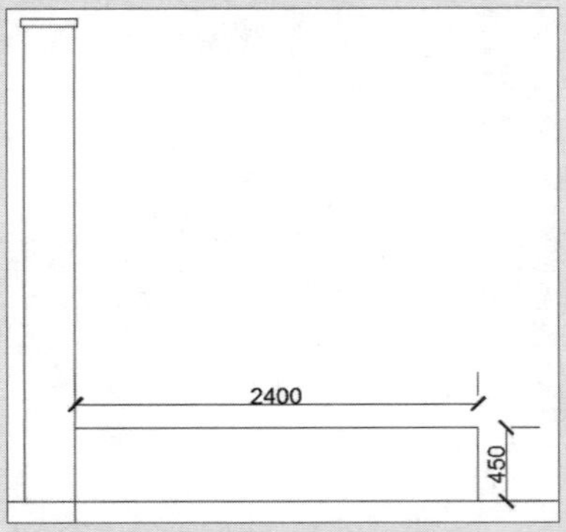

图5-48 绘制水景平台轮廓

步骤06 执行“偏移”命令，将平台上边线向下偏移100mm，将平台右边线向左依次偏移400mm和50mm，结果如图5-49所示。

步骤07 执行“修剪”命令，对图形进行修剪操作，结果如图5-50所示。

图5-49 偏移平台线段

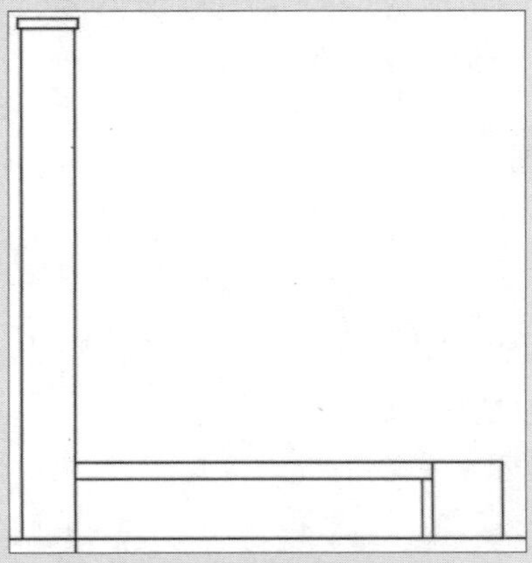
图5-50 修剪平台线段

步骤08 再次执行“偏移”命令，将平台最外侧边线向内依次偏移60mm和20mm，一共偏移8次，如图5-51所示。

步骤09 执行“修剪”命令，对偏移后的线段执行修剪操作，结果如图5-52所示。

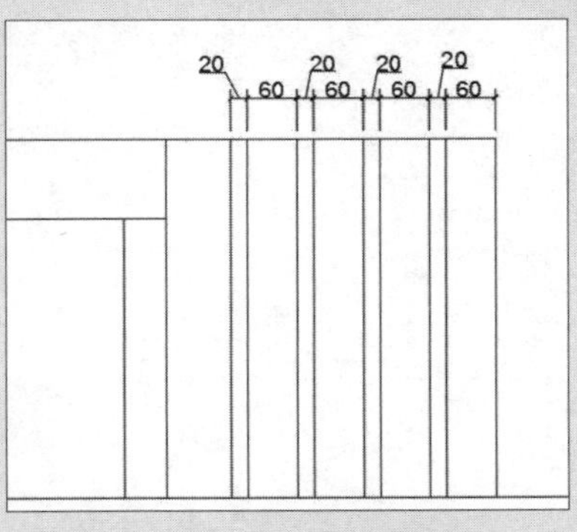

图5-51 偏移线段

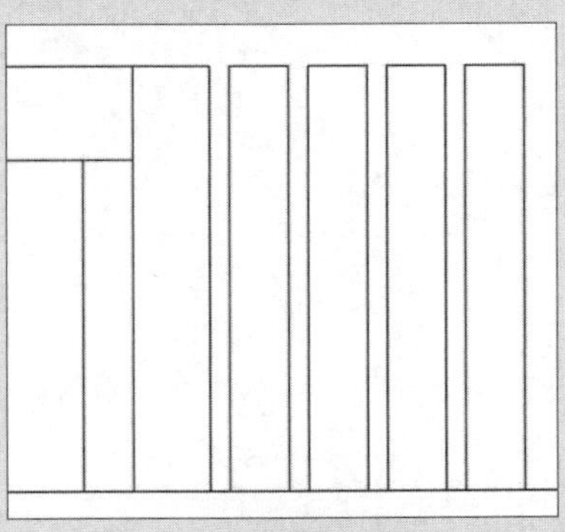
图5-52 修剪线段

步骤10 执行“偏移”命令，将地平线向上偏移1670mm，然后执行“圆”命令，捕捉偏移后的交点为圆心，绘制半径为80mm的圆，如图5-53所示。

步骤11 执行“修剪”命令，将图形修剪成图5-54所示的图形。

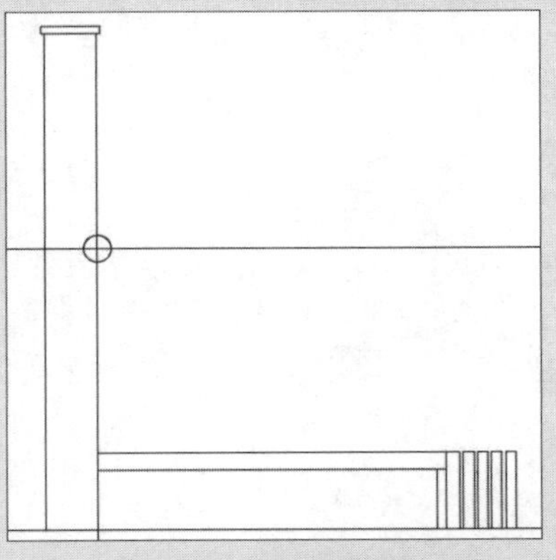
图5-53 绘制喷泉口图形

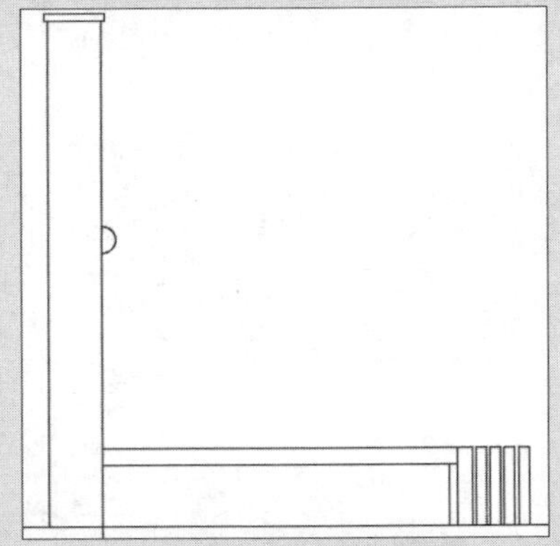
图5-54 修剪喷泉口

步骤12 执行“圆弧”命令，绘制三条如图5-55所示的圆弧。

步骤13 执行“修剪”命令，对弧线进行修剪。其后选中这三条弧线，在“默认”选项卡的“特性”面板中，单击“对象颜色”下拉按钮，选择满意的颜色，这里选择青色，如图5-56所示。

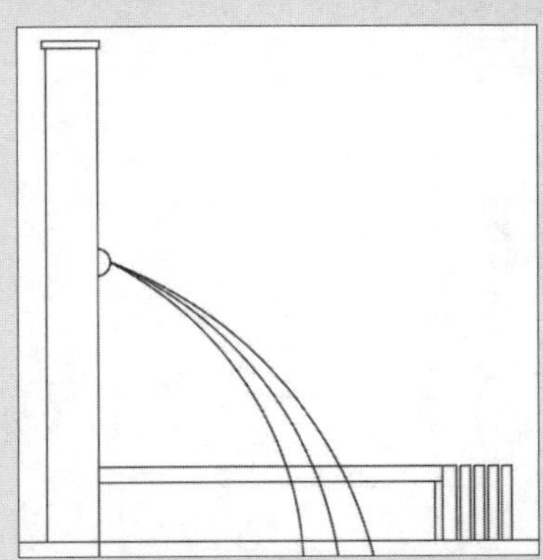
图5-55 绘制喷泉水

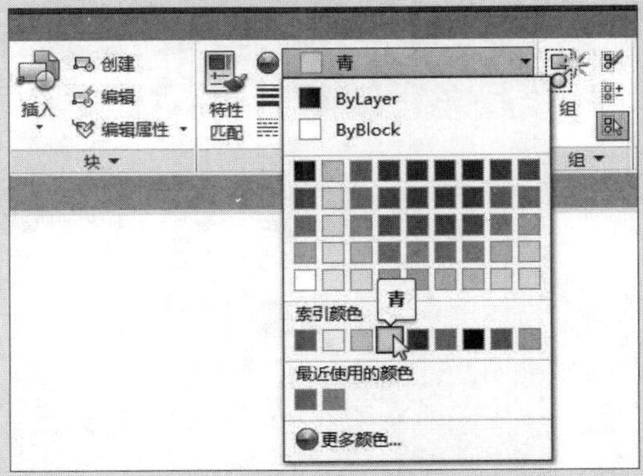

图5-56 设置喷泉水颜色

步骤14 继续选中三条弧线，在“特性”面板中单击“线型”下拉按钮，选择“其他”选项，在“线型管理器”对话框中，单击“加载”按钮，如图5-57所示。

步骤15 在“加载或重载线型”对话框中，选择满意的线型，如图5-58所示。

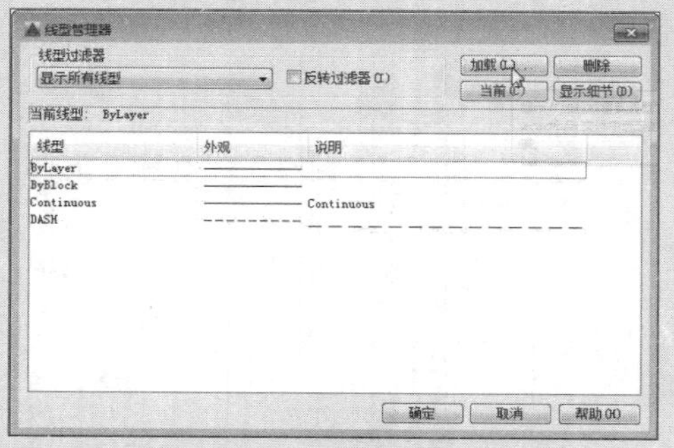

图5-57 加载线型

图5-58 选择线型

步骤16 单击“确定”按钮，返回至上一层对话框，单击“确定”按钮，完成加载操作。

步骤17 选择三条弧线，在“特性”面板中，单击“线型”下拉按钮，选择刚加载的线型，如图5-59所示。

步骤18 再次选中三条弧线并单击鼠标右键，在快捷菜单中选择“特性”命令，即可打开“特性”面板，在此将“线型比例”设为20，如图5-60所示，完成喷泉水线型的设置。

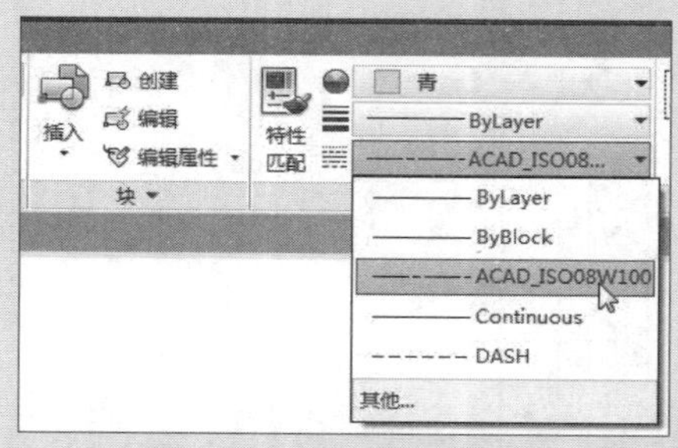

图5-59 选择加载的线型

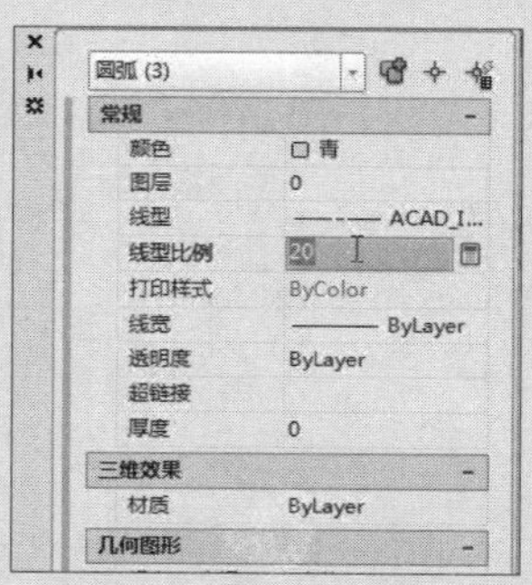

图5-60 设置线型比例

步骤19 执行“图案填充”命令，在“图案填充创建”选项卡的“图案”面板中，选择所需图案样式选项，如图5-61所示。

步骤20 在该选项卡的“特性”面板中，对所选图案的比例及颜色进行设置，其后拾取水景墙区域进行填充，结果如图5-62所示。

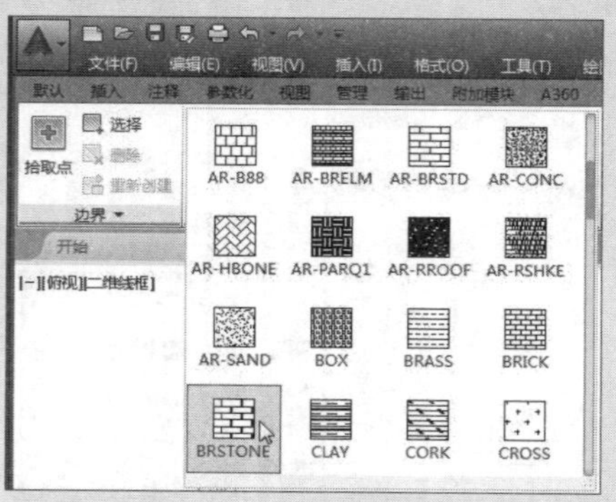

图5-61 选择填充图案

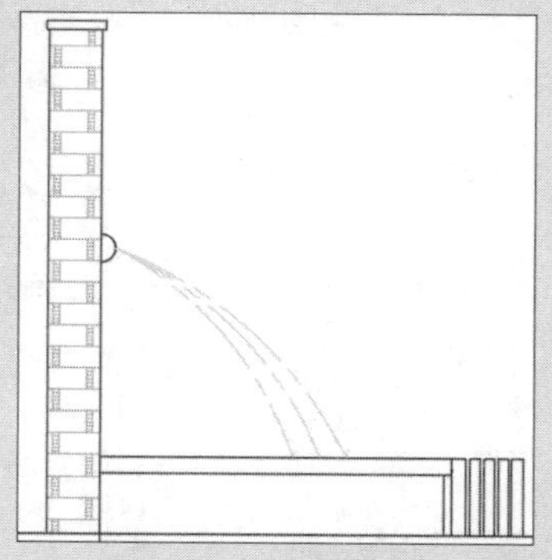

图5-62 填充水景墙

步骤21 再次执行“图案填充”命令，对水景平台、坐凳以及水池进行图案填充，结果如图5-63所示。

步骤22 在命令行中输入I快捷键，打开“插入”对话框，单击“浏览”按钮，在“选择图形文件”对话框中选择一款植物图块，如图5-64所示。

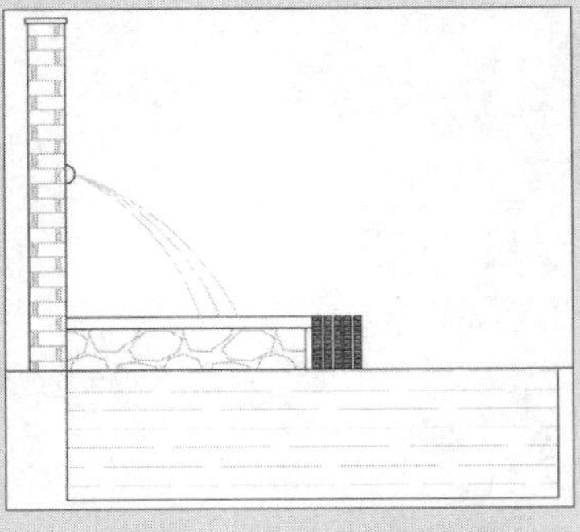

图5-63 填充其他图形

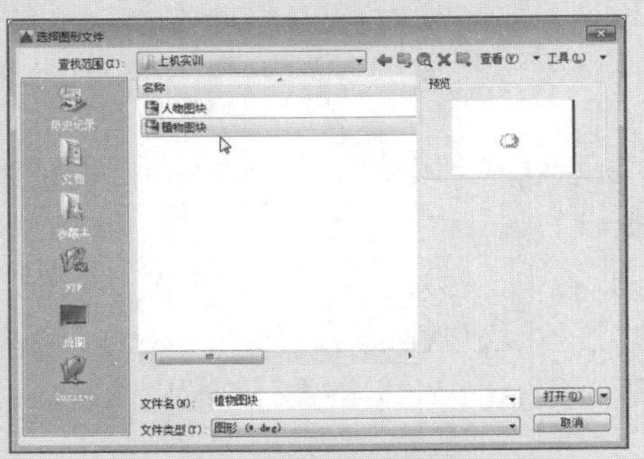

图5-64 选择植物图块

步骤23 单击“打开”按钮，返回至上一层对话框，单击“确定”按钮，在绘图区中指定植物插入点，即可完成图块插入操作，结果如图5-65所示。

步骤24 按照同样的操作方法，插入人物图块，并放置坐凳上，如图5-66所示。

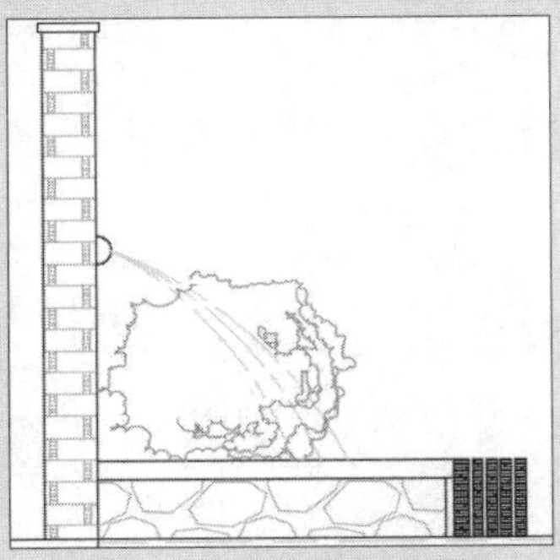

图5-65 插入植物图块

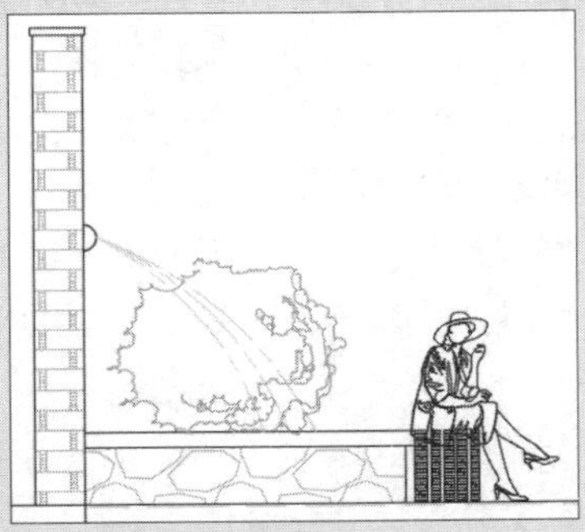

图5-66 插入人物图块

步骤25 执行“多段线”命令，将线宽的起点与端点都设为30，沿着地平线绘制轮廓线，至此完成水景立面图的绘制，结果如图5-67所示。

步骤26 在命令行中输入W，打开“写块”对话框，单击“选择对象”按钮，框选绘制好的水景立面图，然后单击“拾取点”按钮，在水景合适区域指定插入基点，然后在“文件名和路径”文本框中设置好保存路径，如图5-68所示，单击“确定”按钮，即可将当前图形保存成图块模式。

图5-67 水景墙立面最终效果

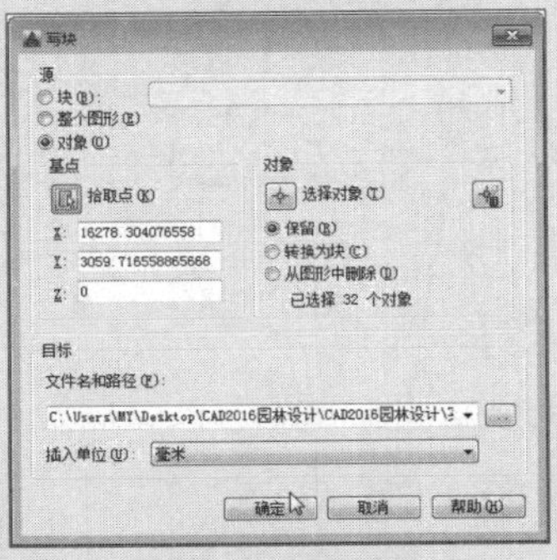

图5-68 保存图块

课后练习

通过本章的学习，用户能够创建和编辑图案填充。为了更熟练地应用所学知识，下面再进行适当的练习。

1. 填空题

（1）在AutoCAD软件中，图块分为两种，分别为________和________。

（2）加载图块后，可以使用________命令对加载的图块进行放大与缩小。

（3）在命令行中，输入________快捷键，可直接打开“插入”对话框。

（4）要创建一个块属性，可以使用________命令，先建立一个属性定义来描述属性特征，包括标记、提示符、属性值、文本格式、位置以及可选模式等。

2. 选择题

（1）在“插入”选项卡的“块定义”面板中，单击（　　）按钮，可打开“块属性管理器”对话框。

A、管理属性　　B、定义属性　　C、编辑属性　　D、块编辑器

（2）在命令行中，输入W快捷命令后，系统会打开（　　）对话框。

A、插入　　B、编辑属性　　C、附着外部参照　　D、写块

（3）在对包含有外部参照图形的最终图形文件进行保存时，需要将参照图形进行（　　）操作，才不会出现无法显示参照的错误提示信息。

A、编辑外部参照　　B、附着外部参照　　C、绑定外部参照　　D、创建属性块

（4）“设计中心”选项面板有3个选项卡供用户选择使用，下面哪一项选项卡不在其内（　　）。

A、文件夹　　B、保存　　C、打开的图形　　D、历史记录

3. 操作题

（1）使用“圆”、“直线”和“修剪”命令，绘制如图5-69所示的茶花植物平面图，并使用“写块”命令，将其保存为图块，方便以后直接调用。

（2）使用“附着”命令，将汽车图块插入至素材中的小区绿化图纸中，并布置好该区域，然后将该参照图块进行绑定操作，结果如图5-70所示。

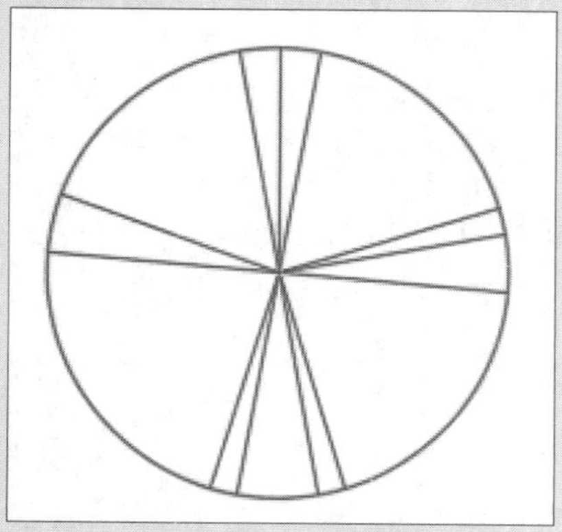

图5-69　绘制并保存茶花图块

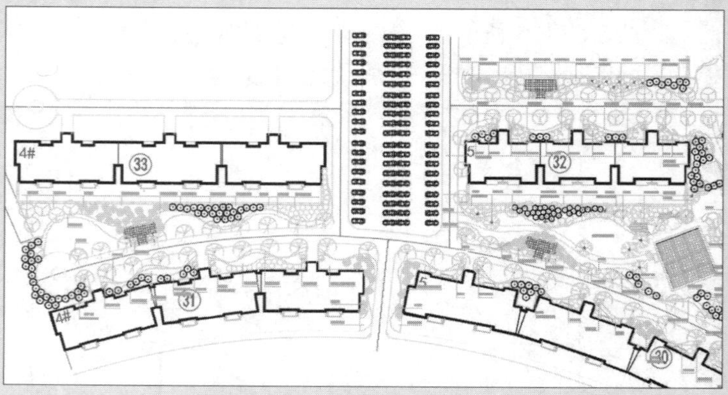

图5-70　附着并绑定外部参照图块

Chapter 06

为园林图形添加文字说明

课题概述

一张完整的设计图纸，除了有详细的图形外，还必须添加一些文字对图形进行注释，例如技术要求、材质说明等。所以对于园林图纸、建筑图纸或者其他设计专业的图纸来说，文字注释是不可或缺的一部分。

教学目标

本章将对文本、表格内容的添加操作进行介绍。通过对本章内容的学习，用户可以熟悉并掌握单行文本、多行文本以及表格内容的添加与编辑操作，从而轻松绘制的绘制出更加完美的图纸来。

章节重点

★★★★　表格功能的应用
★★★　设置表格样式
★★　单行、多行文本功能的应用
★★　设置文字样式

光盘路径

上机实践：实例文件\第6章\上机实践\绘制路政工程图纸的封面及目录.dwg
课后练习：实例文件\第6章\课后练习

6.1 设置文字样式

在标注文字之前，可以对文字的样式进行调整，例如设置文字的字体、高度、文字宽度比例以及显示类型等。在AutoCAD 2016中，用户可以使用“文字样式”对话框来创建和修改文本样式。打开“文字样式”对话框的方法有以下几种。

- 执行菜单栏中的“格式>文字样式”命令。
- 在“默认”选项卡的“注释”面板中，单击“文字样式”按钮。
- 在“注释”选项卡的“文字”面板中，单击右下角的对话框启动器按钮。
- 在命令行中输入ST快捷命令，按回车键。

执行以上任意一种操作后，都将打开“文字样式”对话框，如图6-1所示。在该对话框中，用户可创建新的文字样式，也可对已定义的文字样式进行编辑。

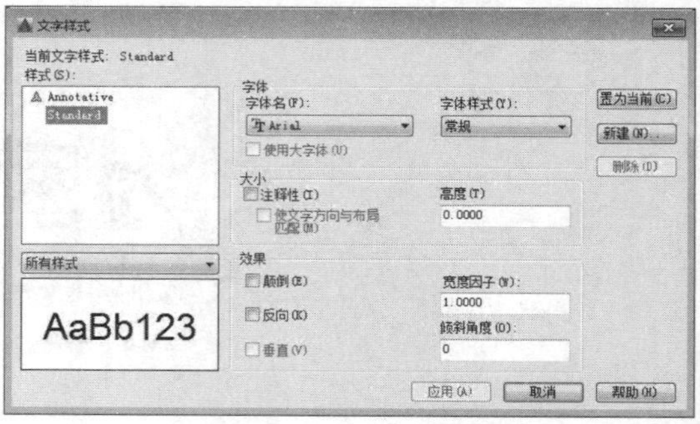

图6-1 “文字样式”对话框

6.2 创建与编辑文本

文字样式创建完成后，就可输入所需的文本内容了。在AutoCAD 2016中，用户可根据需要创建两种文字类型，分别为：单行文本和多行文本，系统默认为多行文本类型。下面将分别对其操作进行介绍。

6.2.1 创建单行文本

在AutoCAD 2016中，用户可以通过以下方法执行“单行文字”命令。

- 执行菜单栏中“绘图>文字>单行文字”命令。
- 在“默认”选项卡的“注释”面板中，单击“文字”下拉按钮，选择“单行文字”选项A。
- 在“注释”选项卡的“文字”面板中，单击“单行文字”按钮A。
- 在命令行中输入TEXT命令，按回车键。

示例6-1 使用“单行文本”命令为凉亭基座铺装图添加文字注释

步骤01 打开凉亭平面铺装原图文件，在“默认”选项卡的“注释”面板中，单击“文字”下拉按钮，选择“单行文字”选项。

步骤02 根据命令行的提示信息，指定文字的起点，如图6-2所示。

步骤03 设定文字的高度，这里设为150，如图6-3所示。

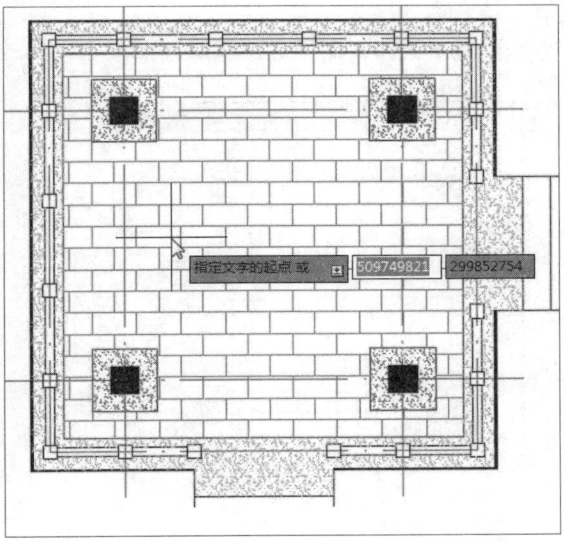

图6-2 指定文字起点

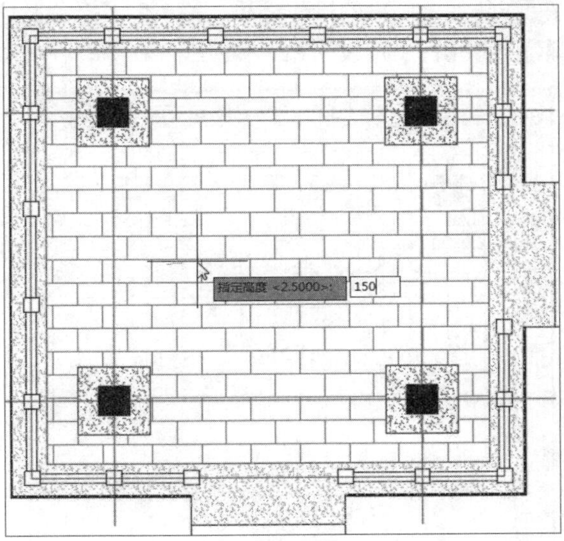

图6-3 设置文字高度

命令行提示信息如下：

```
命令：_text
当前文字样式："Standard" 文字高度：2.5000 注释性：否 对正：左
指定文字的起点 或 [对正(J)/样式(S)]:          (指定文字的起点位置，回车)
指定高度 <2.5000>: 150                        (设定文字的高度值，回车)
指定文字的旋转角度 <0>:                       (设置文字旋转角度，回车)
```

步骤04 按回车键，设定文字旋转角度，这里保持默认设置，按回车键，进入文字输入状态，如图6-4所示。

步骤05 在光标闪动位置输入地面铺装的材质注释内容，如图6-5所示。

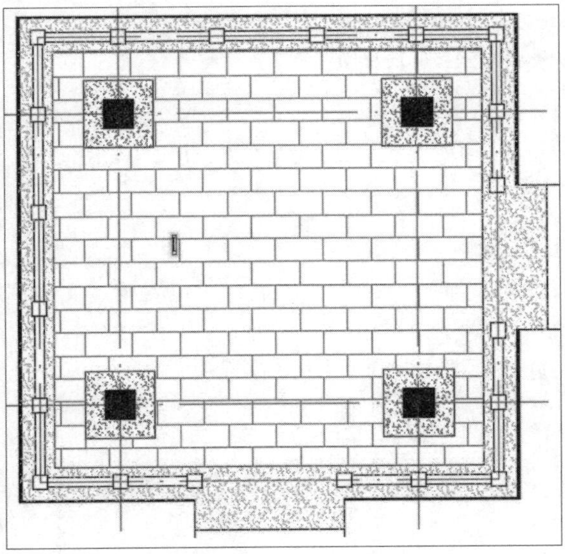

图6-4 进入文字输入模式

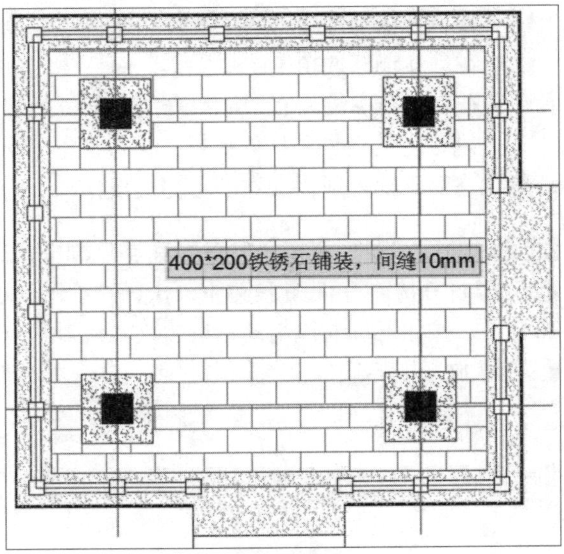

图6-5 输入文字注释内容

步骤06 输入完毕，单击图纸空白处，按Esc键完成单行文字输入设置。执行“移动”命令，将该文字放置图纸合适位置即可，如图6-6所示。

步骤07 按照同样的操作方法，输入图纸名称及比例值，该名称高度为250。

步骤08 执行“直线”和“多段线”命令，在名称下方绘制双下划线，结果如图6-7所示。

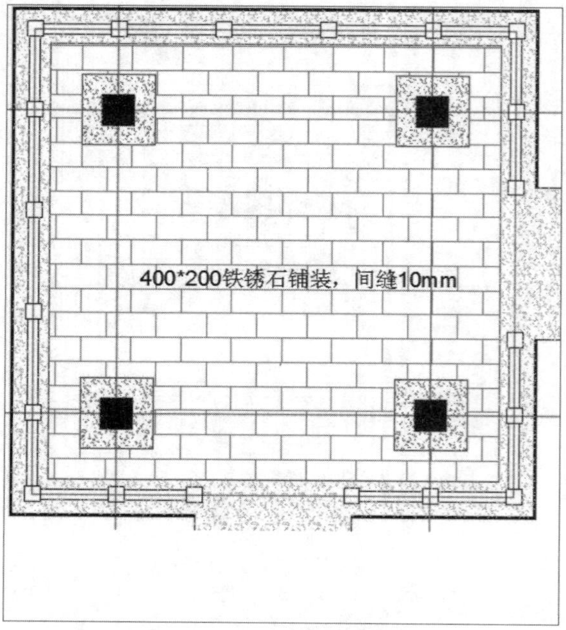

图6-6 完成文字注释的输入

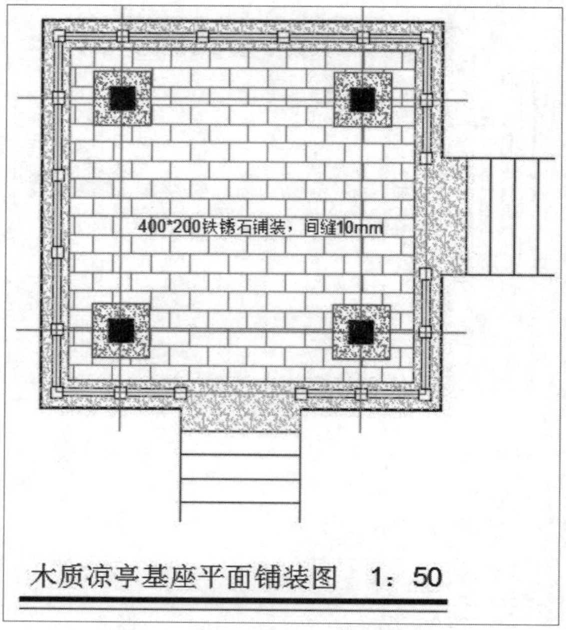

图6-7 输入图纸名称并绘制双下划线

6.2.2 创建多行文本

多行文本是由任意数目的文字或段落组合而成，每一行文字都可以作为一个整体处理。多行文本的创建与单行文本相似。在AutoCAD 2016中，用户可以通过以下方法执行“多行文字”命令。

- 执行菜单栏中“绘图>文字>多行文字”命令。
- 在“默认”选项卡的“注释”面板中，单击“多行文字”按钮A。
- 在“注释”选项卡的“文字”面板中，单击“多行文字”按钮A。
- 在命令行中输入T快捷命令，按回车键。

通过以上任意一种操作执行“多行文本”命令后，在绘图区中框选输入文字的区域，进入文字编辑状态后，输入所需文本即可完成操作。

示例6-2 使用“多行文本”命令为凉亭立面图添加施工说明

步骤01 打开凉亭立面图形文件，执行“绘图>文字>多行文字”命令，在图纸合适位置指定文本框起始点，按住鼠标左键拖动，确定文本框对角点，如图6-8所示。

步骤02 放开鼠标进入文字输入状态，在光标处输入施工说明内容，如图6-9所示。

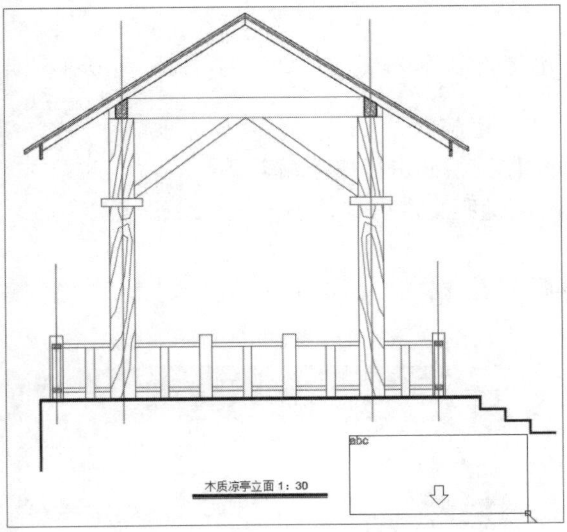

图6-8　框选文字范围

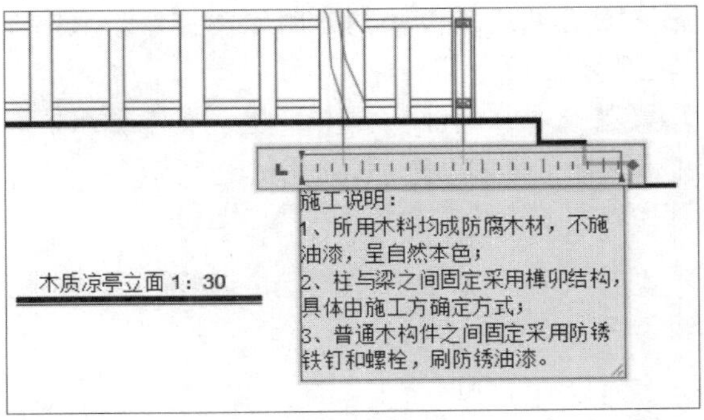

图6-9　输入说明文本

步骤03 输入完成后，将光标移至编辑框右上角，当光标呈双向箭头时，按住鼠标左键并拖动，调整编辑框大小，如图6-10所示。

步骤04 调整完毕，在“文字编辑器”选项卡的“关闭”面板中，单击“关闭文字编辑器”按钮，完成文本创建操作，结果如图6-11所示。

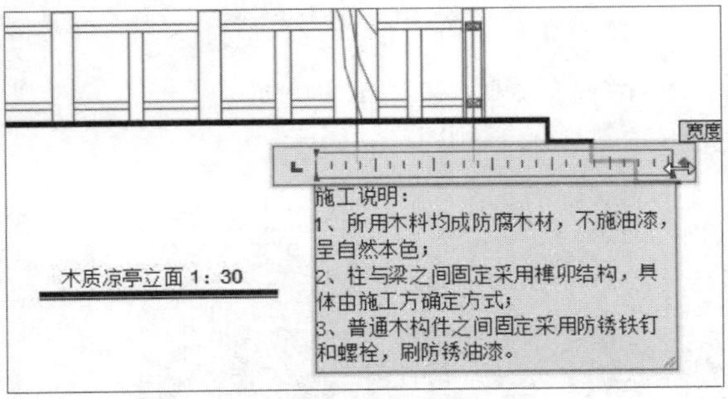

图6-10　调整编辑框大小

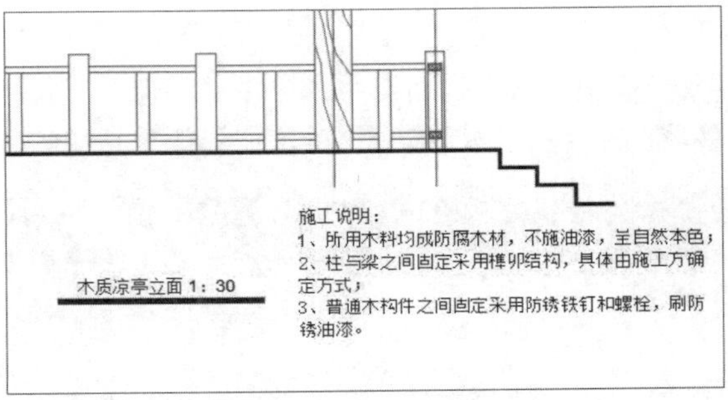

图6-11　完成文本创建

6.2.3 编辑文本

文本输入完毕，如果要对其内容或格式进行修改，可通过“特性”面板或者“文字编辑器”面板进行操作。

1. 编辑单行文本

在AutoCAD 2016中，用户可通过以下方法执行单行文本编辑操作。

- 在命令行中输入DDEDIT命令，按回车键。
- 执行“修改>对象>文字>编辑”命令。
- 双击要编辑的文本内容。

执行以上任意一种操作，都可进入文字编辑状态，然后更改文本内容即可。当然，用户还可右击单行文本，在打开的快捷菜单中选择“特性”命令，打开“特性”面板，对文字的高度、对正、旋转角度、宽度等参数进行调整。

2. 编辑多行文本

多行文本的编辑操作与单行文本相似，都可使用“特性”面板或者“文字编辑器”面板进行编辑操作。

示例6-3 使用“文字编辑器”命令对道路板块划分图的附注说明进行排版编辑

步骤01 打开道路板块划分图原图文件，双击图纸附注说明文本内容，进入文字编辑状态，如图6-12所示。

步骤02 选中“附注”文本，在“文字编辑器”选项卡的“格式”面板中，单击“字体”下拉按钮，选择“黑体”选项，如图6-13所示。

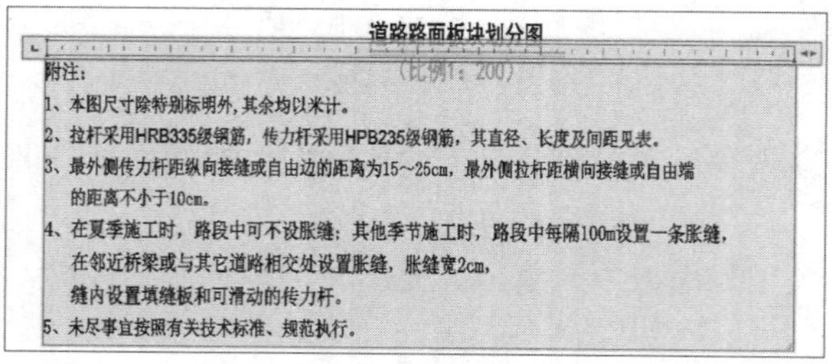

图6-12 进入编辑状态

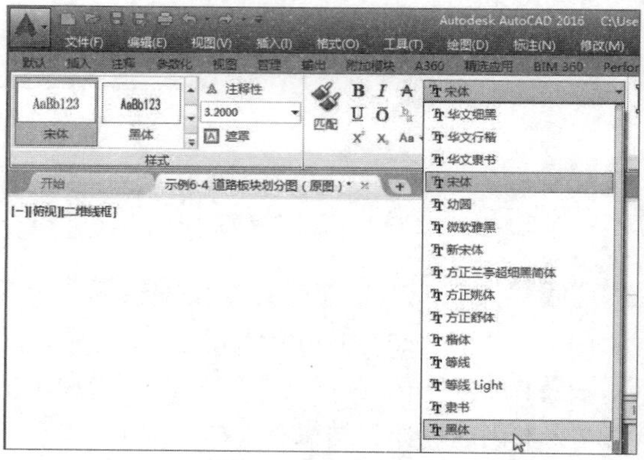

图6-13 设置文本字体

步骤03 在“格式”面板中，单击“颜色”下拉按钮，选择红色选项，如图6-14所示。

步骤04 同样在该面板中，单击“斜体”按钮 *I*，使文本倾斜显示，如图6-15所示。

图6-14 设置颜色字体

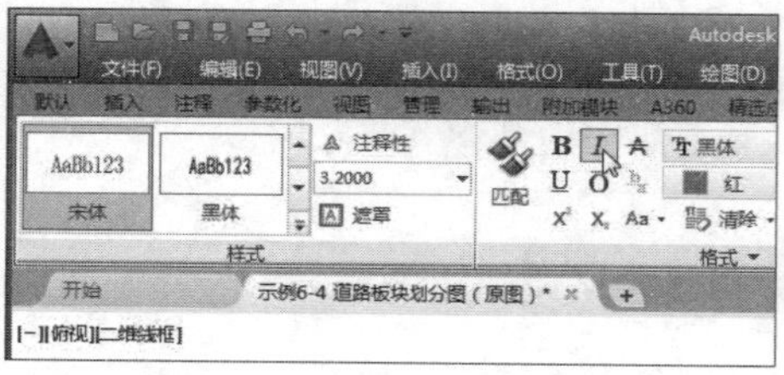

图6-15 设置文本斜体显示

步骤05 单击“段落”面板右侧对话框启动器按钮，打开“段落”对话框，在“左缩进”选项区域中设置缩进距离值，这里输入5，如图6-16所示。

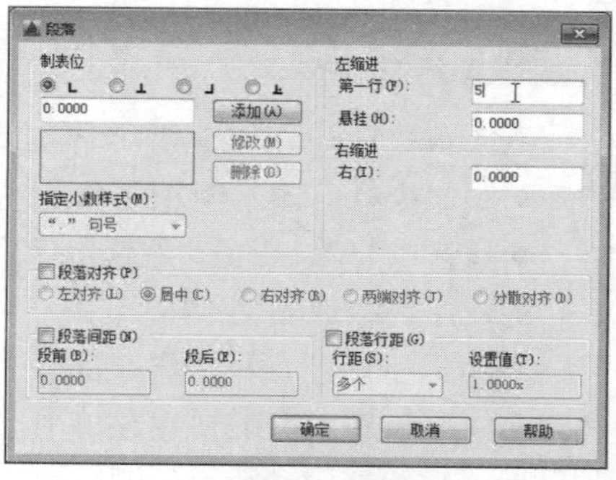

图6-16 设置左缩进值

步骤06 单击“确定”按钮关闭对话框。此时“附注”文本已发生了变化，结果如图6-17所示。

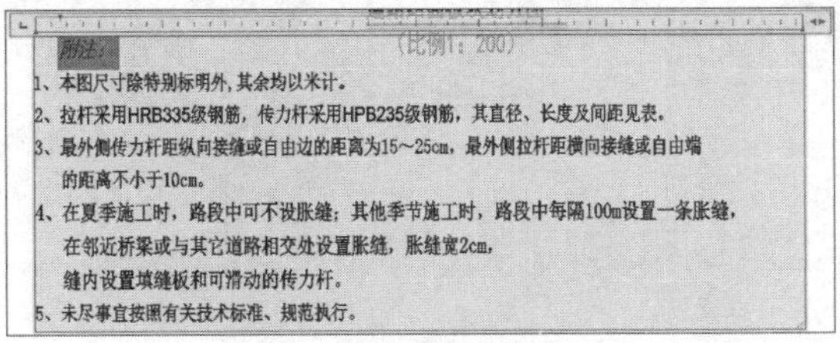

图6-17　查看设置效果

步骤07 选中第1段文本内容，再次打开“段落”对话框，勾选“段落间距”复选框，然后将“段前”值设为3，如图6-18所示。

步骤08 选中正文内容，在“格式”面板中，单击“字体”下拉按钮，选择“楷体”选项，如图6-19所示。

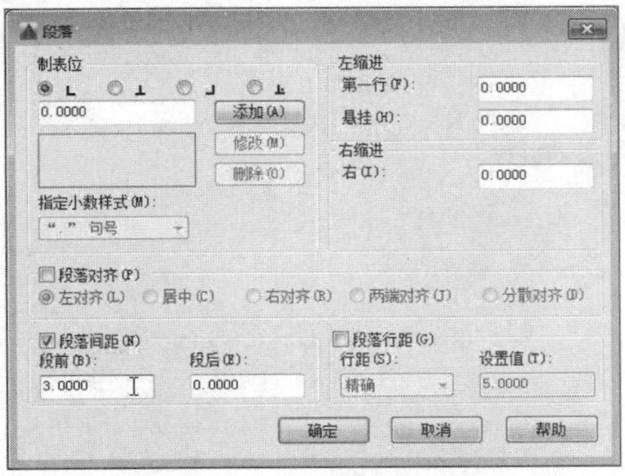

图6-18　设置段前值

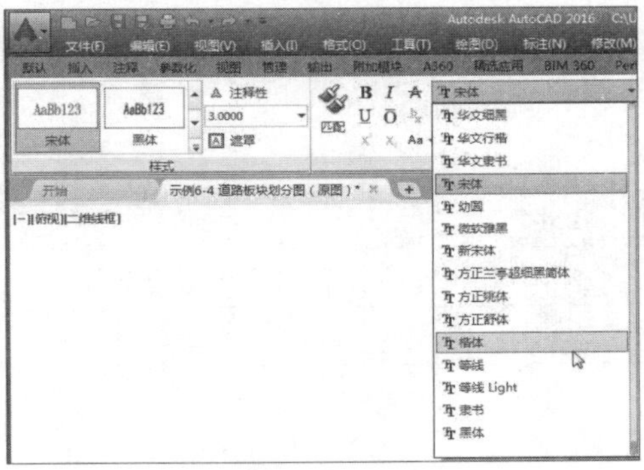

图6-19　选择正文字体样式

步骤09 选中正文内容，在“段落”面板中单击“行距”下拉按钮，选择“1.5x”选项，设置行间距值，如图6-20所示。

步骤10 在“样式”面板中单击“遮罩”按钮，打开“背景遮罩”对话框，勾选“使用背景遮罩”复选框，并在颜色列表中选择满意的颜色，如图6-21所示。

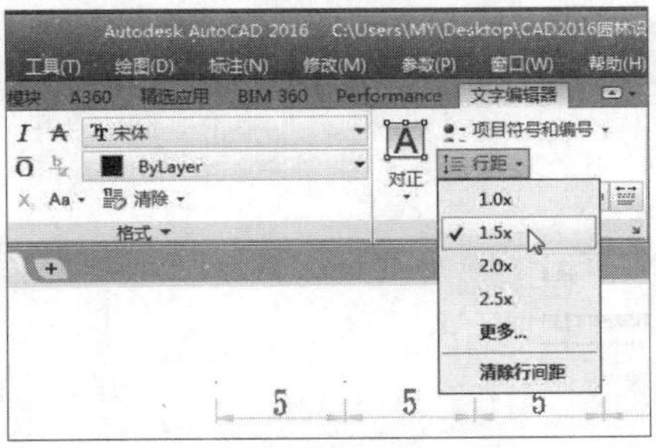

图6-20　设置行间距

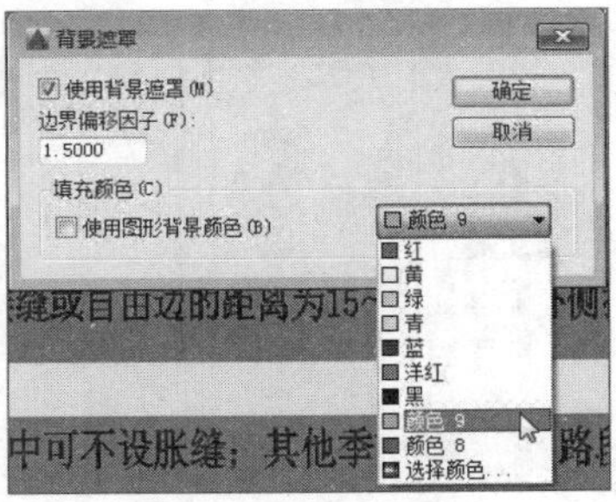

图6-21　设置背景遮罩

步骤11 设置完成后，单击“确定”按钮关闭对话框。此时图纸中的“附注”内容已发生了变化，单击“关闭文字编辑器”按钮，完成设置，最终结果如图6-22所示。

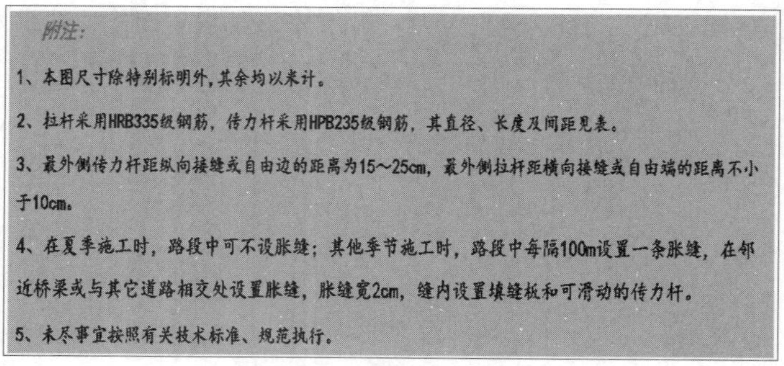
附注:

1、本图尺寸除特别标明外，其余均以米计。

2、拉杆采用HRB335级钢筋，传力杆采用HPB235级钢筋，其直径、长度及间距见表。

3、最外侧传力杆距纵向接缝或自由边的距离为15～25cm，最外侧拉杆距横向接缝或自由端的距离不小于10cm。

4、在夏季施工时，路段中可不设胀缝；其他季节施工时，路段中每隔100m设置一条胀缝，在邻近桥梁或与其它道路相交处设置胀缝，胀缝宽2cm，缝内设置填缝板和可滑动的传力杆。

5、未尽事宜按照有关技术标准、规范执行。

图6-22　最终结果图

6.2.4 插入特殊文本符号

在文本标注中，经常需要标注一些不能直接利用键盘输入的特殊字符，如直径Φ、度°等。AutoCAD 2016为输入这些字符提供了控制符，见表6-1所示。用户可以通过输入控制符来输入特殊的字符。

表6-1　特殊字符控制符

控制符	对应特殊字符	控制符	对应特殊字符
%%C	直径（Φ）符号	%%D	度（°）符号
%%O	上划线符号	%%P	正负公差（±）符号
%%U	下划线符号	\U+2238	约等于（≈）符号
%%%	百分号（%）符号	\U+2220	角度（∠）符号

在AutoCAD软件中，除了直接输入特殊字符外，用户还可以在“文字编辑器”选项卡的“插入”面板中，单击“符号”下拉按钮，在打开的符号列表中选择所需的符号选项，如图6-23所示。

如果列表中的符号不能满足用户的需求，可在该列表中选择“其他”选项，在打开的“字符映射表”对话框中，选择满意的符号，单击“选择”、“复制”按钮，其后在光标处按下Ctrl+V组合键，执行粘贴操作，如图6-24所示。

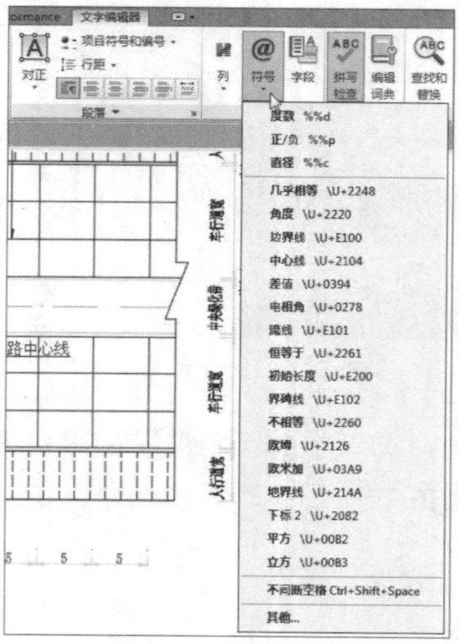

图6-23　符号列表

图6-24　“字符映射表”对话框

工程师点拨

【6-1】设置多行文字高度

在AutoCAD 2016软件中，系统默认文字高度为2.5。在没有设置文字样式的前提下，使用“多行文本”命令输入文本后，若需要对文字高度进行设置，则双击所需的文本，使其进入编辑状态，按Ctrl+A快捷键，全选文本，在“文字编辑器”选项卡的“样式”面板中的“文字高度”数值框，输入所需的高度值，按回车键即可更改当前文字高度，如图6-25所示。

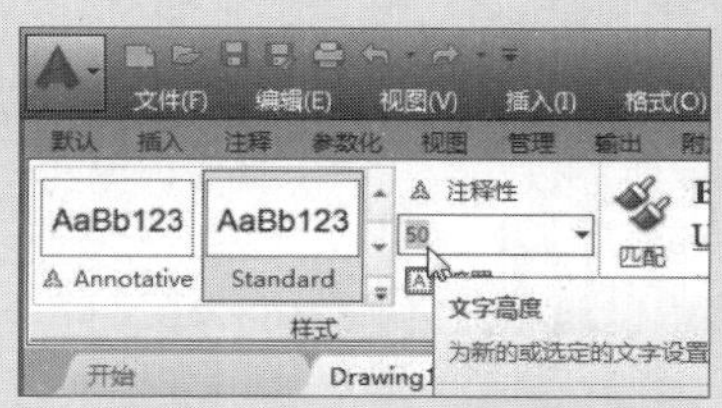

图6-25　修改文字高度

6.2.5 调用外部文本

在AutoCAD 2016软件中，“调用外部文件”功能可以快速地将Word中的整篇文档链接至图纸中，如果对Word文档内容进行修改，则被链接至图纸中的文档内容也随之更改。

示例6-4 使用“OLE对象”命令，将Word文档中的设计说明文本插入AutoCAD软件中

步骤01 在“插入”选项卡的“数据”面板中，单击“OLE对象”按钮，打开“插入对象”对话框，如图6-26所示。

步骤02 单击“由文件创建”单选按钮后，单击“浏览”按钮，如图6-27所示。

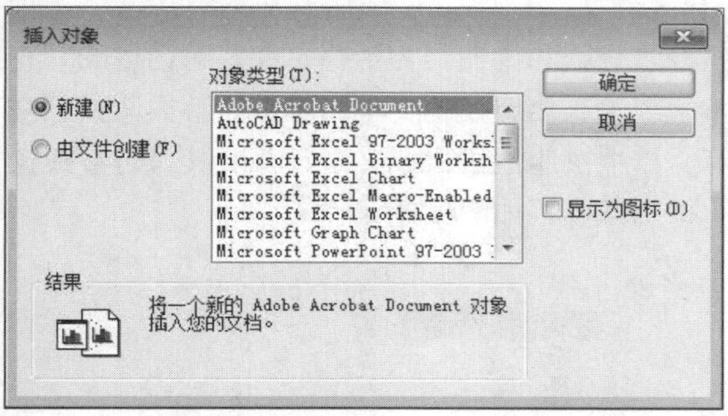

图6-26 “插入对象”对话框

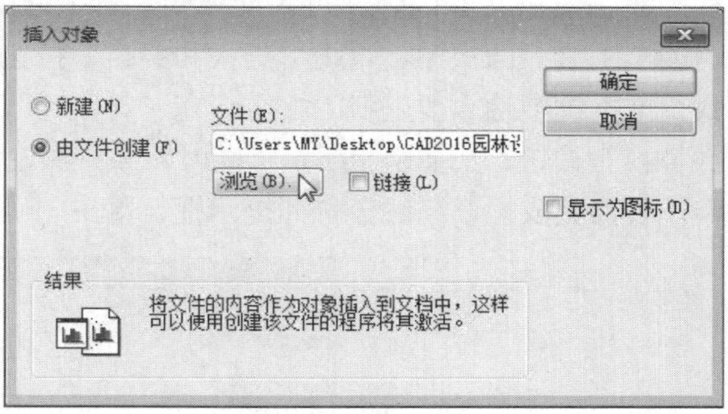

图6-27 “由文件创建”单选按钮

步骤03 在“浏览”对话框中，选择需调入的Word文档选项，如图6-28所示。

步骤04 单击“打开”按钮返回至上一层对话框，单击“确定”按钮，如图6-29所示。

图6-28　选择Word文档选项

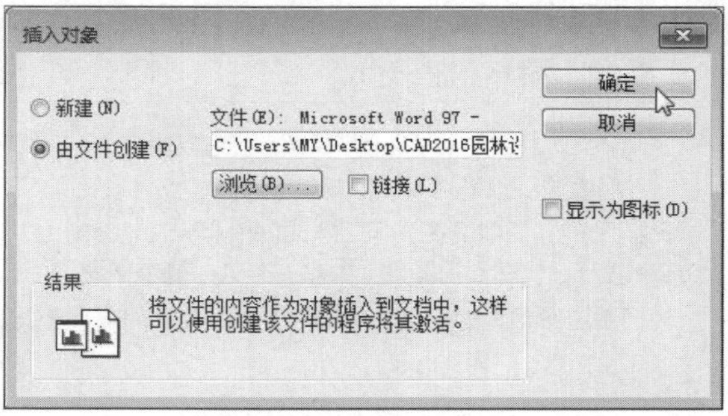

图6-29　单击“确定”按钮

步骤05 稍等片刻，在AutoCAD软件中将显示Word文档内容，如图6-30所示。

步骤06 插入Word文档内容后，用户只能浏览，不能对内容进行修改，如需更改，可双击插入的文档，在打开的Word软件中对文档内容进行更改。稍等片刻，AutoCAD中的文档也随之更改了，如图6-31所示。

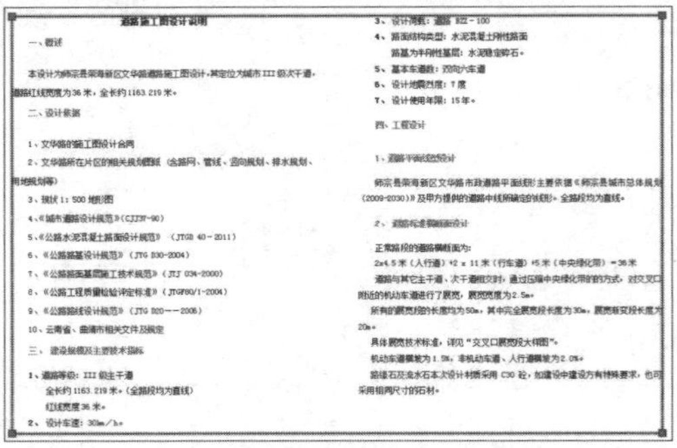

图6-30 插入的文档内容

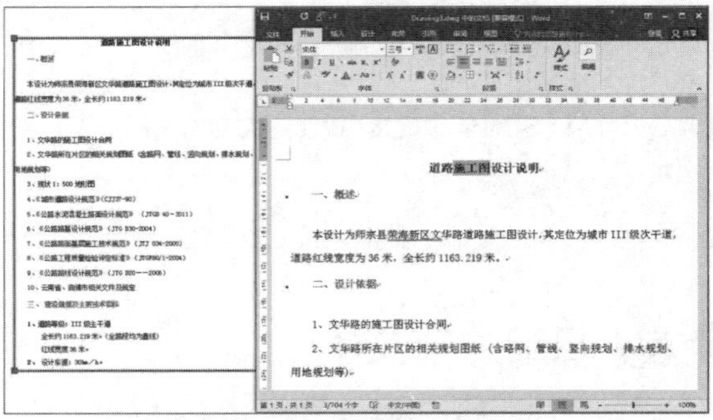

图6-31 修改文档内容

6.2.6 查找替换文本

文本输入完毕，如果想要快速查找到某一词语或修改某个文字，可使用“查找和替换”命令进行操作。下面介绍具体操作方法。

双击所需文本内容，进入编辑状态后，将光标放置到文本起始位置，在“文字编辑器”选项卡的“工具”面板中，单击“查找和替换”按钮，打开“查找和替换”对话框，在该对话框的“查找”文本框中输入要查找的文本，在“替换为”文本框中输入要替换的文本，单击“替换”或“全部替换”按钮，如图6-32所示。此时，系统会在整篇文档中快速定位目标文本，并对其执行替换操作。替换完成后，系统会打开提示框，单击“确定”按钮即可，如图6-33所示。

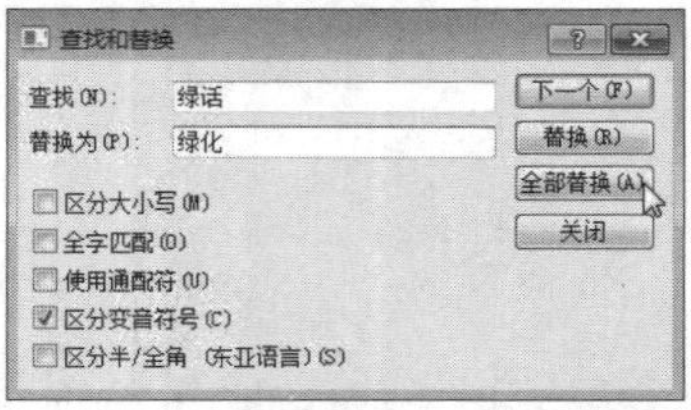

图6-32 “查找和替换”对话框

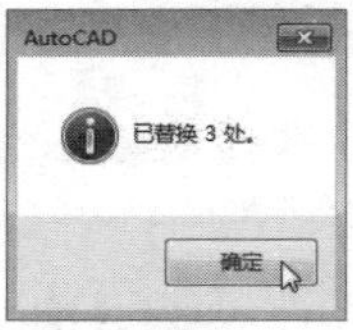

图6-33 替换完毕

工程师点拨

【6-2】拼写检查文本

在AutoCAD 2016中，用户可以对当前图形的所有文字进行拼音检查，包括单行文字、多行文本等内容。其方法为：执行“工具>拼写检查”命令或在“注释”选项卡的“文字”面板中单击“拼写检查”按钮，打开“拼写检查”对话框，如图6-34所示。在“要进行检查的位置”下拉列表框中选择要进行检查的位置，单击“开始”按钮，即可进行文本的拼写检查。

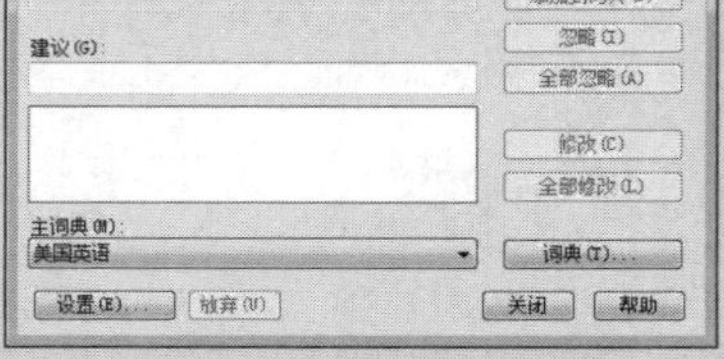

图6-34 “拼写检查”对话框

6.3 创建与编辑表格

在绘制园林图纸时，常常利用表格来标识图纸中所应用到的植物配置参数。在AutoCAD中，用户可使用表格命令直接插入表格，而不需单独绘制图线来制作表格。

6.3.1 设置表格样式

在插入表格之前，需要对表格样式进行设定，操作方法与设置文字样式相似。在AutoCAD 2016软件中，用户可以通过以下方式来设置表格样式。

- 执行菜单栏中的“格式>表格样式”命令。
- 在“默认”选项卡的“表格”面板中，单击该面板右下角的对话框启动器按钮。
- 在“注释”选项卡的“表格”面板中，单击面板右下角的对话框启动器按钮。
- 在命令行中输入TABLESTYLE命令，按回车键。

执行以上任意一种操作，都可打开“表格样式”对话框，在该对话框中，用户可对表格的表头、数据以及标题样式等进行设置。

6.3.2 创建与编辑表格

表格样式设置完成后，接下来就可以使用表格功能插入表格了。在AutoCAD 2016中，用户可通过以下方式执行“表格”命令。

- 执行菜单栏中的“绘图>表格”命令。
- 在“注释”选项卡的“表格”面板中，单击“表格”按钮▦。
- 在“默认”选项卡的“注释”面板中，单击“表格”按钮。
- 在命令行中输入TABLE命令，按回车键。

执行以上任意一种操作，都会打开“插入表格”对话框，其后在对话框中设置表格的列数和行数，即可插入表格，如图6-35所示。

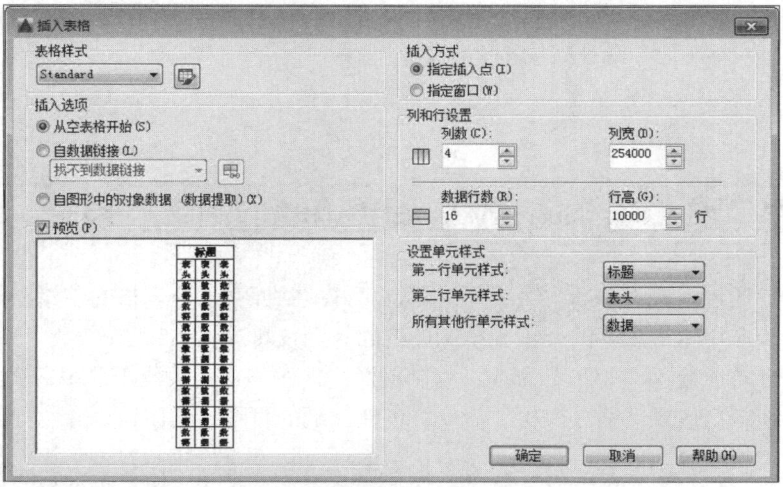

图6-35 “插入表格”对话框

表格创建完成后，用户可对表格进行编辑修改操作。单击表格内任意单元格，系统切换至“表格单元”选项卡，在该选项卡中，用户可根据需要对表格的行、列以及单元格样式等参数进行设置，如图6-36所示。

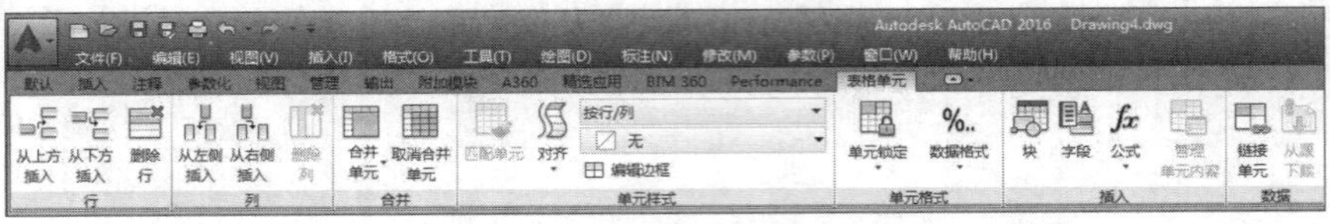

图6-36 “表格单元”选项卡

6.3.3 调用外部表格

如果其他办公软件中有制作好的表格，用户可直接将其调入CAD图纸中，节省重新创建表格的时间，从而提高工作效率。

用户可执行“绘图>表格”命令，在打开的“插入表格”对话框中单击“自数据链接”单选按钮，并单击右侧“数据管理器”按钮，在打开的“选择数据链接”对话框中，选择“创建新的Excel数据链接”选项，打开“输入数据链接名称”对话框，输入文件名，如图6-37所示。

在“新建Excel数据链接”对话框中，单击“浏览”按钮，如图6-38所示。打开“另存为”对话框，选择所需的Excel文件，单击“打开”按钮，返回到上一层对话框，然后依次单击“确定”按钮返回绘图区，在绘图区指定表格插入点，即可插入表格。

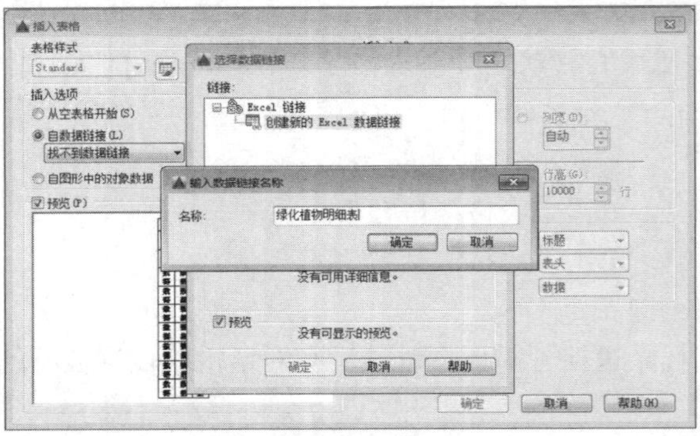

图6-37 设置数据链接名称

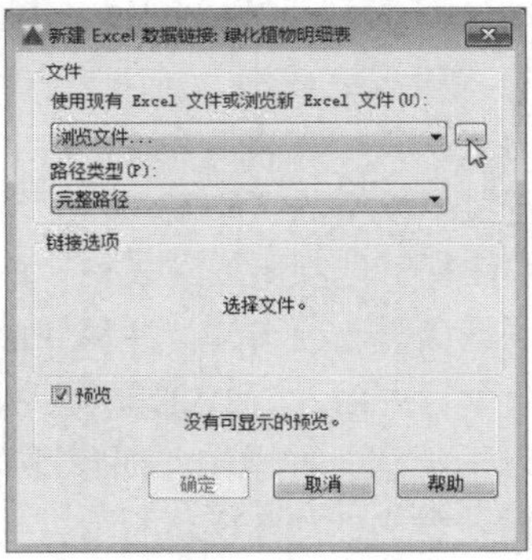

图6-38 选择插入的Excel文件

上机实践：绘制路政工程图纸的封面及目录

■**实践目的：**通过本实训练习，希望用户能够更好地掌握文本及表格的创建操作。

■**实践内容：**应用本章所学的知识，绘制图纸的封面及目录。

■**实践步骤：**首先使用“矩形”命令，绘制封面边框图形；其次使用“多行文字”命令，输入封面内容；最后使用“插入表格”命令，创建图纸的目录，具体操作介绍如下。

步骤01 新建空白文件，执行“矩形”命令，绘制一个长4200mm，宽2970mm的矩形。执行“分解”命令，对矩形进行分解操作，如图6-39所示。

步骤02 执行“偏移”命令，将矩形向内偏移，偏移距离如图6-40所示。

图6-39 绘制及分解矩形

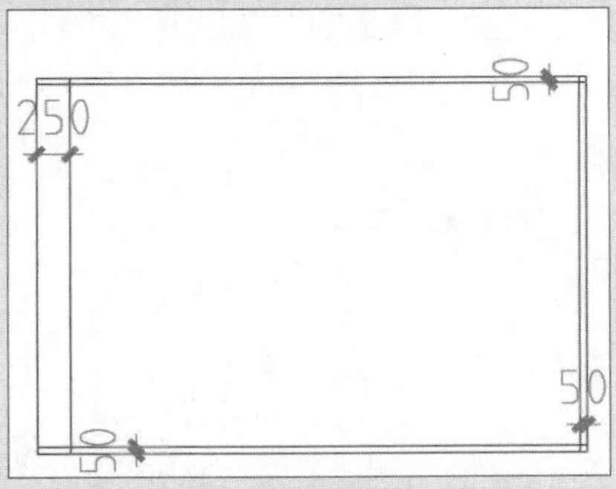

图6-40 偏移矩形

步骤03 执行“修剪”命令，修剪偏移后的线段，结果如图6-41所示。

步骤04 执行“编辑多段线”命令，将偏移后的线段转换成多段线，并将其合并成多段线，如图6-42所示。

图6-41 修剪图形

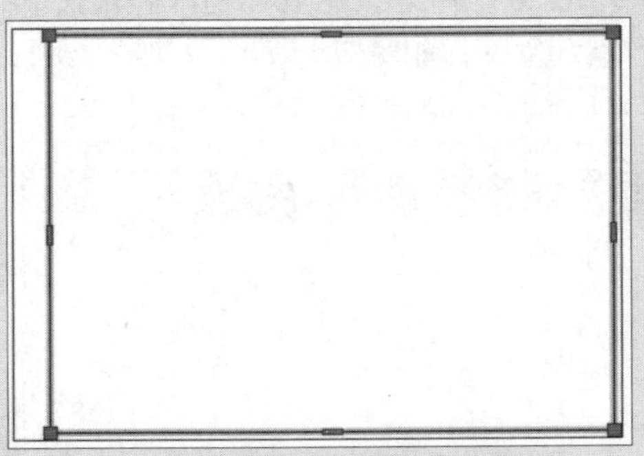

图6-42 合并成多段线

步骤05 再次执行“编辑多段线”命令，选中内侧矩形，在打开的快捷菜单中选择“宽度”选项，如图6-43所示。

步骤06 指定新宽度值为15，按回车键，完成图纸图框的绘制，结果如图6-44所示。

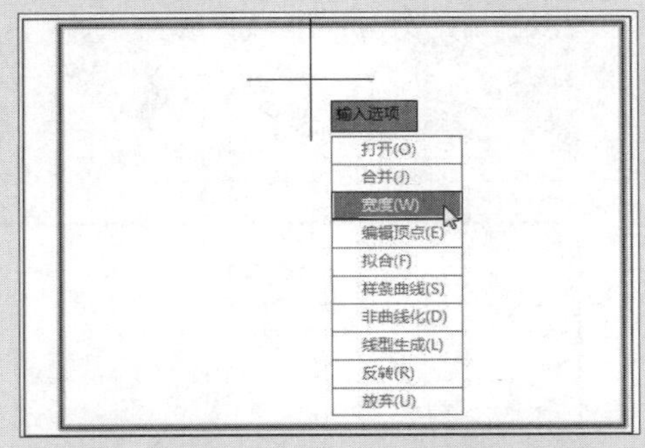

图6-43 设置新宽度值

图6-44 完成图框的绘制

步骤07 执行菜单栏中的“绘图>文字>多行文字”命令，在图纸中指定文本起始位置，并按住鼠标左键拖动至合适位置，松开鼠标左键，即可进入文本编辑状态，如图6-45所示。

步骤08 输入封面标题文本内容后，选中输入的文本，在“文字编辑器”选项卡的“样式”面板中，设置文字高度值，这里设为150，结果如图6-46所示。

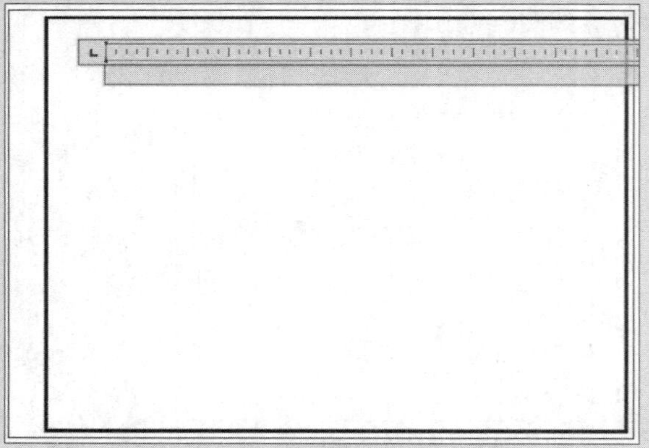

图6-45　指定文本区域

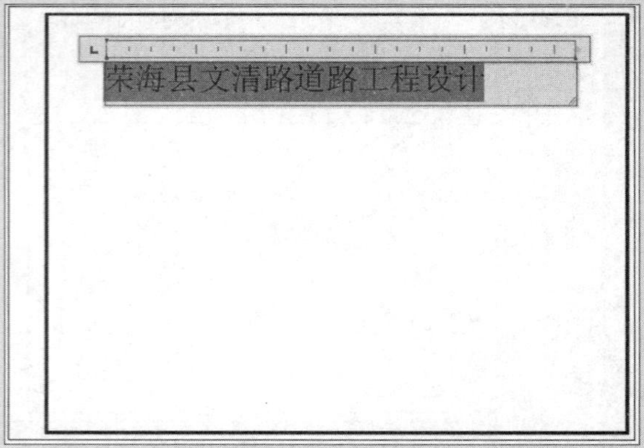

图6-46　输入文本并设置高度

步骤09 同样选中该文本内容，在“格式”面板中，将字体设为加粗显示，将字体设为黑体，效果如图6-47所示。

步骤10 单击图纸空白处，完成标题内容格式的设置操作。执行“移动”命令，将标题文本移动至图纸中的满意位置，如图6-48所示。

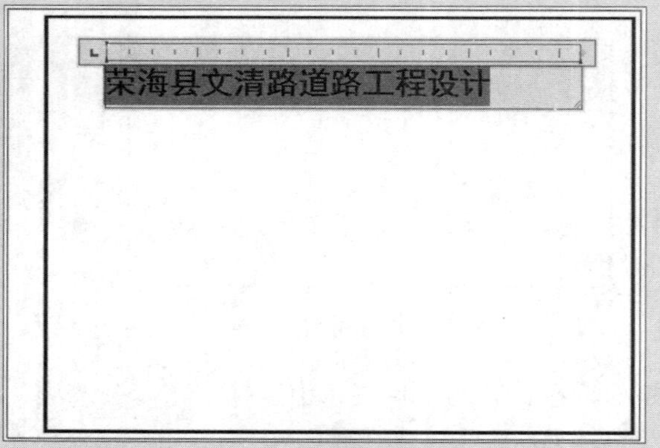

图6-47　设置文本格式

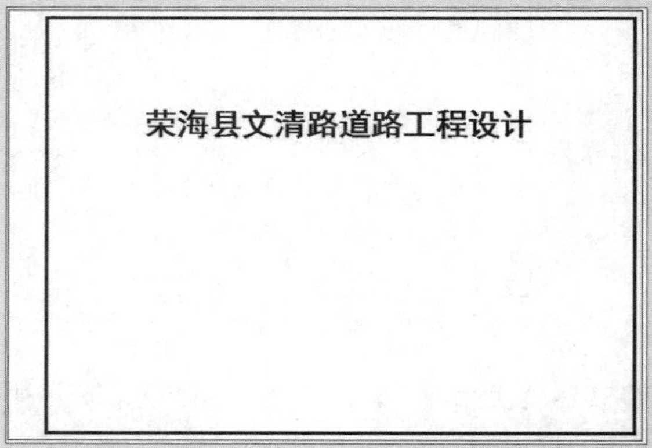

图6-48　查看设置结果

步骤11 按照同样的操作方法，完成封面剩余文本内容的创建，结果如图6-49所示。

步骤12 执行“复制”命令，复制封面图纸后删除其文本内容。执行“直线”命令，绘制如图6-50所示的图形。

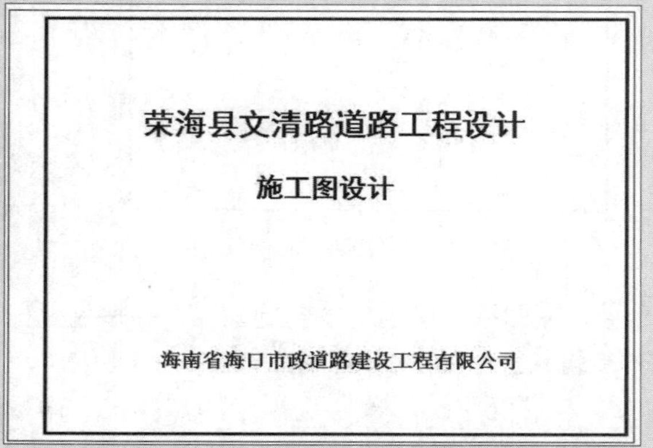

图6-49　完成封面内容的创建

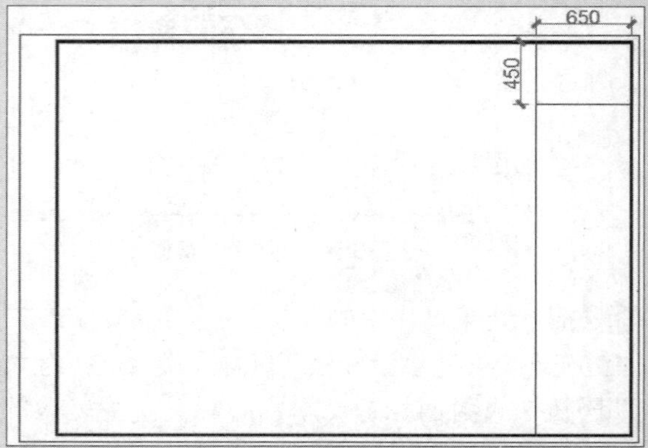

图6-50　绘制图签线条

步骤13 执行“偏移”命令，偏移绘制的线条，偏移后的图形如图6-51所示。

步骤14 执行“单行文字”命令，根据命令行提示，设置文字高度为30，然后输入图签文字内容，如图6-52所示。

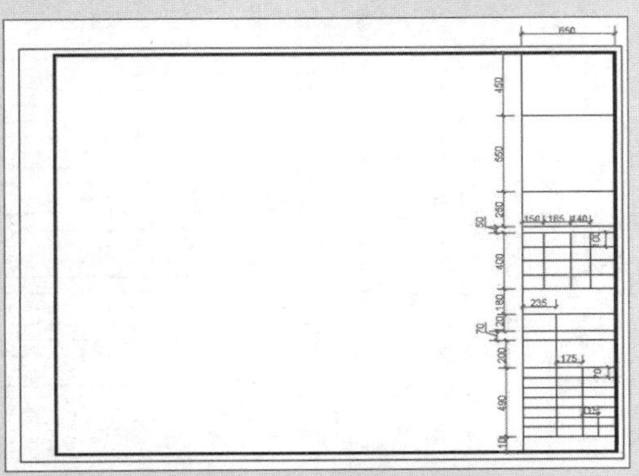

图6-51 制作图纸图签栏

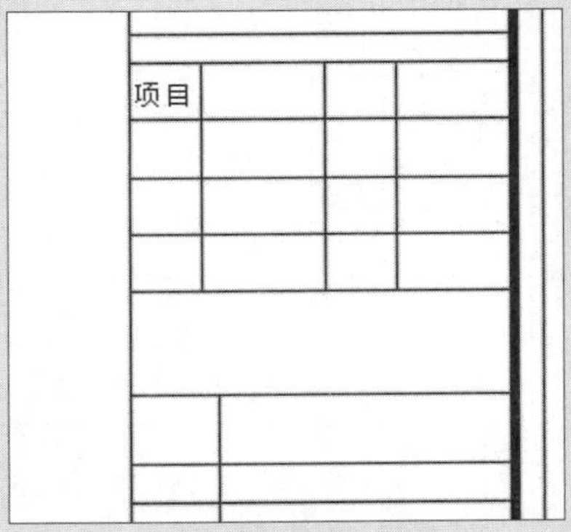

图6-52 输入图签文字内容

步骤15 执行“复制”命令，复制文字内容，其后双击复制后的文字，修改内容，结果如图6-53所示。

步骤16 在“默认”选项卡的“注释”面板中，单击“表格”按钮，打开“插入表格”对话框。在“列和行设置”选项组中，设置“列数”为6，设置“行数”为30，设置“列宽”为200，设置“行高”为8，如图6-54所示。

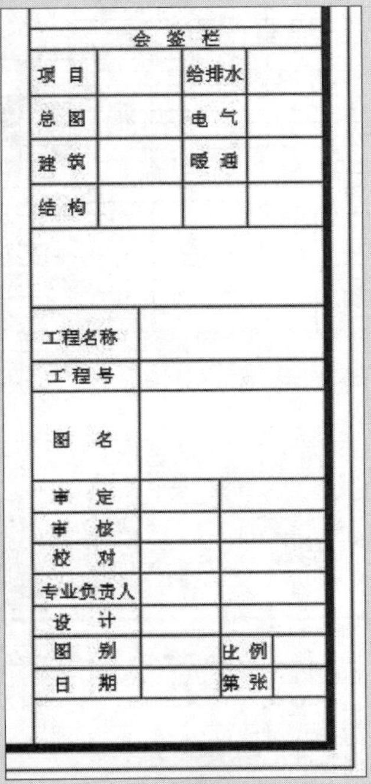

图6-53 完成图签内容的输入

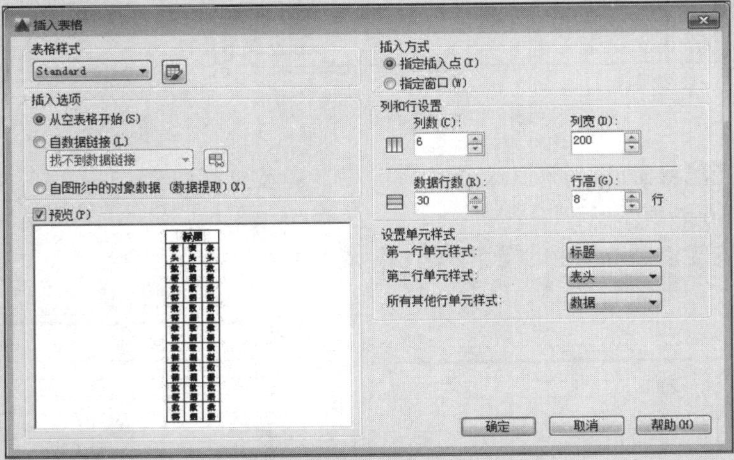

图6-54 表格行列设置

步骤17 单击“确定”按钮，在绘图区中指定表格起始点，并在弹出的文本编辑框中，输入文字内容，如图6-55所示。

步骤18 选中输入的文本，在“文字编辑器”选项卡的“样式”面板中，设置文字高度为50，如图6-56所示。

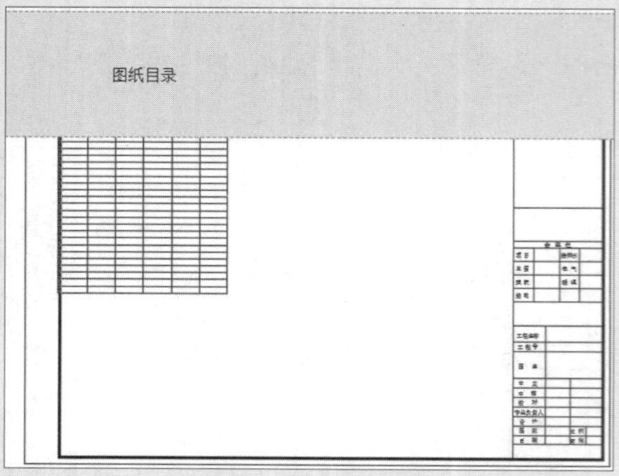

图6-55　输入目录标题

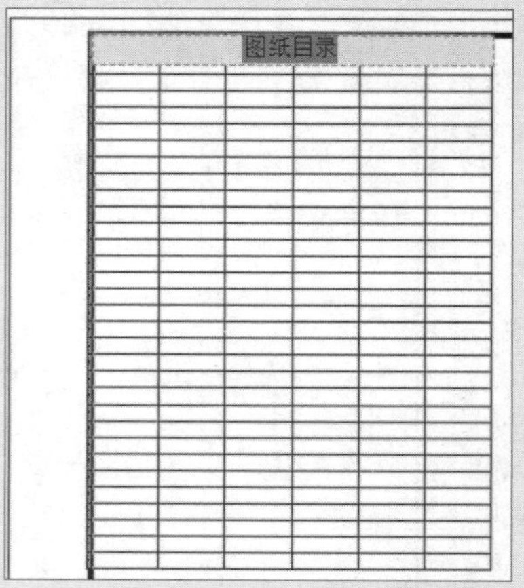

图6-56　设置文字高度

步骤19 选中表格，将光标移至表格左下角的控制点上，按住鼠标左键不放，拖动该控制点至图框合适位置，拉伸该表格高度，如图6-57所示。

步骤20 同样选中表格，将光标移至表格右上角控制点，按住鼠标左键不放，拖动该控制点至图框合适位置，拉伸该表格宽度，如图6-58所示。

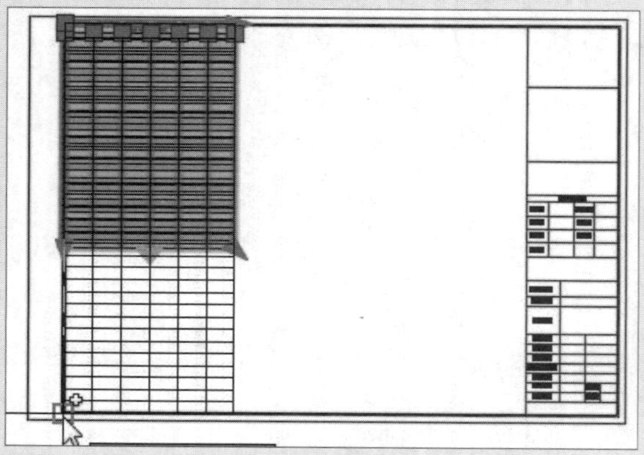

图6-57　统一拉伸表格高度

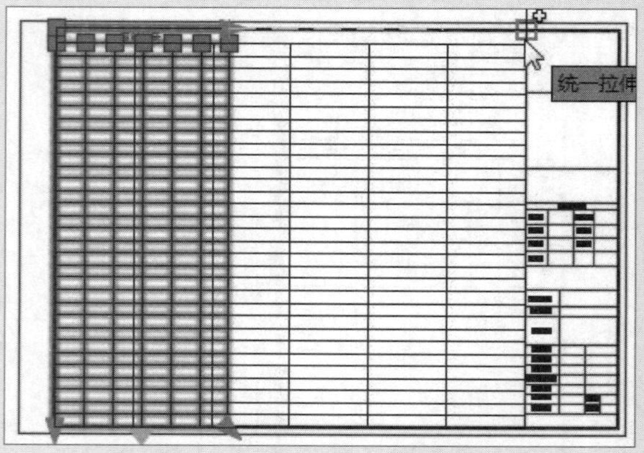

图6-58　统一拉伸表格宽度

步骤21 双击第1列第2行的首个单元格，进入文本编辑状态，输入文本内容后，设置文字高度为40，如图6-59所示。

步骤22 按照上一步的操作方法，完成表格表头内容的输入，如图6-60所示。

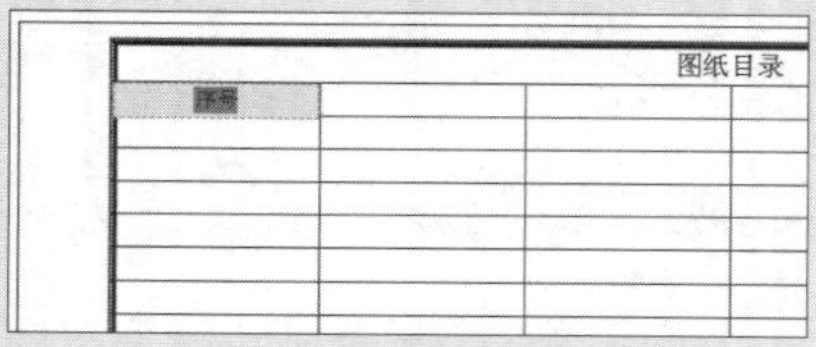

图6-59　输入首个单元格内容

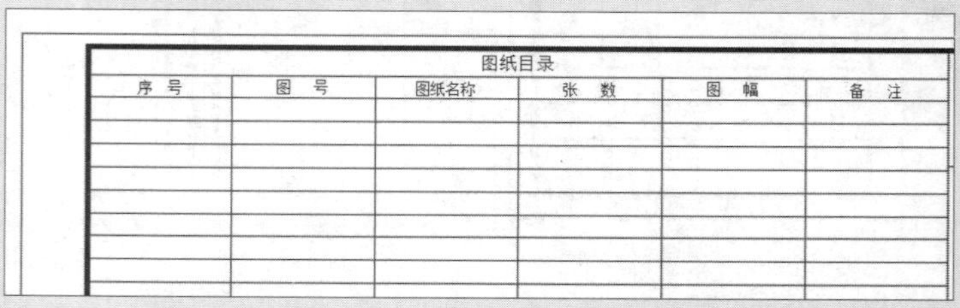

图6-60　完成表头内容的输入操作

步骤23 选中表格，将光标移至首列控制点，按住鼠标左键不放，拖动该控制点至满意位置，放开鼠标即可调整该列列宽，如图6-61所示。

步骤24 按照上一步操作，调整其他列的列宽，结果如图6-62所示。

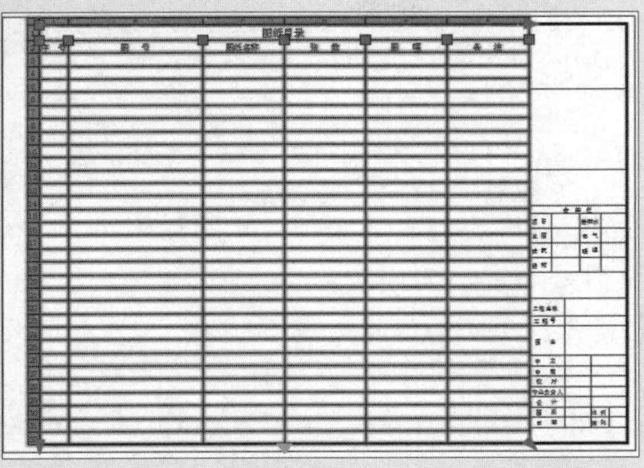

图6-61　调整首列列宽

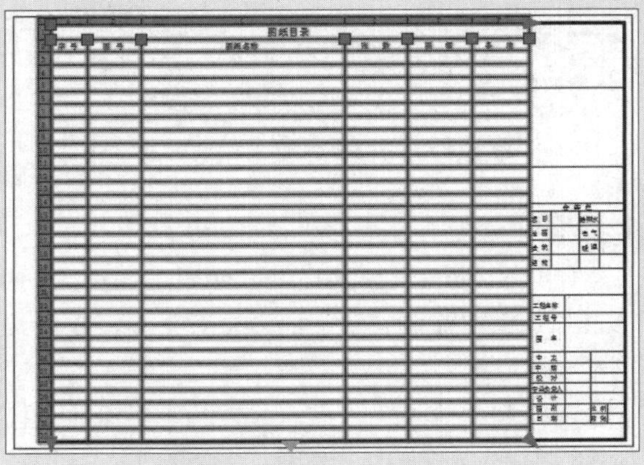

图6-62　调整表格其他列列宽

步骤25 双击第1列第3个单元格，输入序号，并设置其文字高度值为40，结果如图6-63所示。

步骤26 单击该单元格，在“表格单元”选项卡的“单元样式”面板中，单击“右上”下拉按钮，选择“正中”选项，设置文本内容居中显示，结果如图6-64所示。

图6-63　输入序号

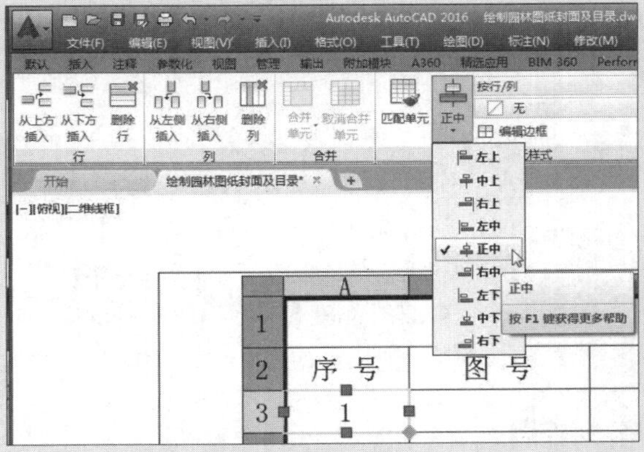

图6-64　对齐文本内容

步骤27 将光标移至单元格右下角控制点，按住鼠标左键拖动控制点至该列最后一单元格，放开鼠标左键，即可自动填充该列文本内容，如图6-65所示。

步骤28 按照以上相同的操作，完成图纸目录中所有文本内容的输入操作，结果如图6-66所示。

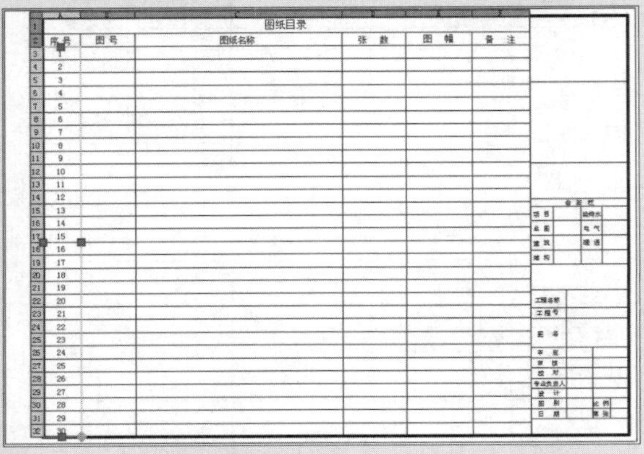

图6-65　自动填充单元列

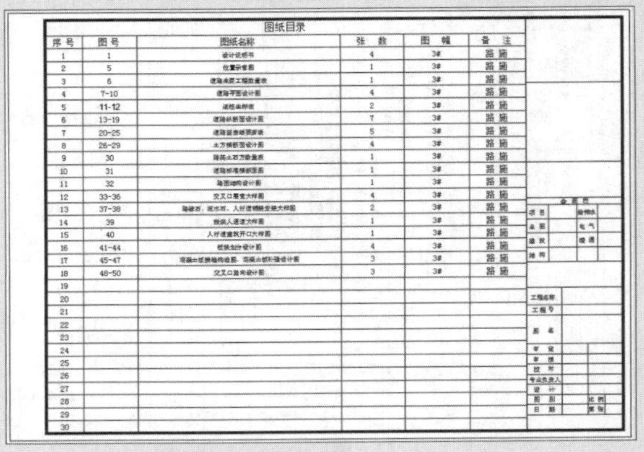

图6-66　完成图纸目录文本输入

课后练习

为了使用户更好地掌握本章所学的知识点，下面将通过一些练习题来巩固前面所学的内容。

1. 填空题

（1）在AutoCAD 2016中，使用________对话框来创建和修改文本样式。

（2）文本输入完毕，如果要对其内容或格式进行修改，可通过________面板或者________面板进行操作。

（3）文本输入完毕后，如果想要快速地查找某一词语或修改某一文字，可使用________命令进行操作。

2. 选择题

（1）在AutoCAD 2016软件中，想要调用外部文件至AutoCAD中，需执行（　　）命令。

A、单行文本　　B、OLE对象　　C、数据超链接　　D、查找和替换

（2）对多行文本的字体格式进行设置，需在“文字编辑器”选项卡的（　　）面板中进行设置操作。

A、样式　　B、插入　　C、工具　　D、格式

（3）下面哪一项命令可以对文本内容进行对齐操作（　　）。

A、对正　　B、行距　　C、比例因子　　D、注释性

（4）用“单行文字”命令输入直径符号时，应使用（　　）。

A、%%d　　B、%%p　　C、%%c　　D、%%u

（5）若需要调用外部表格，可在下面哪一个对话框中进行设置操作（　　）。

A、插入表格　　B、表格样式　　C、链接数据　　D、提取数据

3. 操作题

（1）使用“单行文字”命令，为校园平面图添加文字说明，如图6-67所示。

（2）使用“调入外部表格”命令，将道路工程量Excel文件转换成CAD文件，结果如图6-68所示。

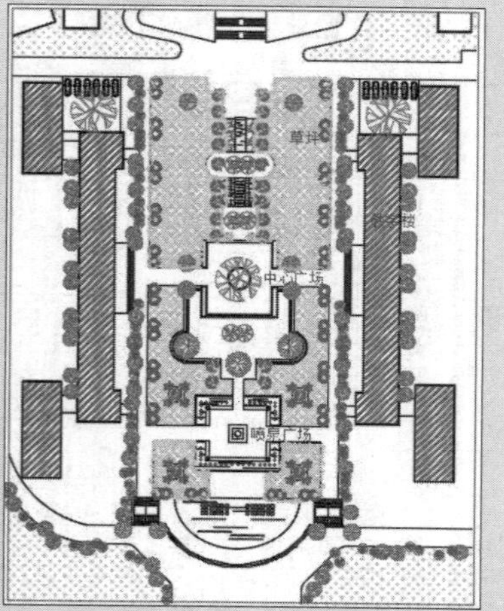

图6-67　为校园平面图添加文字说明

	结构层或项目	厚度(m)	长度(m)	面积(m^2)	体积(m^3)
车行道路面	24cmC30砼	0.24		27269	6544.52
	35cm水泥稳定碎石(水泥掺量5%)	0.35		27269	9544.08
	15cm级配碎石	0.15		27269	4090.32
	50cm砂砾石	0.5		27269	13634.41
机动车道侧路缘带	C30水泥混凝土预制路缘石		2030		
	M10水泥砂浆垫层(厚2cm)	0.02		0.010	20.30
	M5砂浆砌片块石(厚42cm)	0.42		0.210	426.30
	C30预制流水石(甲型)		2030		
中央绿化带	C30混凝土流水石（乙型）		1529		
	2cm厚M10砂浆垫层	0.02		0.010	15.29
	M5砂浆砌片块石（厚45cm）	0.45		0.225	344.01
	C30水泥混凝土立道牙		1529		
人行道	石材铺装（30X60X5）	0.05		10803	540.13
	水泥砂浆(M10)垫层(厚2CM)	0.02			216.05
	C15素混凝土(厚10CM)	0.1			1080.27
	级配碎石垫层(厚15CM)	0.15			1620.40
	C30混凝土锁边石(甲型)		1896		
	M10水泥砂浆垫层(厚2cm)	0.02		0.0024	4.55
土石方	填方				42615.12
	挖方				1150.41
	清表				27329.95

图6-68　将Excel文件转换成CAD文件

Chapter 07

为园林图形添加尺寸标注

课题概述

尺寸标注是AutoCAD制图中不可缺少的一部分，是图形的测量注释。通过在图纸中添加尺寸标注，可以使施工人员清晰地查看到图形真实大小以及相互关系。

教学目标

本章主要向用户介绍创建与编辑尺寸样式、添加尺寸标注、创建与编辑多重引线标注等操作方法，以便用户能够熟练地运用到工作中去。

章节重点

★★★　创建和设置引线标注
★★★　编辑尺寸标注
★★★　半径、直径和圆心标注
★★　长度标注
★★　创建和设置尺寸标注

光盘路径

上机实践：实例文件\第7章\上机实践\为凉亭立面图添加标注
课后练习：实例文件\第7章\课后练习

7.1 创建与编辑尺寸标注

在对图形进行标注时，通常需要先设置标注样式，例如，设置标注线型、标注文本、标注箭头、标注单位等。下面将介绍尺寸标注样式的创建与编辑操作。

7.1.1 设置尺寸样式

设置标注样式有利于控制标注的外观，不同行业尺寸标注样式的要求是不同的。在AutoCAD 2016中，利用“标注样式管理器”对话框可创建与设置标注样式。用户可通过以下方法打开“标注样式管理器”对话框。

- 执行“格式>标注样式”命令。
- 在“默认”选项卡的“注释”面板中，单击“标注样式”按钮。
- 在“注释”选项卡的“标注”面板中，单击右下角的对话框启动器按钮。
- 在命令行中输入D或DS快捷命令，按回车键。

执行以上任意一种操作，都可打开“标注样式管理器”对话框。在该对话框中，用户可以创建新的标注样式，也可以对已定义的标注样式进行设置。

示例7-1 使用“标注样式管理器”对话框创建园林尺寸样式

步骤01 执行菜单栏中的“格式>标注样式”命令，打开“标注样式管理器”对话框，如图7-1所示。

步骤02 单击“新建”按钮，打开“创建新标注样式”对话框，在该对话框中输入新样式名称后，单击“继续”按钮，如图7-2所示。

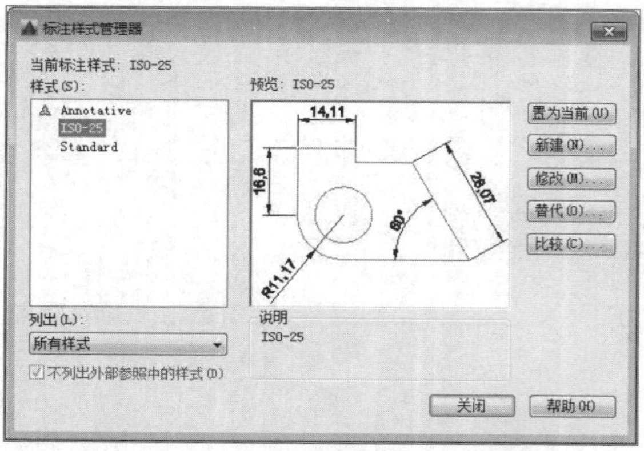

图7-1 “标注样式管理器”对话框

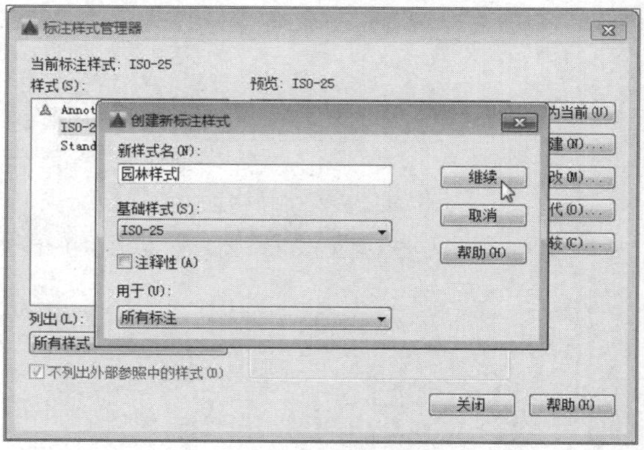

图7-2 新建样式名称

步骤03 在“新建标注样式”对话框中，切换至“符号和箭头”选项卡，在“箭头”选项组中单击“第一个”下拉按钮，选择“倾斜”选项，然后将“第二个”选项也选择“倾斜”，如图7-3所示。

步骤04 在“符号和箭头”选项卡中，将“箭头大小”设置为50，如图7-4所示。

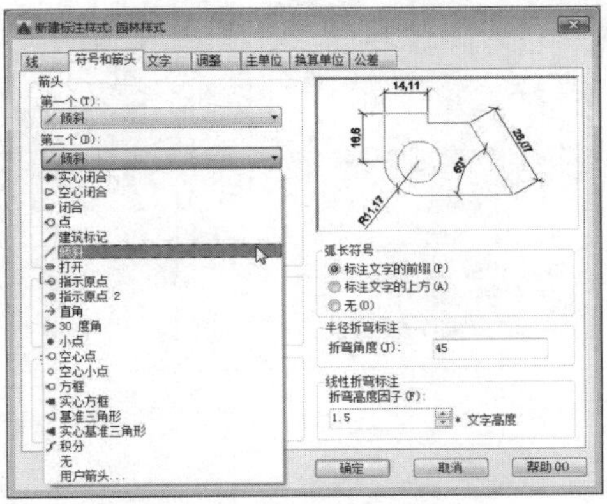

图7-3 设置箭头样式

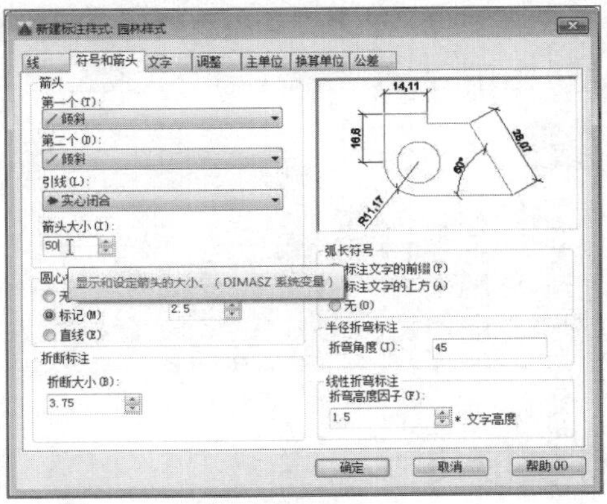

图7-4 设置箭头大小

步骤05 切换至“文字”选项卡，将“文字高度”设为100，如图7-5所示。

步骤06 切换至“调整”选项卡，在“文字位置”选项组中，单击“尺寸线上方，带引线”单选按钮，如图7-6所示。

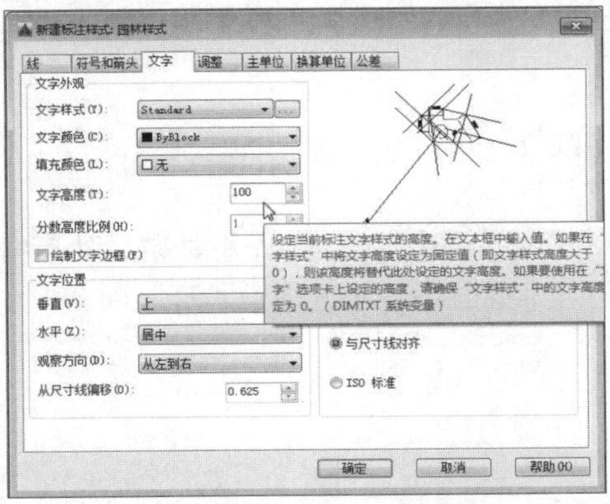

图7-5 设置文字高度值

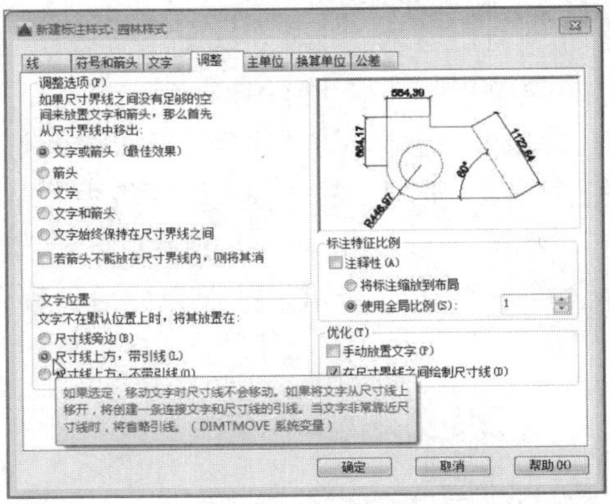

图7-6 设置文字位置

步骤07 切换至“主单位”选项卡，在“线性标注”选项组中，单击“精度”下拉按，选择0选项，如图7-7所示。

步骤08 切换至“线”选项卡，将“超出尺寸线”设为50，将“起点偏移量”设置为100，如图7-8所示。

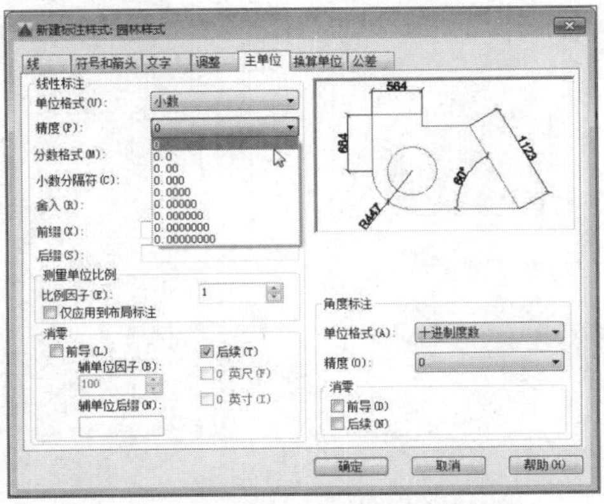

图7-7 设置标注精度值

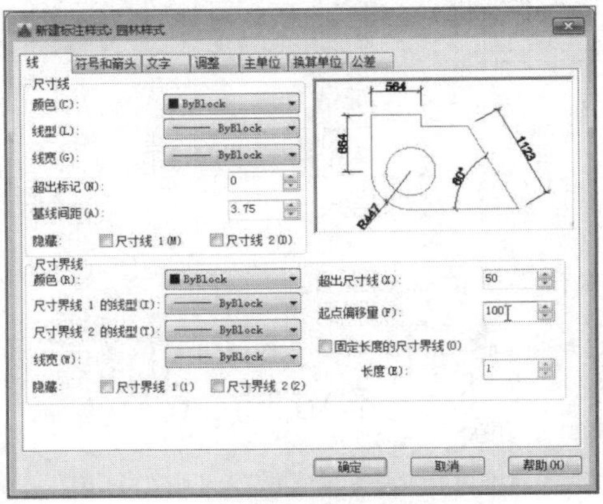

图7-8 设置标注线值

步骤09 设置完成后，单击“确定”按钮返回“标注样式管理器”对话框，单击“置为当前”按钮后，单击“关闭”按钮，完成标注样式设置操作。

工程师点拨

【7-1】修改标注样式

如果用户需对设置好的标注样式进行修改，可打开“标注样式管理器”对话框，在“样式”列表中选择需更改的样式名，单击“修改”按钮，在打开的“修改标注样式”对话框中根据需要对样式进行修改即可。

7.1.2 长度尺寸标注

在AutoCAD软件中，长度标注主要包括线性标注、对齐标注以及弧长标注三种标注类型，下面分别对其操作进行介绍。

1. 线性标注

线性标注是指标注图形对象在水平方向、垂直方向和旋转方向的尺寸。在AutoCAD 2016软件中，用户可通过以下方式来执行线性标注命令。

- 执行菜单栏中“标注>线性”命令。
- 在“默认”选项卡的“注释”面板中，单击“线性”按钮⊢。
- 在“注释”选项卡的“标注”面板中，单击“线性”按钮。

执行“线性”命令后，用户可根据命令行提示的信息，捕捉图形第1个标注点，然后捕捉图形第2个标注点，如图7-9所示。捕捉完成后，移动光标并指定好尺寸线位置即可，如图7-10、7-11所示。

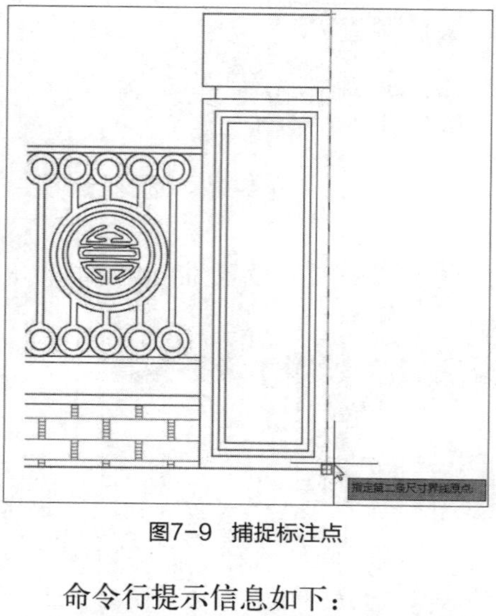

图7-9 捕捉标注点

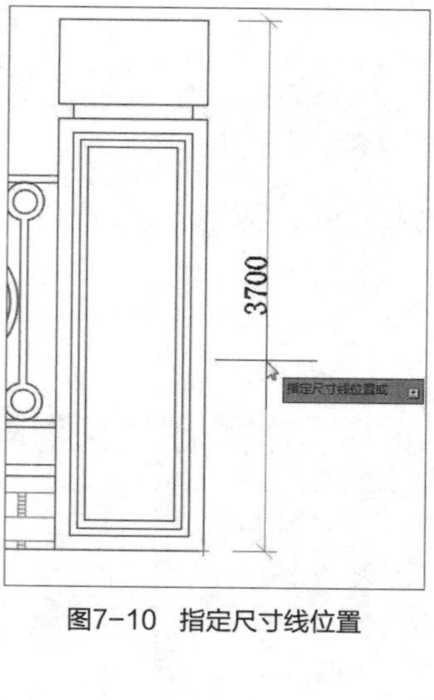

图7-10 指定尺寸线位置

图7-11 标注结果

命令行提示信息如下：

```
命令：_dimlinear
指定第一个尺寸界线原点或 <选择对象>:                                    （捕捉标注起始点）
指定第二条尺寸界线原点：                                                （捕捉标注第 2 点）
指定尺寸线位置或 [多行文字 (M)/ 文字 (T)/ 角度 (A)/ 水平 (H)/ 垂直 (V)/ 旋转 (R)]:   （指定尺寸线位置）
标注文字 = 3700
```

如果想利用“线性”命令，对图形旋转后有倾斜角度的线段进行标注，可按以上操作捕捉两个标注点，如图7-12所示。然后在命令行中输入R，并指定旋转角度值，按回车键即可标注，如图7-13所示。

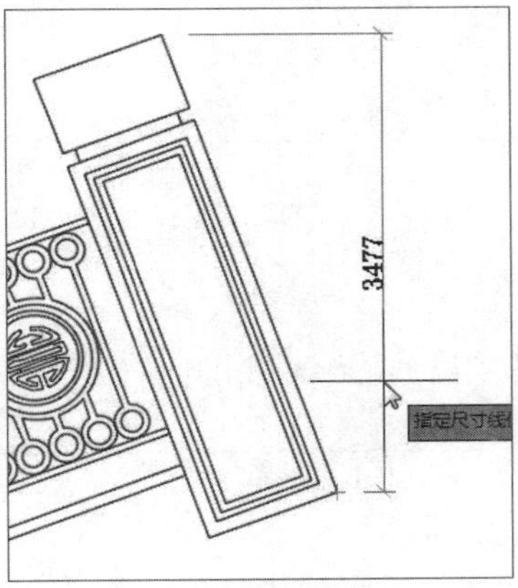

图7-12 捕捉两个标注点

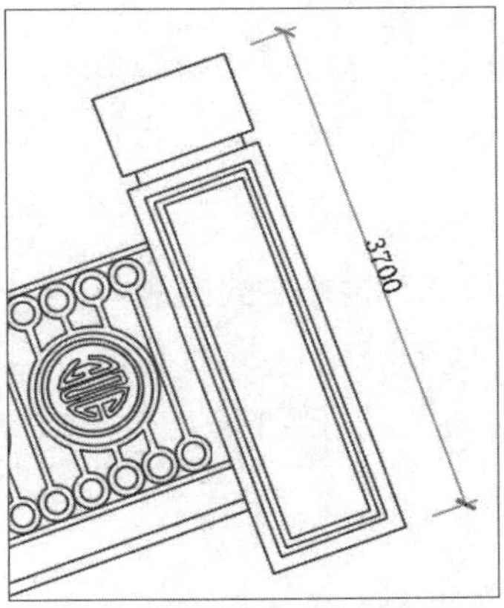

图7-13 输入旋转值后效果

命令行提示内容如下：

```
命令：_dimlinear
指定第一个尺寸界线原点或 <选择对象>:                                    （指定标注第 1 点）
指定第二条尺寸界线原点：                                                （指定标注第 2 点）
指定尺寸线位置或 [多行文字(M)/文字(T)/角度(A)/水平(H)/垂直(V)/旋转(R)]: r    （输入“r”，回车）
指定尺寸线的角度 <0>: 20                                                （输入旋转角度值）
指定尺寸线位置或 [多行文字(M)/文字(T)/角度(A)/水平(H)/垂直(V)/旋转(R)]:      （指定尺寸线位置）
标注文字 = 3700
```

2. 对齐标注

对齐标注是指尺寸线平行于尺寸界线原点连成的直线，是线性标注尺寸的一种特殊形式。在AutoCAD 2016中，可通过以下方法执行对齐标注命令。

- 执行菜单栏中“标注>对齐”命令。
- 在“默认”选项卡的“注释”面板中，单击“线性”下拉按钮，选择“对齐”选项。
- 在“注释”选项卡的“标注”面板中，单击“线性”下拉按钮，选择“对齐”选项。

执行“对齐”命令后，用户可根据命令行提示的信息，捕捉图形第1个标注点，接着捕捉图形第2个标注点，如图7-14所示。捕捉完成后，移动光标并指定好尺寸线位置即可，如图7-15所示。

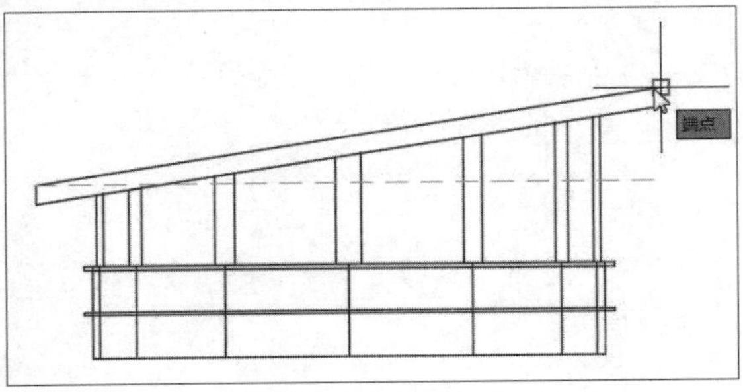

图7-14 捕捉标注点

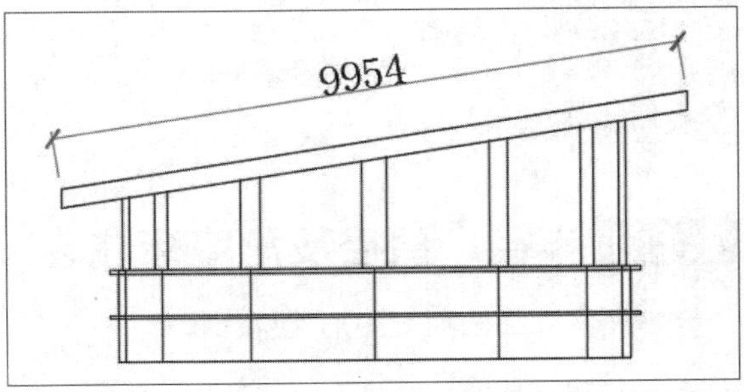

图7-15 指定尺寸线位置

命令行提示的信息如下：

```
命令：_dimaligned
指定第一个尺寸界线原点或 <选择对象>:                    (捕捉标注起始点)
指定第二条尺寸界线原点：                                (捕捉标注第 2 点)
指定尺寸线位置或 [多行文字 (M)/ 文字 (T)/ 角度 (A)]:     (指定尺寸线位置)
标注文字 = 9954
```

工程师点拨

【7-2】对齐标注与线性标注的区别

对齐标注和线性标注相似，但使用对齐标注在标注斜线段时，不需要输入角度值，直接标注即可；而线性标注需要输入旋转角度值，才可完成标注操作。

3. 弧长标注

弧长标注用于测量圆弧或多段线弧线段上的距离，它可标注圆弧或半圆的尺寸。在AutoCAD 2016中，用户可通过以下方式执行"弧长"命令。

- 执行菜单栏中"标注>弧长"命令。
- 在"默认"选项卡的"注释"面板中，单击"线性"下拉按钮，选择"弧长"选项。
- 在"注释"选项卡的"标注"面板中，单击"线性"下拉按钮，选择"弧长"选项。

执行"弧长"命令后，用户可根据命令行提示的信息，选择所需标注的圆弧，如图7-16所示，然后移动光标并指定尺寸线位置，如图7-17所示。

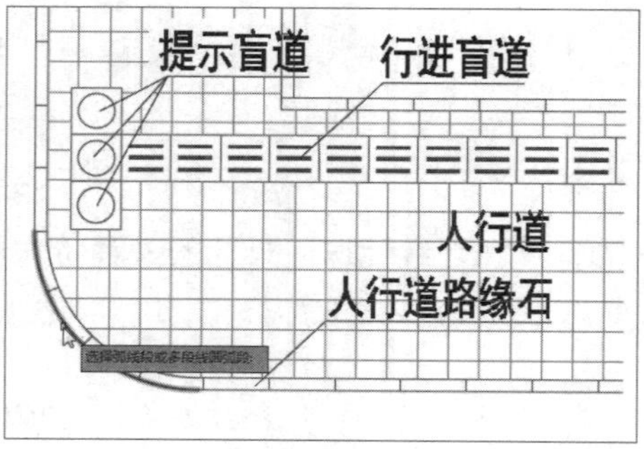

图7-16 选择弧线

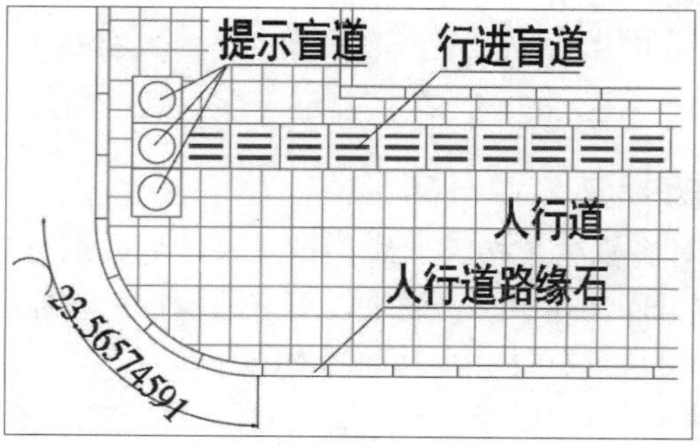

图7-17 标注弧线

命令行提示的信息如下：

```
命令：_dimarc
选择弧线段或多段线圆弧段：                                              (选择弧线段)
指定弧长标注位置或 [多行文字 (M)/ 文字 (T)/ 角度 (A)/ 部分 (P)/ 引线 (L)]:  (指定标注位置)
标注文字 = 23.56574591
```

7.1.3 半径、直径及角度标注

下面将介绍圆形类图形的标注操作。

1. 半径、直径标注

半径和直径标注用于标注圆和圆弧的半径和直径尺寸，并显示前面带有字母R和直径符号的标注文字。在AutoCAD 2016中，用户可以通过以下方法执行“半径”或“直径”命令。

- 执行菜单栏中“标注>半径、直径”命令即可。
- 在“默认”选项卡的“注释”面板中，单击“线性”下拉按钮，选择“半径”⃝或“直径”⃠选项。
- 在“注释”选项卡的“标注”面板中，单击“线性”下拉按钮，选择“半径”或“直径”选项。

执行“半径”或“直径”命令后，根据命令行的提示，选中所需的圆形，然后指定标注所在的位置即可，如图7-18、7-19所示。

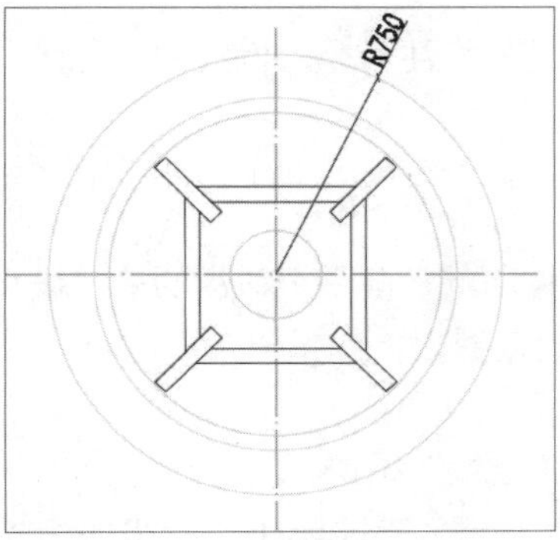

图7-18　标注半径

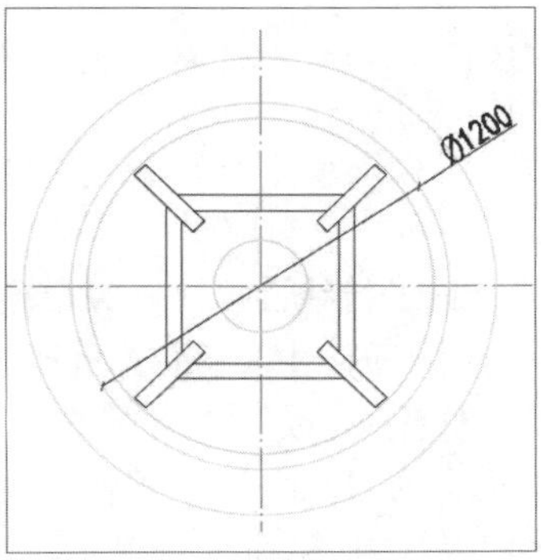

图7-19　标注直径

命令行提示的信息如下：

```
命令：_dimdiameter
选择圆弧或圆：                                      （选择所需的圆或圆弧）
标注文字 = 1200
指定尺寸线位置或 [多行文字(M)/文字(T)/角度(A)]:     （指定标注线位置）
```

2. 角度标注

角度标注用于标注圆和圆弧的角度、两条非平行线之间的夹角或者不共线三点之间的夹角。在AutoCAD 2016中，用户可通过以下方式执行角度标注操作。

- 执行菜单栏中“标注>角度”命令。
- 在“默认”选项卡的“注释”面板中，单击“线性”下拉按钮，选择“角度”选项△。
- 在“注释”选项卡的“标注”面板中，单击“线性”下拉按钮，选择“角度”选项。

执行“角度”命令后，用户可根据命令行提示的信息，选择第1条夹角边线，然后选择第2条夹角边线，如图7-20所示。完成后，移动光标并指定尺寸线位置即可，如图7-21所示。

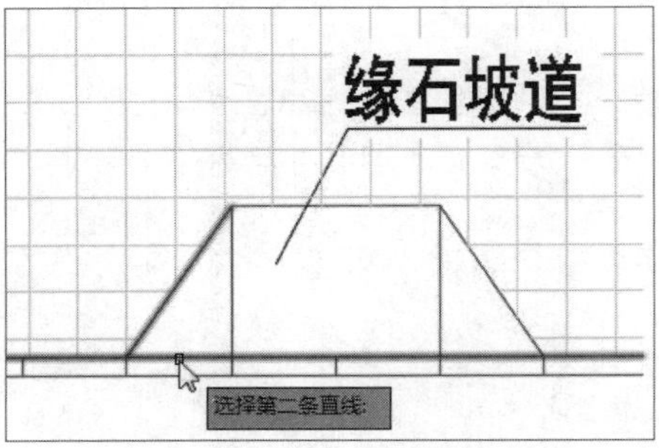

图7-20　选择两条夹角边线

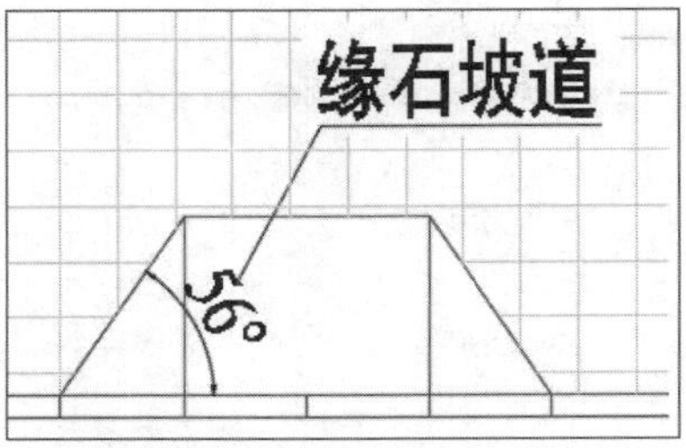

图7-21　指定角度标注位置

命令行提示的信息如下：

```
命令：_dimangular
选择圆弧、圆、直线或 <指定顶点>:                                (选择第 1 条夹角线段)
选择第二条直线：                                                (选择第 2 条夹角线段)
指定标注弧线位置或 [多行文字(M)/ 文字(T)/ 角度(A)/ 象限点(Q)]:   (指定角度标注位置)
标注文字 = 56
```

7.1.4 其他类型的标注

除了以上常用的标注命令外，还有其他一些特殊的标注命令，例如圆心标注、坐标标注、连续标注、基线标注等。

1. 连续标注

连续标注是指连续地进行线性标注，每个连续标注都从前一个标注的第二条尺寸界线处开始。在AutoCAD 2016中，用户可通过以下方式执行连续标注操作。

- 执行菜单栏中“标注>连续”命令。
- 在“注释”选项卡的“标注”面板中，单击“连续”按钮。

执行“连续”命令后，根据命令行提示，选择上一个线性标注线，然后连续捕捉下一个标注点，如图7-22所示。直到捕捉最后一个标注点为止，完成连续标注操作，结果如图7-23所示。

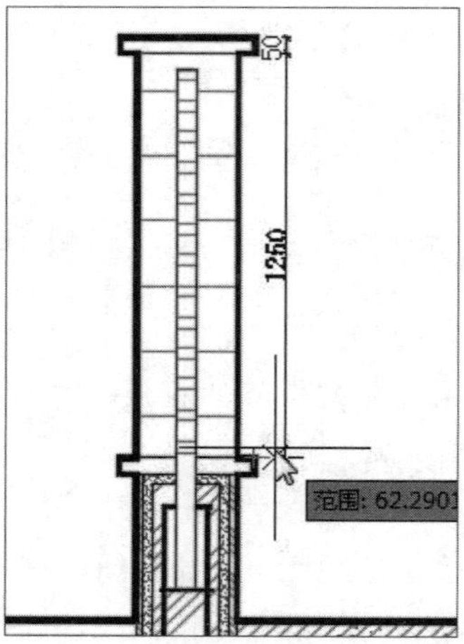

图7-22　捕捉标注点

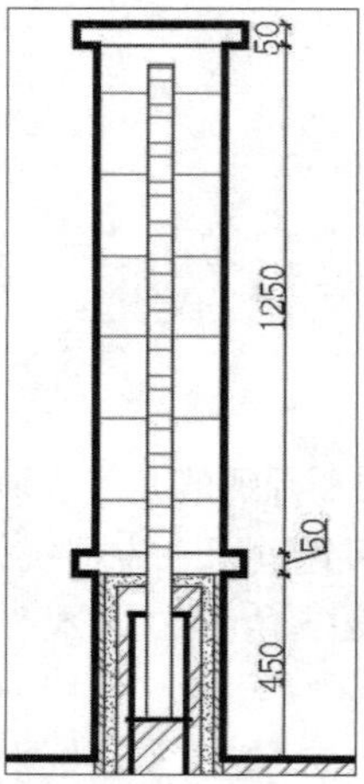

图7-23　连续标注结果

命令行提示如下：

```
命令：_dimcontinue
选择连续标注：                                          (选择上一个标注线)
指定第二个尺寸界线原点或 [选择(S)/ 放弃(U)] <选择>:     (捕捉下一个标注点，直到结束)
标注文字 = 1250
指定第二个尺寸界线原点或 [选择(S)/ 放弃(U)] <选择>:
标注文字 = 50
指定第二个尺寸界线原点或 [选择(S)/ 放弃(U)] <选择>:
标注文字 = 450
指定第二个尺寸界线原点或 [选择(S)/ 放弃(U)] <选择>:
```

2. 基线标注

基线标注是从一个标注或选定标注的基线各创建线性、角度或坐标标注。系统会使每一条新的尺寸线偏移一段距离，以避免与前一段尺寸线重合。

在AutoCAD 2016中，用户可通过以下方式执行基线标注操作。

- 执行菜单栏中“标注>基线”命令。
- 在“注释”选项卡的“标注”面板中，单击“基线”按钮。

执行“基线”命令后，根据命令行提示，选择一个线性标注线，然后连续捕捉下一个标注点，如图7-24所示。直到捕捉最后一个标注点为止，即可完成操作，结果如图7-25所示。

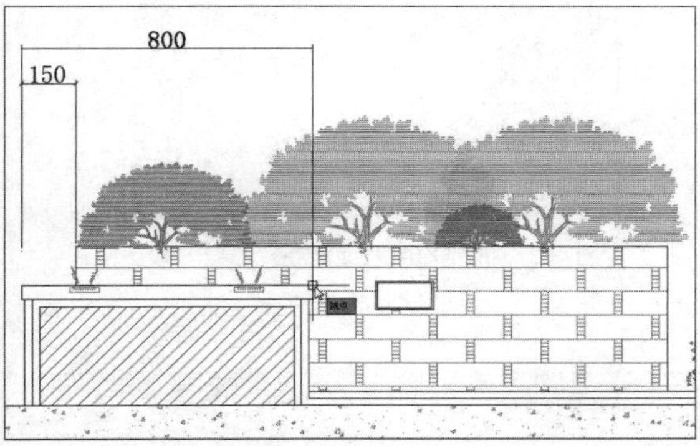

图7-24　捕捉第二个标注点

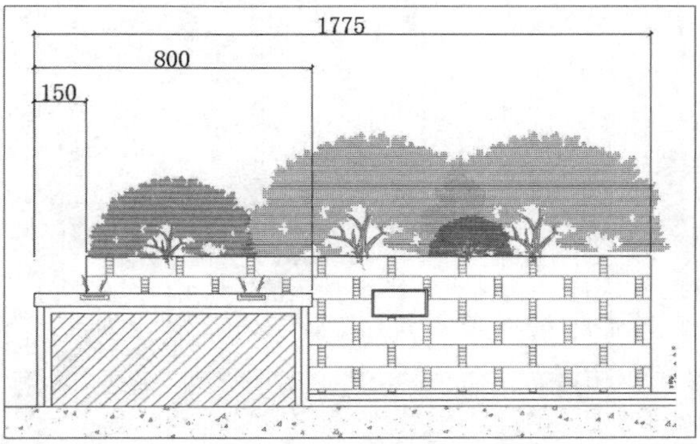

图7-25　基线标注结果

命令行提示的信息如下：

```
命令：_dimbaseline
选择基准标注：                                              （选择线性标注基准界线）
指定第二个尺寸界线原点或 [选择(S)/放弃(U)] <选择>:           （捕捉下一个标注点，直到结束）
标注文字 = 800
指定第二个尺寸界线原点或 [选择(S)/放弃(U)] <选择>:
标注文字 = 150
指定第二个尺寸界线原点或 [选择(S)/放弃(U)] <选择>:
```

工程师点拨

【7-3】基线标注的原则

基线标注要先选取一个基准标注，该尺寸只能是线性标注、角度标注或坐标标注。

3. 坐标标注

坐标标注在园林景观图纸中经常使用到的，主要用于标注指定点的X轴或Y轴。在AutoCAD 2016中，可以通过以下方式来执行坐标标注命令。

- 执行菜单栏中“标注>坐标”命令。
- 在“注释”选项卡的“标注”面板中，单击“坐标”按钮。

执行“坐标”命令后，捕捉图形标注点，根据命令行的提示，选择X或Y选项，按回车键，指定标注线位置即可。

示例7-2 **利用坐标标注命令对凉亭的坐标点进行标注**

步骤01 打开凉亭图形文件，执行“标注>坐标”命令，根据命令行的提示信息，捕捉凉亭圆柱的圆心点，如图7-26所示。

步骤02 在命令行中输入X，按回车键，指定X轴坐标线位置，如图7-27所示。

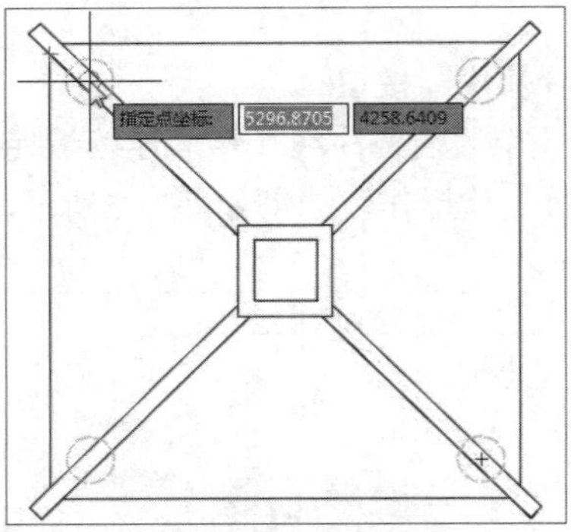

图7-26　捕捉圆柱坐标点

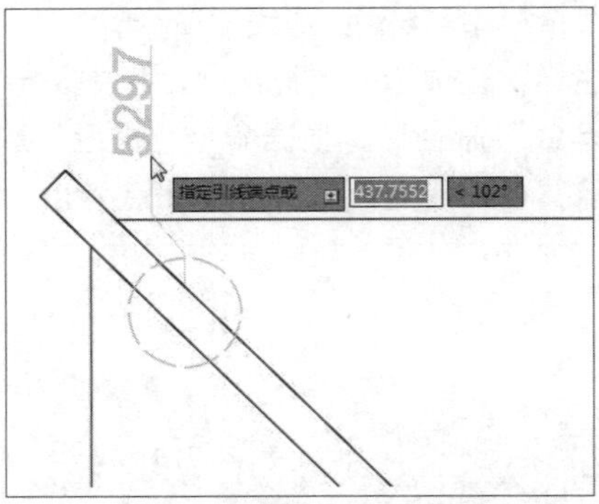

图7-27　指定X轴坐标线位置

命令行提示信息如下：

```
命令：_dimordinate
指定点坐标：                                                          （指定圆柱圆心为点坐标）
指定引线端点或 [X 基准(X)/Y 基准(Y)/多行文字(M)/文字(T)/角度(A)]: x    （输入 X，回车）
指定引线端点或 [X 基准(X)/Y 基准(Y)/多行文字(M)/文字(T)/角度(A)]:      （指定 X 轴坐标线位置）
标注文字 = 5297
命令：
DIMORDINATE
指定点坐标：                                                          （再次指定圆柱圆心为点坐标）
创建了无关联的标注。
指定引线端点或 [X 基准(X)/Y 基准(Y)/多行文字(M)/文字(T)/角度(A)]: y    （输入 Y，回车）
指定引线端点或 [X 基准(X)/Y 基准(Y)/多行文字(M)/文字(T)/角度(A)]:      （指定 Y 轴坐标线位置）
标注文字 = 4259
```

步骤03 标注线指定好后，按回车键，再次执行“坐标”命令，指定圆柱的圆心点，如图7-28所示。

步骤04 在命令行中输入Y，按回车键，指定Y轴坐标线位置，完成该点坐标的标注操作，如图7-29所示。

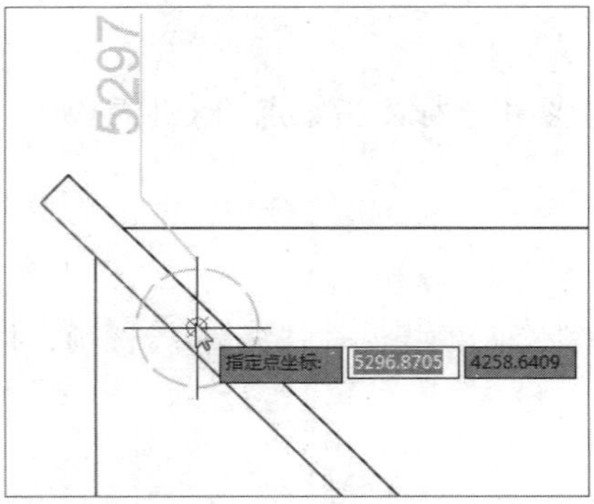

图7-28　指定圆柱点坐标

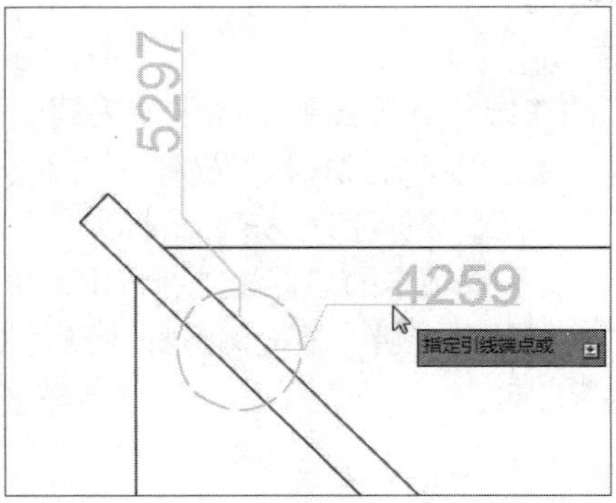

图7-29　指定Y轴坐标线

步骤05 执行“坐标”命令，捕捉凉亭另一个圆柱的圆心作为点坐标，在命令行中输入X，按回车键，指定该轴坐标线位置，然后按回车键，再次捕捉该圆柱的圆心，输入Y，并指定好Y轴标注线位置，即可完成该点坐标的标注，如图7-30所示。

步骤06 按照同样的操作方法，完成凉亭四个圆柱点的坐标标注，结果如图7-31所示。

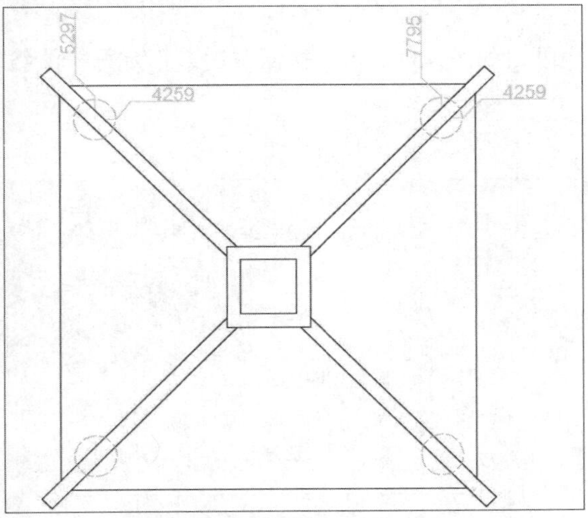

图7-30 标注凉亭第2个圆柱点坐标

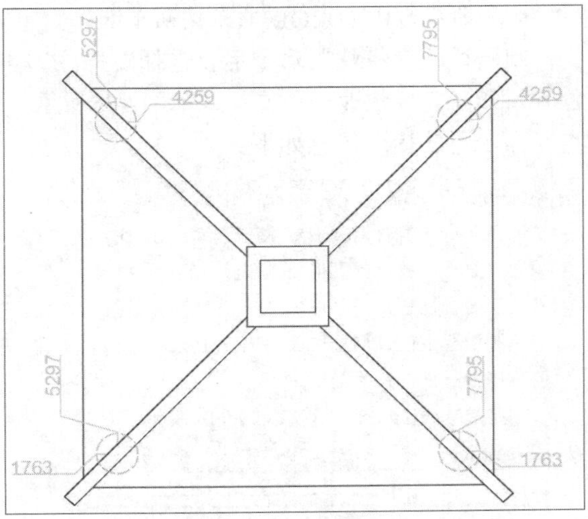

图7-31 完成凉亭四个圆柱点坐标的标注

4. 圆心标记

在绘图过程中，如果捕捉不到圆心或圆弧的圆心时，可使用圆心标记功能。在AutoCAD 2016软件中，用户可通过以下方法执行圆心标记操作。

- 执行菜单栏中的“标注>圆心标记”命令。
- 在“注释”选项卡中，单击“标注”面板下拉按钮 标注▾，单击“圆心标记”按钮⊕。
- 在命令行中输入DIMCENTER，按回车键。

执行“圆心标记”命令，根据命令行的提示信息，选择所需的圆形和圆弧，此时在圆心位置将自动显示十字圆心点，如图7-32、7-33所示。

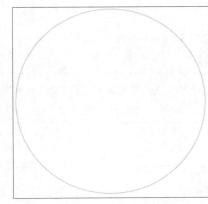

图7-32 未标记圆心

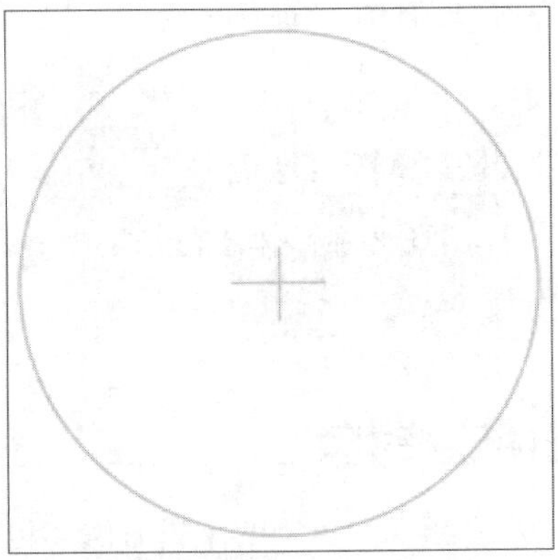

图7-33 圆心标记后结果

命令行的提示信息如下：

命令：_dimcenter	
选择圆弧或圆：	（选择所需圆形或圆弧）

5. 快速标注

在AutoCAD 2016中，用户可以通过以下方法执行“快速标注”命令。

- 执行“标注>快速标注”命令。
- 在“注释”选项卡的“标注”面板中，单击“快速标注”按钮。
- 在命令行中输入QDIM，按回车键。

执行“快速标注”命令后，选择要标注的图形线段，如图7-34所示。按回车键，指定好标注线位置，即可完成快速标注操作，如图7-35所示。

命令行的提示信息如下：

```
命令：_qdim
选择要标注的几何图形：指定对角点：找到 1 个                    （选择所有要标注的图形线段）
选择要标注的几何图形：指定对角点：找到 1 个，总计 2 个
选择要标注的几何图形：指定对角点：找到 2 个，总计 4 个
选择要标注的几何图形：指定对角点：找到 2 个，总计 6 个
选择要标注的几何图形：                                         （按回车键）
指定尺寸线位置或 [连续(C)/并列(S)/基线(B)/坐标(O)/半径(R)/直径(D)/基准点(P)/编辑(E)/设置(T)]
<连续>：                                                       （指定好标注线位置，完成操作）
```

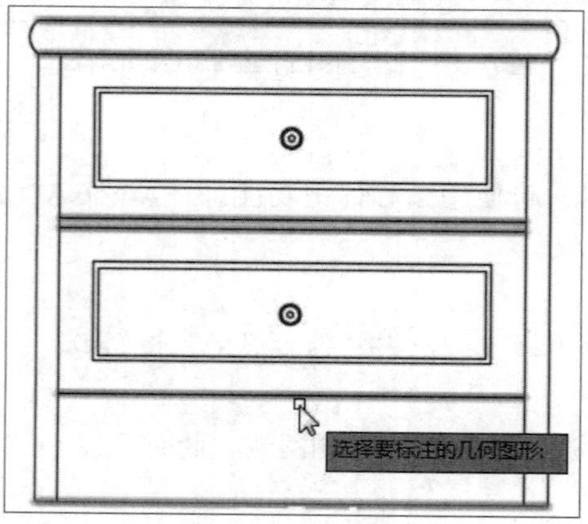

图7-34 选择标注的图形线段

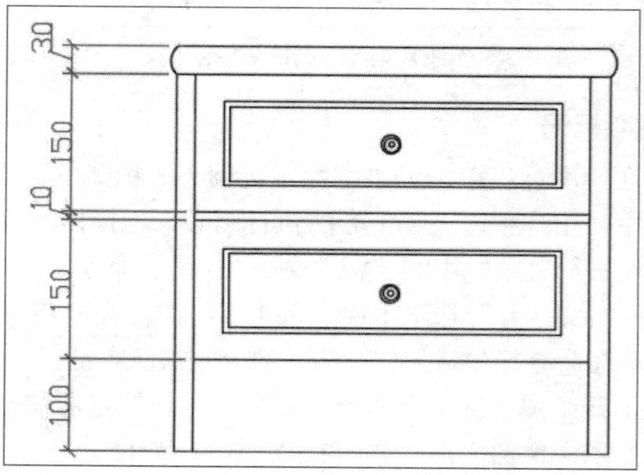

图7-35 指定标注线完成操作

工程师点拨

【7-4】尺寸变量DIMFIT取值

当尺寸变量DIMFIT取默认值3时，半径和直径的尺寸线标注在圆外；当尺寸变量DIMFIT的值设置为0时，半径和直径的尺寸线标注在圆内。

7.1.5 编辑标注对象

下面将为用户介绍标注对象的编辑方法，包括编辑标注、替代标注、更新标注等操作。

1. 编辑标注

使用编辑标注命令，可改变文本尺寸或者强制尺寸界线旋转一定的角度。用户在命令行中输入DED快捷命令，按回车键，在打开的快捷菜单中，根据需要选择相关编辑命令，即可进行编辑操作，如图7-36、7-37、7-38所示。

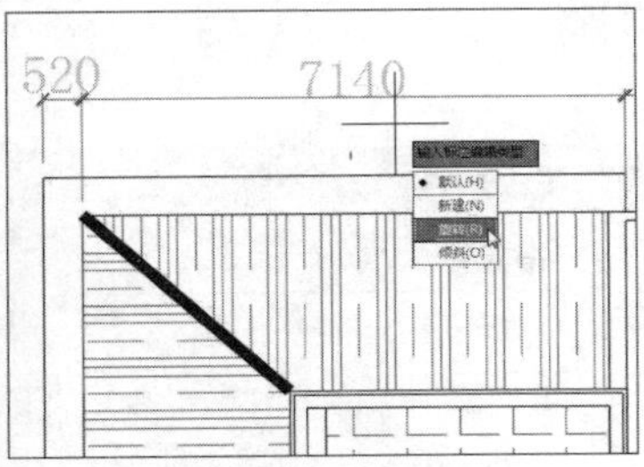

图7-36 选择“旋转”选项

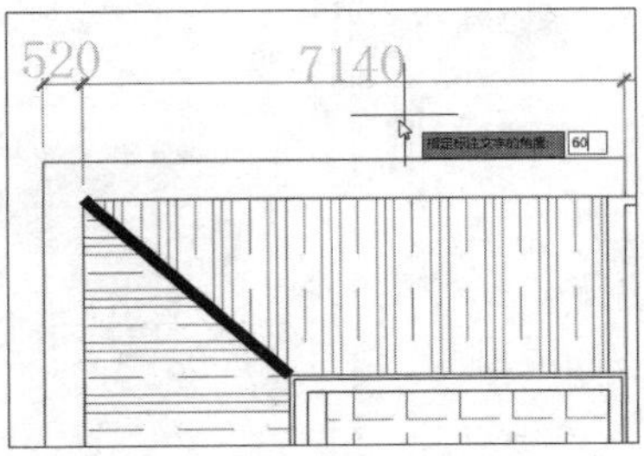

图7-37 输入旋转角度

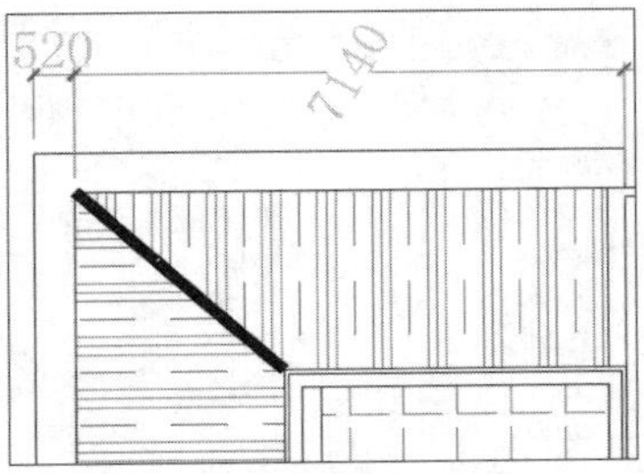

图7-38 完成旋转操作

2. 编辑标注文本的位置

编辑标注文字命令可以改变标注文字的位置或放置标注文字，通过下列方法可执行编辑标注文字命令。

- 执行“标注>对齐文字”命令下的子命令。
- 在命令行中输入DIMTEDIT，按回车键。

执行以上任意一种操作后，根据命令行提示，选择文字的新位置并按回车键，即可完成编辑操作，如图7-39、7-40、7-41所示。

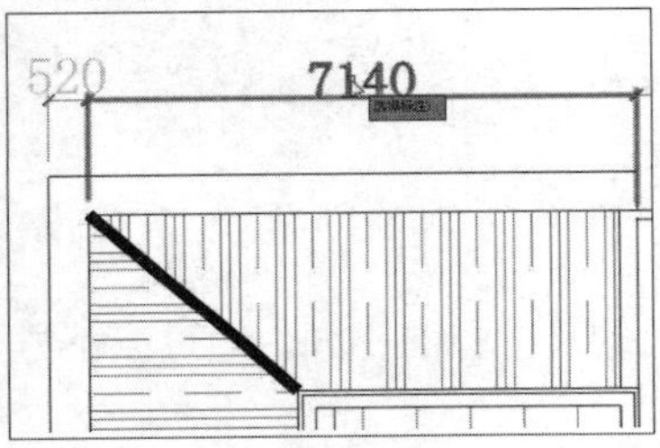

图7-39 选择所需标注

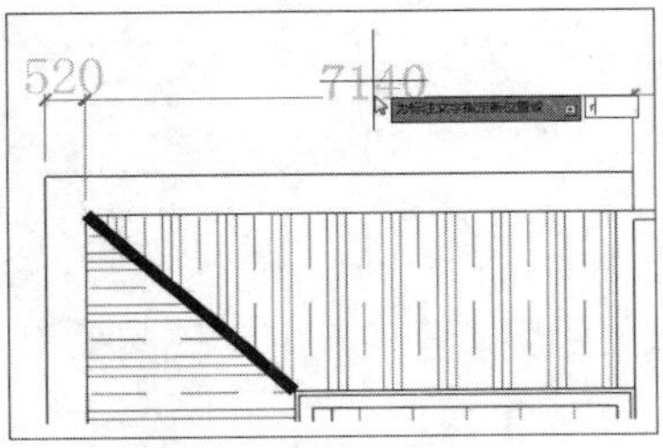

图7-40 选择右对齐

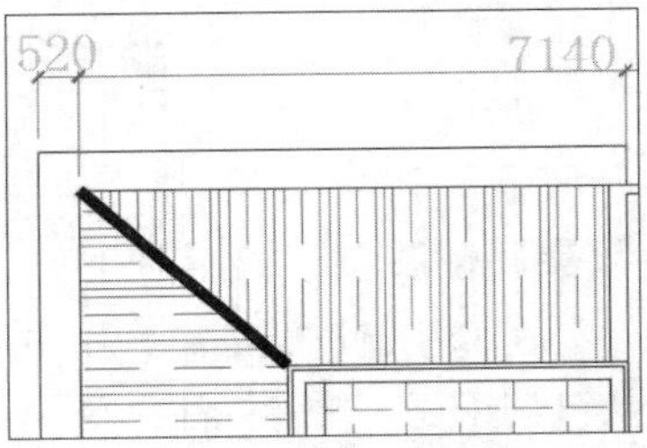

图7-41 完成编辑操作

命令行提示的信息如下：

```
命令： DIMTEDIT
选择标注：
为标注文字指定新位置或 [左对齐(L)/右对齐(R)/居中(C)/默认(H)/角度(A)]:
```

工程师点拨

【7-5】删除“<>”内容

用户可根据需要删除“<>”内容，然后输入完整的尺寸文本。

3. 替代标注

当少数尺寸标注与其他大多数尺寸标注在样式上有差别时，若不想创建新的标注样式，可以创建标注样式替代。

在“标注样式管理器”对话框中，单击“替代”按钮，打开“替代当前样式”对话框，如7-42所示。对所需的参数进行设置，然后单击“确定”按钮返回上一对话框，在“样式”列表中显示了样式替代选项，如图7-43所示。

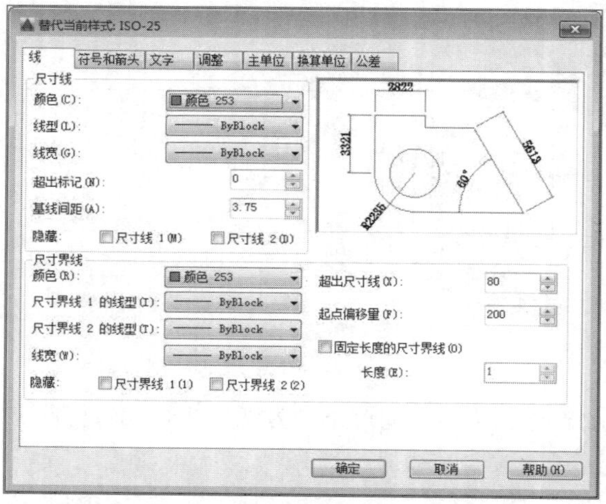

图7-42 “替代当前样式”对话框

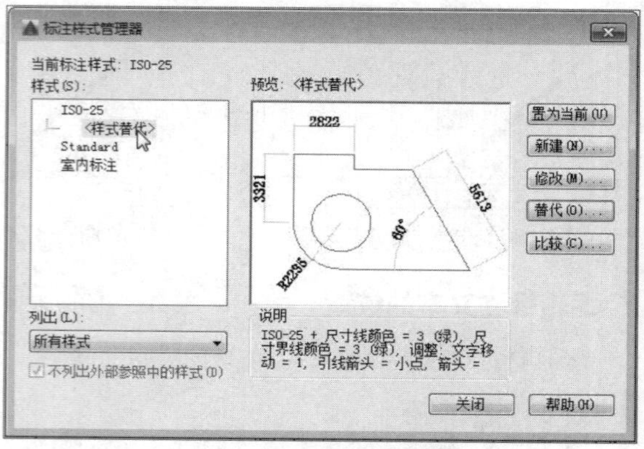

图7-43 样式替代选项

工程师点拨

【7-6】创建样式替代

在AutoCAD 2016中，用户只能为当前的样式创建样式替代。当用户将其他标注样式设为当前样式后，样式替代自动删除。

4. 更新标注

在标注建筑图形中，用户可以使用更新标注功能，使其采用当前的尺寸标注样式。通过以下方法可调用更新尺寸标注命令。

- 执行“标注>更新”命令。
- 在“注释”选项卡的“标注”面板中，单击“更新”按钮。

7.1.6 尺寸标注的关联性

下面将为用户介绍尺寸标注的关联性，包括设置关联标注模式、重新关联、查看尺寸标注的关联关系等。

1. 设置关联标注模式

在AutoCAD 2016中，尺寸标注的各组成元素之间的关系有两种，一种是所有组成元素构成一个块实体，另一种是各组成元素构成各自的单独实体。

作为一个块实体的尺寸标注与所标注对象之间的关系也有两种，一种是关联标注，一种是无关联标注。在关联标注模式下，尺寸标注随被标注对象的变化而自动改变。

AutoCAD用系统变量DIMASSOC来控制尺寸标注的关联性。DIMASSOC=2，为关联性标注；DIMASSOC=1，为无关联性标注；DIMASSOC=0，为分解的尺寸标注，即各组成元素构成单独的实体。

2. 重新关联

在AutoCAD 2016中，用户可以通过以下方法执行“重新关联标注”命令。

- 执行“标注>重新关联标注”命令。

● 在“注释”选项卡的“标注”面板中，单击“重新关联”按钮。

● 在命令行中输入DIMREASSOCIATE，按回车键。

在状态栏中单击“注释监测器”按钮，可跟踪关联标注，并亮显任何无效的或解除关联的标注，如图7-44所示。单击此图标，可打开快捷菜单进行关联设置，如图7-45所示。

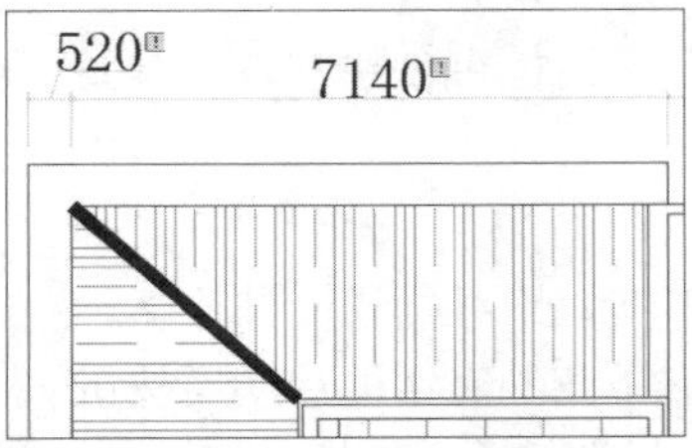

图7-44　注释监测器

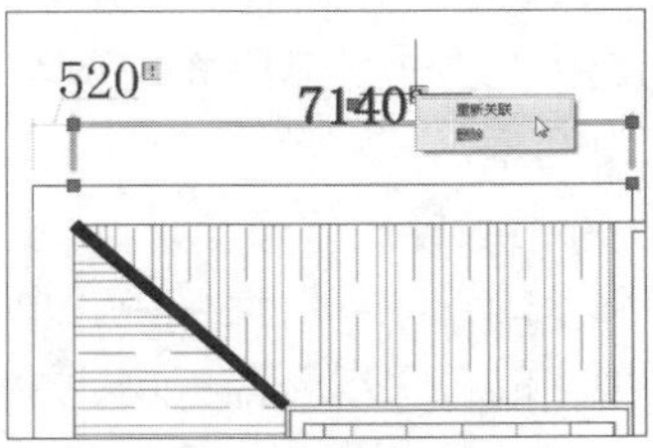

图7-45　快捷选项

3. 查看尺寸标注的关联关系

选中尺寸标注后，打开“特性”选项面板，可查看尺寸标注的关联关系。在“特性”选项板的“常规”选项区域中，如果是关联性尺寸标注，在“关联”选项后则显示“是”，如图7-46所示。如果是非关联尺寸标注，则显示“否”，如图7-47所示。如果是分解的尺寸标注，则没有关联项。

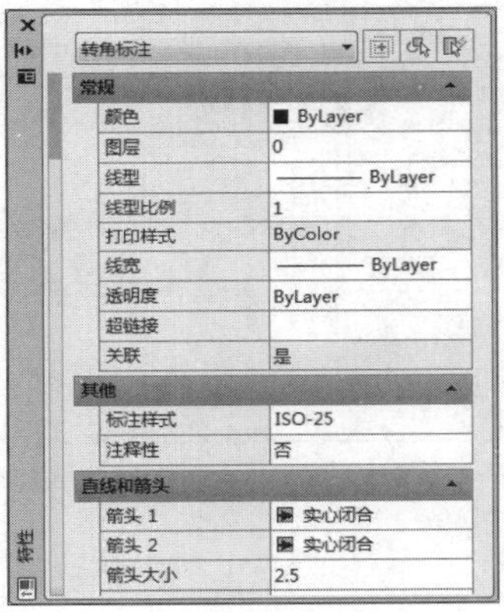

图7-46　关联性尺寸标注

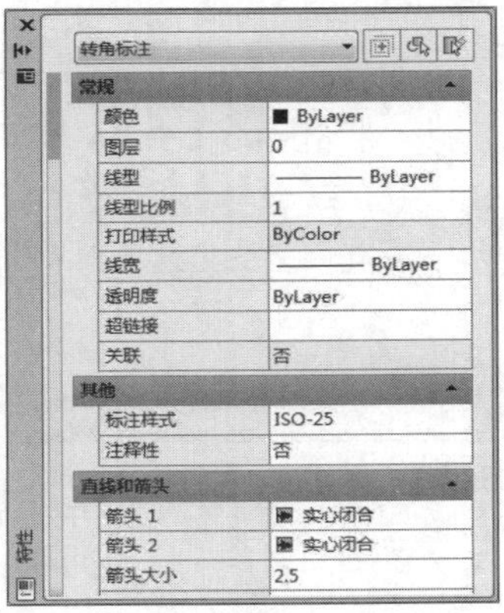

图7-47　非关联性尺寸标注

工程师点拨

【7-7】AutoCAD 2016智能标注功能

智能标注功能是AutoCAD 2016软件的新增功能，该功能方便了用户只使用一个标注命令就可以完成日常的标注，是一个非常实用的标注工具。在“默认”选项卡的“注释”面板中，单击“标注 ”按钮后，捕捉图形的标注点以及指定标注线，即可完成标注操作。当然，在命令行中输入DIM命令，同样可以启用智能标注操作。

7.2 创建与编辑引线

引线对象是一条线或样条曲线，其一端带有箭头或设置没有箭头，另一端是带有多行文字对象或块。多重引线标注命令常用于对图形中的某些特定对象进行说明，使图形表达更清楚。

7.2.1 设置多重引线样式

在向AutoCAD图形添加多重引线时，单一的引线样式往往不能满足设计的要求，这就需要预先定义新的引线样式，即指定基线、引线、箭头和注释内容的格式，从而控制多重引线对象的外观。

在AutoCAD 2016中，通过“标注样式管理器”对话框可创建并设置多重引线样式，用户可以通过以下方法调出该对话框。

- 执行“格式>多重引线样式”命令。
- 在“默认”选项卡的“注释”面板中，单击“多重引线样式”按钮。
- 在“注释”选项卡的“引线”面板中，单击右下角的对话框启动器按钮。
- 在命令行中输入MLEADERSTYLE命令，按回车键。

执行以上任意一种操作后，可打开如图7-48所示的“多重引线样式管理器”对话框。单击“新建”按钮，打开“创建新多重引线样式”对话框，从中输入样式名并选择基础样式，如图7-49所示。单击“继续”按钮，即可在打开的“修改多重引线样式”对话框中对各选项进行详细设置。

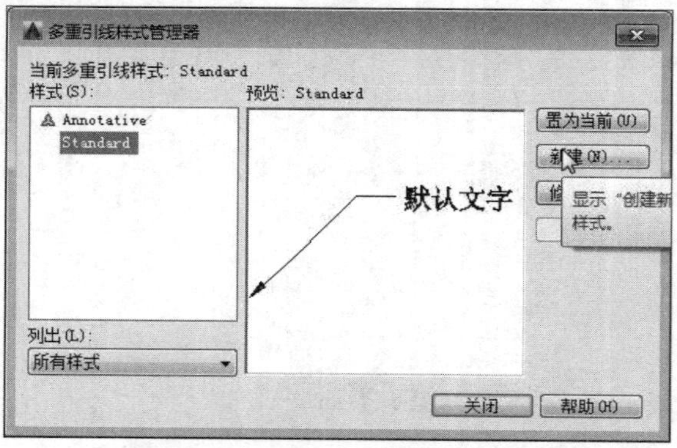

图7-48 “多重引线样式管理器”对话框

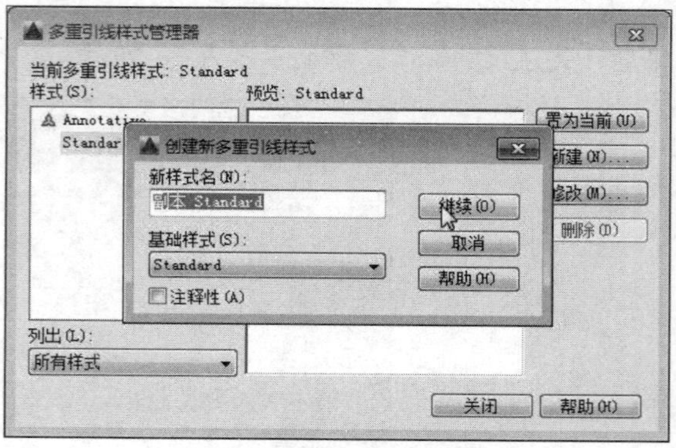

图7-49 输入新样式名

7.2.2 创建引线

在制图过程中，用户可使用“多重引线”命令创建引线标注。在AutoCAD 2016软件中，可通过以下方式创建引线标注。

- 执行“标注>多重引线”命令创建。
- 在“默认”选项卡的“注释”面板中，单击“引线”按钮创建。
- 在“注释”选项卡的“引线”面板中，单击“多重引线”按钮创建。
- 在命令行中输入MIEADER命令，按回车键创建。

示例7-3 使用“多重引线”命令，为树坑剖面图纸创建引线标注

步骤01 打开树坑剖面原图文件，执行“标注>多重引线”命令，在图纸合适位置指定引线箭头的起始点，然后移动光标，指定引线基线的位置，如图7-50所示。

步骤02 在光标处输入标注文本内容后，单击图纸空白处完成输入操作，如图7-51所示。

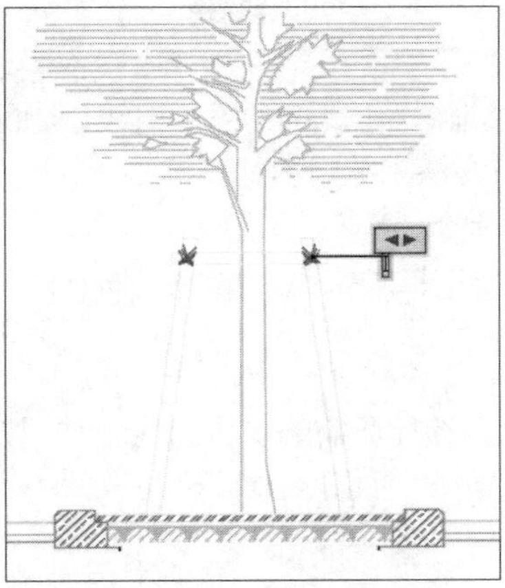

图7-50 指定引线位置

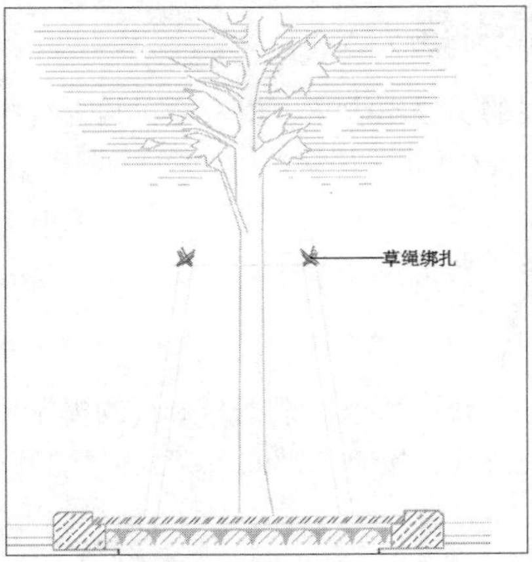

图7-51 输入标注文字

步骤03 执行“复制”命令，对绘制的引线标注进行复制操作，如图7-52所示。

步骤04 双击复制后的引线标注，修改其文本内容，如图7-53所示。

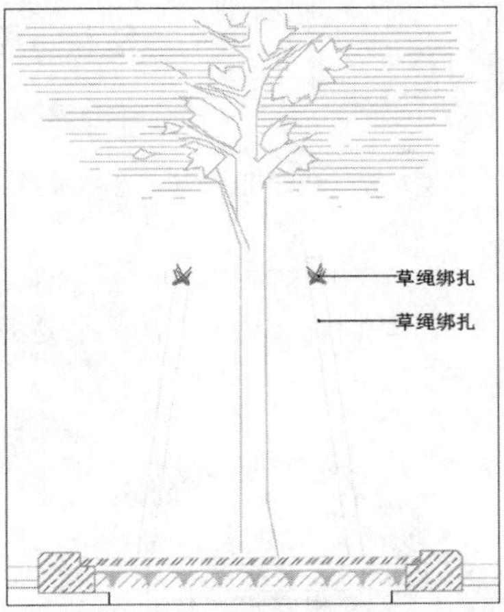

图7-52 复制引线标注

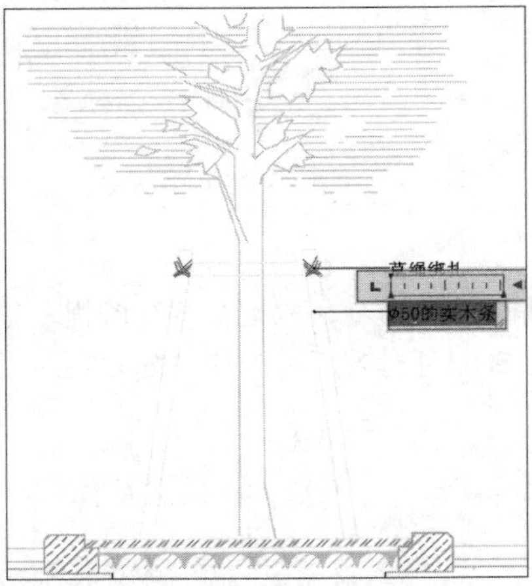

图7-53 修改标注内容

步骤05 修改完成后，单击图纸空白处，完成标注内容的修改，如图7-54所示。

步骤06 按照同样的操作方法，绘制剩余的引线标注，结果如图7-55所示。

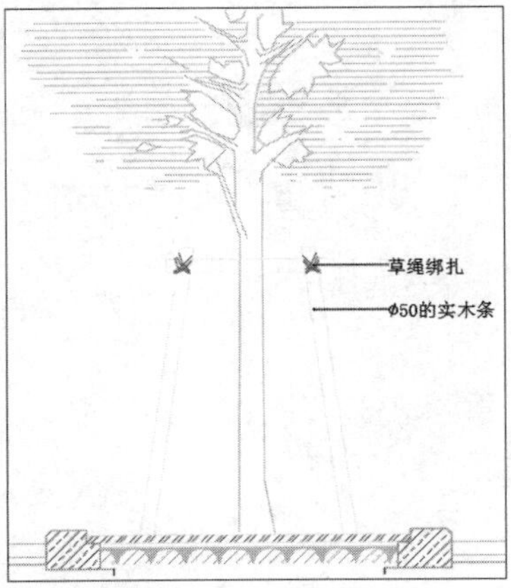

图7-54 完成标注内容的修改

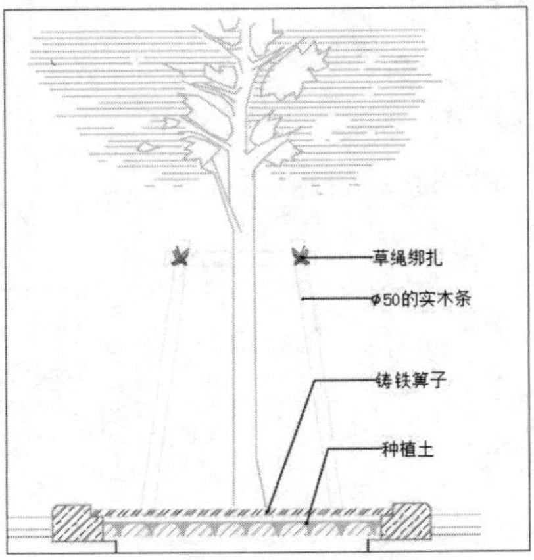

图7-55 完成剩余引线标注的绘制

7.2.3 编辑引线

如果对标注的引线不满意，用户可对其进行修改编辑操作。例如添加引线、删除引线、对齐和合并引线。在AutoCAD 2016软件中，用户可通过以下方法来编辑引线。

- 执行“修改>对象>多重引线”命令子菜单中的命令。
- 在“注释”选项卡的“引线”面板中，根据需要选择编辑引线的相关命令。

1. 添加引线

执行“添加引线”命令，根据命令行的提示信息，选择所需的多重引线，如图7-56所示，其后指定引线的箭头位置，按回车键即可完成引线的添加操作，如图7-57所示。

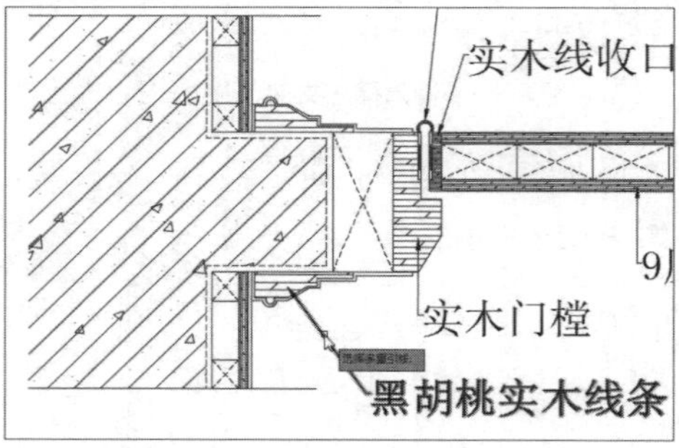

图7-56 选择引线标注

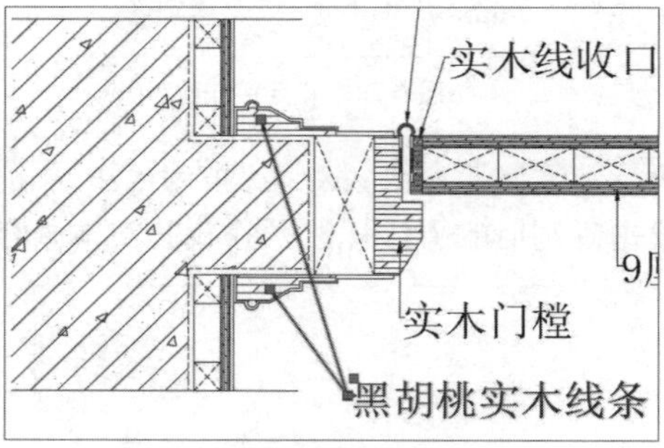

图7-57 指定引线箭头位置完成操作

2. 对齐引线

执行“对齐引线”命令，根据命令行的提示信息，选择所有引线标注，其后选择一个引线为对齐基准，按回车键即可对齐所有引线，如图7-58、7-59所示。

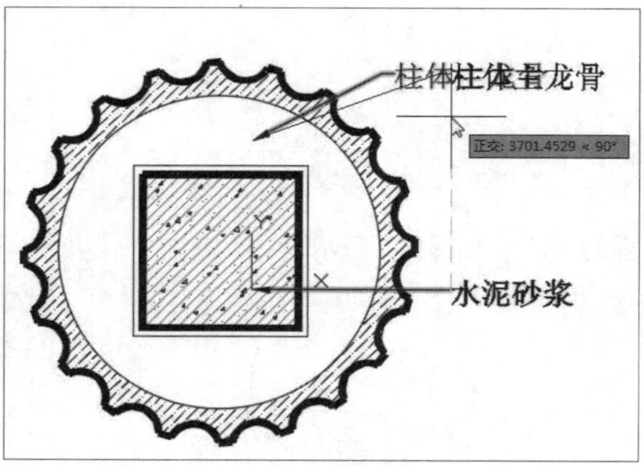

图7-58 对齐引线

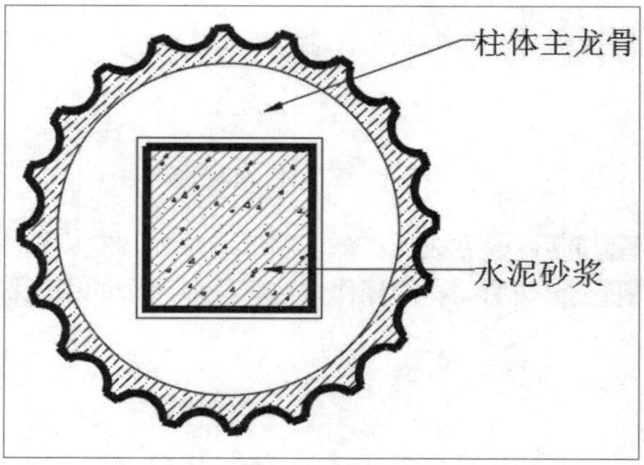

图7-59 完成对齐操作

上机实践：为凉亭立面图添加尺寸标注

■**实践目的：** 帮助用户掌握尺寸标注样式的创建与管理，以及各类尺寸标注的标注方法。

■**实践内容：** 应用本章所学知识，为凉亭立面图添加尺寸及引线标注。

■**实践步骤：** 首先打开所需的图形文件，然后新建尺寸标注样式，最后运用尺寸标注命令对图形进行标注，具体操作介绍如下。

步骤01 打开“实例文件\第7章\上机实践\凉亭立面图（原图）.dwg”文件，在菜单栏中执行“格式>标注样式”命令，打开“标注样式管理器”对话框，如图7-60所示。

步骤02 单击“新建”按钮，打开“创建新标注样式”对话框，输入新样式名，如图7-61所示。

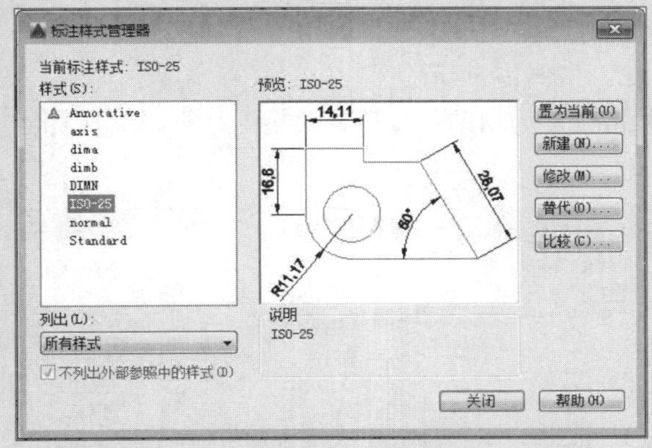

图7-60 “标注样式管理器”对话框

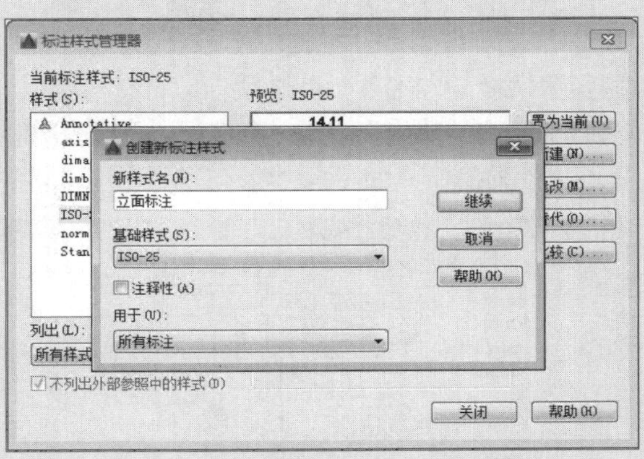

图7-61 新建标注样式

步骤03 单击“继续”按钮，打开“新建标注样式”对话框，切换至“线”选项卡，将“超出尺寸线”设为100，“起点偏移量”设为150，如图7-62所示。

步骤04 切换至“符号和箭头”选项卡，将箭头设置为“倾斜”，“箭头大小”设置为100，如图7-63所示。

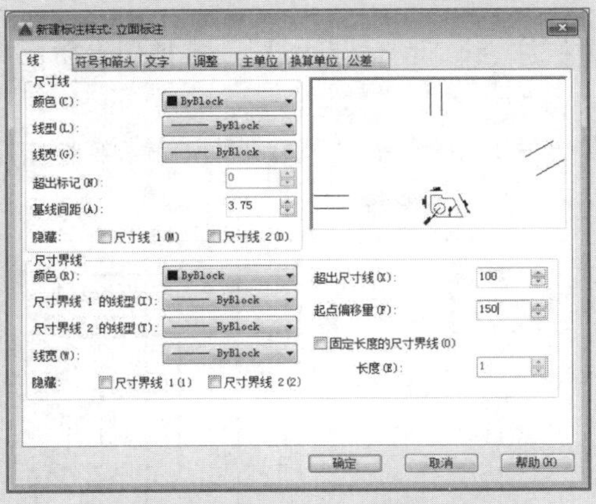

图7-62 设置“线”选项卡参数

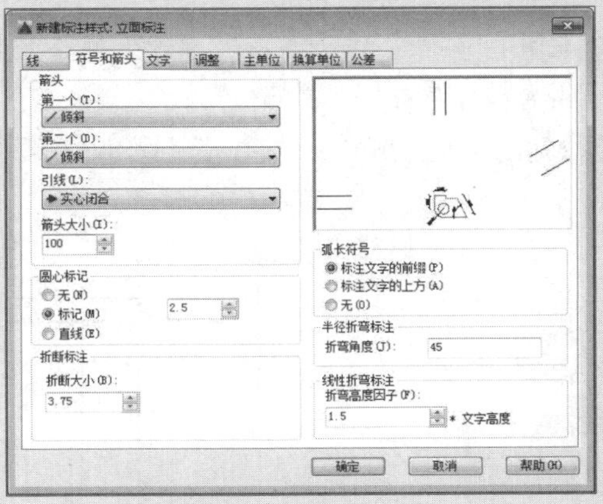

图7-63 设置箭头样式

步骤05 切换至“文字”选项卡，将“文字高度”设为200，如图7-64所示。

步骤06 切换至“调整”选项卡，在“文字位置”选项组中，单击“尺寸线上方，带引线”单选按钮，如图7-65所示。

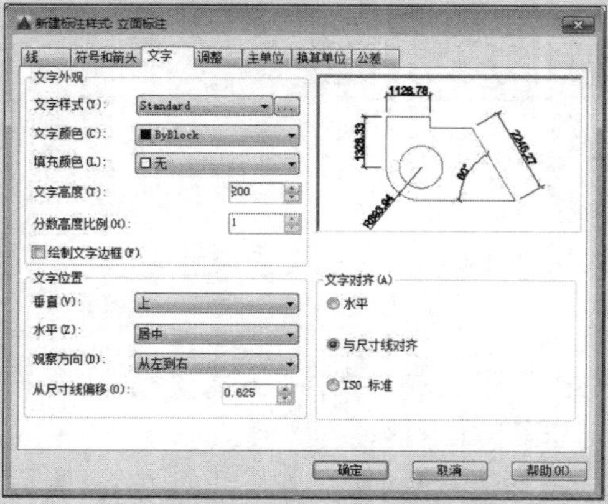

图7-64　设置文字样式

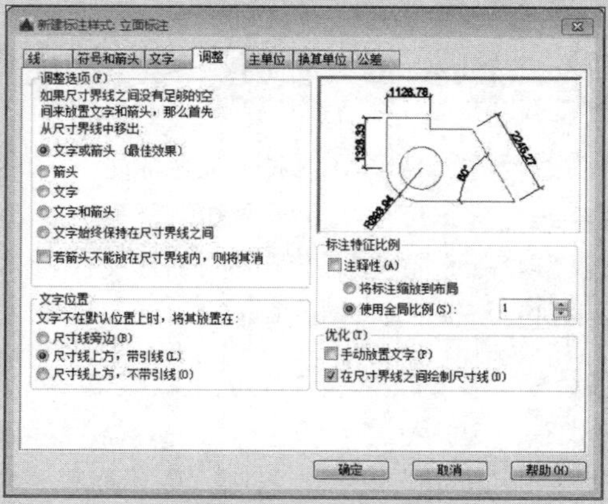

图7-65　设置文字位置

步骤07 切换至“主单位”选项卡，将“精度”设为0，如图7-66所示。

步骤08 单击“确定”按钮返回至上一层对话框，单击“置为当前”按钮，关闭对话框，完成标注样式的设置操作，如图7-67所示。

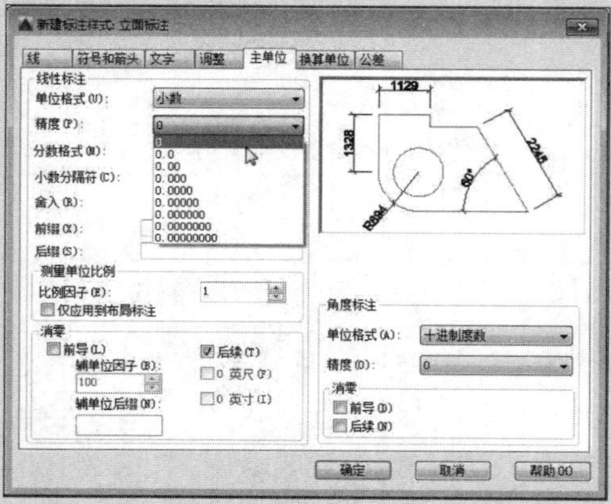

图7-66　设置单位格式

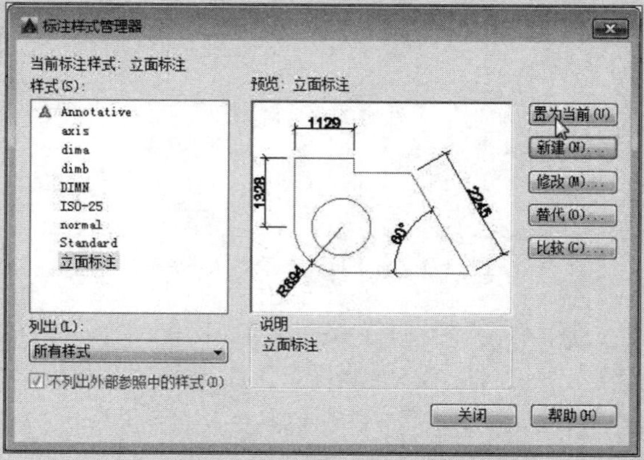

图7-67　单击“置为当前”按钮

步骤09 执行“线性”标注命令，捕捉左侧台阶一个标注点，向上移动光标，并捕捉台阶另一个标注点，如图7-68所示。

步骤10 将光标向左侧移动，并指定好尺寸线位置，完成台阶立面尺寸的标注操作，如图7-69所示。

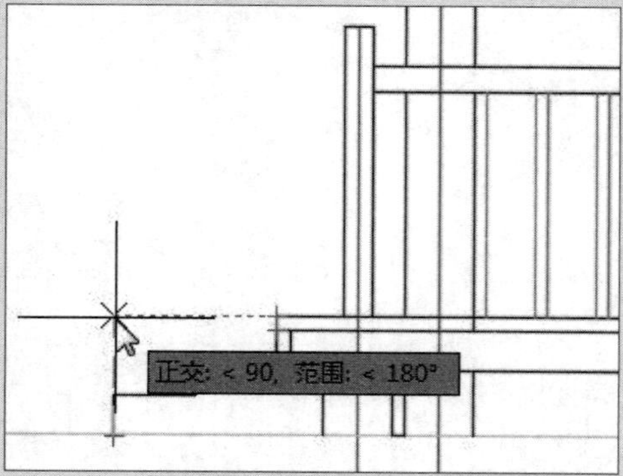

图7-68　捕捉台阶标注点

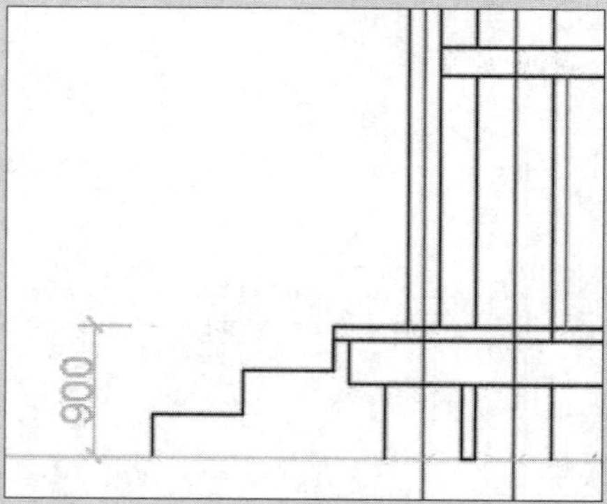

图7-69　标注台阶立面尺寸

步骤11 执行“连续”标注命令，捕捉凉亭立面栏杆标注点，如图7-70所示。

步骤12 继续捕捉其他标注点，直到结束，完成凉亭立面图形的尺寸标注操作，如图7-71所示。

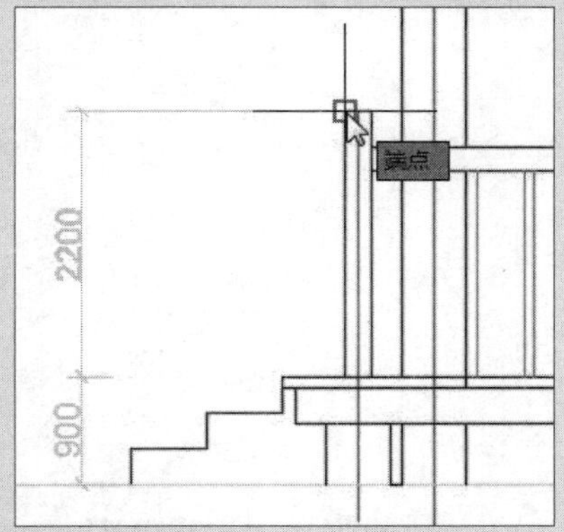

图7-70 连续标注

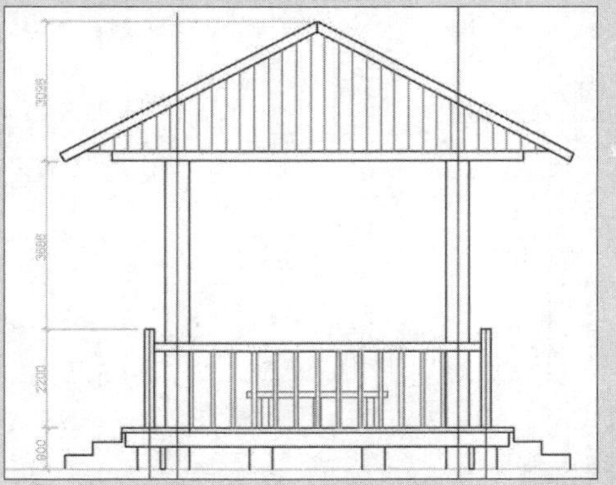
图7-71 标注凉亭立面

步骤13 选中2200mm的尺寸标注，单击其尺寸线的夹点，当夹点呈红色显示时，移动该夹点，可以拉伸尺寸线，如图7-72所示。

步骤14 按照同样的方法，拉伸其他尺寸线，对齐所有尺寸线，结果如图7-73所示。

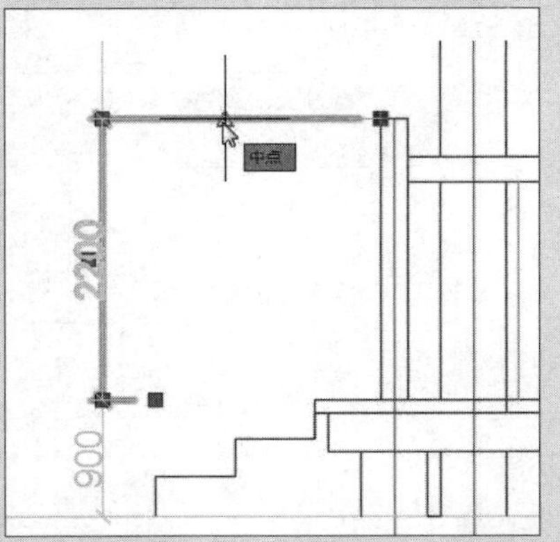

图7-72 拉伸尺寸线

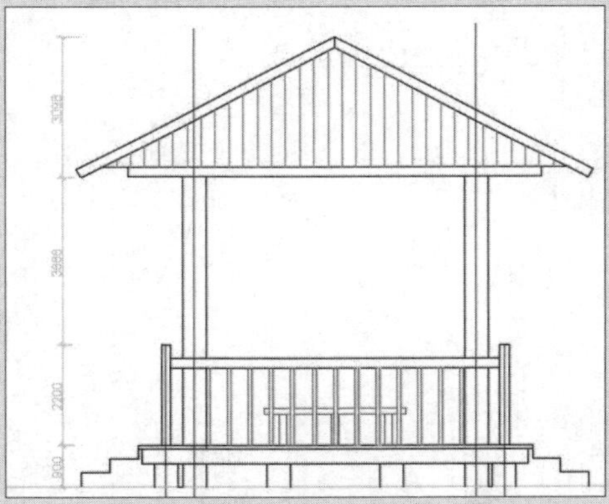
图7-73 拉伸对齐尺寸线

步骤15 执行“多段线”命令，绘制标高符号图形，并将其放置地平线合适位置，效果如图 7-74 所示。

步骤16 执行“单行文字”命令，在标高上方指定文字起始点，将文字高度设为250，旋转角度设为0，然后输入“0.00”字样，单击图形空白处，按Esc键，完成操作，如图7-75所示。

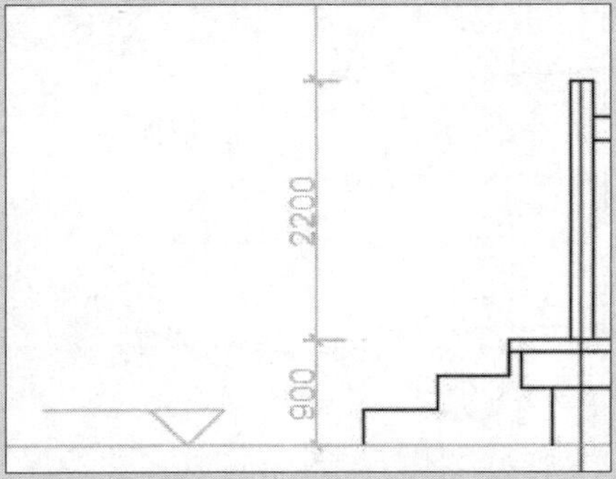

图7-74 绘制标高图形

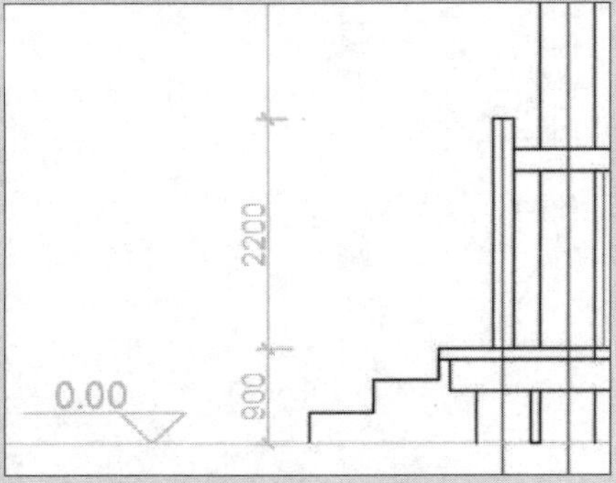

图7-75 输入标高尺寸

步骤17 执行“复制”命令，将绘制的标高尺寸复制粘贴至图形合适位置，结果如图7-76所示。

步骤18 双击复制后的标高内容，使其呈编辑状态，更改标高文本，结果如图7-77所示。

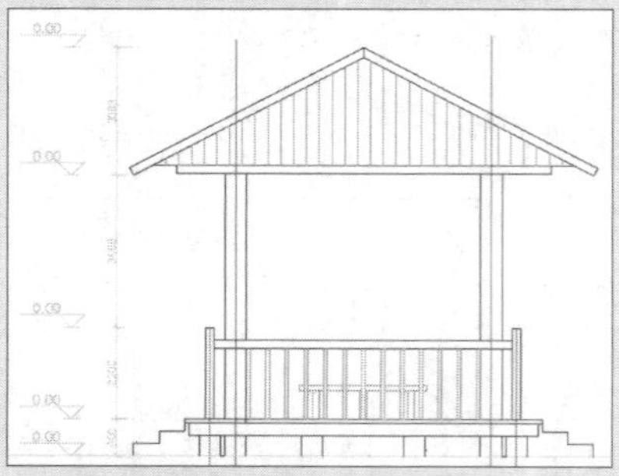

图7-76 复制标高符号

图7-77 更改标高文本

步骤19 在菜单栏中执行“格式>多重引线样式”命令，打开“多重引线样式管理器”对话框，如图7-78所示。

步骤20 单击“新建”按钮，打开“创建新多重引线样式”对话框，输入新样式名称，如图7-79所示。

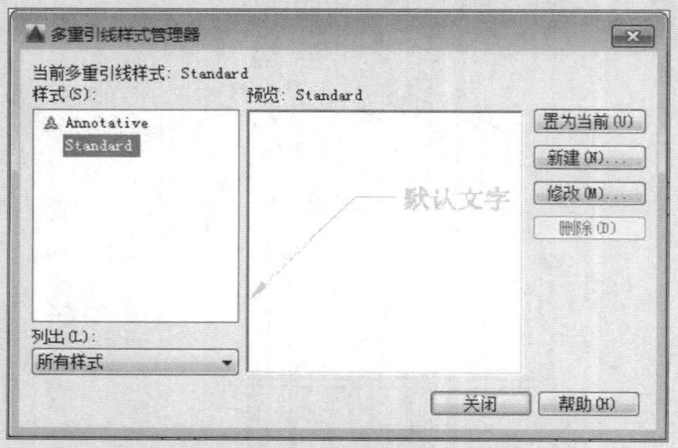

图7-78 “多重引线样式管理器”对话框

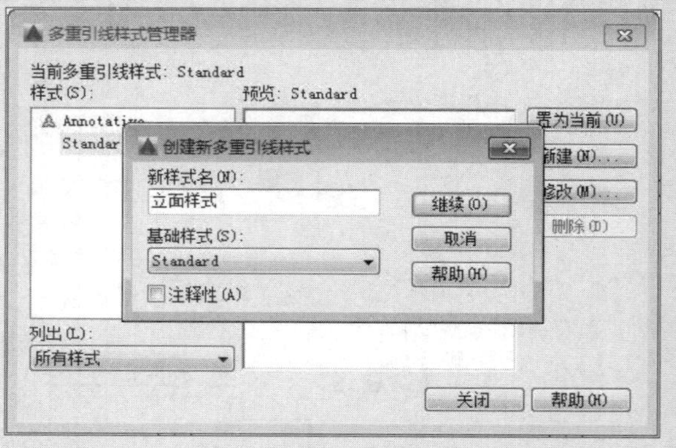

图7-79 新建引线样式

步骤21 单击“继续”按钮，在“修改多重引线样式”对话框的“引线格式”选项卡中，将箭头符号设为“小点”，将箭头大小设为200，如图7-80所示。

步骤22 切换至“内容”选项卡，将文字高度设为250，如图7-81所示。

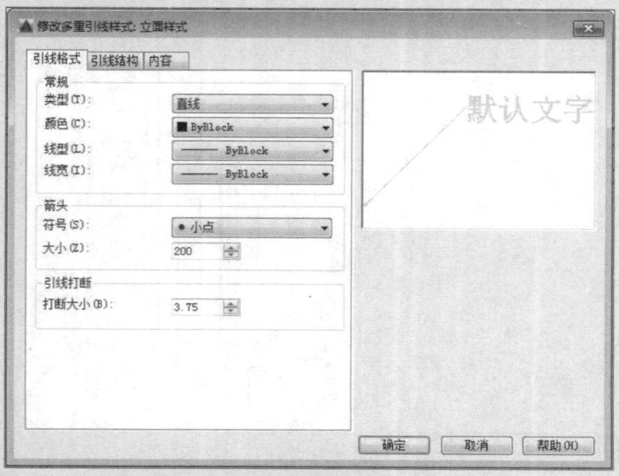

图7-80 设置引线符号样式

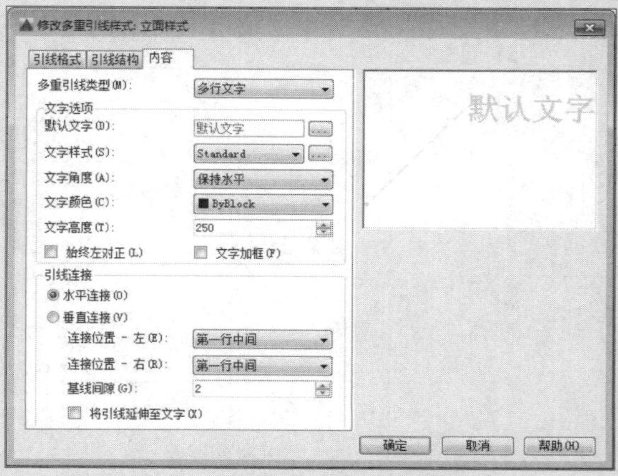

图7-81 设置文字高度

步骤23 单击“确定”按钮，返回至上一层对话框，单击“置为当前”按钮，关闭该对话框，完成引线样式的设置操作，如图7-82所示。

步骤24 在菜单栏中执行“标注>多重引线”命令，在图纸合适位置指定引线起点，移动光标，指定引线基线位置，如图7-83所示。

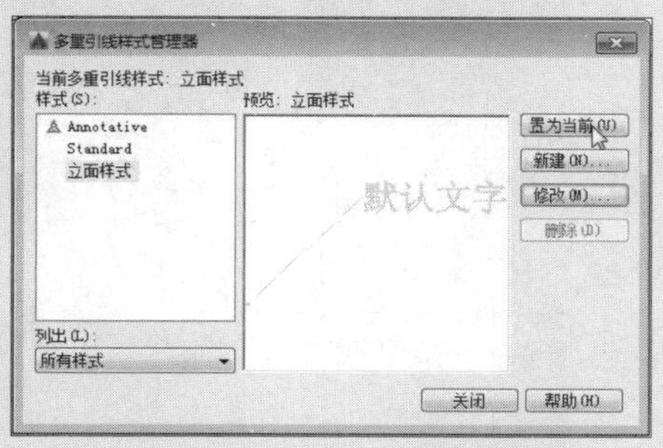

图7-82 完成引线样式的设置

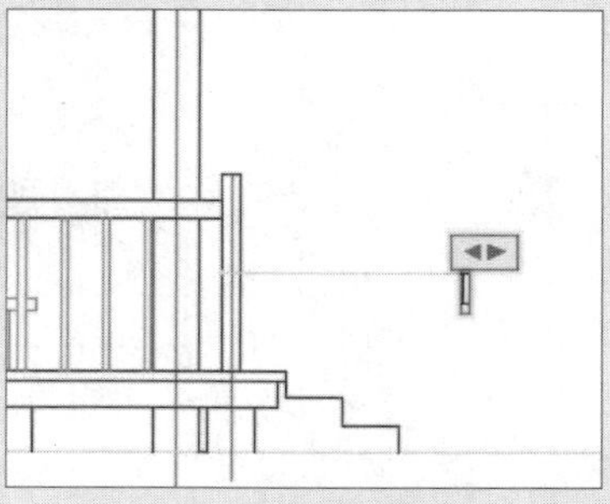

图7-83 指定引线位置

步骤25 在光标处输入引线标注内容，单击图纸空白处，完成内容输入操作，如图7-84所示。

步骤26 按照上一步操作，对凉亭其他位置进行引线标注，结果如图7-85所示。

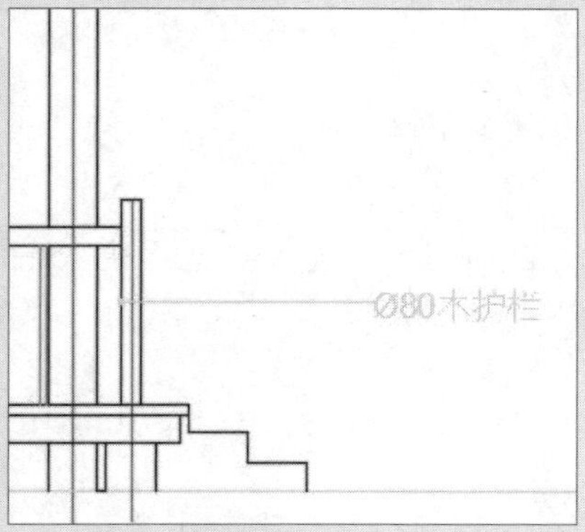

图7-84 输入引线内容

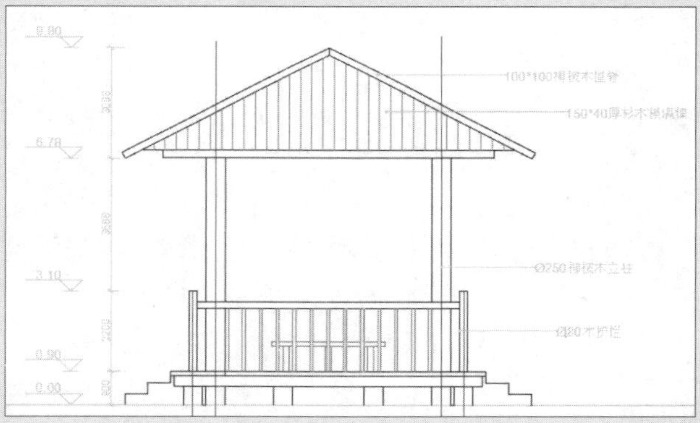

图7-85 绘制其他引线标注

步骤27 在“注释”选项卡的“引线”面板中，单击“对齐”按钮，选择所有引线标注，按回车键，指定其中任意一引线标注为对齐基准线，如图7-86所示。

步骤28 按回车键，即可对齐所有引线标注，结果如图7-87所示。

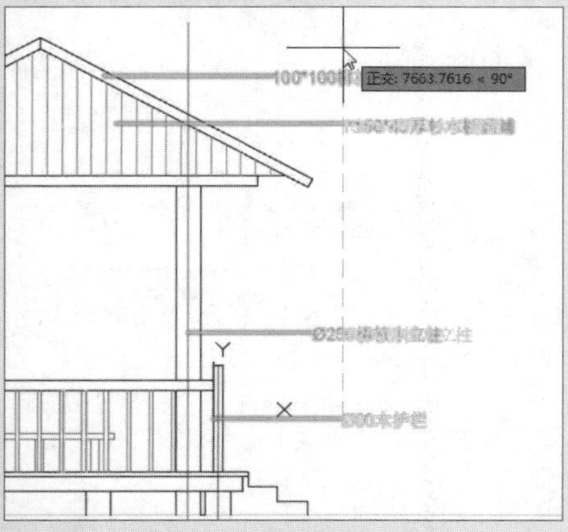

图7-86 对齐引线标注

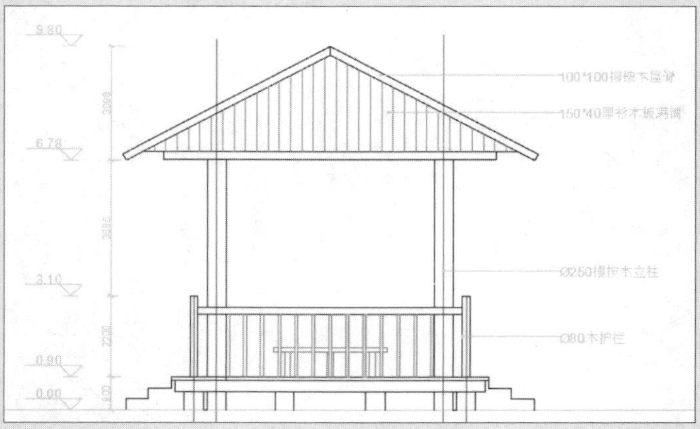

图7-87 完成所有标注的绘制

课后练习

本章主要介绍了各种尺寸标注和引线标注的概念、用途以及操作方法。下面将通过几个练习来巩固本章学习的知识点。

1. 填空题

（1）在“标注管理器”对话框中，要想对所设置的标注样式进行编辑或修改，可执行________命令。

（2）线性标注是指标注图形对象在________、________和 ________的尺寸。

（3）在菜单栏中执行________命令，可打开“多重引线样式管理器”对话框。

2. 选择题

（1）在“标注样式管理器”对话框中，想要应用当前设置的标注样式，可单击（　　）按钮。

A、置为当前　　B、修改　　C、替代　　D、新建

（2）利用“线性”命令，对图形旋转后有倾斜角度的线段进行标注，需要在命令行中输入（　　）。

A、T　　B、A　　C、R　　D、M

（3）下面哪一项标注命令是连续的进行线性标注，每个标注都从前一个标注的第二条尺寸界线出开始（　　）。

A、基线标注　　B、连续标注　　C、对齐标注　　D、快速标注

（4）下面哪一个对话框是对引线标注样式进行设置的（　　）。

A、标注样式管理器　　B、多重引线样式管理器

C、引线管理器　　D、文字标注管理器

3. 操作题

（1）使用“标注样式”命令，创建新的标注样式，然后使用“线性”、“连续”、“标注”命令为水景台阶节点图添加尺寸标注，如图7-88所示。

（2）使用“多重引线样式”和“多重引线”命令，对水景台阶节点图进行引线标注说明，如图7-89所示。

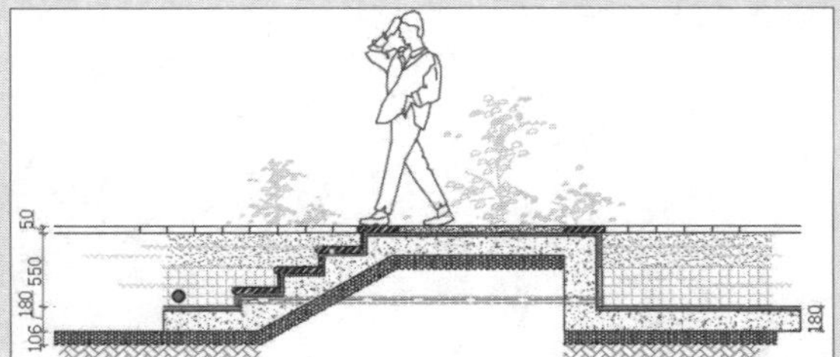

图7-88　为水景台阶节点图添加尺寸标注

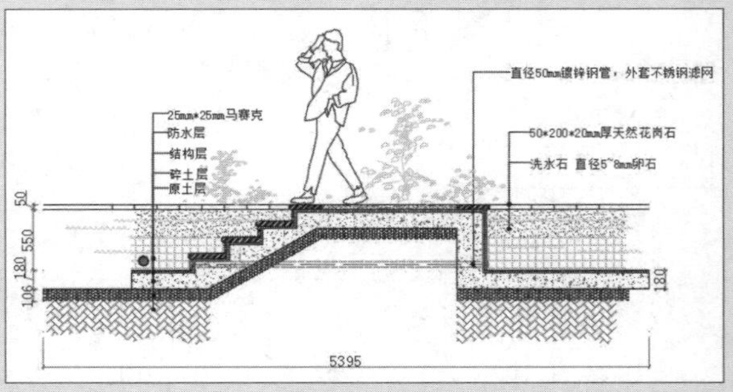

图7-89　标注引线说明

Chapter 08

输出与打印园林图纸

课题概述

图纸绘制完成后，为了方便用户查看，可对图纸执行输出或打印操作。在AutoCAD中，用户可根据需要，将图纸输出成各种类型的文件，例如JPG、BMP、PDF等。图纸的输出与打印操作是设计过程中一个必不可少的环节。

教学目标

本章将向用户介绍图纸的输入与输出，以及打印图形的布局设置等操作。掌握好这些方法，能够有效地节省用户的工作时间。

章节重点

★★★　打印图形设置
★★★　创建与设置布局视口
★★　图形的输入与输出
★　控制图形的显示

光盘路径

上机实践：实例文件\第8章\上机实践\花架廊施工图.dwg
课后练习：实例文件\第8章\课后练习

8.1 图形显示控制

在绘图过程中，为了使图形更好地显示，用户可对图形的显示状态进行控制操作，例如缩放图形、平移图形以及图形视口的操作等。

8.1.1 缩放视图

在图形绘制过程中，如果想要将当前视图窗口放大或缩小，可使用缩放工具来操作。在AutoCAD软件中，系统提供了多种缩放的方法，例如窗口缩放、实时缩放、动态缩放、中心缩放、全屏缩放等。用户根据需要选择缩放工具，图8-1、8-2是使用“窗口缩放”工具来进行缩放的效果。

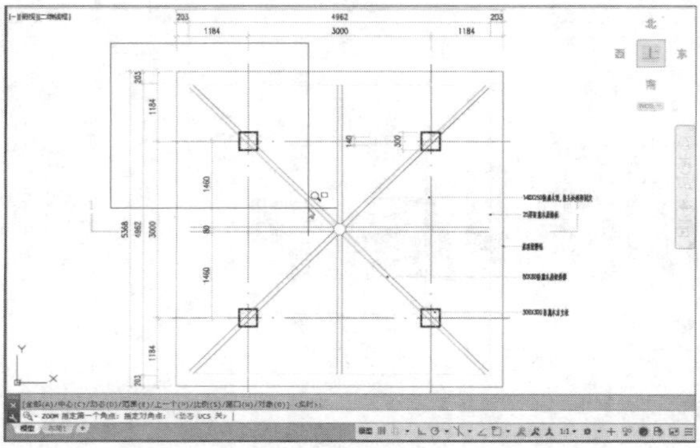

图8-1 框选缩放范围

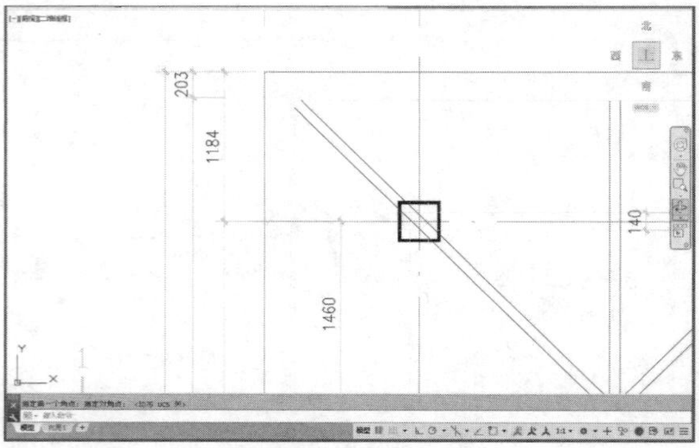

图8-2 缩放结果

在AutoCAD 2016软件中，用户可通过以下方式来执行范围缩放命令。

- 在菜单栏中，执行“视图 > 缩放”命令，在其子菜单中根据需要选择缩放选项。
- 在绘图区右侧工具栏中单击“范围缩放”下拉按钮，在其下拉列表中选择相应的缩放选项。
- 在命令行中输入ZOOM命令，按回车键。

在实际操作过程中，通常使用鼠标滚轮来执行缩放操作。将鼠标滚轮向上滚动，则放大当前视图；向下滚动，则缩小当前视图；双击鼠标滚轮，则全屏显示当前视图。

8.1.2 平移视图

在图形绘制过程中，如果要查看当前视图无法查看到的部分，可以使用“平移”命令。在AutoCAD 2016软件中，用户可通过以下方式执行平移命令来查看图形。

- 执行“视图>平移”命令，在其子菜单中选择满意的平移选项。
- 在绘图区右侧工具栏中，单击“平移”按钮。
- 在命令行中输入PAN命令，按回车键。

用户还可直接按住鼠标中键，当光标呈手型状态时，拖动鼠标至满意位置，放开鼠标中键即可。

8.2 图形的输入输出

在AutoCAD 2016中，用户可将绘制完成的图纸按照所需格式输出，也可以将其他应用软件中的文件导入AutoCAD软件中。下面将介绍图形输入与输出的具体操作方法。

8.2.1 导入图形

在AutoCAD 2016软件中，用户可通过以下方法导入其他格式的图形。

- 执行“文件>输入”命令或执行“插入>Windows图元文件”命令。
- 在“插入”选项卡的“输入”面板中，单击“输入”按钮。

执行以上任意操作，都可打开“输入文件”对话框，在该对话框的“文件类型”选项列表中，选择需要导入的文件格式，然后选择要导入的图形文件，单击“打开”按钮即可。

工程师点拨

【8-1】将JPG图片导入CAD中

在“输入文件”对话框中是无法将JPG图片导入进来的，此时可以使用“光栅图参照”命令，操作方法为：执行“插入>光栅图参照”命令，在“选择参照文件”对话框中，选择所需的JPG文件，单击“打开”按钮，在“附着图像”对话框中，单击“确定”按钮，然后在绘图区中指定图片插入点并设置缩放比例，即可完成导入操作。

8.2.2 输出图形

图纸绘制完成后，通常需要将图纸按照设定好的格式进行输出操作。在AutoCAD 2016软件中，用户可通过以下方法对图纸执行输出操作。

- 单击文件图标按钮，在打开的下拉列表中选择“输出”选项，然后在打开的子菜单中选择需要的文件格式选项，或选择“其他格式”选项。
- 在菜单栏中执行“文件>输出”命令。
- 在“输出”选项卡的“输出为DWF/PDF”面板中，单击“输出”按钮。

执行以上任意操作后，都会打开“输出数据”或另存为对话框，在对话框中设置输出文件类型及文件名称，单击“保存”按钮，即可完成输出操作。

示例8-1 使用“输出”命令，将蘑菇亭配筋图输出为PDF格式的文件

步骤01 在“输出”选项卡的“输出为DWF/PDF”面板中，单击“输出”下拉按钮，选择PDF选项，如图8-3所示。

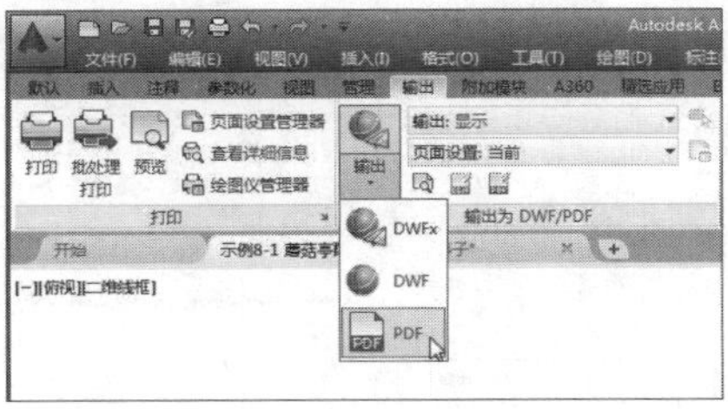

图8-3 选择“PDF”选项

步骤02 在打开的“另存为PDF”对话框中，设置文件名及输出路径，如图8-4所示。

步骤03 在对话框右侧“PDF预设”选项组中单击“输出”下拉按钮，选择“窗口”选项，并在绘图区中框选图纸输出范围，如图8-5所示。

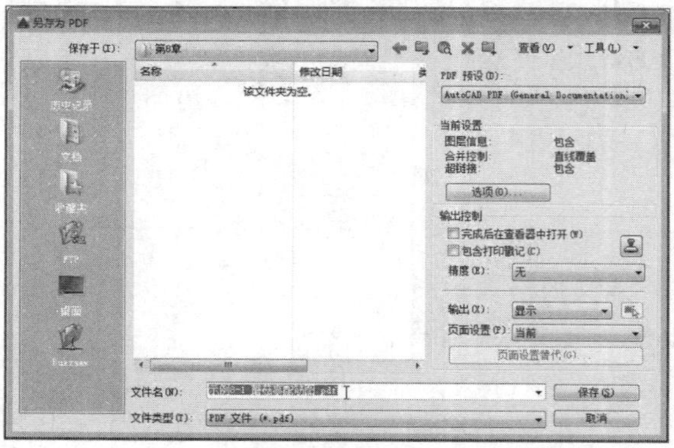

图8-4 输入文件名

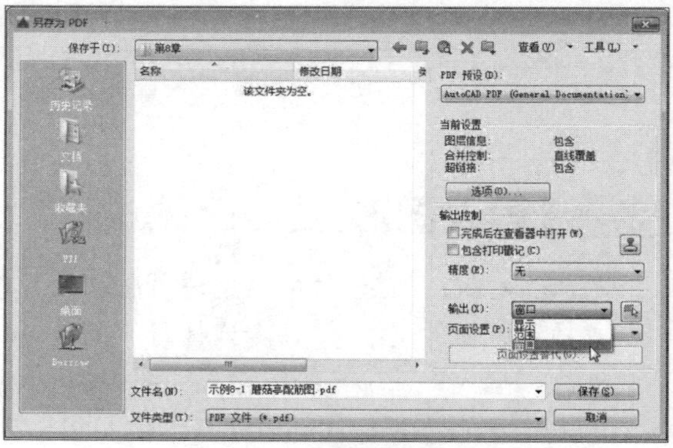

图8-5 设置输出模式

步骤04 单击“页面设置”下拉按钮，选择“替代”选项，如图8-6所示。

步骤05 单击“页面设置替代”按钮，打开“页面设置替代”对话框，设置“图形方向”为“横向”，如图8-7所示。

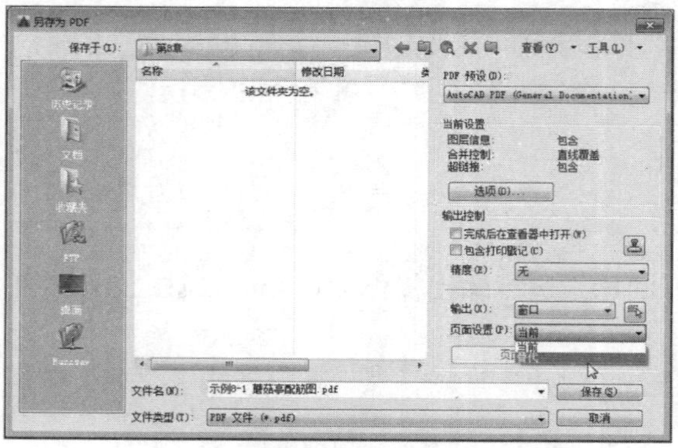

图8-6 替代页面设置

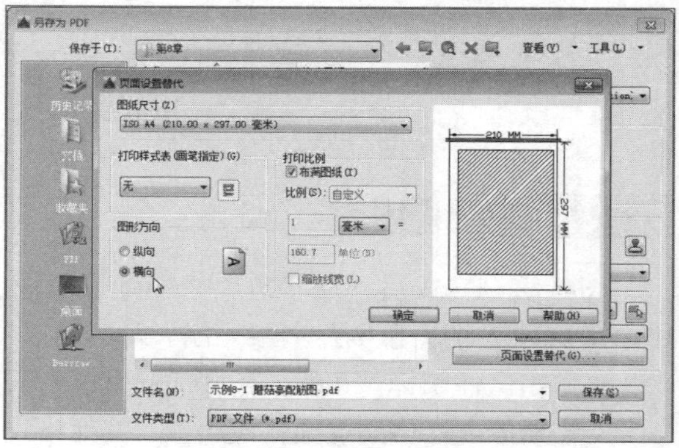

图8-7 设置页面参数

步骤06 单击“确定”按钮返回上一层对话框，单击“保存”按钮，完成输出操作。双击输出的PDF文件，即可查看如图8-8所示的效果。

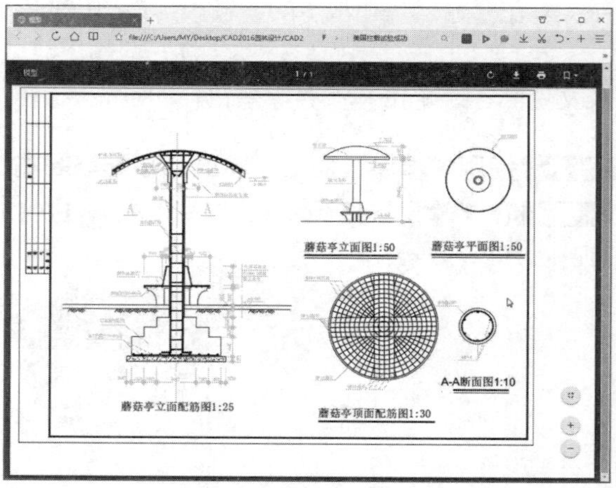

图8-8 查看PDF文件

工程师点拨

【8-2】将SKP文件导入CAD中

在Sketchup软件中，将模型文件切换成正立面或俯视，执行“文件>导出>二维图形”命令，在打开的“输出二维图形”对话框中，将“输出类型”设为“AutoCAD DWG文件（*.dwg）”，单击“输出”按钮，稍等片刻系统会弹出提示框，单击“确定”按钮即可。

8.3 模型空间与图纸空间

模型空间与图纸空间是AutoCAD软件中特有的两个工作空间，用户可根据需要对这两个工作空间进行切换使用。在AutoCAD中，模型空间用“模型”选项卡表示，而图纸空间则用“布局”选项卡表示。

8.3.1 模型空间与图纸空间概念

模型空间通俗地说，就是设计绘图空间。在该空间中，用户可绘制二维或三维图形，大部分的设计工作都是在该空间中完成的，如图8-9所示。而图纸空间是表现空间，在该空间中，可放置标题栏、创建打印布局视口、标注图形及注释图形等，如图8-10所示。

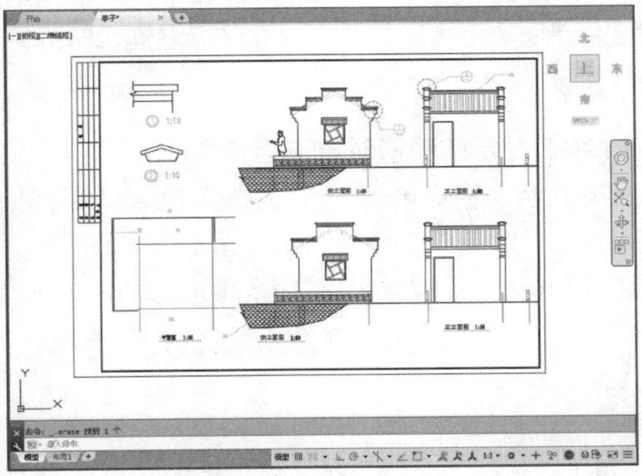

图8–9 模型空间

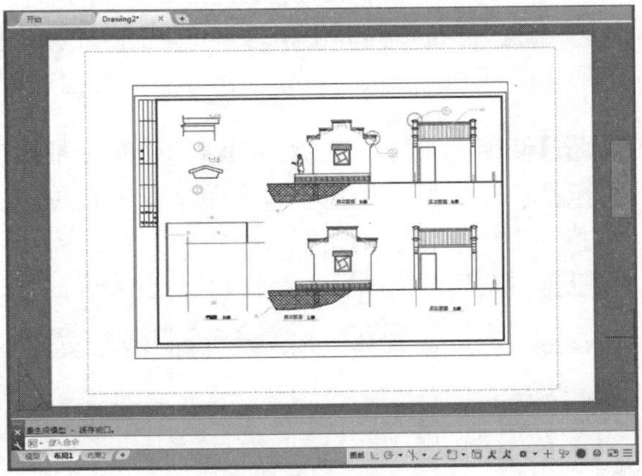

图8–10 图纸空间

如果在图纸空间中添加了某些图形，则添加后的图形在模型空间是不可见的。在图纸空间也不能直接编辑模型空间中的图形。这两个空间显示的坐标图也不相同。

8.3.2 模型空间与图纸空间切换

在AutoCAD 2016中，模型空间与图纸空间是可以相互切换的，用户可通过以下方法进行切换操作。

- 在状态栏中，单击“布局”或“模型”选项按钮进行切换。
- 当前空间为模型空间时，单击状态栏右侧“模型”按钮，即可切换至图纸空间，反之则切换至模型空间。

如果当前空间为图纸空间，双击布局视口后，即可切换至模型空间，在此用户可平移图形或更改图形的图层特性，如果对图形有更多的更改，需切换至模型空间进行操作。如果处于布局视口的模型空间，在视口外侧双击，即可切换至图纸空间。

工程师点拨

【8-3】利用TileMode系统变量切换空间

用户可通过设置系统变量TileMode来切换空间，当该变量值为1时，为模型空间，而变量值为0时，为图纸空间。

8.4 创建和设置布局视口

在操作过程中，用户可在布局空间中创建多个布局视口，每个布局视口都可包含不同的打印设置与图纸尺寸，下面将介绍布局视口的创建与设置操作。

8.4.1 创建布局视口

在AutoCAD 2016中，切换至图纸空间，在“布局”选项卡的“布局视口”面板中，单击“矩形”按钮，在布局界面中指定视口起始点，按住鼠标左键拖动至满意位置，松开鼠标左键，即可完成视口的创建。按照同样的创建方法，可创建多个视口。

示例8-2 使用“布局”功能，创建四个布局视口，每个视口显示的图形对象不同

步骤01 打开“弧形景观亭施工图（原图）.dwg”文件，在状态栏中单击“布局1”选项卡，或单击“模型”图标按钮，切换至图纸空间。

步骤02 在布局界面中，选中视口，如图8-11所示。按Delete键，将其删除，结果如图8-12所示。

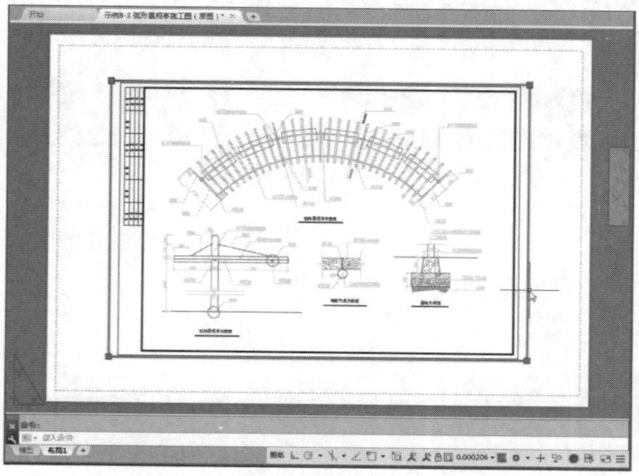

图8-11 选中视口

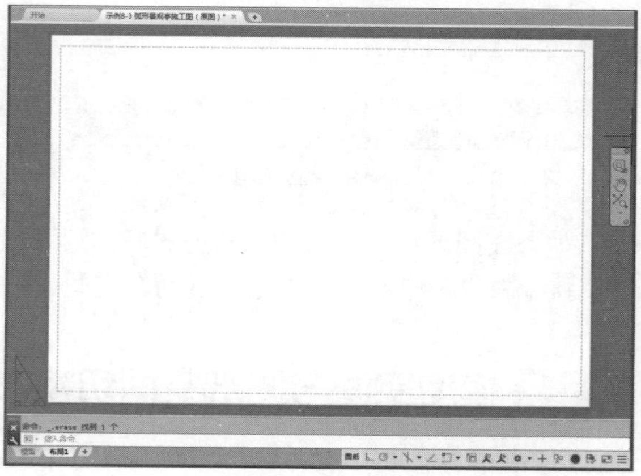

图8-12 删除视口

步骤03 在“布局”选项卡的“布局视口”面板中，单击“矩形”按钮，在布局界面中指定视口起点，按住鼠标左键不放拖动至合适位置，如图8-13所示。释放鼠标左键，完成视口的创建操作。

步骤04 此时在创建的视口中，会显示模型空间里所有图形内容。按照相同的操作，创建其他三个视口，如图8-14所示。

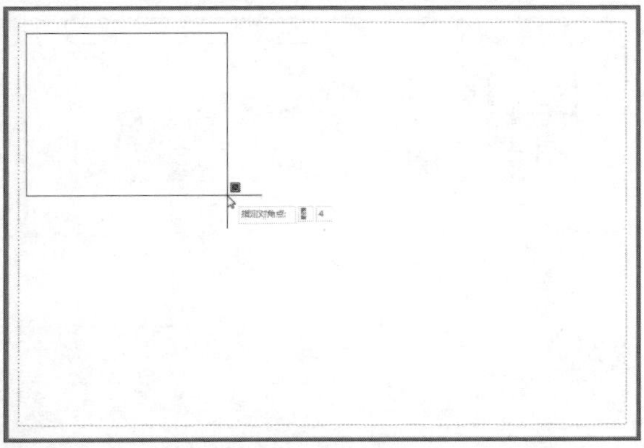

图8-13 创建视口

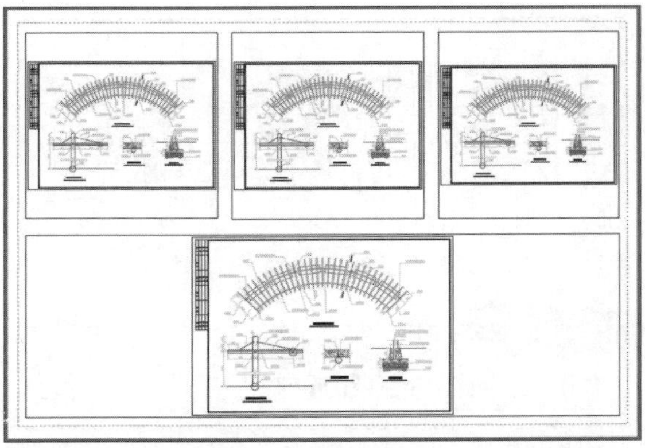

图8-14 创建其他视口

步骤05 双击第1个视口内空白处，此时视口边框呈加粗显示。滚动鼠标中键，放大图形，其后按住鼠标中键，平移图形，将立面图图形显示在该视口内，如图8-15所示。

步骤06 设置完成后，双击视口外侧任意一点，此时视口内的图形已被锁定，不能再操作了，按照同样的操作方法，设置其他三个视口内图形的显示范围，结果如图8-16所示。

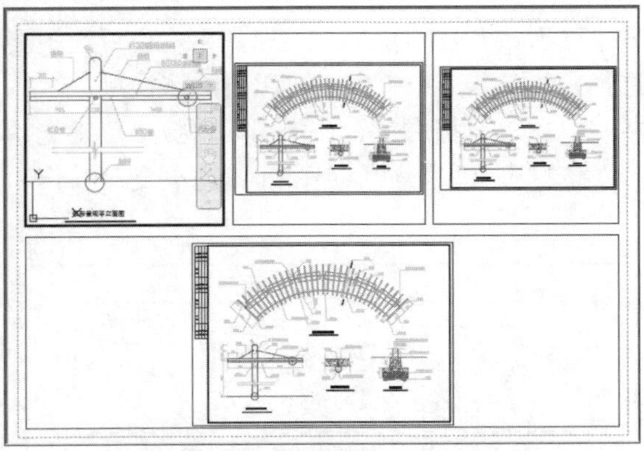

图8-15 设置视口内图形的显示范围

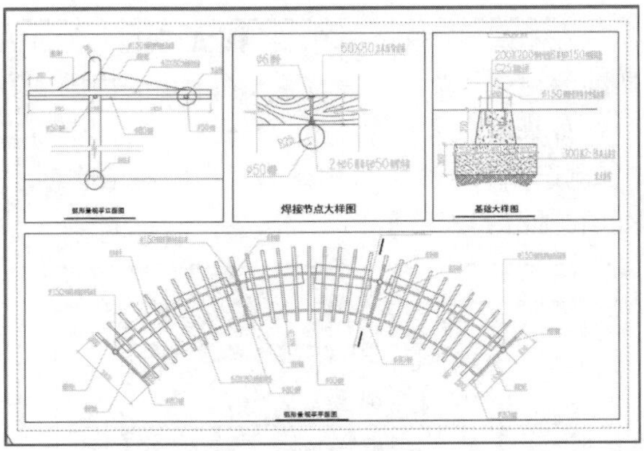

图8-16 最终效果图

8.4.2 设置布局视口

创建布局视口后，如果对该视口不满意，可以进行编辑操作。例如调整视口大小、删除与复制视口、隐藏视口等。

1. 调整视口大小

用户想要对视口的大小进行调整，可单击所需视口，并选择视口的显示夹点，当夹点呈红色显示时，按住鼠标左键不放，拖动夹点至满意位置，释放鼠标左键即可，如图8-17、8-18所示。

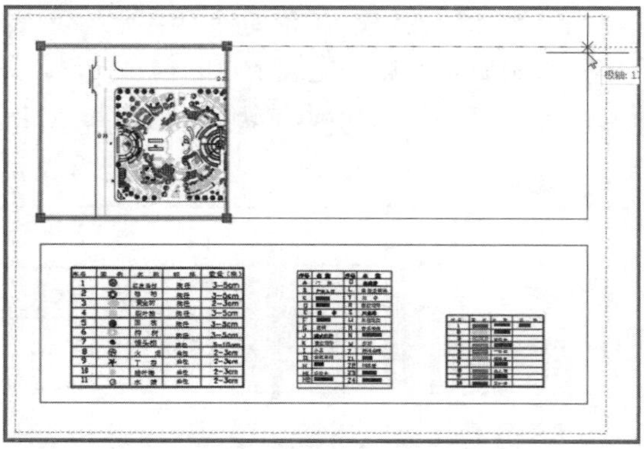
图8-17 拖动夹点至满意位置

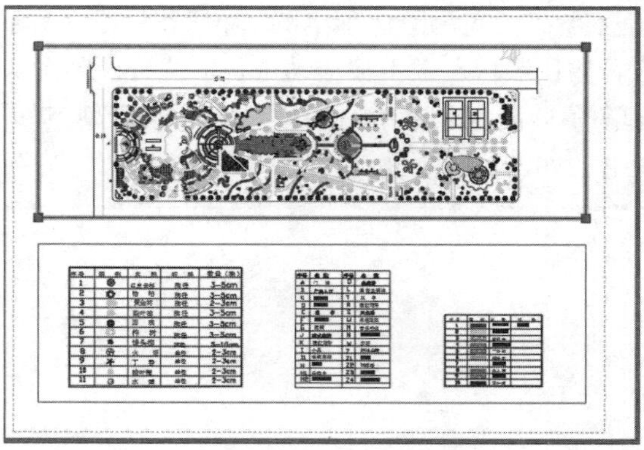
图8-18 完成调整操作

工程师点拨

【8-4】视口的打印操作

利用布局视口对图形进行打印操作的方法为：将模型空间切换至布局空间，并设置好视口的大小。执行“文件>打印”命令，打开“打印-布局”对话框，在该对话框中设置打印机名称、图纸尺寸、图形方向等参数后，单击“打印范围”下拉按钮，选择“窗口”选项，在布局视口中，捕捉视口边框线，完成后，系统自动打开“打印”对话框，单击“预览”按钮，即可对当前视口图形进行浏览。在预览界面中，单击鼠标右键，选择“打印”命令，即可执行打印操作。

2. 删除与复制视口

在布局界面中，选中要删除的视口，按Delete键即可删除多余的视口。当然，用户也可选中要删除的视口，单击鼠标右键，在弹出的快捷菜单中选择“删除”命令，同样可以删除该视口。

如果用户想要复制相同的视口，可选中所需的视口，单击鼠标右键，在弹出的快捷菜单中选择“复制选择”命令，根据命令行中的提示信息，指定位移的基点和第二个点，即可完成复制操作，如图8-19、8-20所示。

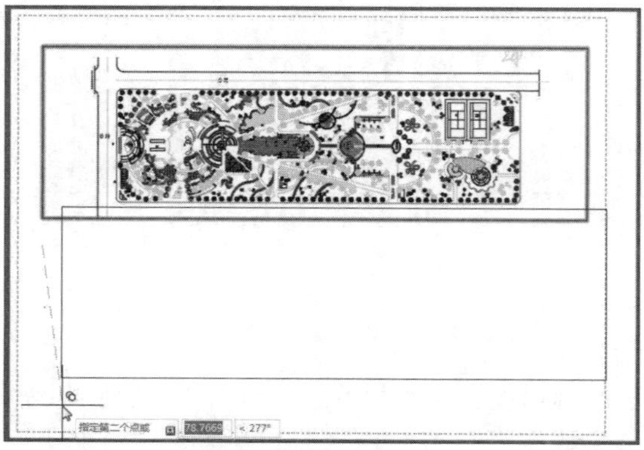
图8-19 指定复制基点

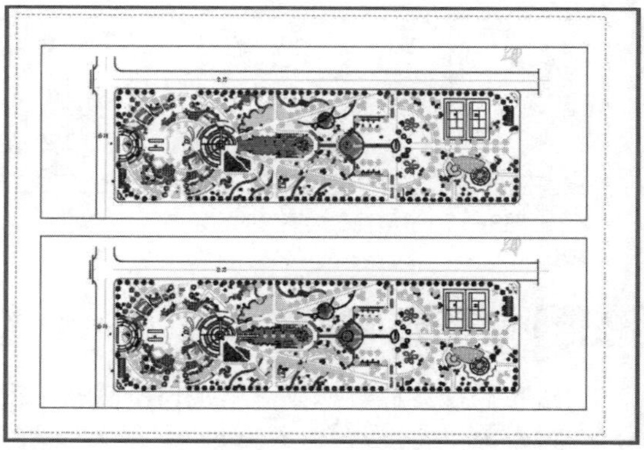
图8-20 完成复制操作

除了使用右键快捷命令执行图形的复制操作外，用户还可以在“默认”选项卡的“修改”面板中，单击“复制”按钮，或在命令行中输入CO快捷命令，进行复制操作。

3. 隐藏/显示视口内容

对布局视口进行隐藏或显示操作，可以有效地减少视口显示数量，节省图形重生时间。在布局界面中选中要隐藏的视口，单击鼠标右键，在弹出的快捷菜单中选择“显示视口对象>否”命令，即可隐藏视口，如图8-21、8-22所示。

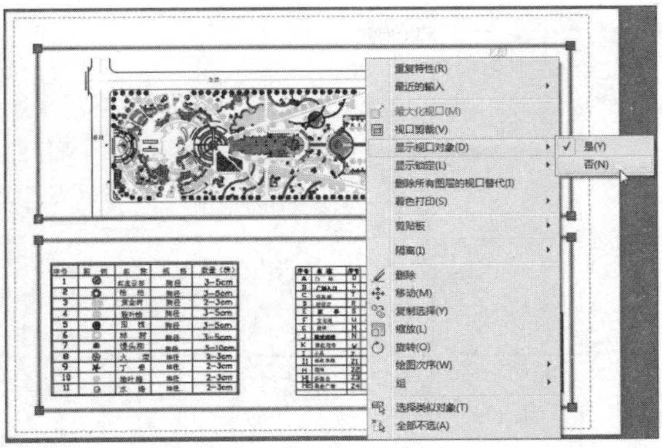

图8-21　隐藏视口内容

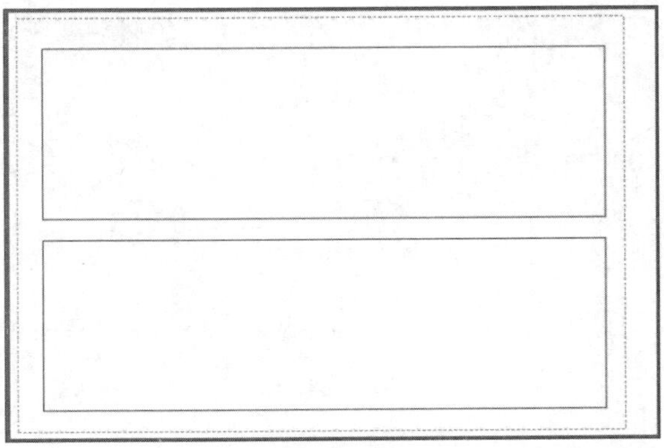

图8-22　隐藏结果

视口内容被隐藏后，如果需要将其显示，可在右键菜单中选择“显示视口对象>是”命令，显示视口内容。

工程师点拨

【8-5】锁定视口显示

制作好布局视口后，为了防止误操作更改视口显示，可对该视口执行锁定操作。选中要锁定的视口，单击鼠标右键，在弹出的快捷菜单中选择“显示锁定>是”命令，即可将其锁定。如果需要解锁视口，则在快捷菜单中选择“显示锁定>否”命令即可。

8.5 打印图形

图纸绘制完成后，用户可将该图纸打印出来，以便查看。在打印图纸之前，需要对图纸的打印参数进行设置。下面将介绍图形打印相关操作。

在AutoCAD 2016软件中，可以通过以下方式执行打印设置操作。

- 执行“文件>打印”命令。
- 在快速访问工具栏中，单击“打印”按钮。
- 在“输出”选项卡的“打印”面板中，单击“打印”按钮。
- 在命令行中输入PLOT命令，按回车键。

执行以上任意操作，都可打开“打印-模型”对话框。在该对话框中，用户可对图纸尺寸、打印方向、打印区域以及打印比例等参数进行设置，如图8-23所示。

待打印参数设置完成后，单击“预览”按钮，在打开的预览视图中预览打印的图纸效果，在此单击鼠标右键，在打开的快捷菜单中选择“打印”命令，即可执行打印操作，如图8-24所示。若需修改打印参数，则按Esc键，返回打印对话框中重新设置。

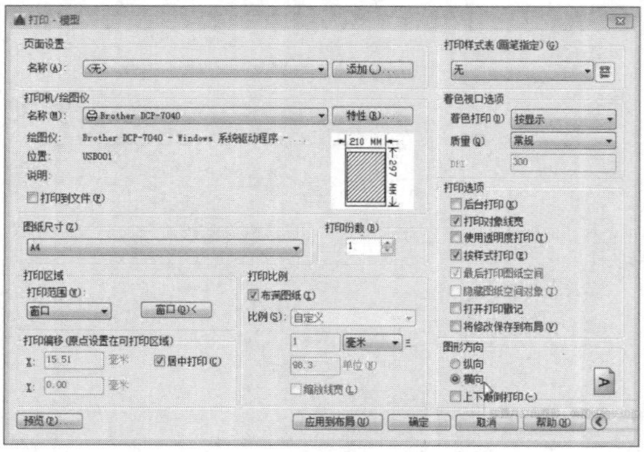

图8-23　设置打印参数

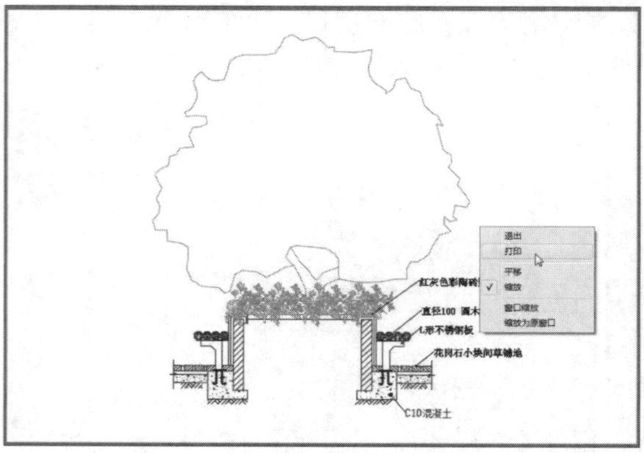

图8-24　预览打印

上机实践：将花架廊施工图纸打印并输出成JPG格式

■**实践目的：**使用户能够更快地掌握图纸的输出与打印操作。

■**实践内容：**应用本章所学的知识打印花架廊图纸，并将其输出成JPG格式。

■**实践步骤：**首先使用布局视口命令，创建要打印的视口；然后设置打印参数，并将图纸输出成JPG格式文件，最后打印该图纸文件，具体操作如下。

步骤01 打开“实例文件\第8章\上机实践\花架廊施工图.dwg”文件，在状态栏中单击“模型”按钮，切换至图纸空间，如图8-25所示。

步骤02 在布局视口界面中，选中当前视口，按Delete键，将其删除，如图8-26所示。

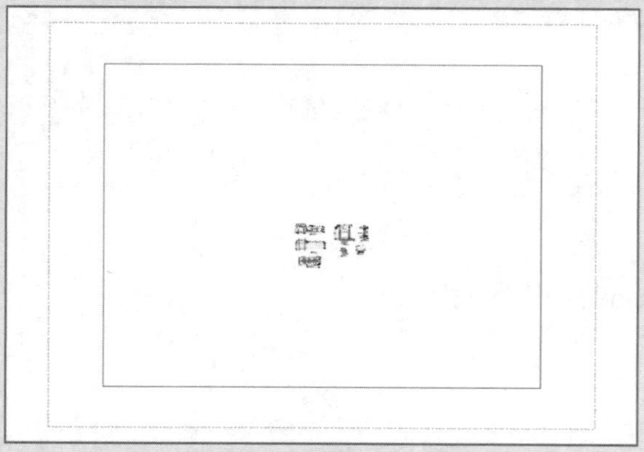

图8-25　切换至图纸空间

图8-26　删除视口

步骤03 在“布局”选项卡的“布局视口”面板中，单击“矩形”按钮，在布局界面中绘制一个矩形视口，如图8-27所示。

步骤04 在双击视口内侧，将该视口激活。轮动鼠标中键，放大图形对象，然后执行“平移”命令，将“花架廊平面图”显示在该视口内，如图8-28所示。

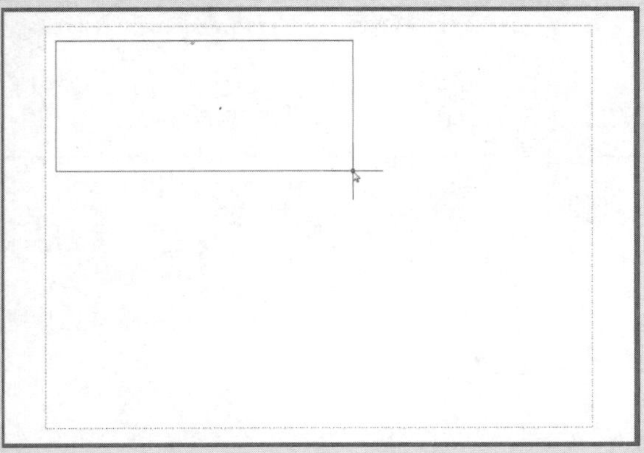

图8-27 绘制矩形视口

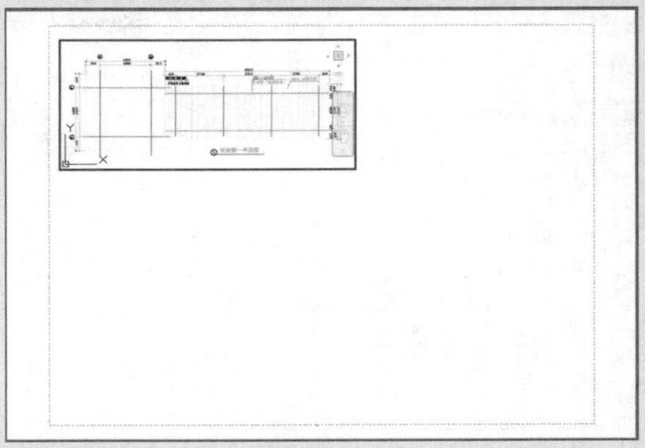

图8-28 调整图形显示范围

步骤05 双击视口外侧任意位置，即可锁定该视口。在命令行中输入CO命令，根据命令行的提示信息，选中创建好的视口，按回车键，指定复制基点和第二点，如图8-29所示。

步骤06 继续指定第三个复制的基点，完成两个视口的复制操作，如图8-30所示。

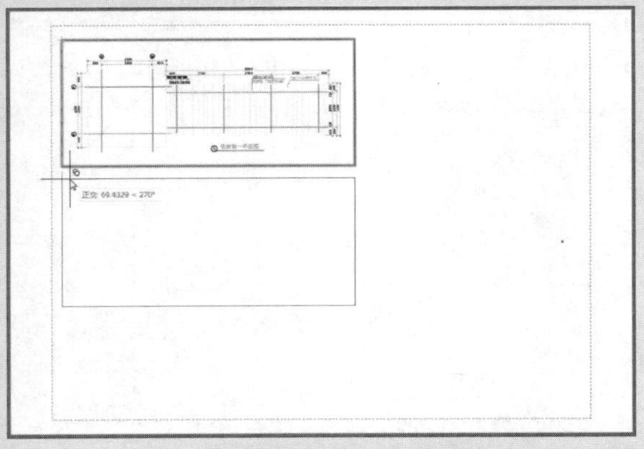

图8-29 复制第1个视口

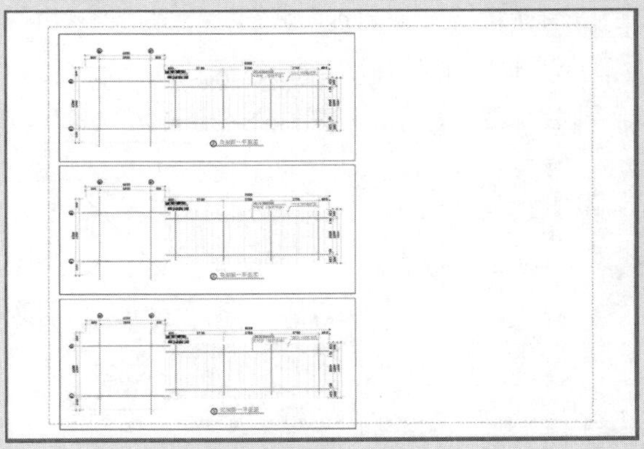

图8-30 复制第2个视口

步骤07 执行“移动”命令，适当调整视口间的间距，选中视口的夹点，移动夹点来调整视口的大小，结果如图8-31所示。

步骤08 再次执行“矩形视口”命令，在布局界面的右侧绘制两个矩形视口，并调整好其大小和位置，如图8-32所示。

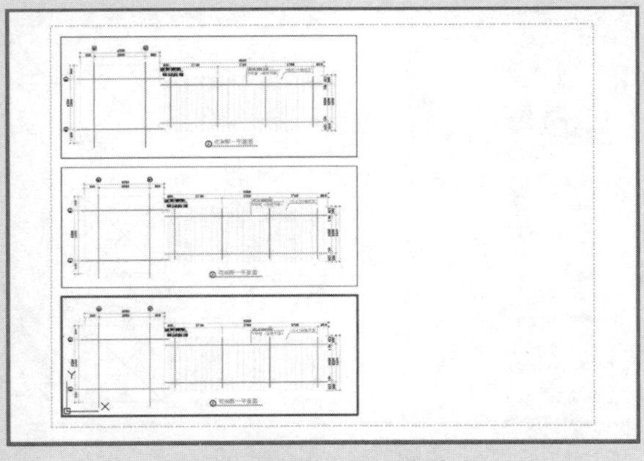

图8-31 调整视口位置与大小

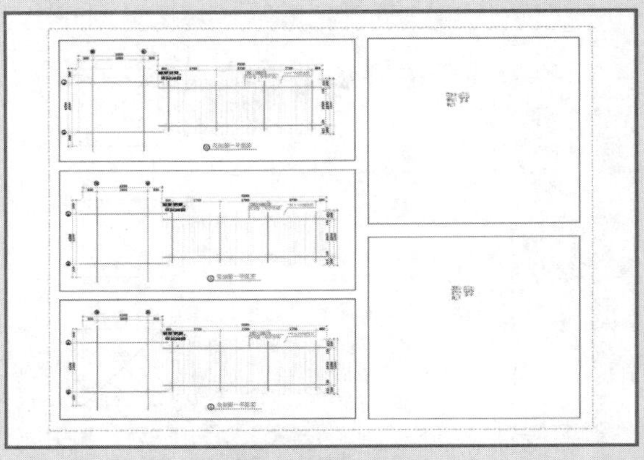

图8-32 绘制剩余两个视口

步骤09 双击左侧第二个视口内侧任意点，使该视口呈激活状态。执行“缩放视图”与“平移视图”命令，将花架廊底平面图显示在视口内，如图8-33所示。

步骤10 按照同样的操作方法，调整其余三个视口内的图形显示范围，结果如图8-34所示。

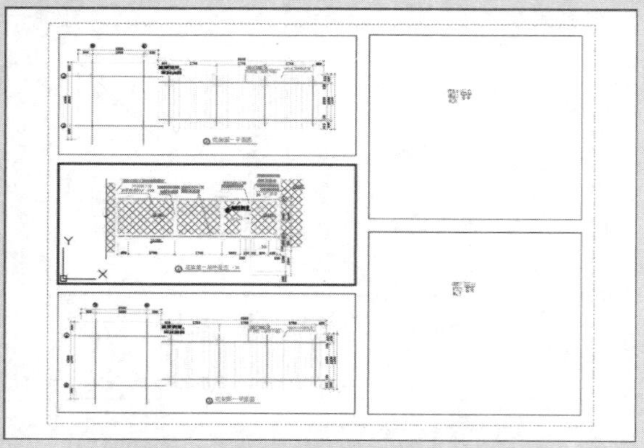

图8-33 调整视口内图形显示范围

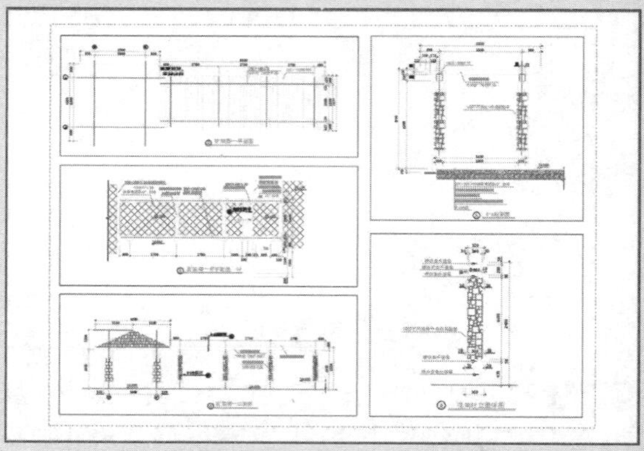

图8-34 完成所有视口内图形显示调整操作

步骤11 执行“文件>打印”命令，打开“打印-布局1”对话框，如图8-35所示。

步骤12 单击“打印机/绘图仪”下拉按钮，选择PublishToWeb JPG.pc3选项，如图8-36所示。

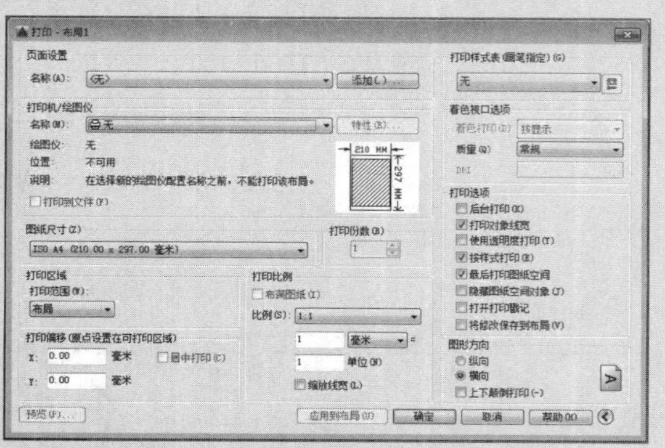

图8-35 打开“打印-布局1”对话框

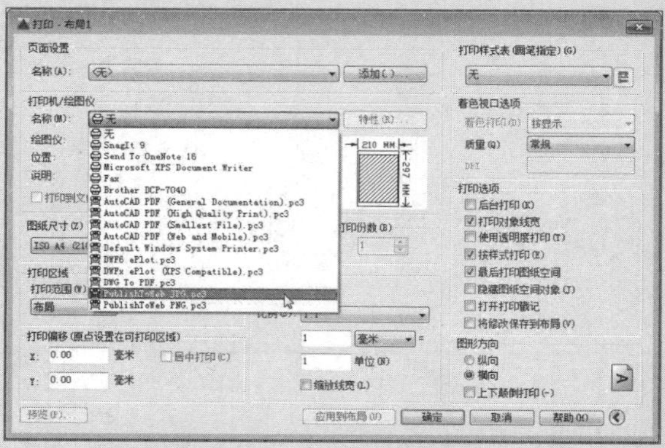

图8-36 选择打印参数

步骤13 在打开的系统提示框中，选择第1个选项，如图8-37所示。

步骤14 单击“打印范围”下拉按钮，选择“窗口”选项，如图8-38所示。

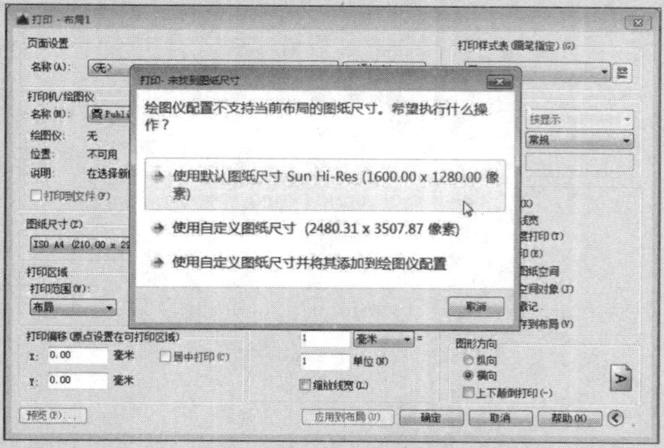

图8-37 选择使用默认图纸尺寸选项

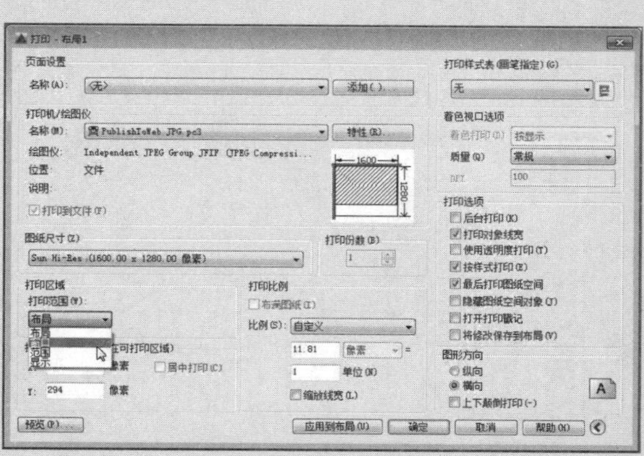

图8-38 设置打印范围

步骤15 在布局界面中，框选第一个视口内图形的打印范围，如图8-39所示。

步骤16 捕捉好后，系统自动返回至“打印－布局1”对话框，在“打印偏移”选项组中勾选“居中打印”复选框，如图8-40所示。

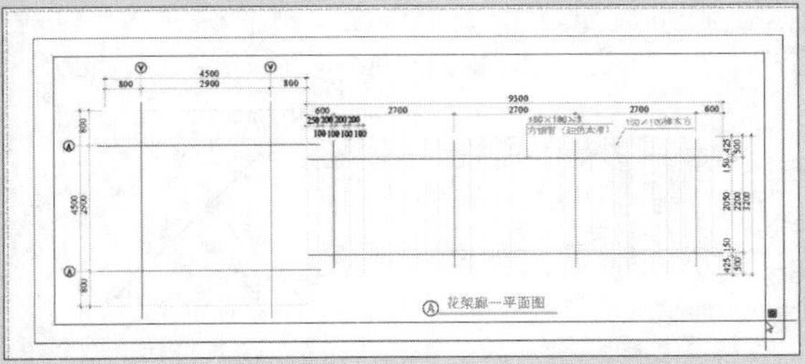

图8-39 框选打印区域

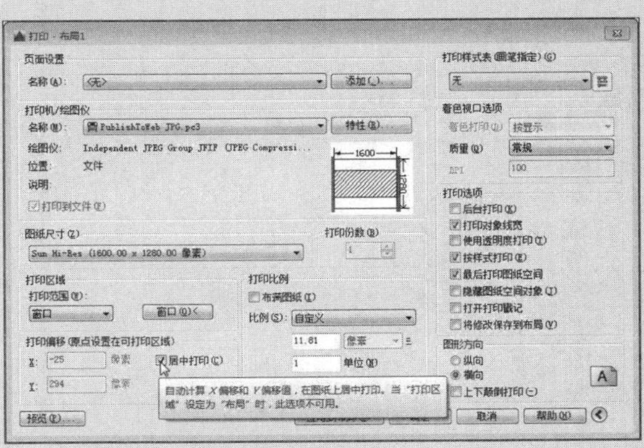

图8-40 居中打印

步骤17 单击“预览”按钮，在打开的预览视图中预览图形，如图8-41所示。

步骤18 按Esc键返回打印对话框，单击“确定”按钮，打开“浏览打印文件”对话框，如图8-42所示。

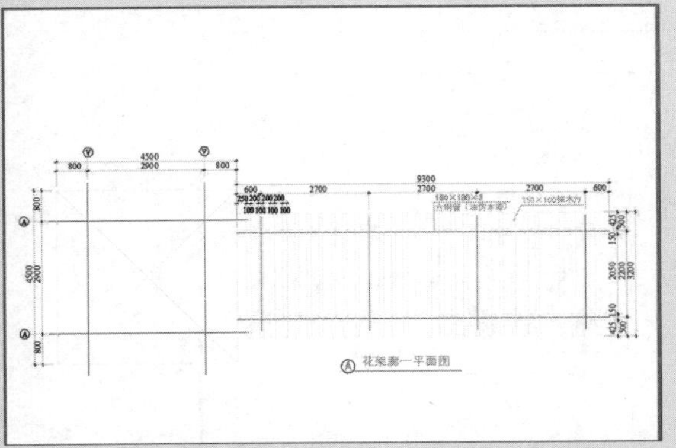

图8-41 预览打印效果

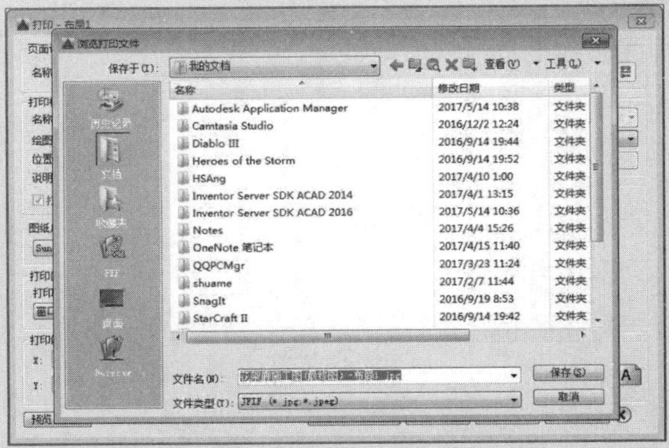

图8-42 打开“浏览打印文件”对话框

步骤19 在该对话框中，设置好文件保存路径及文件名，单击“保存”按钮，即可将当前文件输出成JPG图片格式，如图8-43所示。

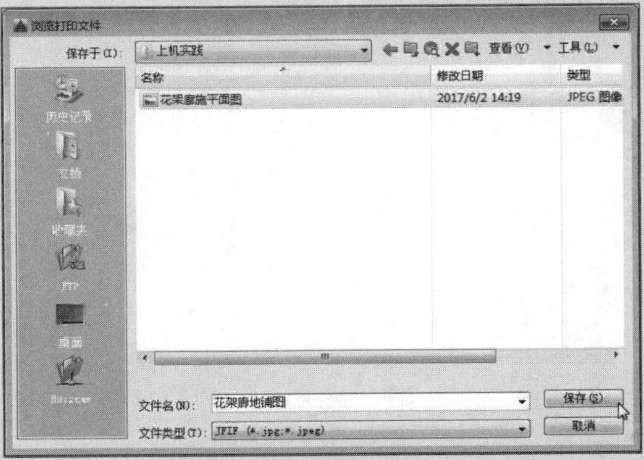

图8-43 保存成JPG格式文件

步骤20 按照同样的方法，将布局界面中其他四个视口内的图形输出成JPG图片格式，如图8-44所示。

步骤21 再次打开“打印-布局1”对话框，重新设置打印机名称、图纸尺寸参数、打印范围以及图形方向，如图8-45所示。

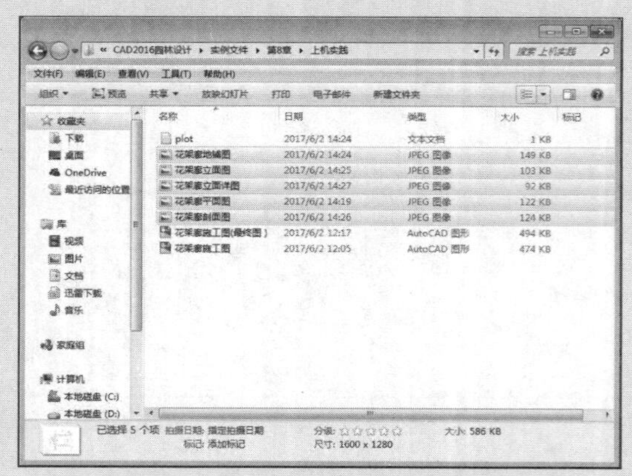

图8-44 完成其他图形的输出操作

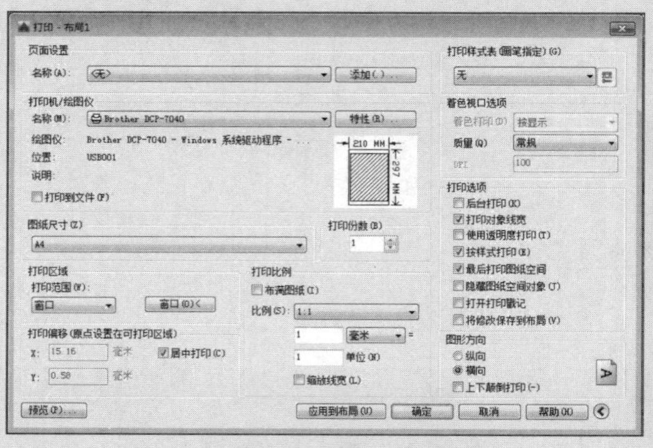

图8-45 重新设置打印参数

步骤22 单击“预览”按钮，预览打印效果，如图8-46所示。其后单击鼠标右键，选择“打印”命令，即可对当前图纸执行打印操作。

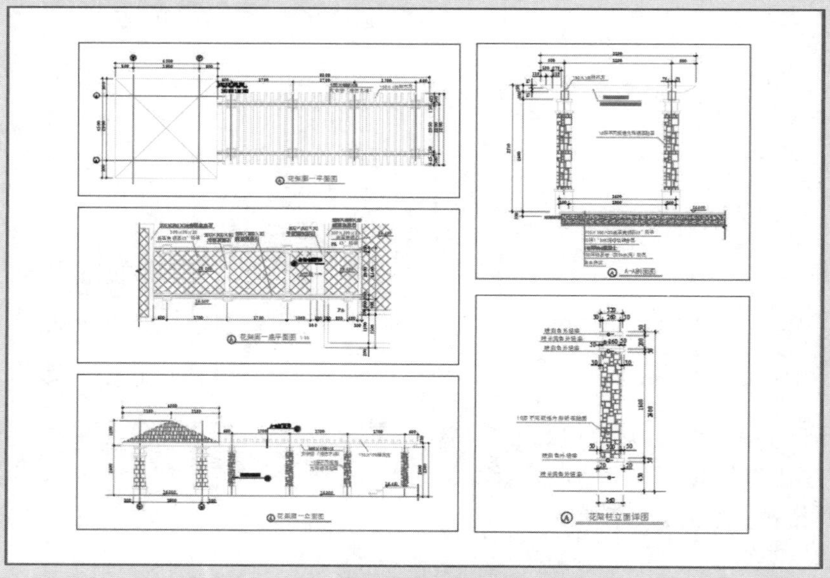

图8-46 打印预览效果

课后练习

本章主要向用户介绍了布局视口、图纸的输出与打印的操作方法，下面将通过几个练习题来巩固所学的知识点。

1. 填空题

（1）在AutoCAD 2016中，使用________命令，可以对当前视图窗口执行放大或缩小操作。

（2）________空间是设计绘图空间；________空间是表现空间。

（3）在AutoCAD 2016软件中，想要将其他格式的文件导入至AutoCAD中，可使用__________命令进行操作。

（4）在布局界面中单击鼠标右键，在弹出的快捷菜单中选择“________>________”命令，即可隐藏视口。

2. 选择题

（1）下面哪一项格式文件是不能用“输出”命令直接输出的（　　）。

A、*.bmp　　B、*.jpg

C、*.eps　　D、*.wmf

（2）在AutoCAD 2016的状态栏中，单击左下角（　　）选项卡，可切换至图纸空间。

A．布局1　　B．图纸　　C．模型　　D．设置

（3）在“布局”选项卡中，执行（　　）面板中的命令，可创建视口。

A、创建视图　　B、布局　　C、布局视口　　D、修改视图

（4）在“打印－模型”对话框中，使用（　　）选项，可根据需要框选图形的打印范围。

A、布局　　B、范围　　C、显示　　D、窗口

3. 操作题

（1）使用“创建布局视口”相关命令，创建如图8-47所示的视口图形。

（2）使用“打印”命令，打印如图8-48所示的凉亭图形，并将其输出为BMP格式的文件。

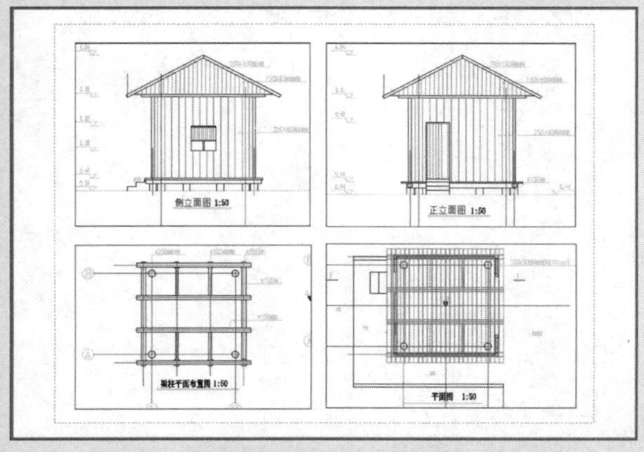

图8-47　创建布局视口图形

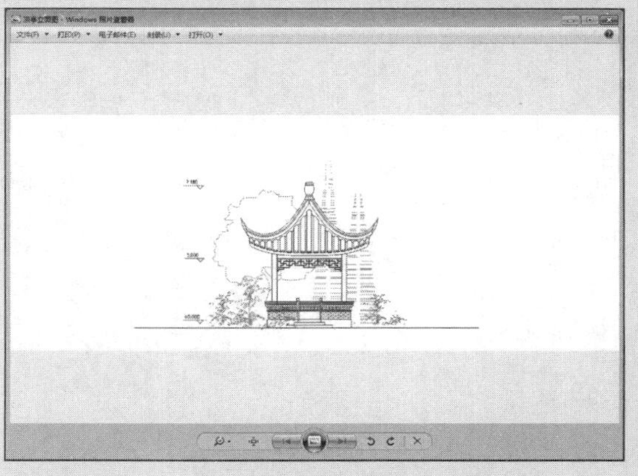

图8-48　标注立面图

Part 2

综合案例篇

Chapter 09

绘制庭院绿化平面图

课题概述

本章将介绍庭院绿化图纸的绘制方法与技巧，内容包含庭院围墙的绘制、庭院园路和地被植物的绘制以及植物配置表的制作操作。

教学目标

通过对本章内容的学习，使用户熟悉在园林图纸中一些小型庭院绿化的设计与绘制方法。

章节重点

★★★ 制作植物配置表格
★★ 插入植物图块至平面图中
★★ 细化庭院平面
★★ 布置庭院平面
★ 了解园林植物的配置原则

光盘路径

最终文件：实例文件\第9章\绘制庭院绿化平面图.dwg

9.1 园林植物配置原则

园林植物是园林工程建设中最重要的材料，园林植物的选择和配置，在很大程度上决定了园林绿化观赏价值及艺术水平的高低。在进行植物配置时，用户应明确设计的目的和功能原则，遵循统一、调和、均衡、韵律等艺术原则，并且按照生态学原理，充分考虑植物特性，因时制宜选择植物，满足人们不同的审美要求，更好地发挥景观效果和生态效果。

9.2 绘制庭院绿化平面图

庭院景观设计体现出自然的清新气息，为现代都市生活的人提供度假休闲的生活场景。本案例将设计风格典雅并融入现代手法的庭院绿化效果，在元素的运用上，使用一些造型优美的绿化栽植作为体和面，以水和雕塑作为线和点，形成丰富的景观感受层次。

9.2.1 绘图前的准备与设置

通常在绘制图纸之前，需要对图纸绘图界面进行设置，例如图形界限、图形单位等。必要时，可先创建好图纸的图层。

步骤01 启动AutoCAD 2016软件，执行“格式>图形界限”命令，设置图形界限左下角点为：(0.0000,0.0000)、右上角点为（42000.0000,29700.0000），如图9-1所示。

步骤02 打开“图层特性管理器”面板，单击“新建图层”按钮，创建新图层，如图9-2所示。

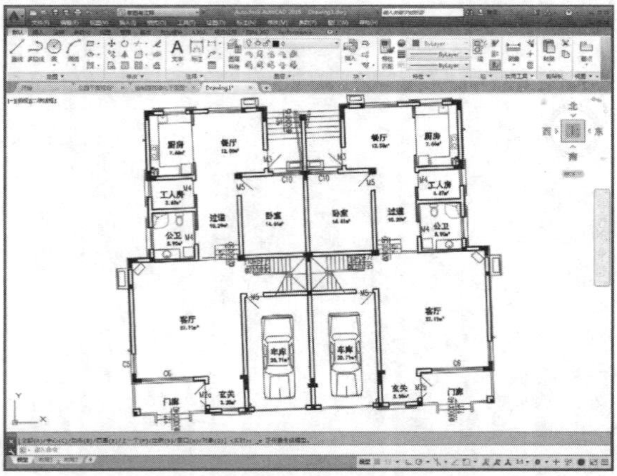

图9-1 设置图层界限

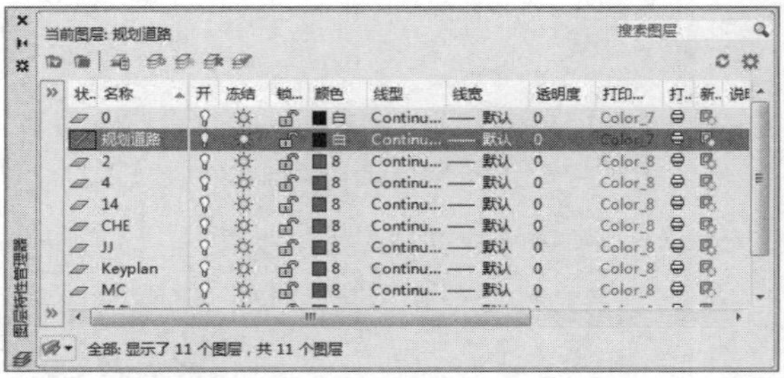

9-2 “图层特性管理器”面板

9.2.2 布置庭院平面

在绘制庭院绿化图时，通常需要根据设计要求对庭院内的构筑物以及园林小品进行统一规划布置，使庭院整齐、和谐。

步骤01 执行“直线”、“偏移”命令，绘制庭院轮廓线。执行“修剪”命令，修剪轮廓线，如图9-3所示。

步骤02 执行“偏移”命令，设置偏移距离为120mm，将四周轮廓线分别向外偏移120mm，如图9-4所示。

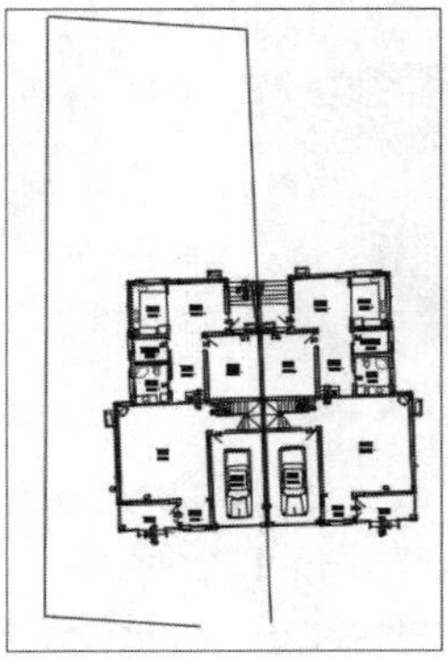

图9-3 绘制轮廓线

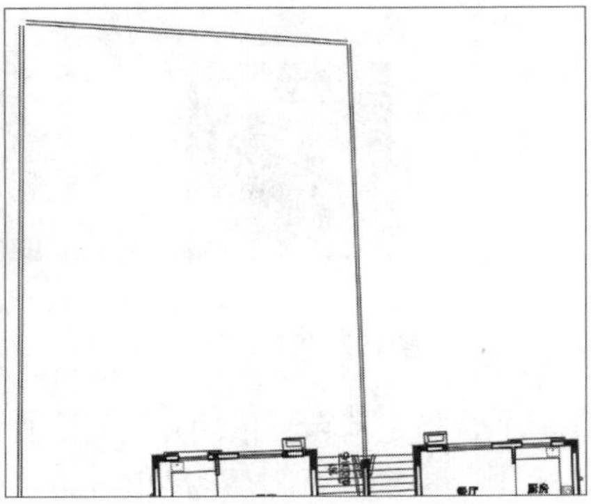

图9-4 偏移直线

步骤03 执行“圆角”命令，设置圆角半径为0mm，修剪直角，如图9-5所示。

步骤04 执行“直线”、“修剪”命令，绘制庭院的入口，如图9-6所示。

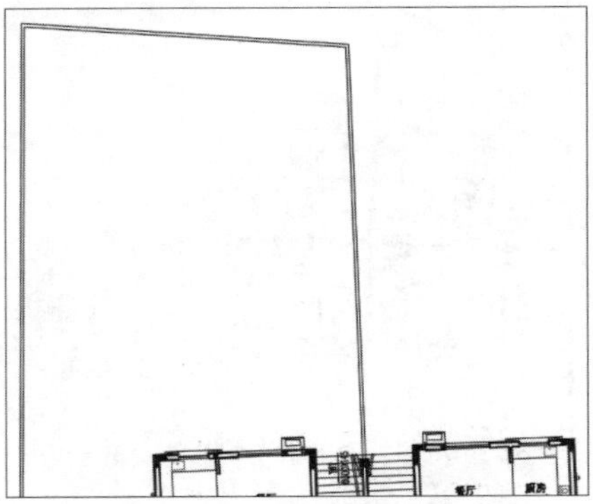

图9-5 修剪直角

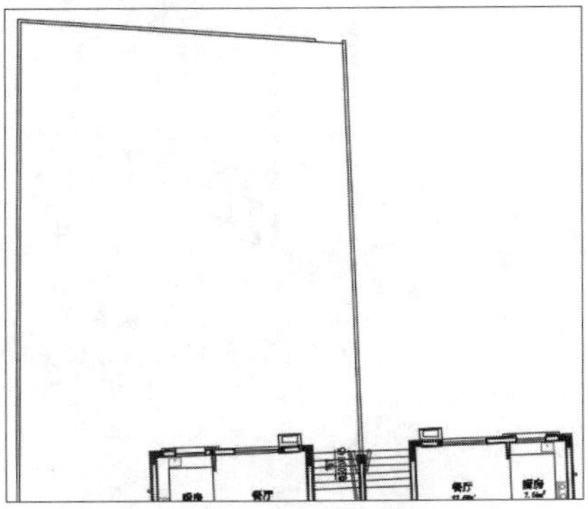

图9-6 绘制直线

步骤05 执行“圆角”命令，设置圆角半径为500mm，绘制弧形轮廓，如图9-7所示。

步骤06 执行“偏移”命令，设置偏移距离为120mm，偏移弧形。执行“修剪”命令，修剪直线，如图9-8所示。

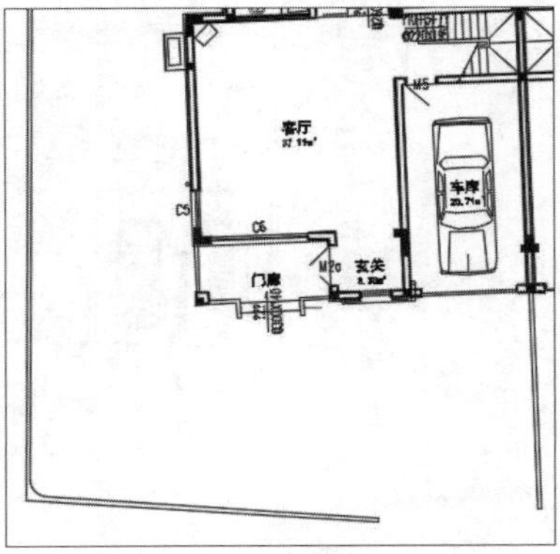

图9-7 绘制弧形

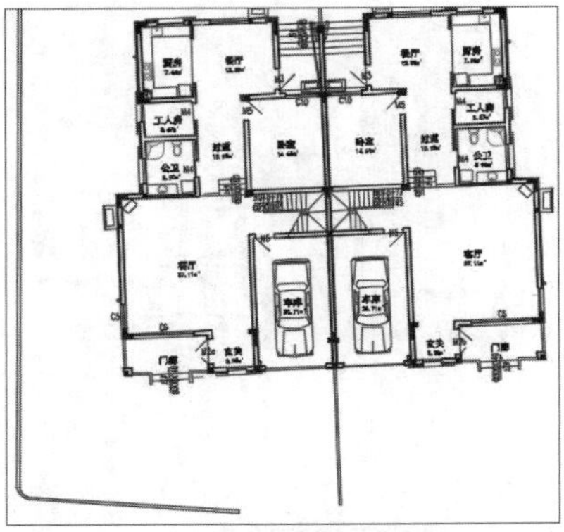

图9-8 偏移弧形

步骤07 执行“矩形”命令，绘制400×400mm的矩形柱子。执行“图案填充”命令，设置填充图案样式选项为SOLID，如图9-9所示。

步骤08 执行“旋转”命令，指定矩形左下角点为基点，设置旋转角度为4，旋转柱子，如图9-10所示。

图9-9　绘制矩形柱子

图9-10　旋转柱子

步骤09 执行“复制”命令，指定基点，依次复制矩形柱子，如图9-11所示。

步骤10 执行“圆弧”命令，设置圆弧半径为7200mm，在如图9-12所示的位置选择“起点、端点、半径”命令，绘制圆弧。

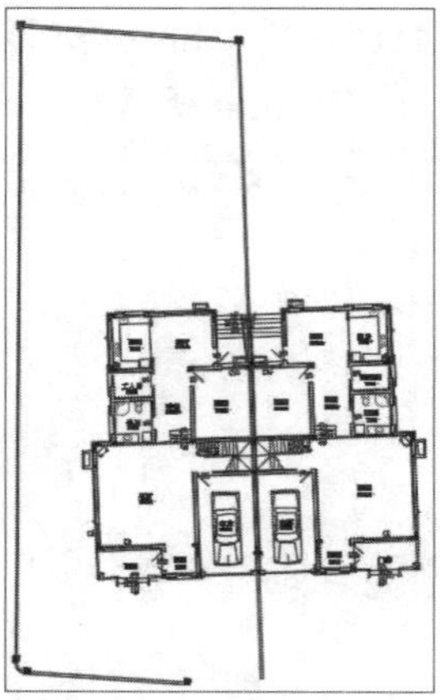

图9-11　复制柱子

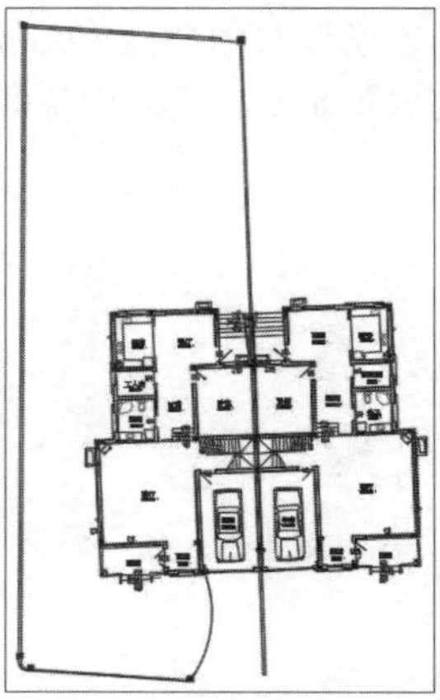

图9-12　绘制圆弧

步骤11 执行“直线”、“偏移”命令，绘制门廊台阶，如图9-13所示。

步骤12 执行“偏移”、“修剪”命令，修剪门廊台阶，如图9-14所示。

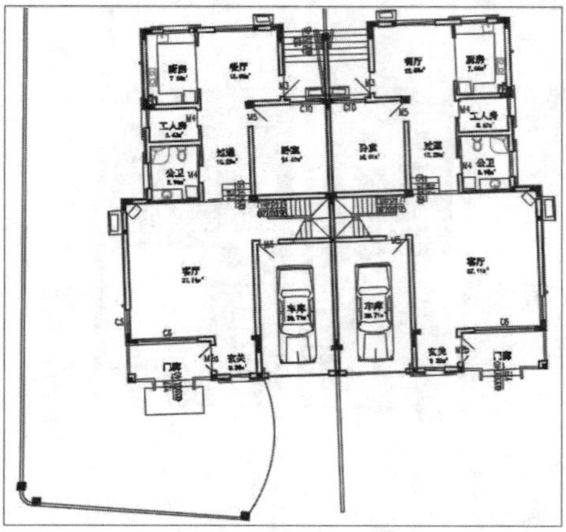

图9-13　绘制台阶

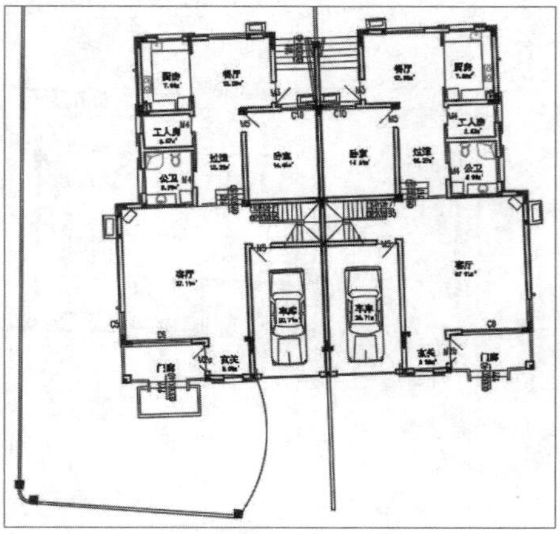

图9-14　修剪台阶

步骤13 执行“偏移”命令，设置偏移距离为800mm，将墙体向外偏移绘制门廊走道，如图9-15所示。

步骤14 执行“修剪”命令，修剪走廊直线。执行“延伸”命令，延伸直线，如图9-16所示。

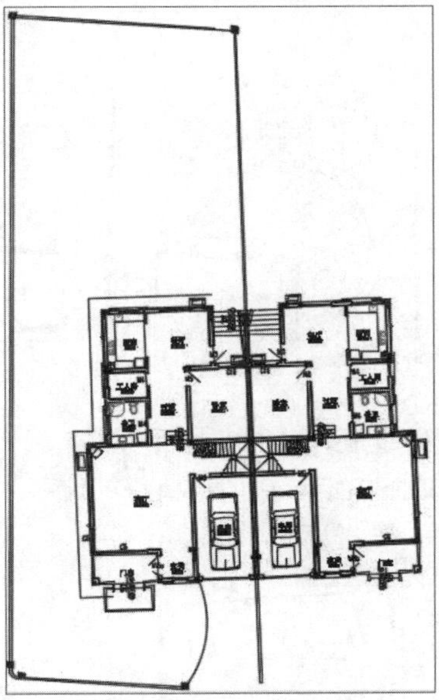

图9-15　偏移直线

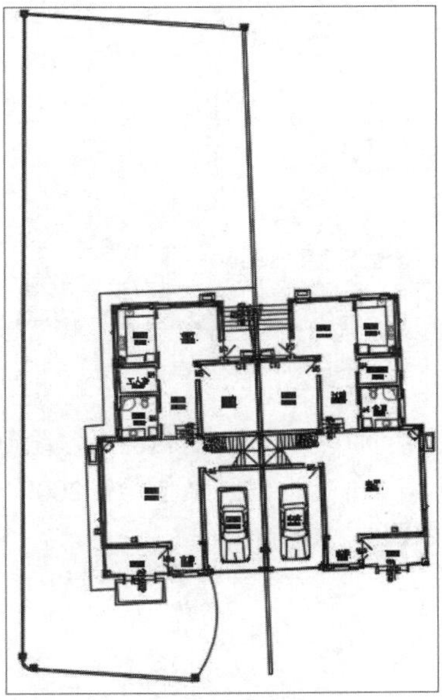

图9-16　修剪直线

步骤15 执行“样条曲线”命令，关闭正交限制光标，绘制园路平面轮廓，如图9-17所示。

步骤16 执行“圆”命令，绘制园路圆形造型。执行“偏移”命令，偏移圆形，如图9-18所示。

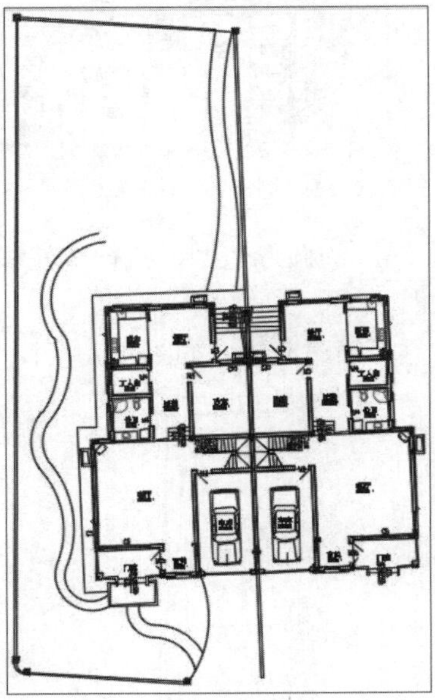

图9-17　绘制曲线

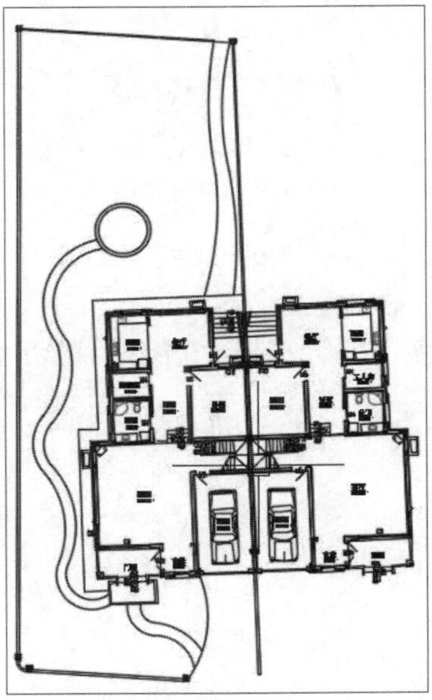

图9-18　绘制圆形

步骤17 执行“图案填充”命令，设置填充图案为AR-PARQ1，设置填充图案比例为5，图案填充效果如图9-19所示。

步骤18 执行“矩形”命令，绘制600×300mm的矩形青砖，如图9-20所示。

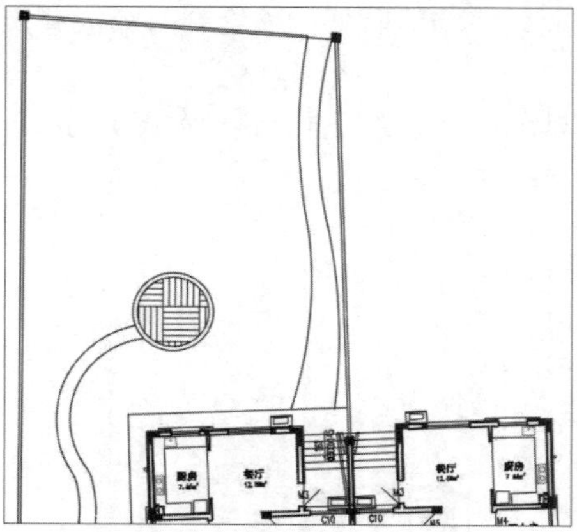

图9-19　填充图案

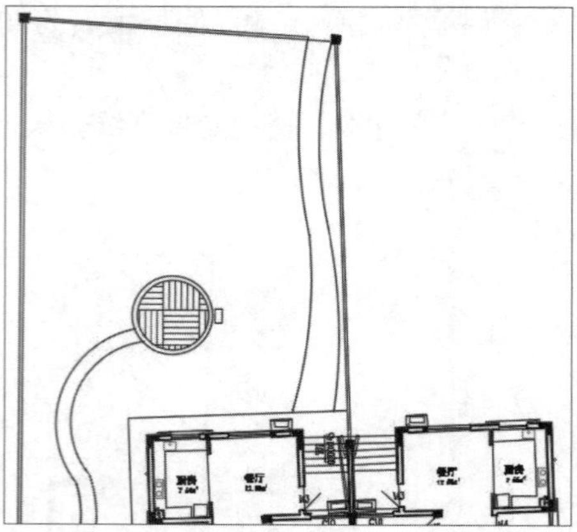

图9-20　绘制青砖

步骤19 执行“复制”命令，依次复制矩形，绘制青砖走道，如图9-21所示。

步骤20 执行“矩形”命令，在园路上绘制2000×2000mm矩形造型。执行“偏移”命令，将矩形向外偏移100mm，如图9-22所示。

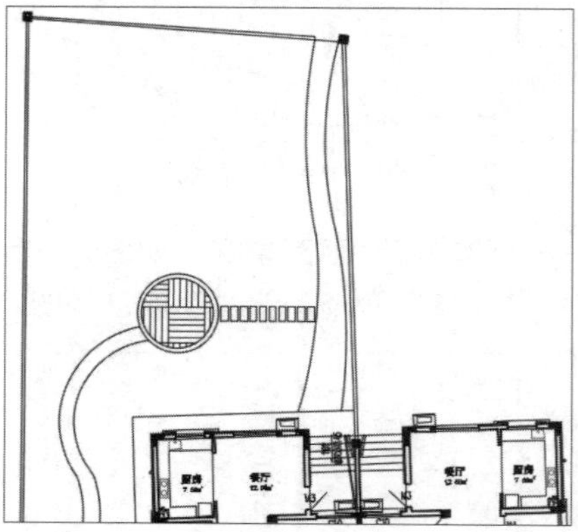

图9-21　复制矩形

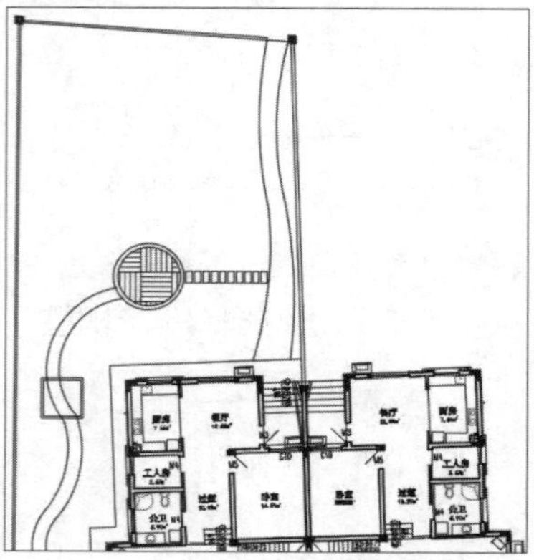

图9-22　绘制矩形

步骤21 执行“圆”命令，在矩形中心绘制半径为600mm的圆形造型。执行“偏移”命令，将圆形向外偏移100mm，如图9-23所示。

步骤22 执行“修剪”命令，选择矩形作为剪切边，修剪园路曲线，如图9-24所示。

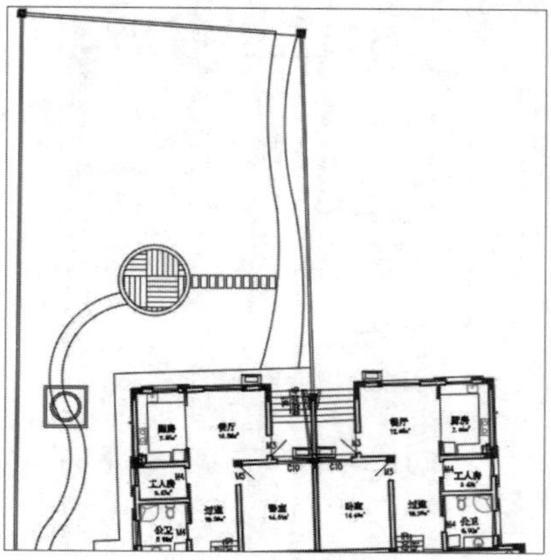

图9-23　绘制圆形

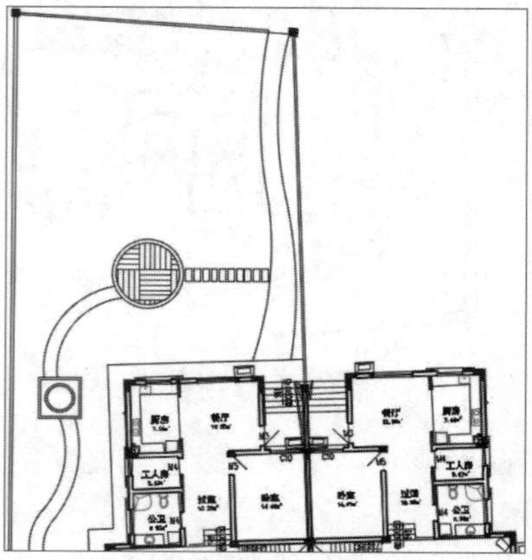

图9-24　修剪曲线

步骤23 执行“分解”命令，分解矩形。执行“偏移”命令，将矩形下方直线向下依次偏移300mm、150mm，如图9-25所示。

步骤24 执行“复制”命令，指定基点，依次向下复制直线，如图9-26所示。

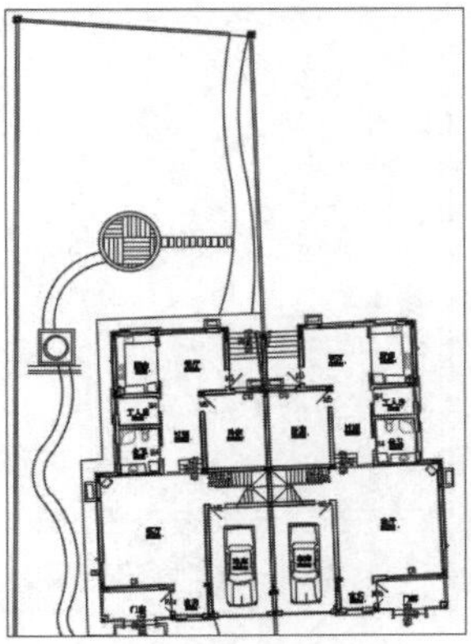

图9-25 偏移直线

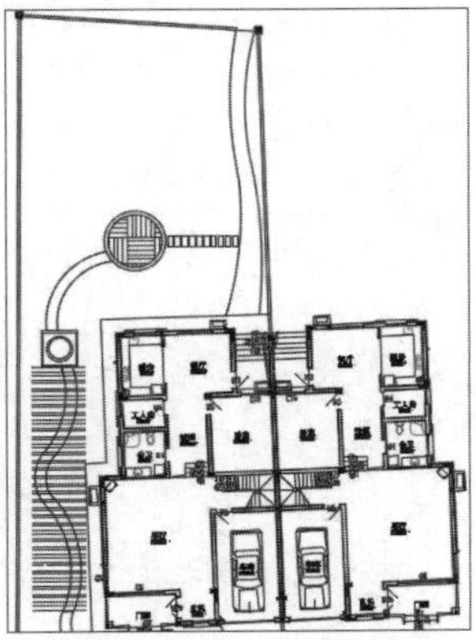

图9-26 复制直线

步骤25 执行“修剪”命令，修剪园路曲线，如图9-27所示。

步骤26 执行“圆”命令，设置半径为1500mm，绘制圆形水池，如图9-28所示。

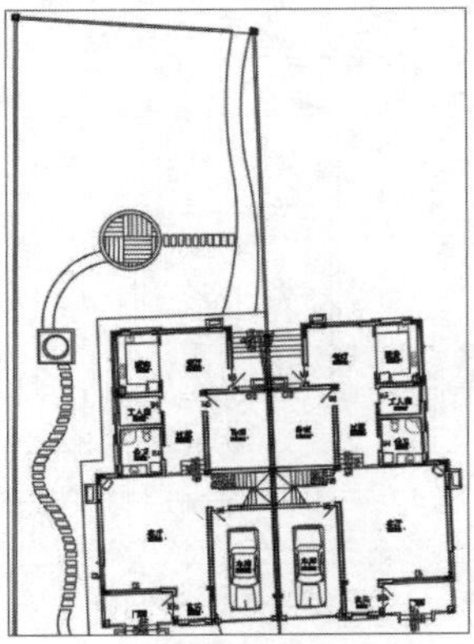

图9-27 修剪曲线

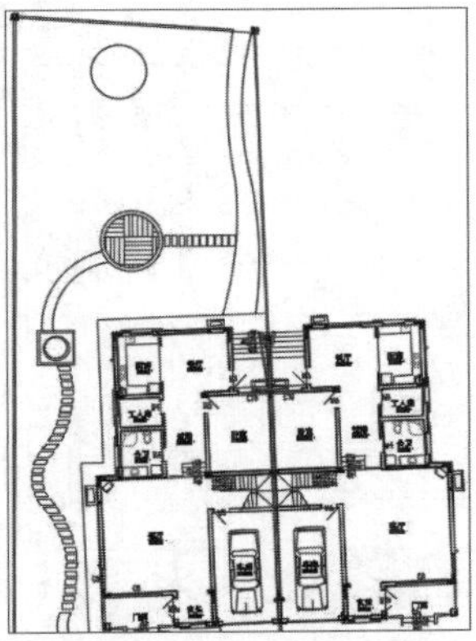

图9-28 绘制圆形

步骤27 执行“图案填充”命令，设置填充图案为AR-RROOF，设置填充比例为30，如图9-29所示。

步骤28 执行“圆弧”命令，绘制弧形。执行“偏移”、“修剪”命令，绘制园路，如图9-30所示。

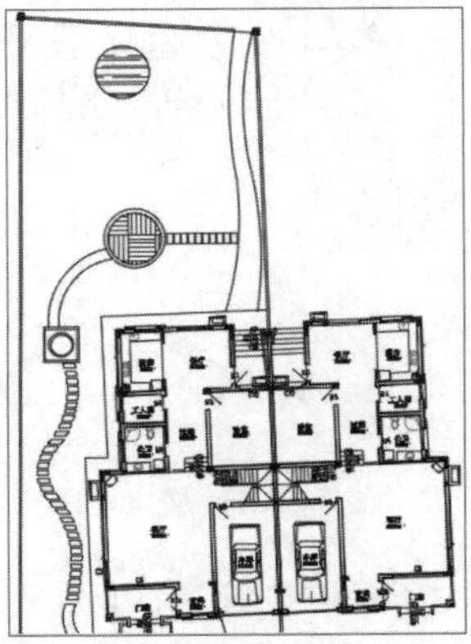

图9-29 填充图案

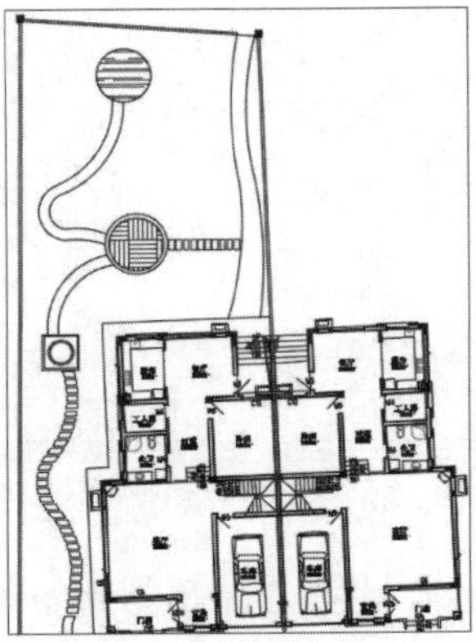

图9-30 绘制弧形

步骤29 执行“矩形”命令，绘制3000×3000mm矩形景观亭，如图9-31所示。

步骤30 执行“偏移”命令，设置偏移距离为50mm，将矩形向内偏移，绘制景观亭造型，如图9-32所示。

图9-31　绘制矩形

图9-32　偏移矩形

步骤31 执行“偏移”命令，依次将矩形向内偏移250mm、50mm，按照相同的偏移数据继续偏移矩形，效果如图9-33所示。

步骤32 执行“直线”命令，连接顶点绘制直线。执行“偏移”命令，分别将直线向两侧偏移25mm，如图9-34所示。

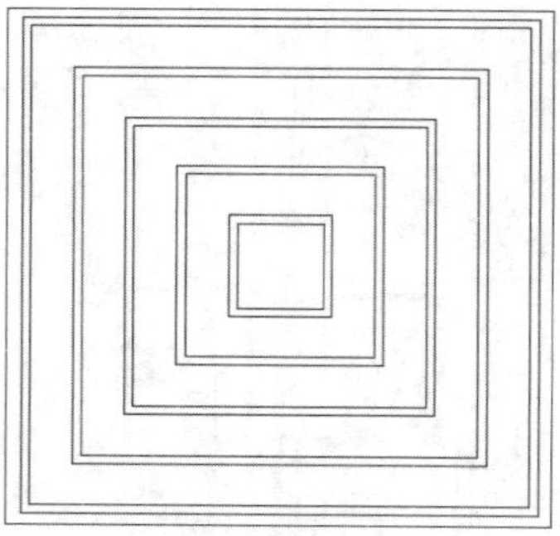
图9-33　偏移矩形

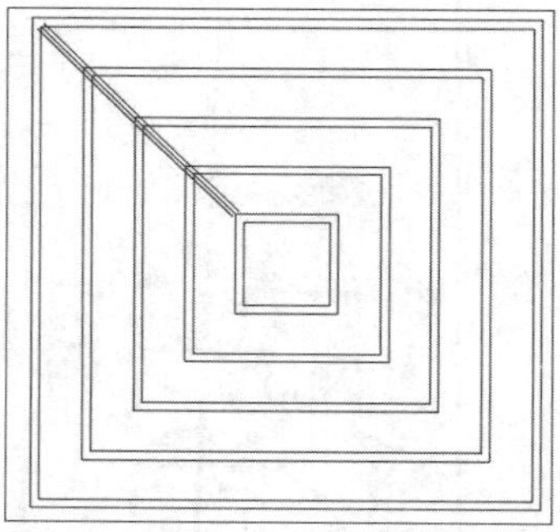
图9-34　绘制直线

步骤33 执行“修剪”命令，修剪顶面直线，如图9-35所示.。

步骤34 执行“镜像”命令，指定景观亭中心点作为基点，镜像复制直线，如图9-36所示。

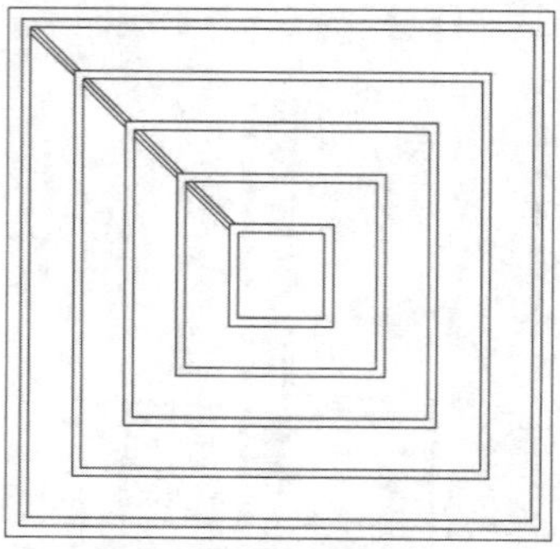
图9-35　修剪直线

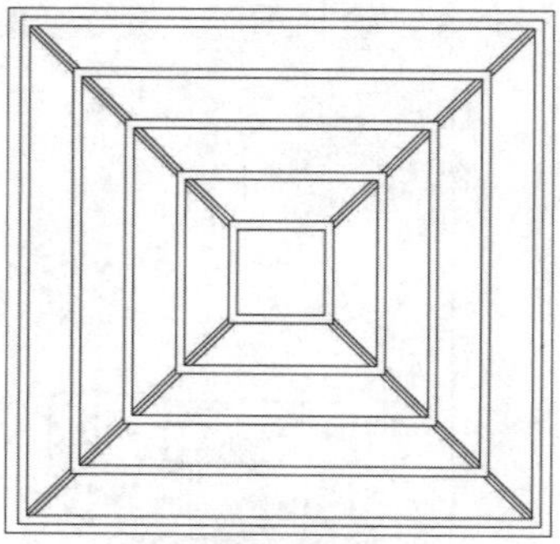
图9-36　镜像复制

步骤35 执行“移动”命令，将景观亭移动到如图9-37所示的位置。执行“修剪”命令，修剪水池。

步骤36 执行“矩形”命令，绘制长廊栅栏。执行“镜像”命令，镜像复制矩形，如图9-38所示。

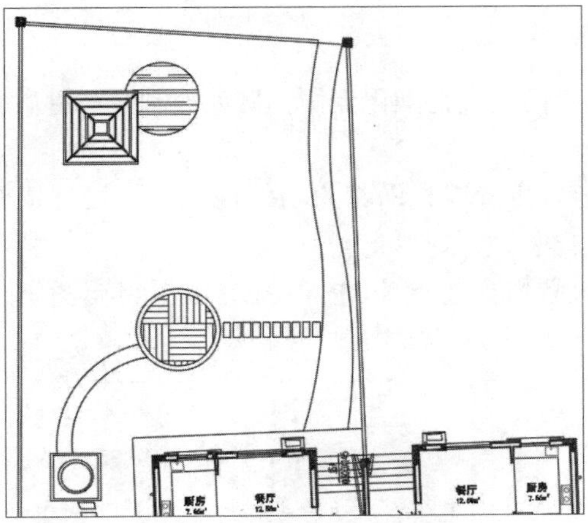

图9-37 移动景观亭

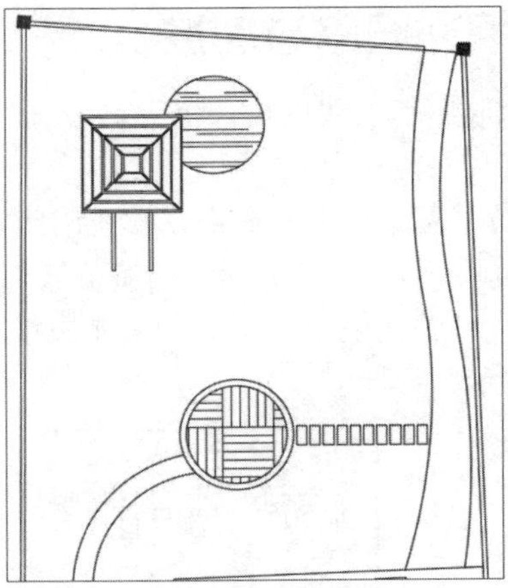

图9-38 绘制矩形

步骤37 执行“复制”命令，设置间距为250mm，依次向下复制矩形栅栏，如图9-39所示。

步骤38 执行“复制”命令，复制长廊栅栏。执行“旋转”、“移动”命令，旋转复制栅栏，如图9-40所示。

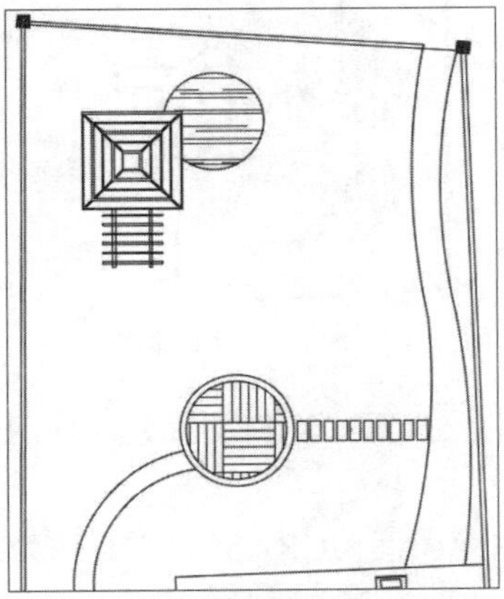

图9-39 复制矩形

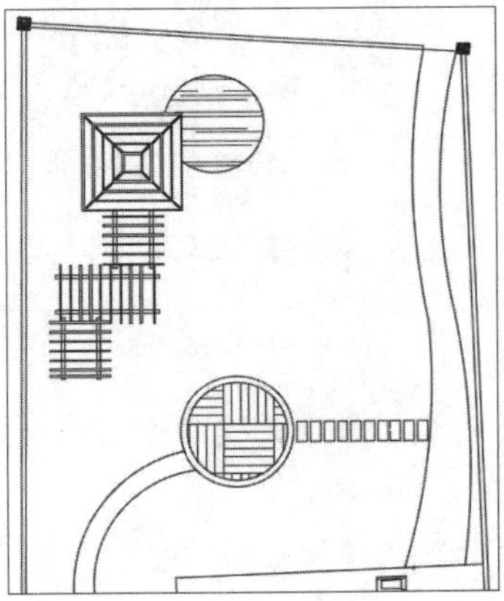

图9-40 旋转矩形

步骤39 执行“圆弧”命令，指定“起点、端点、半径”后，绘制弧形园路，如图9-41所示。

步骤40 执行“复制”命令，复制矩形青砖，如图9-42所示。

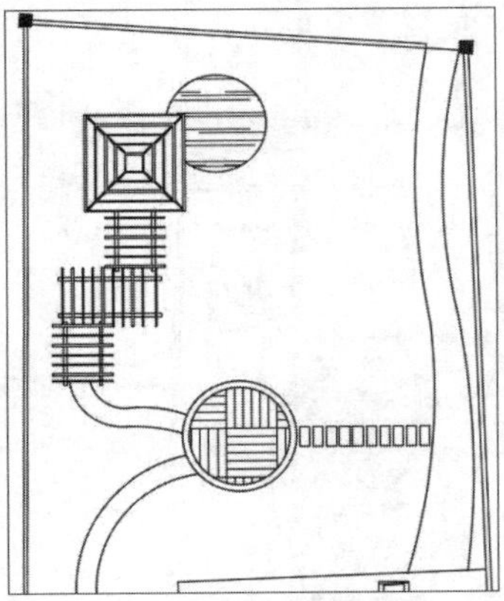

图9-41 绘制圆弧

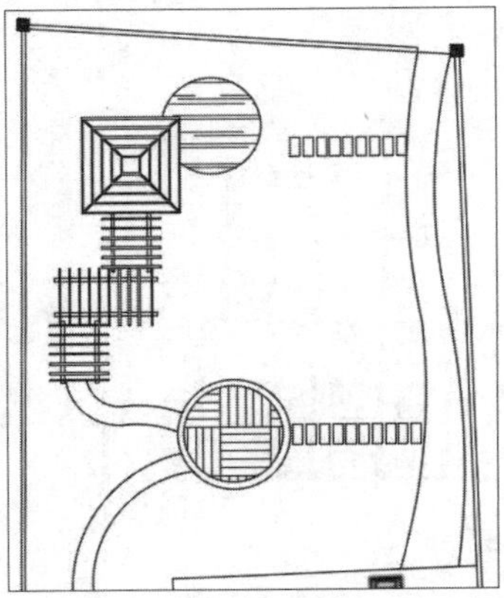

图9-42 复制矩形青砖

9.2.3 填充园路与地被

完成庭院平面布置图后，接下来需要对该平面图进行细化操作，例如绘制园路材质、丰富地被植物等。

步骤01 执行“图案填充”命令，填充门廊走道，设置填充图案为AR-HBONE，设置填充图案比例为2，如图9-43所示。

步骤02 执行“图案填充”命令，填充园路，设置填充图案为GRAVEL，设置填充图案比例为30，如图9-44所示。

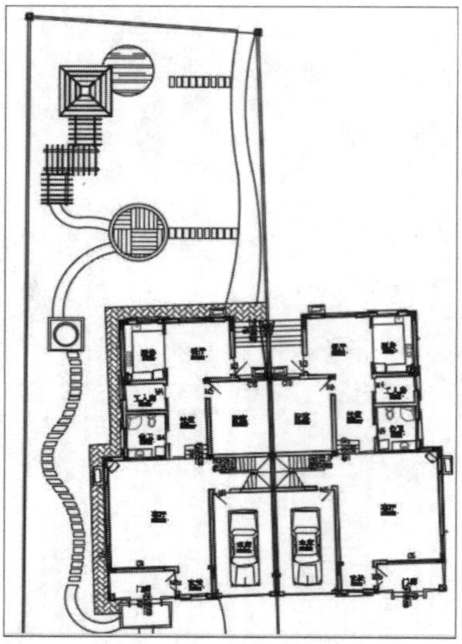

图9-43 填充走道

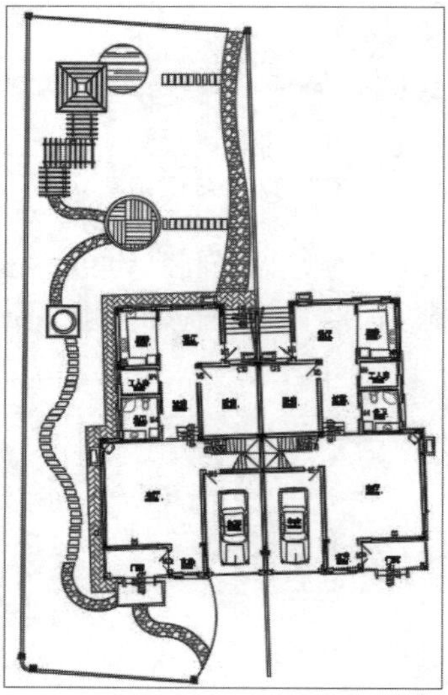

图9-44 填充园路

步骤03 执行“样条曲线”命令，绘制植被填充图案。执行“复制”命令，复制曲线，单击顶点，调节图案造型，如图9-45所示。

步骤04 执行“图案填充”命令，填充草坪，设置填充图案为GRASS，设置填充图案比例为10，如图9-46所示。

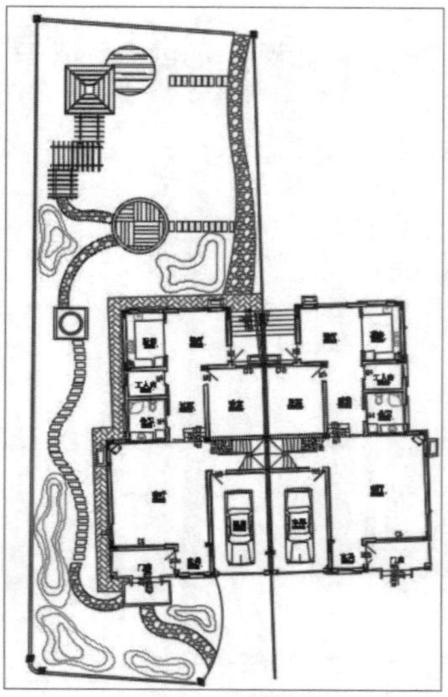

图9-45 绘制曲线

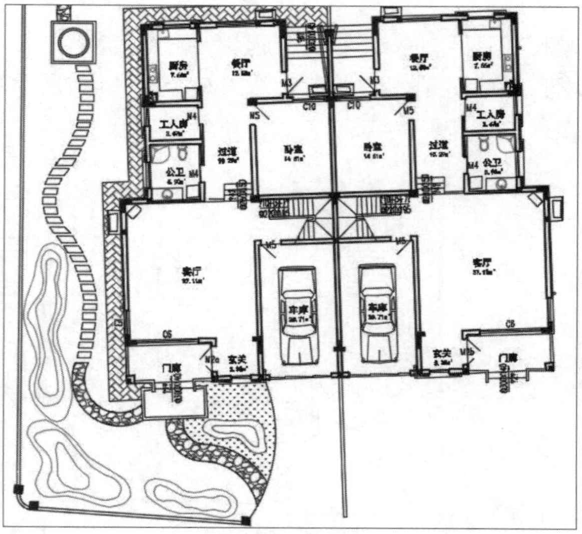

图9-46 填充草坪

步骤05 执行“图案填充”命令，填充园路造型，设置填充图案为GRAVEL，设置填充图案比例为20，如图9-47所示。

步骤06 执行“图案填充”命令，填充园路造型，设置填充图案为AR-BRSTD，设置填充图案比例为2，如图9-48所示。

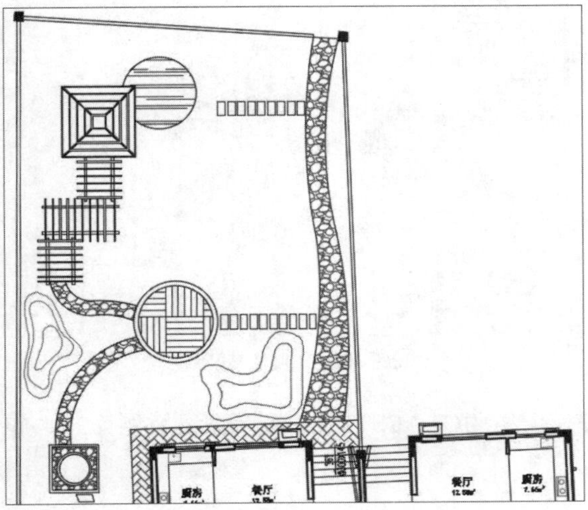

图9-47 填充图案

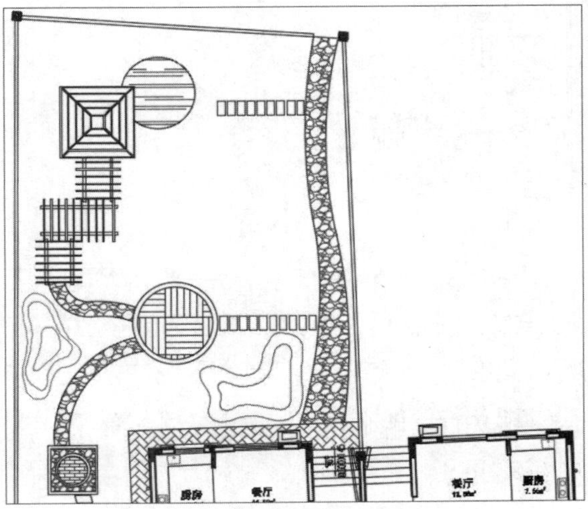

图9-48 填充图案

步骤07 执行“偏移”命令，将圆形向外偏移1000mm。执行“圆弧”、“修剪”命令，修剪弧形小路，如图9-49所示。

步骤08 执行“图案填充”命令，填充园路造型，设置填充图案为GRAVEL，设置填充图案比例为20，如图9-50所示。

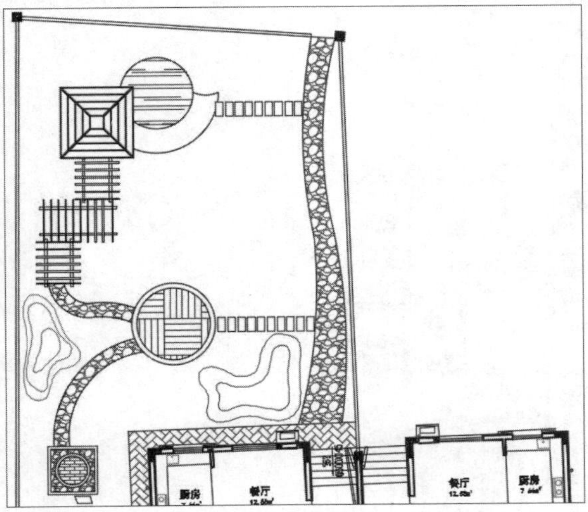

图9-49 绘制弧形

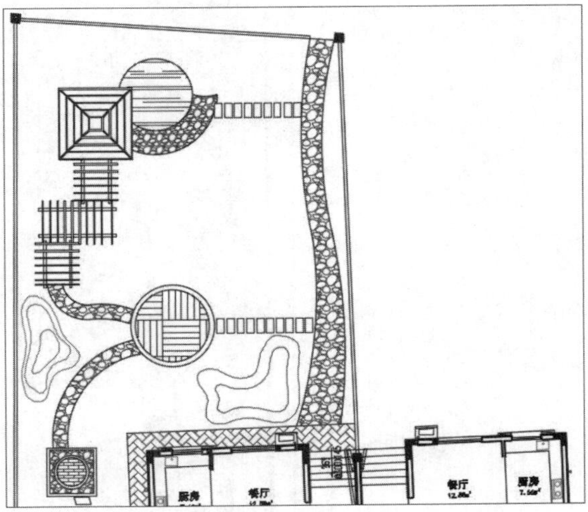

图9-50 填充图案

步骤09 执行“直线”命令，绘制景观石。执行“复制”、“旋转”命令，调整景观石造型，如图9-51所示。

步骤10 执行“多段线”命令，绘制草地图案填充区域，如图9-52所示。

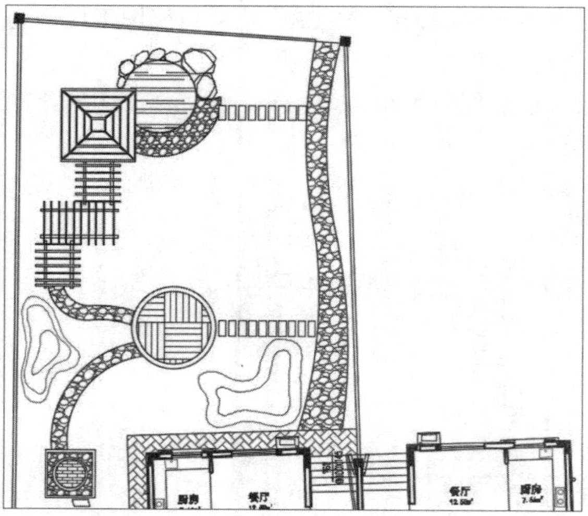

图9-51　绘制景观石

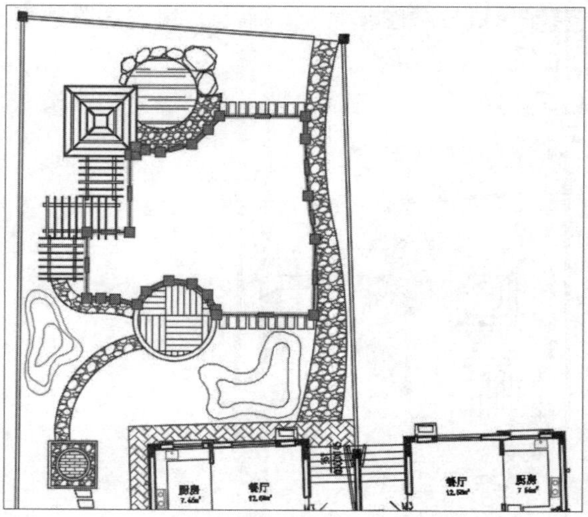

图9-52　绘制填充区域

步骤11 执行“图案填充”命令，填充草坪，设置填充图案为GRASS，设置填充图案比例为20，如图9-53所示。

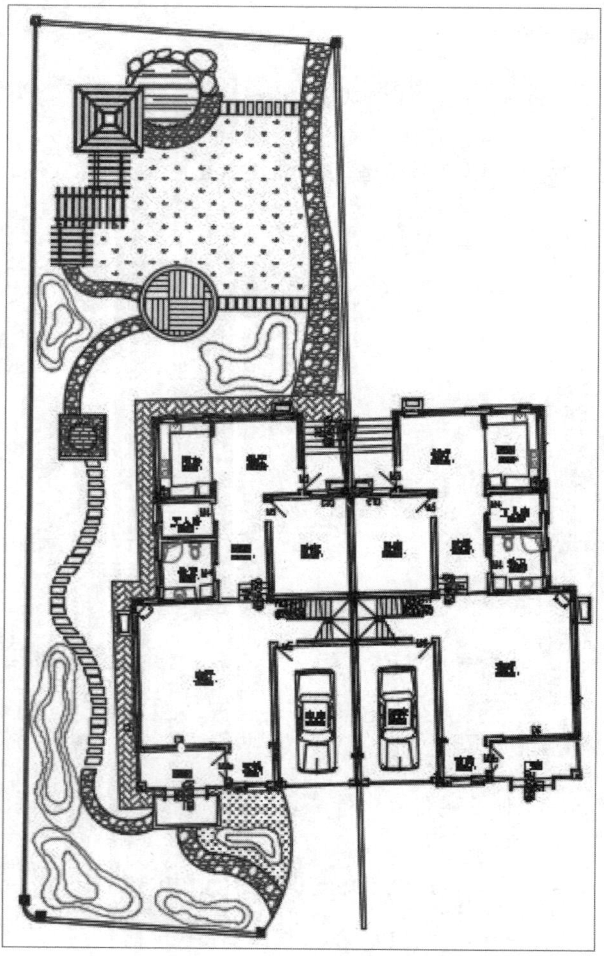

图9-53　填充图案

9.2.4 插入植物图块

完成庭院内所有平面图形的绘制后，即可对该平面图执行添加植物图块操作。用户可使用“插入”命令，将植物图块插入平面图中。

步骤01 执行“文件”命令，打开平面图库，选择樟树并右击，选择“复制”命令，如图9-54所示。

步骤02 按Ctrl+Tab组合键切换至庭院平面图，单击鼠标右键并选择“粘贴”命令，如图9-55所示。

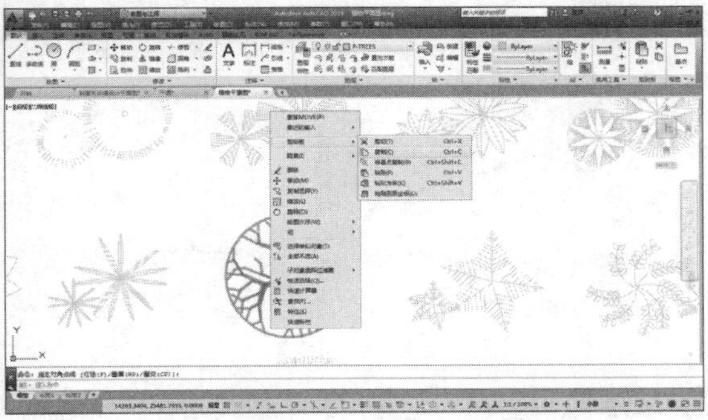

图9-54　复制图形

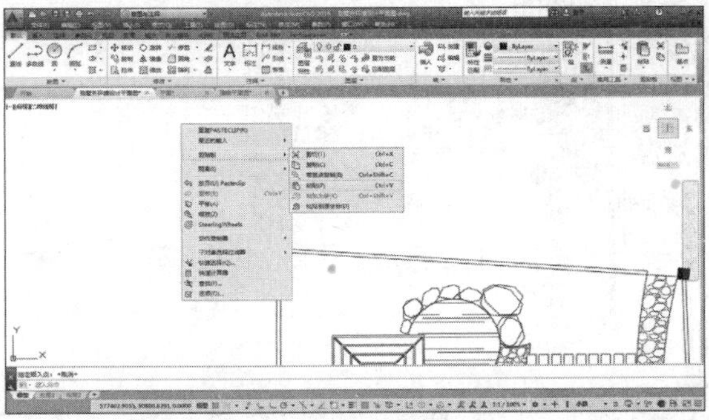

图9-55　粘贴图形

步骤03 执行“插入>创建块”命令，设置名称为“樟树”，并设置其他参数，如图9-56所示。

步骤04 执行“缩放”命令，选择樟树中心点，设置缩放比例为5，如图9-57所示。

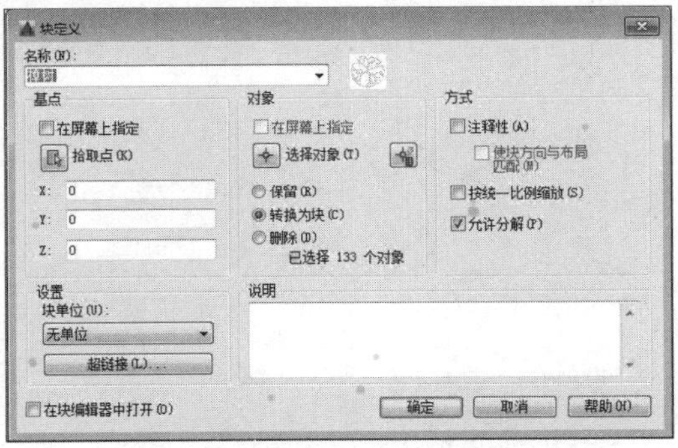

图9-56　创建块

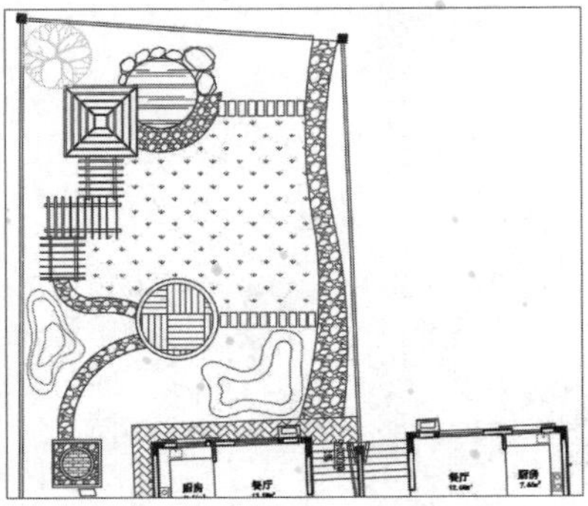

图9-57　缩放图形

步骤05 执行“插入>创建块”命令，设置名称为“青皮竹”，并设置其他参数，如图9-58所示。

步骤06 执行“插入块”命令，单击“浏览”按钮，选择“青皮竹”选项，选择插入点并导入植物模型，如图9-59所示。

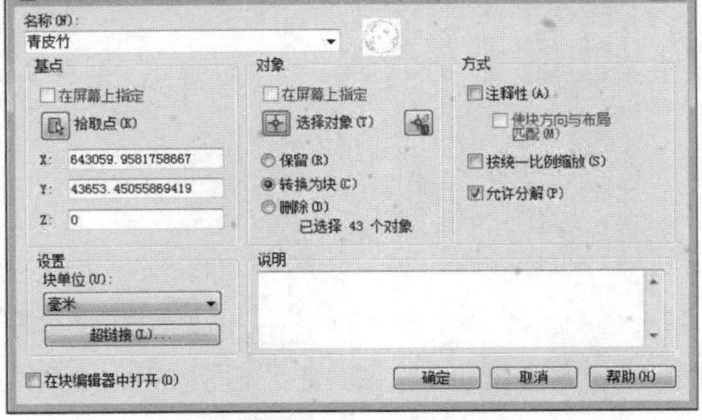

图9-58　创建块

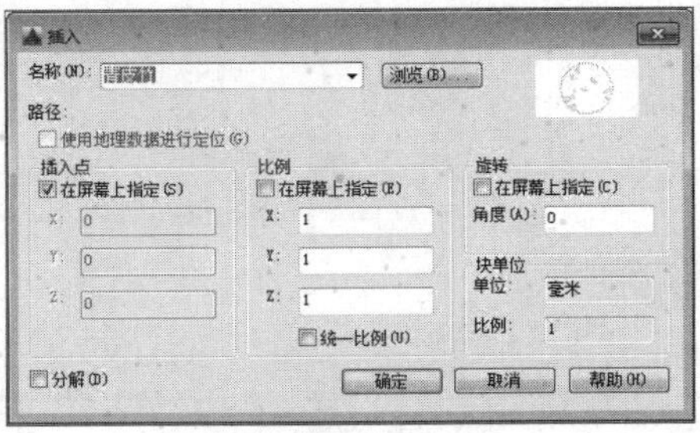

图9-59　导入模型

步骤07 执行“缩放”命令，选择植物中心点，设置缩放比例为1/2，如图9-60所示。
步骤08 执行“复制”命令，选择青皮竹中心，依次向下复制，如图9-61所示。

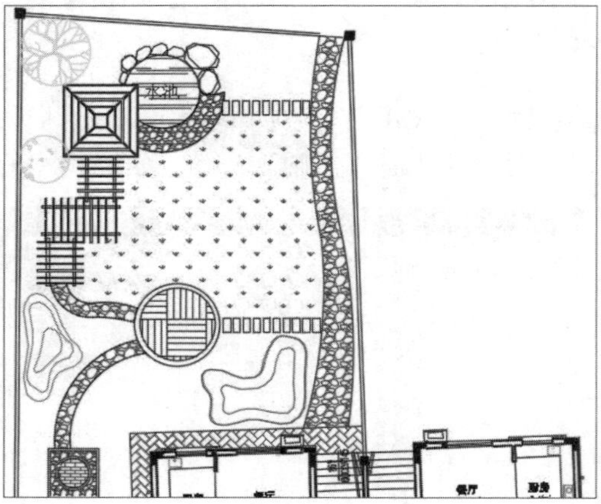

图9-60 缩放植物

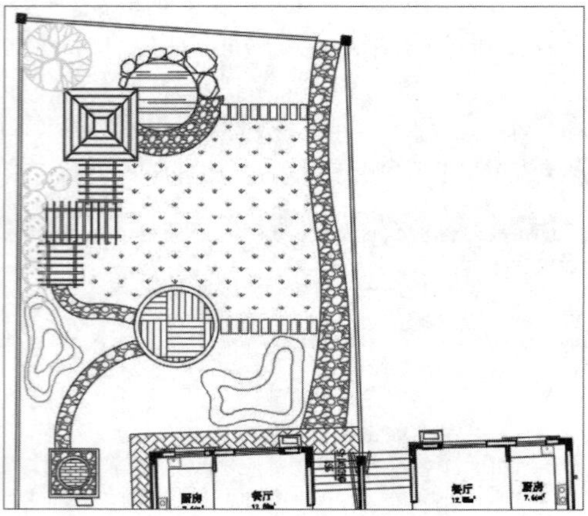

图9-61 复制植物

步骤09 执行“直线”命令，绘制直线。执行“圆弧”命令，选择“起点、端点、角度”绘制圆弧，如图9-62所示。
步骤10 执行“旋转”命令，选择中心点，选择“复制”命令，设置旋转角度120°，旋转造型，如图9-63所示。

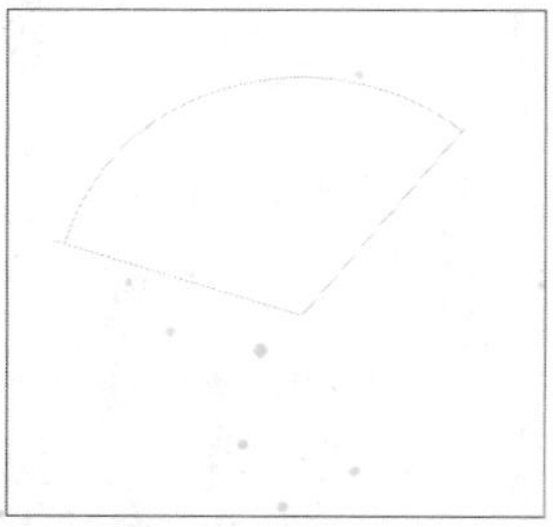
图9-62 绘制圆弧

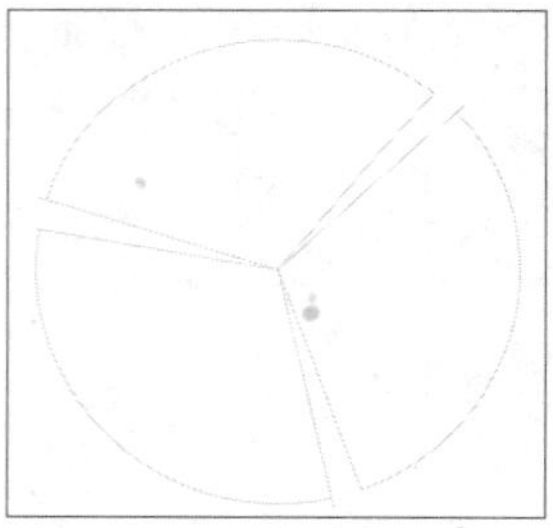
图9-63 旋转复制

步骤11 执行“插入>创建块”命令，设置名称为“栀子”，设置其他参数，如图9-64所示。
步骤12 执行“复制”命令，指定基点并依次复制栀子植物图块，如图9-65所示。

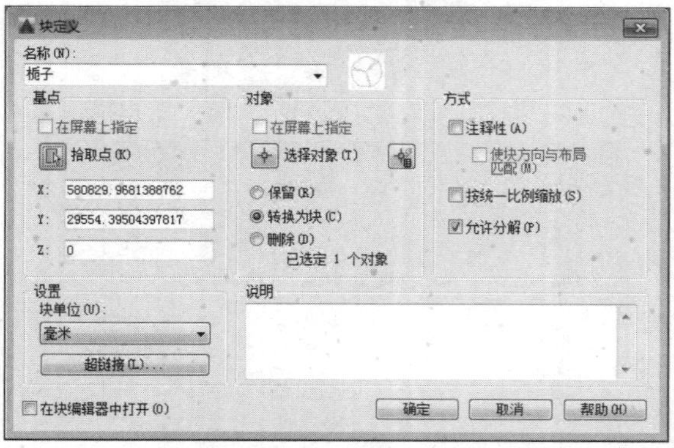

图9-64 创建块

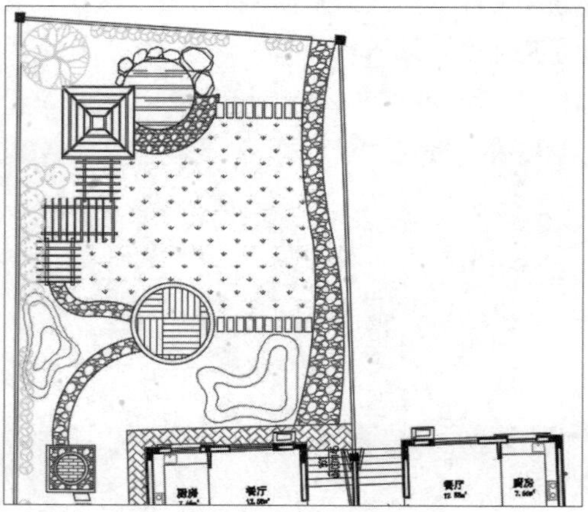

图9-65 复制植物

步骤13 执行“插入块”命令，导入其他图形。执行“复制”命令，复制植物模型，如图 9-66 所示。

步骤14 执行“引线”命令，绘制文字标注。执行“复制”、“缩放”命令，绘制其他植物，如图9-67所示。

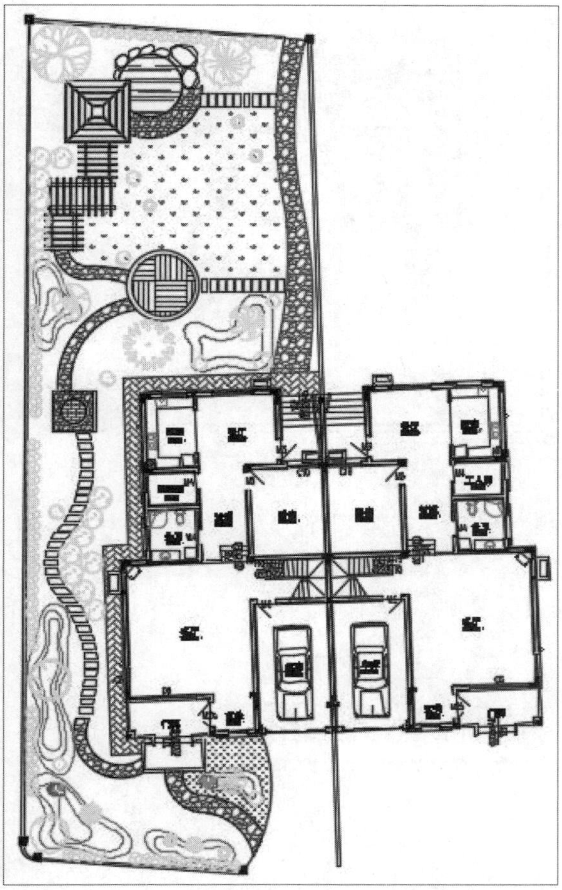

图9-66　导入模型

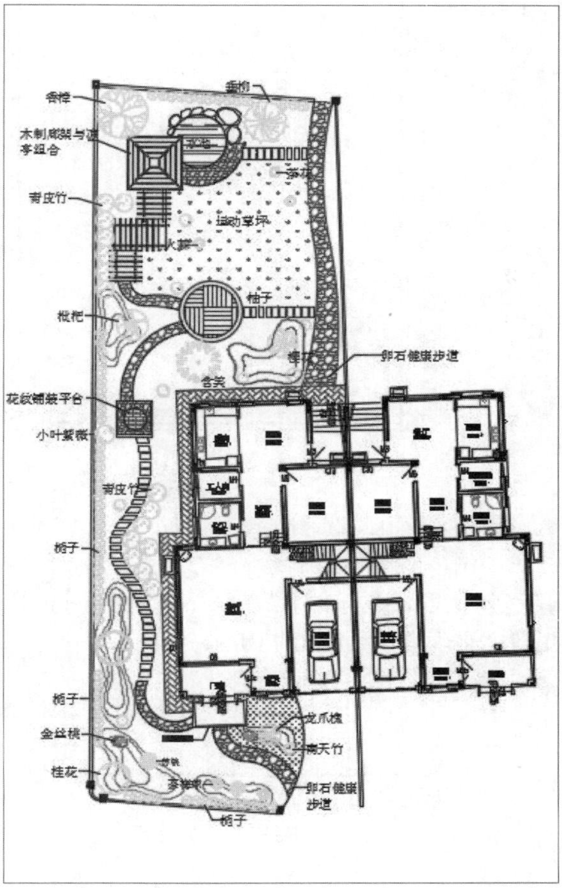

图9-67　绘制引线

步骤15 执行“矩形”命令，绘制A3图框，设置长度420mm，宽度297mm，如图9-68所示。

步骤16 执行“偏移”命令，将矩形向内偏移5mm，如图9-69所示。

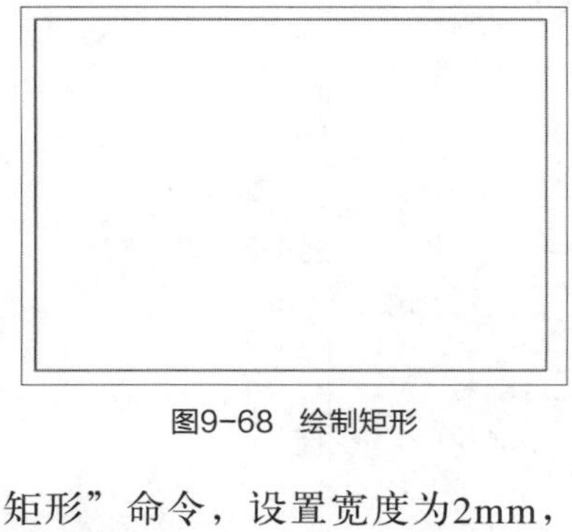

图9-68　绘制矩形

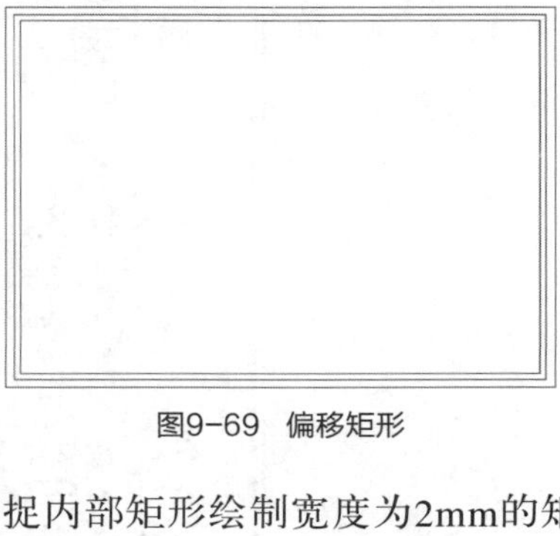

图9-69　偏移矩形

步骤17 执行“矩形”命令，设置宽度为2mm，捕捉内部矩形绘制宽度为2mm的矩形。执行“删除”命令，删除内部矩形，如图9-70所示。

步骤18 执行“缩放”命令，设置缩放比例为120mm，放大矩形，如图9-71所示。

图9-70　绘制矩形

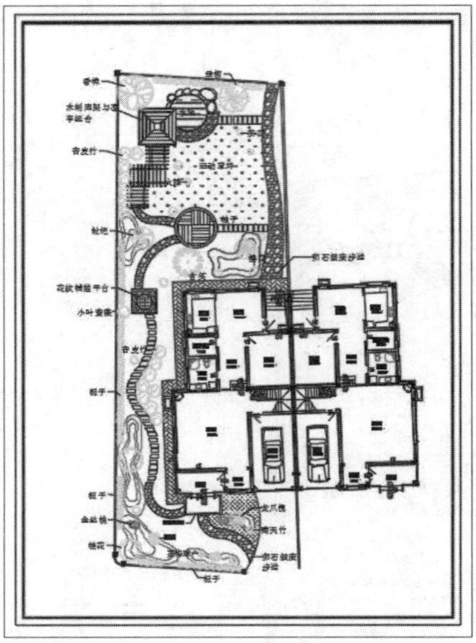

图9-71　缩放图框

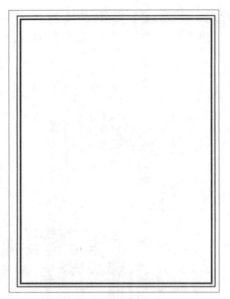

步骤19 执行“直线”命令，绘制长度为5000mm直线。执行“多段线”命令，设置线宽为80mm，绘制图例，如图10-72所示。

步骤20 执行“多行文字”命令，绘制图例文字。执行“复制”、“缩放”命令，复制文字，双击并更改文字内容，如图10-73所示。

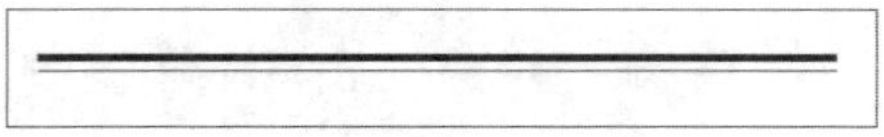

图9-72　绘制图例

图9-73　绘制文字

步骤21 执行“移动”命令，将图例说明移动到相应的位置后查看效果，如图10-74所示。

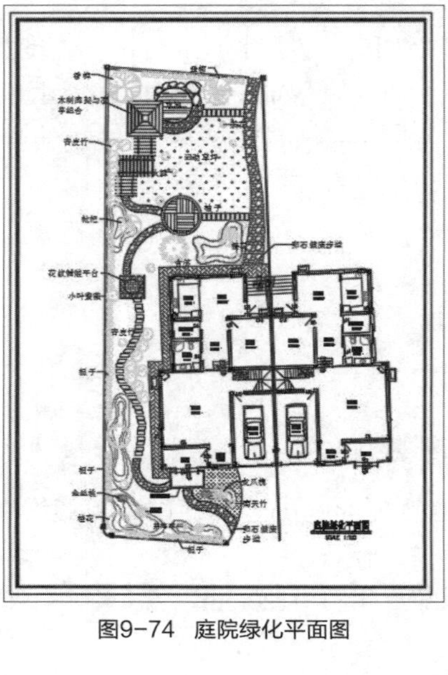

图9-74　庭院绿化平面图

9.3 添加植物配置表

绘制绿化设计图形时，需要把所用的植物材料统计汇总并编制成表，然后附在图纸一角，作为设计文件的一部分。植物配置表不仅是绿化设计图的延展和补充，而且是建设单位、施工单位以后编制技术经济指标的重要依据。植物配置表的主要内容有植物名称、规格、单位、数量等。下面将对植物配置表格的绘制操作进行介绍。

步骤01 执行“格式>文字样式”命令，打开“文字样式”对话框，如图9-75所示。

步骤02 取消勾选“使用大字体”复选框，设置字体为“宋体”，其他参数保持默认设置，单击“置为当前”按钮，如图9-76所示。

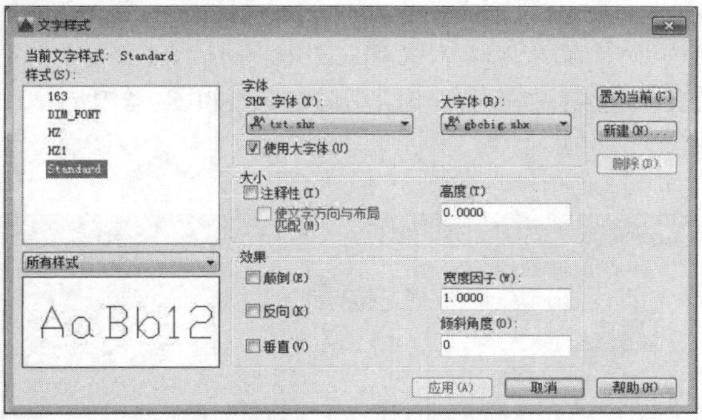

图9-75 新建文字样式

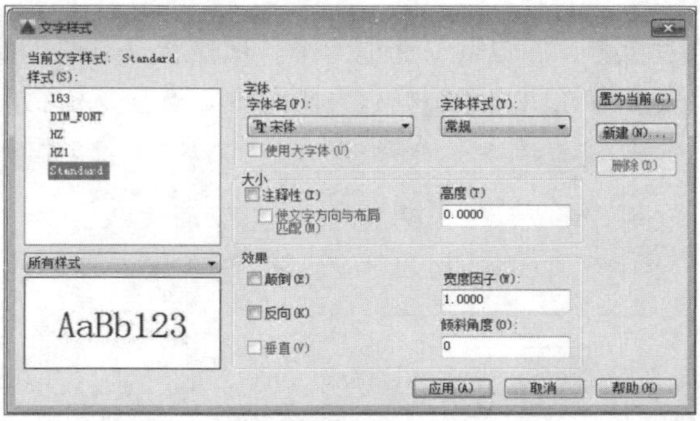

图9-76 设置文字参数

步骤03 执行“格式>表格样式”命令，打开“表格样式”对话框，如图9-77所示。

步骤04 单击“新建”按钮，打开“创建新的表格样式”对话框，输入新样式名称，并单击“继续”按钮，如图9-78所示。

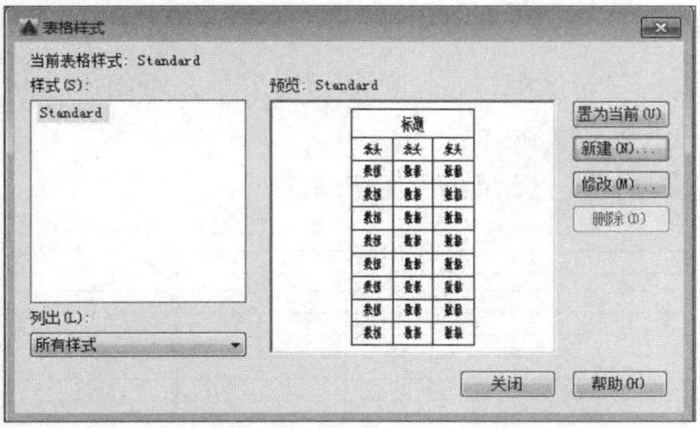

图9-77 打开“表格样式”对话框

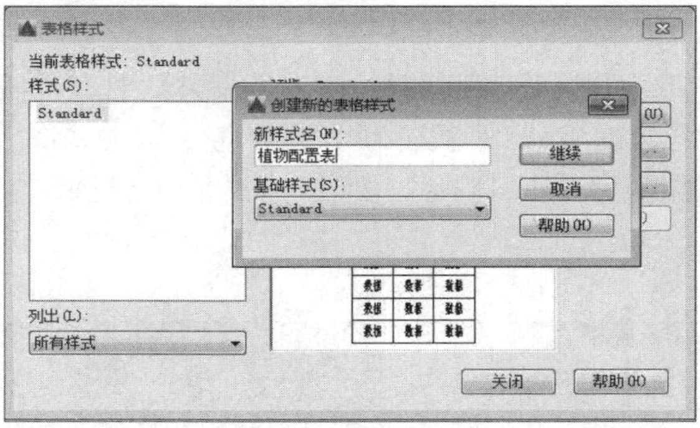

图9-78 新建表格样式

步骤05 在“常规”选项卡中，设置对齐方式为“正中”，其他参数保持默认设置，如图9-79所示。

步骤06 在“文字”选项卡中，设置文字高度为6，其他参数保持默认设置，如图9-80所示。

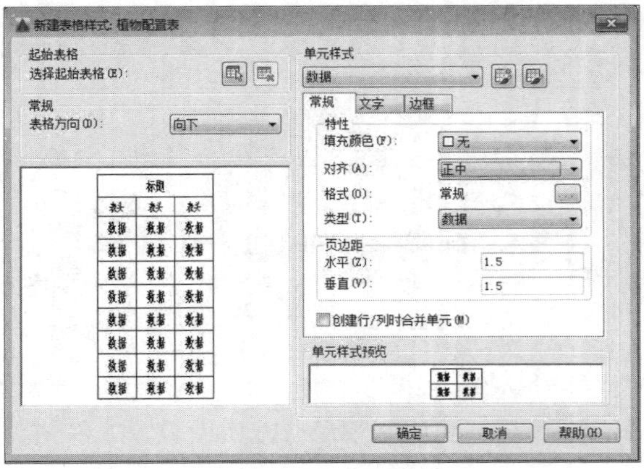

图9-79　设置常规参数

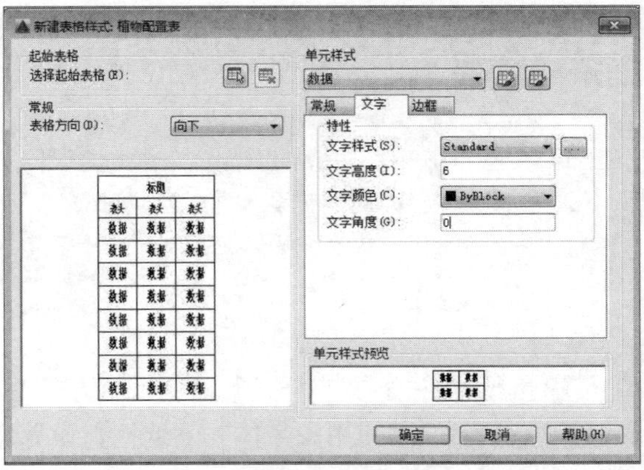

图9-80　设置文字参数

步骤07 在“边框”选项卡中，选择所有边框选项，其他参数保持默认设置，如图9-81所示。

步骤08 返回“表格样式”对话框，选择“植物配置表”选项，将其设为当前样式，如图9-82所示。

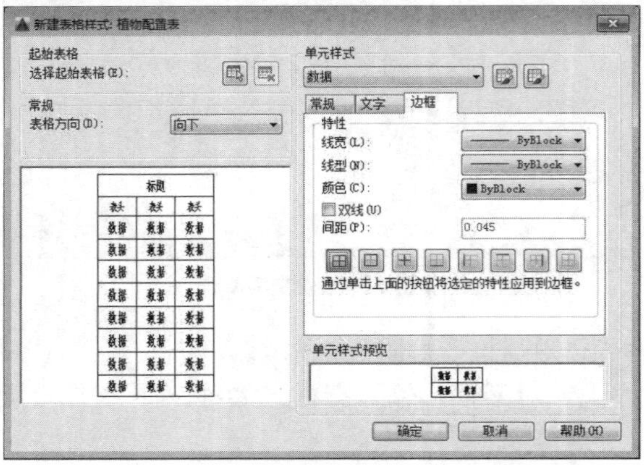

图9-81　设置边框

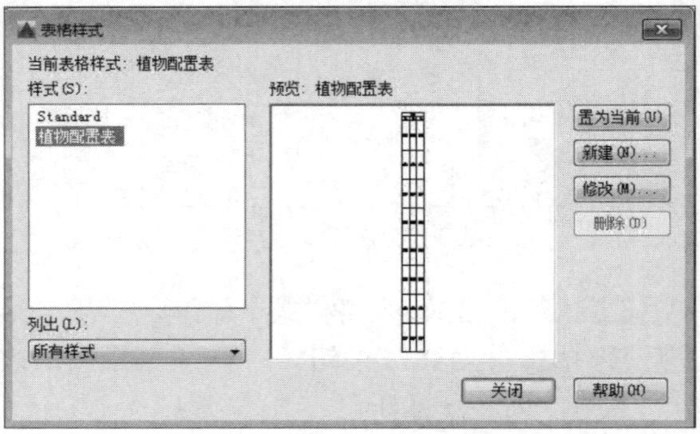

图9-82　单击“置为当前”按钮

步骤09 执行“注释>插入表格”命令，打开“插入表格”对话框，在“列和行设置”选项组中，将行数设为20，列数设为8，将列宽设为100，将行高设为3，如图9-83所示。

步骤10 单击“确定”按钮，根据命令行提示，指定表格插入点，如图9-84所示。

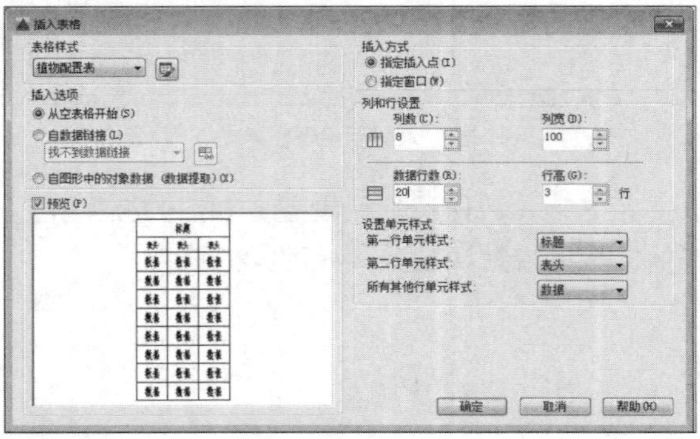

图9-83　插入表格

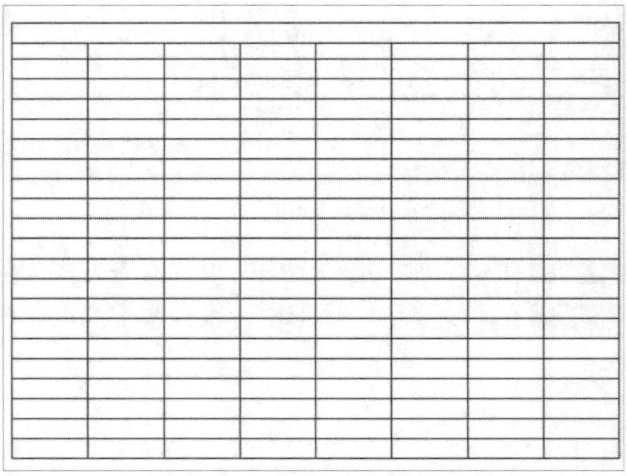

图9-84　插入表格

步骤11 表格插入完成后，即可进入文字编辑状态，双击表格并输入文字，如图9-85所示。

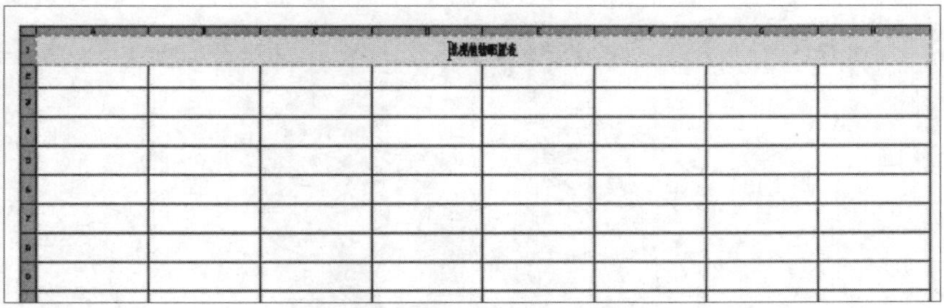

图9-85　输入文字

步骤12 双击选中表格文字，设置文字大小为15，其他参数保持默认设置，如图9-86所示。

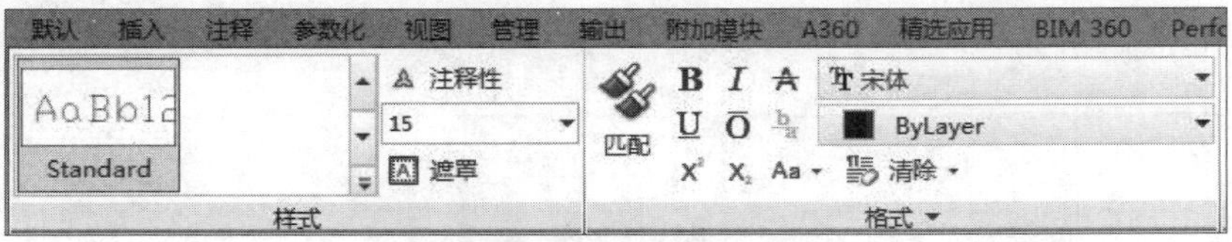

图9-86　设置文字大小

步骤13 表格插入完成后，选择边框，指定基点可以调节表格尺寸，如图9-87所示。

步骤14 执行“缩放”命令，调节表格大小，执行“移动”命令，将表格移动到图9-88所示位置。

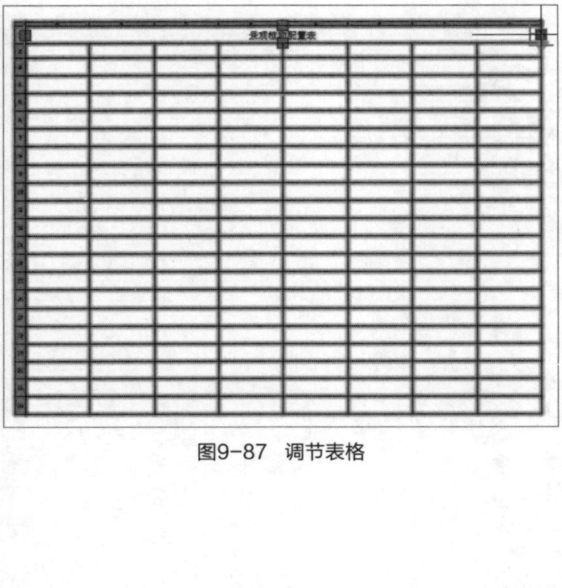

图9-87　调节表格

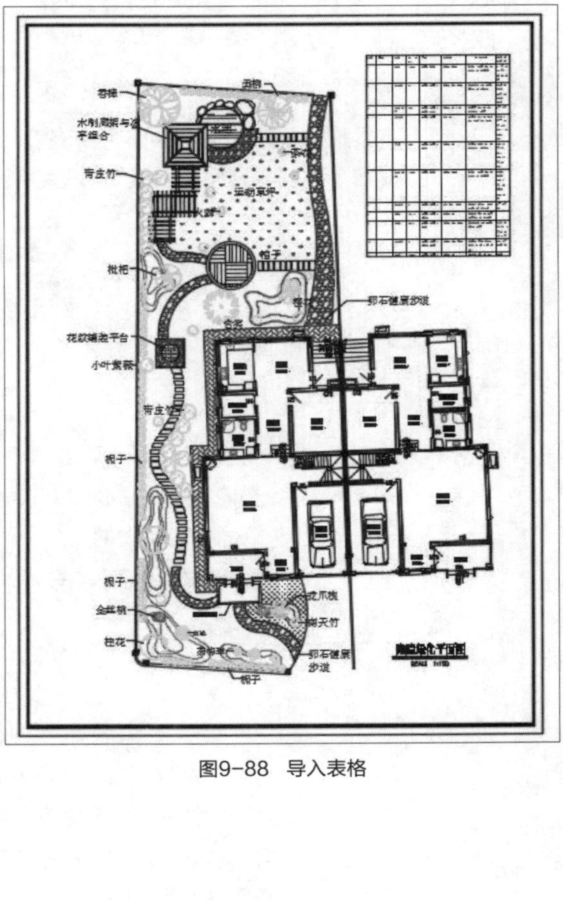

图9-88　导入表格

Chapter 10

绘制园林构筑物与小品图

课题概述

本章将介绍构筑物与园林小品的绘制方法与技巧，其内容包含景观亭和景观凳的平面图、立面图以及详图的绘制。

教学目标

通过对本章内容的学习，使用户了解在园林设计中一些小型构筑物以及园林小品的设计与绘制方法。

章节重点

★★★　绘制景观亭的平面图、立面图及详图

★★★　绘制景观凳的平面图、立面图及详图

★★　了解园林构筑物的作用及设计特点

★　了解园林小品的基本特点及原则

光盘路径

最终文件：实例文件\第10章\景观亭平面图.dwg

实例文件\第10章\景观亭立面图.dwg

实例文件\第10章\景观亭详图.dwg

实例文件\第10章\景观凳平面图.dwg

实例文件\第10章\景观凳立面图.dwg

实例文件\第10章\景观凳详图.dwg

10.1 园林构筑物概述

园林构筑物是指在园林风景中，除了植被、水系以及地面铺装外的景观建筑物，例如亭台、楼阁、桥梁、堤坝以及艺术景观墙等。构筑物是建筑物的一种特定结构，其规模小于建筑物，是不包含人类居住功能的人工建筑物。

10.1.1 园林构筑物在园林景观中的作用

园林构筑物已成为现代园林设计中不可缺少的部分，它与建筑一起组成了环境景观。人与环境构成了景观，而构筑物则是人与环境的桥梁，起着极为关键的作用。

1. 引导性

构筑物在园林景观中，除了具有自身的使用价值外，更重要的是将外界的景色连接起来，引导人们由一个空间进入另一个空间，起着导向性的作用，使景观能在各个不同角度都构成完美的景色。

2. 审美性

由于构筑物都有着色彩、质感、肌理、尺度以及造型等特征，作为园林景观中的一景，本身就具有审美价值。运用构筑物进行空间形式美的加工，是提高景观艺术价值的一个重要手段，从而满足人们的审美要求。

3. 功能性

一组坐凳或一块标示牌，如果设计新颖，处理得宜，做成富有一定艺术情趣的形式，会给人留下深刻的印象，使园林环境更具感染力，并具有很强的实用功能。

10.1.2 园林构筑物设计要点

下面将对园林景观设计中的园林构筑物的设计要点进行介绍，具体如下。

1. 应与周边环境有机结合

构筑物作为一种实用性与装饰性相结合的艺术品，不但要具有很高的审美功能，更重要的是应与周围环境相协调，与之成为一个整体。

2. 应与当地艺术、文化结合

对于设计具有地方文化特色的构筑物来说，一定要结合当地文化背景，融入地方的环境肌理，同时运用艺术化的手法进行展示，真正创造出适合本土条件的、突出当地文化特点的构筑物。

3. 应追求以人为本，人性化设计

设计构筑物的目的是为了服务于人，在对园林构筑物进行设计时，需了解人的生理特点，并由此决定构筑物空间尺度。在满足人们实际需要的同时，追求以人为本的理念，逐步形成人性化的设计导向，在造型、风格、体量、数量等因素上考虑人们的心理需求，使构筑物更加体贴、亲近和人性化，提高公众参与的热情。

4. 应具备功能性和技术性

构筑物的创作与建立，需有一定的功能性和技术性。设计构筑物时，一定要强调其基本的功能性，例如公园里的桌椅、凉亭等，具有为人们提供休息、避雨、等候和交流的服务功能，而卫生间、垃圾桶等更是人们户外活动不可缺少的服务设施。在技术上需考虑构筑物的经济性和可行性，要便于管理、清洁和维护。

10.2 绘制景观亭

亭是我国传统园林建筑元素之一，在古典园林、现代公园、自然景区以及城市绿化中，都可见到各种各样亭子悠然伫立。在园林和绿地中，亭是不可缺少的组成部分，常起着画龙点睛的作用。

10.2.1 绘制景观亭平面图

下面将介绍景观亭平面图的绘制方法，在绘图前，通常需对图纸的图形界限进行设置。

步骤01 启动AutoCAD 2016软件，执行“格式>图形界限”命令，设置图形界限左下角点为：(0.0000,0.0000)、右上角点为（42000.0000,29700.0000），如图10-1所示。

步骤02 打开“图层特性管理器”面板，单击“新建图层”按钮，创建新图层，如图10-2所示。

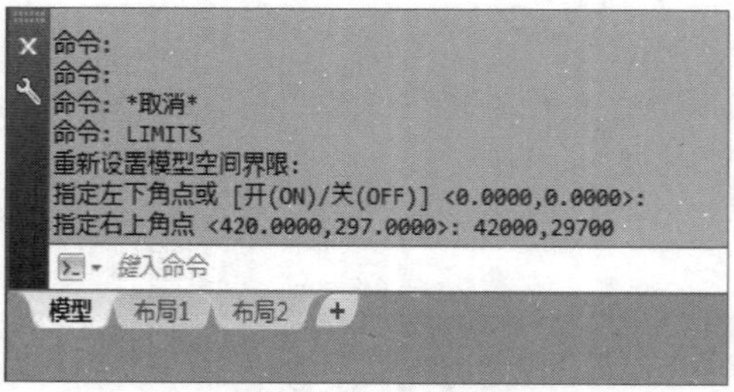

图10-1 设置图层界限

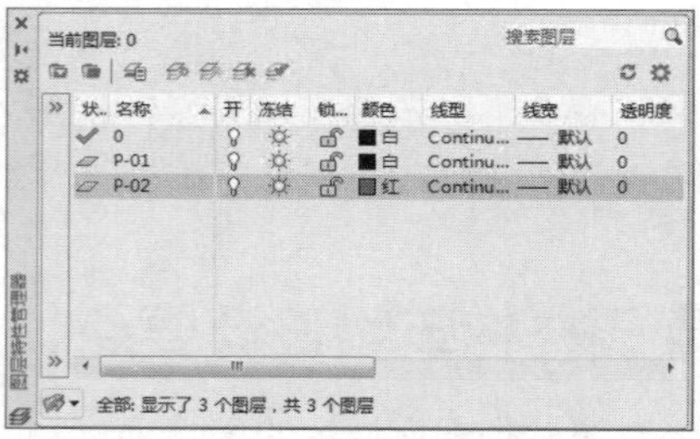

图10-2 “层特性管理器”面板

步骤03 执行“矩形”命令，绘制5100×5100mm的景观亭平面，如图10-3所示。

步骤04 执行“偏移”命令，设置偏移距离400mm，将矩形向内偏移，如图10-4所示。

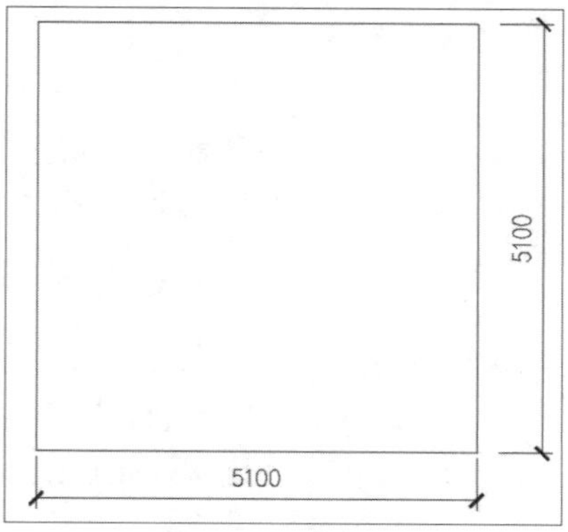

图10-3 绘制矩形

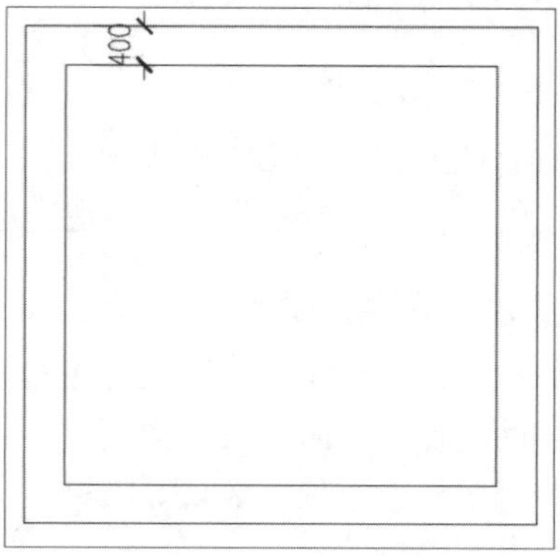

10-4 偏移矩形

步骤05 执行“分解”命令，将内部矩形进行分解。执行“偏移”命令，将直线分别向内偏移1000mm，如图10-5所示。

步骤06 执行“圆”命令，绘制半径为60mm的圆形。执行“偏移”命令，将圆向外偏移240mm，如图10-6所示。

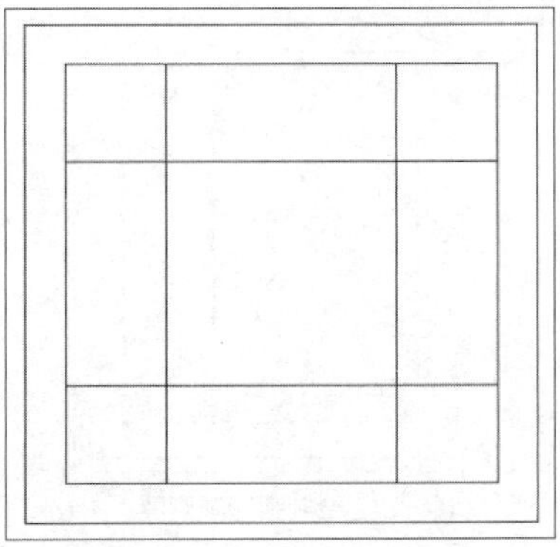
图10-5 偏移直线

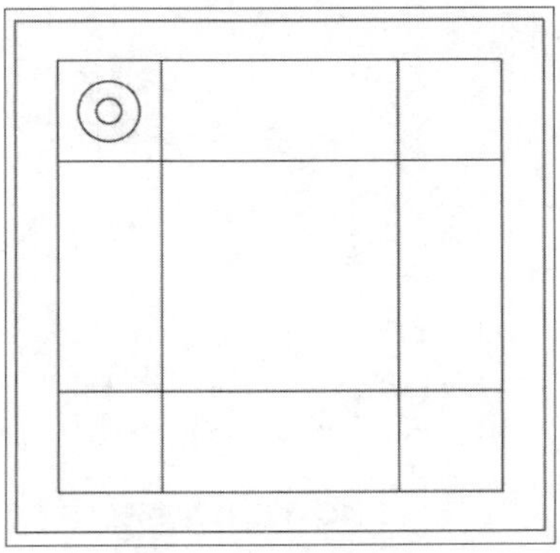
图10-6 绘制圆形

步骤07 执行“图案填充”命令，添加拾取点，选择填充范围，设置填充图案为SOLID，如图10-7所示。

步骤08 执行“图案填充”命令，设置填充图案为CROSS，设置填充图案比例为200，如图10-8所示。

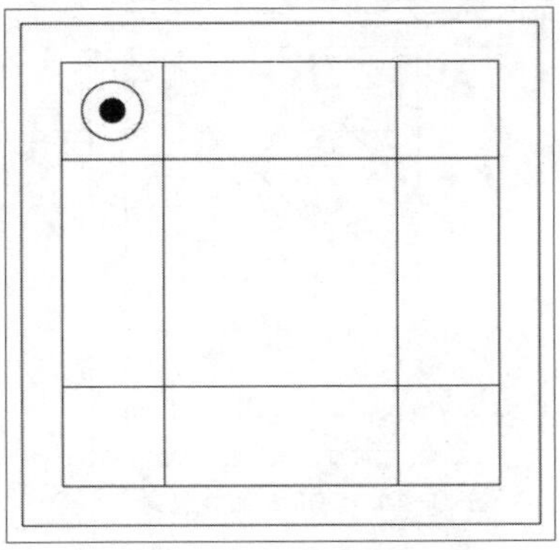
图10-7 填充圆形

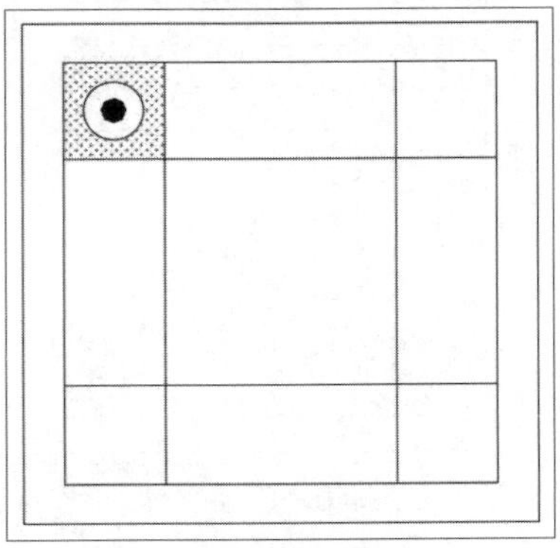
图10-8 填充图案

步骤09 执行“复制”命令，选择柱子造型左上角点，依次复制柱子造型平面，如图10-9所示。

步骤10 执行“直线”命令，连接对角点绘制直线，如图10-10所示。

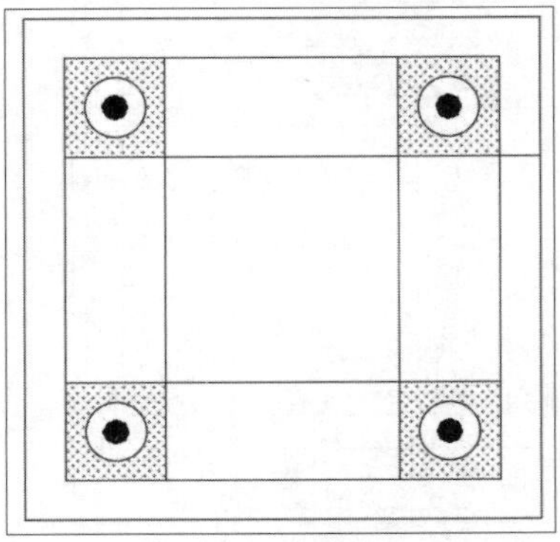
图10-9 复制造型

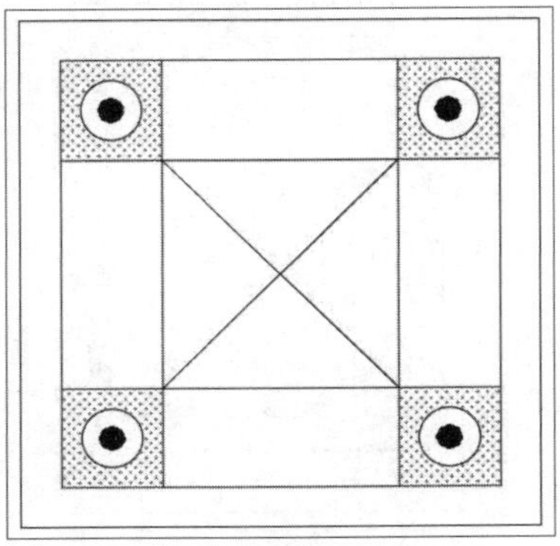
图10-10 连接直线

步骤11 执行“矩形”命令，绘制2100×2100mm的矩形。执行“移动”命令，将矩形移动到造型中心，执行“旋转”命令，设置旋转角度45度，旋转矩形，如图10-11所示。

步骤12 执行“圆弧”、“偏移”命令，绘制圆弧。执行“直线”、“修剪”命令，修剪造型，如图10-12所示。

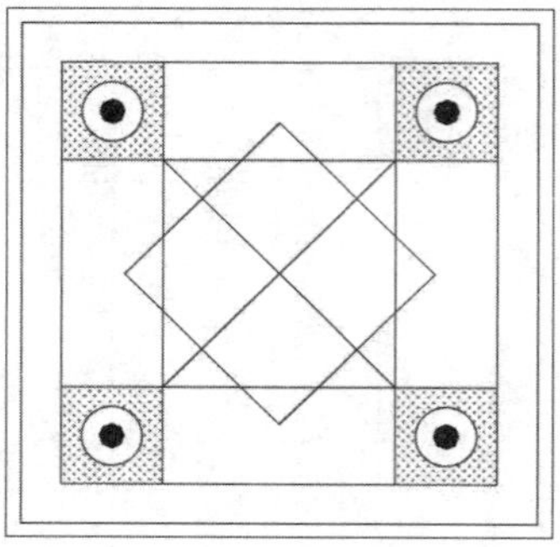

图10-11　绘制矩形

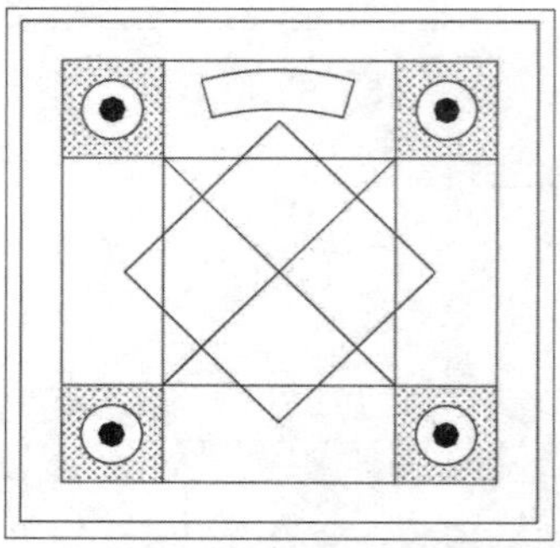

图10-12　绘制弧形景观凳

步骤13 执行“偏移”、“修剪”命令，将圆弧和直线向内偏移。执行“特性”命令，设置线型为DASHED，设置线型比例为0.5，如图10-13所示。

步骤14 执行“旋转”命令，指定矩形中心点为基点，选择“复制”命令，分别设置旋转角度为45度和-45度，效果如图10-14所示。

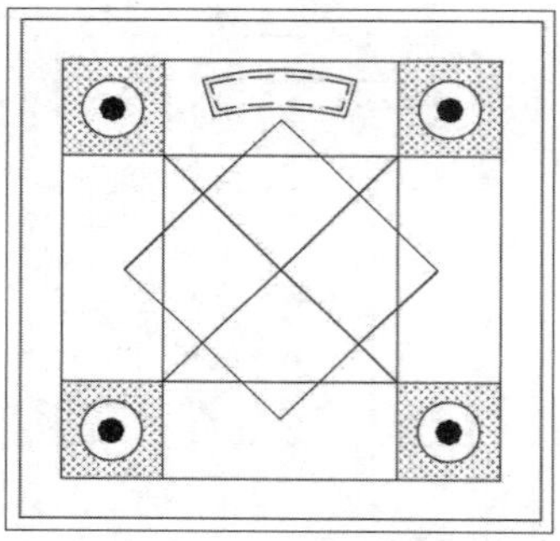

图10-13　偏移弧线

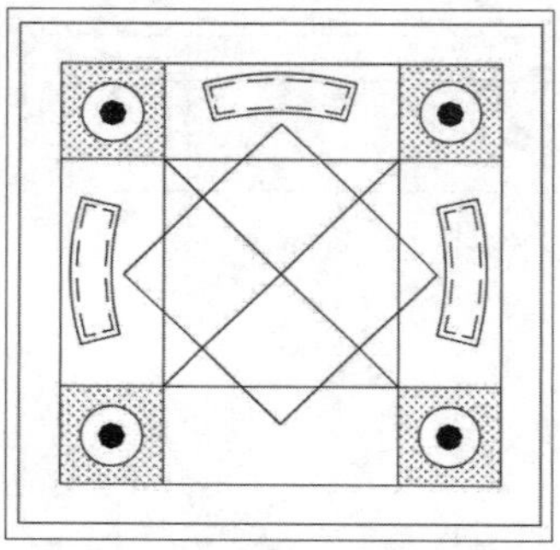

图10-14　旋转复制景观凳

步骤15 执行“直线”命令，沿着景观亭下边两侧绘制直线。执行“偏移”命令，分别偏移直线绘制台阶踏步，如图10-15所示。

步骤16 执行“修剪”命令，修剪台阶踏步，如图10-16所示。

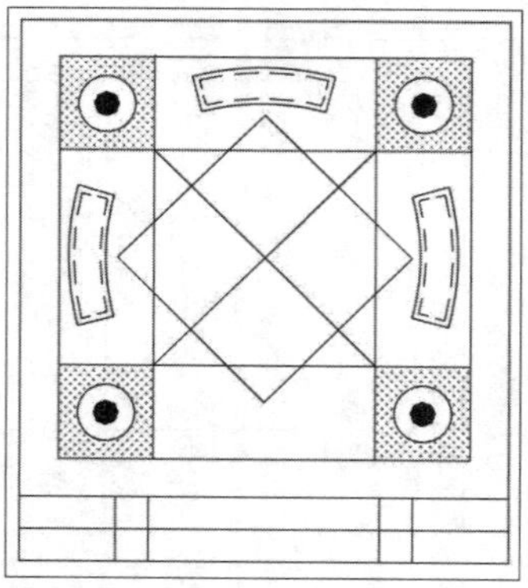

图10-15　偏移直线

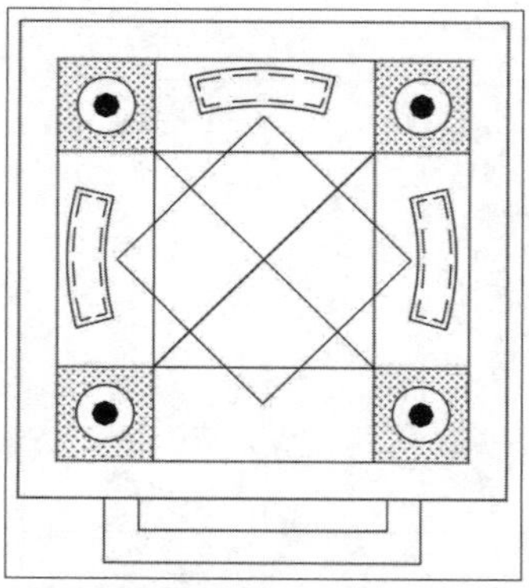

图10-16　修剪直线

步骤17 执行“矩形”命令，绘制2200×40mm的矩形防滑条。执行“移动”命令，将矩移动至如图10-17所示的位置。

步骤18 执行“复制”命令，依次向下复制矩形防滑条，如图10-18所示。

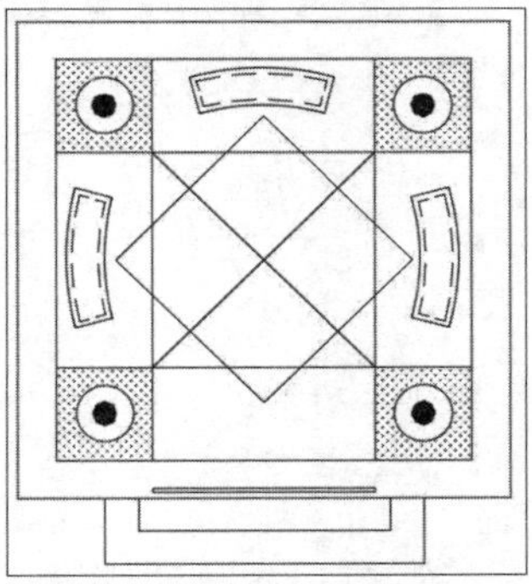

图10-17 绘制矩形

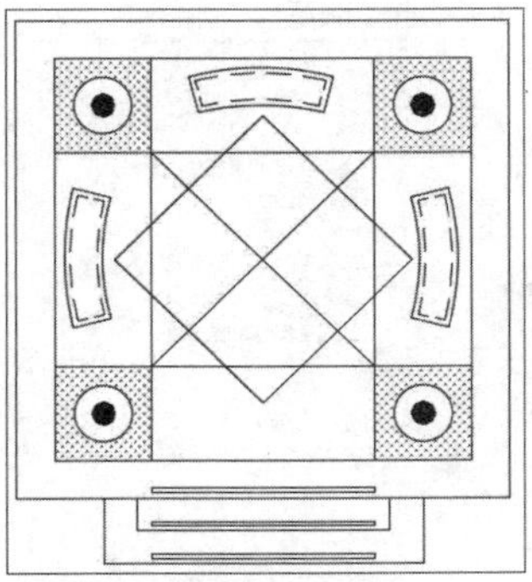

图10-18 复制矩形

步骤19 打开“标注样式管理器”对话框，新建样式为“平面标注”，如图10-19所示。

步骤20 在弹出对话框中切换至“线”选项卡，设置超出尺寸线参数为120，起点偏移量设置为0，勾选“固定长度尺寸界限”复选框，并设置参数为500，如图10-20所示。

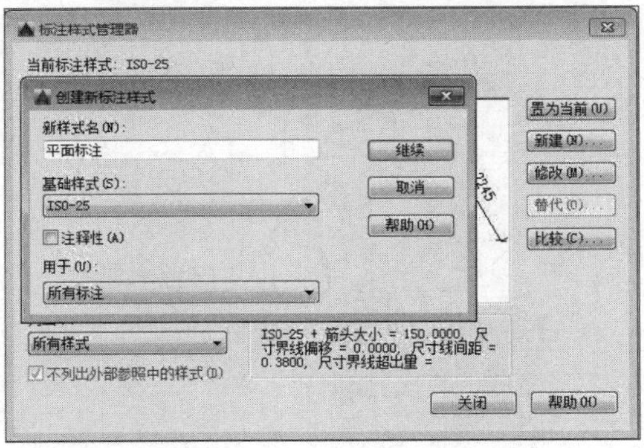

图10-19 新建标注样式

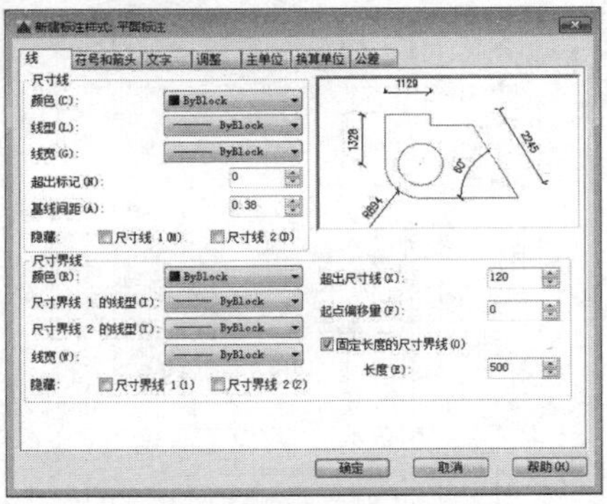

图10-20 调整线

步骤21 切换至“符号和箭头”选项卡，更改第一、二个箭头为“建筑标记”，设置箭头大小参数为150，如图10-21所示。

步骤22 切换至“文字”选项卡，设置文字高度为200，设置文字位置从尺寸线偏移150，如图10-22所示。

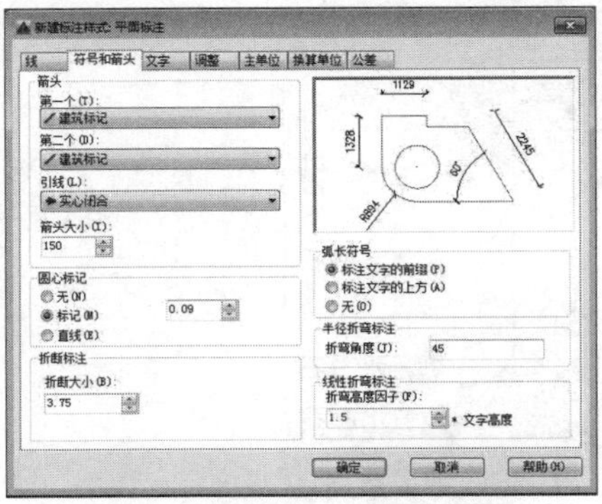

图10-21 调整符号和箭头

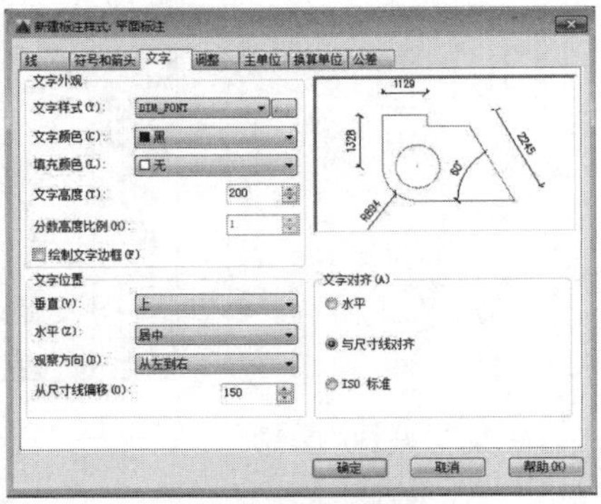

图10-22 调整文字

步骤23 切换到“调整”选项卡，参数设置如图10-23所示。

步骤24 切换至“主单位”选项卡，设置精度为0，其他参数保持默认设置，如图10-24所示。

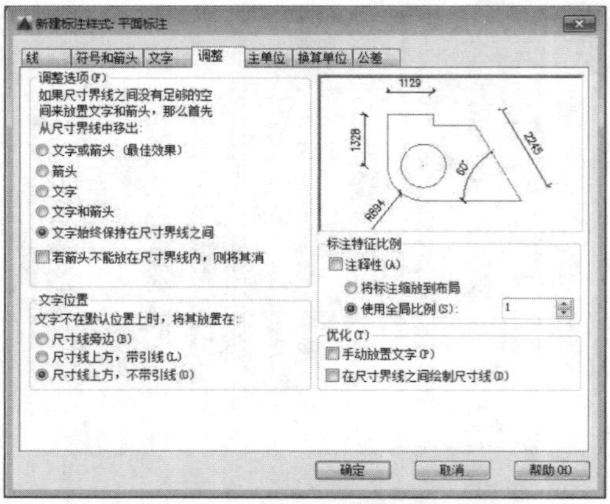

图10-23 设置调整参数

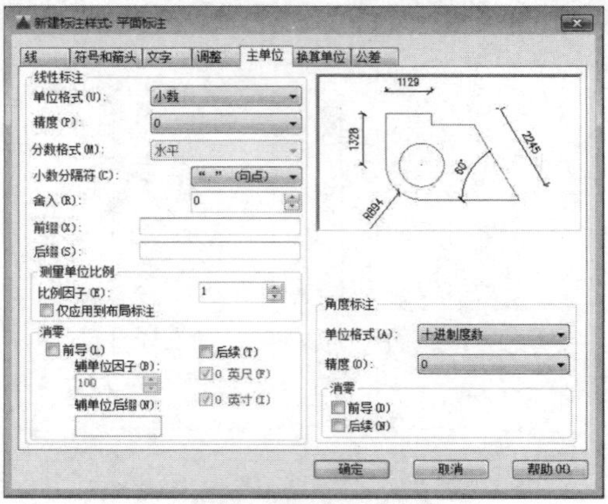

图10-24 设置主单位

步骤25 执行“线性标注”、“继续标注”命令，标注景观亭平面尺寸，如图10-25所示。

步骤26 执行LE引线命令，绘制引线。执行“多行文字”命令，绘制材料文字说明，如图10-26所示。

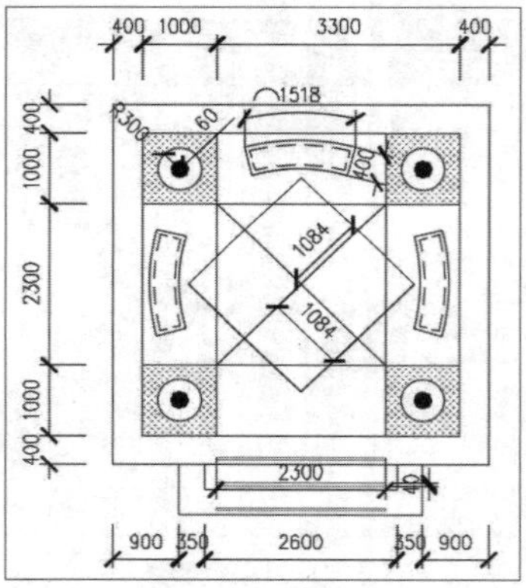

图10-25 标注尺寸

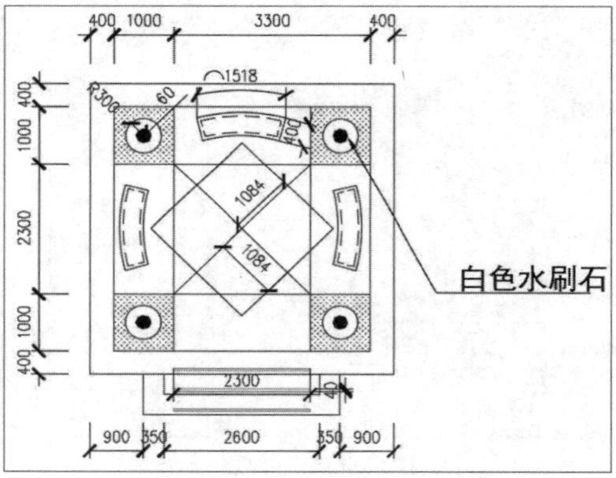

图10-26 绘制引线

步骤27 执行“复制”命令，复制引线文字，双击文字并更改内容，指定引线调节顶点位置，如图10-27所示。

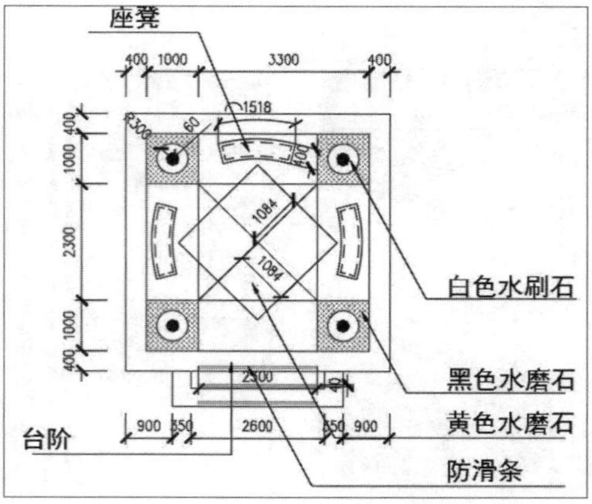

图10-27 复制引线

步骤28 执行“多段线”命令，设置线宽为30mm，绘制长度为1500mm的直线，执行“直线”命令，绘制1500mm长的直线，如图10-28所示。

步骤29 执行“多行文字”命令，绘制图例说明文字，如图10-29所示。

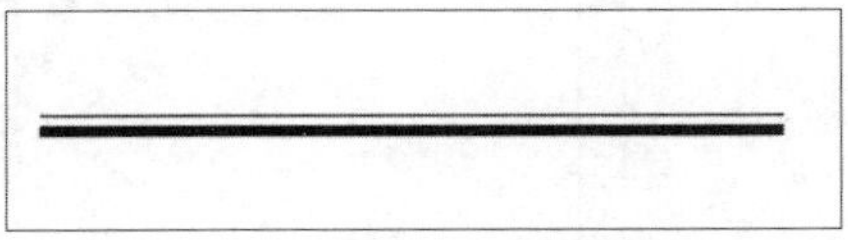

图10-28　绘制多段线

图10-29　标注文字

步骤30 执行“移动”命令，将图例说明移动到相应的位置，如图10-30所示。

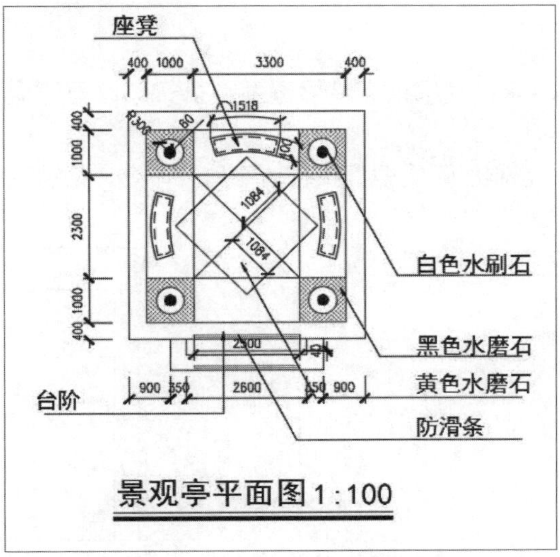

图10-30　景观亭平面图

10.2.2 绘制景观亭立面图

完成景观亭平面图纸绘制后，接下来可根据平面图绘制其立面图纸。下面将介绍景观亭立面图的绘制方法。

步骤01 执行“直线”命令，绘制景观亭底座立面，如图10-31所示。

步骤02 执行“直线”命令，绘制景观亭柱子轮廓，如图10-32所示。

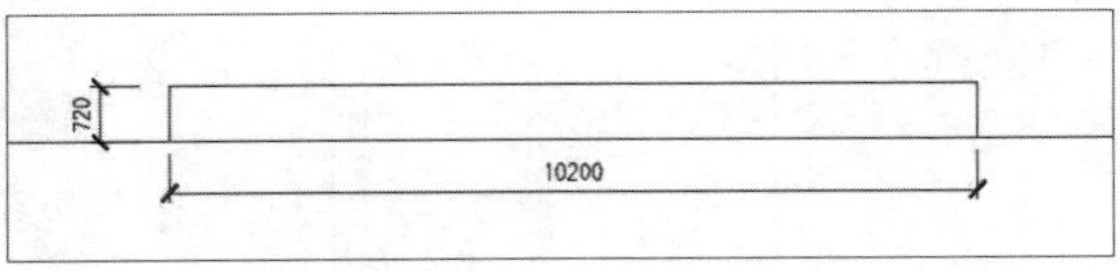

图10-31　绘制底座

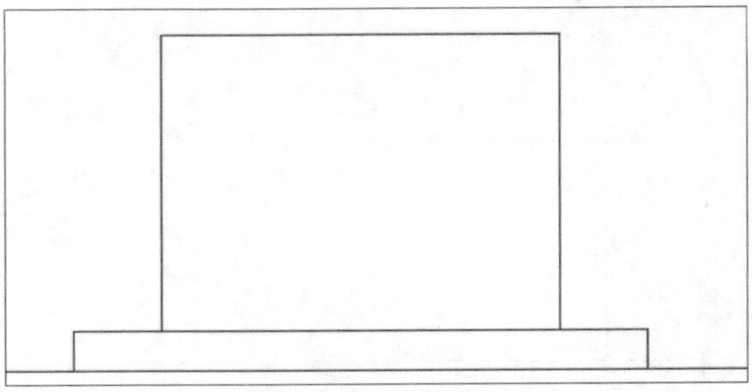

图10-32　绘制轮廓

步骤03 执行“偏移”命令，设置偏移距离为500mm，将左右两边直线分别向内偏移，如图10-33所示。

步骤04 执行“直线”、“偏移”命令，绘制景观亭横梁，如图10-34所示。

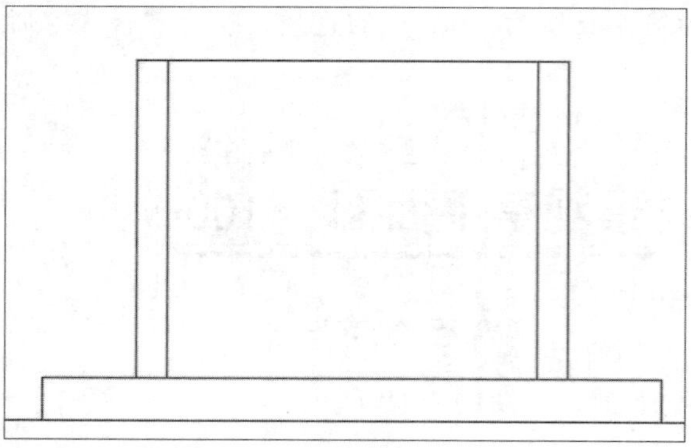

图10-33 偏移柱子

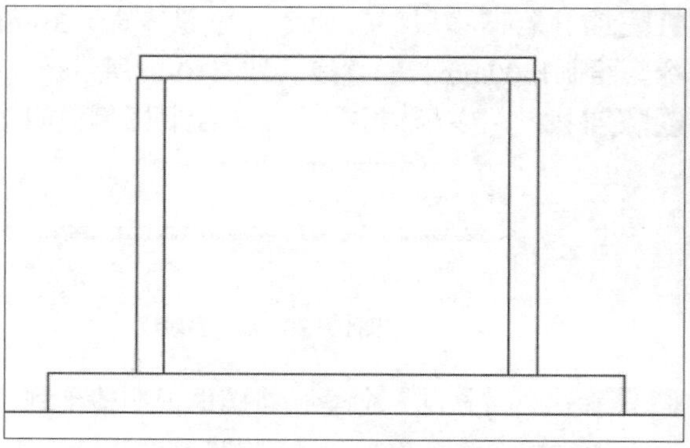

图10-34 偏移横梁

步骤05 执行“偏移”命令，偏移直线绘制横梁造型。执行“修剪”命令，修剪直线，如图10-35所示。

步骤06 执行“圆弧”命令，绘制圆弧造型。执行“修剪”命令，修剪直线，如图10-36所示。

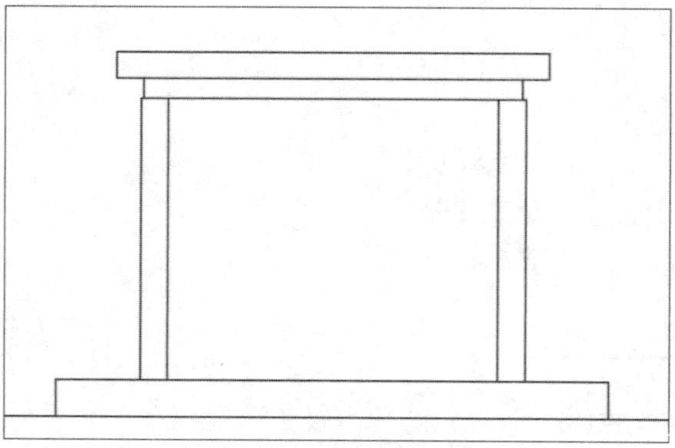

图10-35 偏移横梁

图10-36 绘制弧形

步骤07 执行“矩形”命令，绘制10600×30mm的长方形。执行“移动”命令，移动至亭子造型中心，如图10-37所示。

步骤08 执行“直线”命令，以矩形中心点为基点，向上绘制3060mm的直线辅助线。继续执行“直线”命令，连接直线绘制三角形造型。执行“删除”命令，删除辅助线，如图10-38所示。

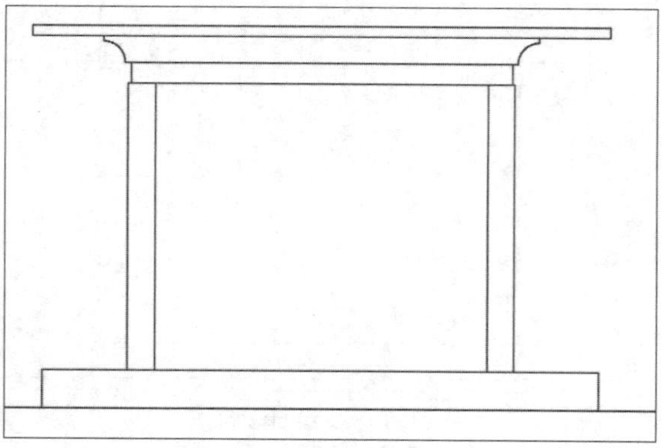

图10-37 绘制长方形

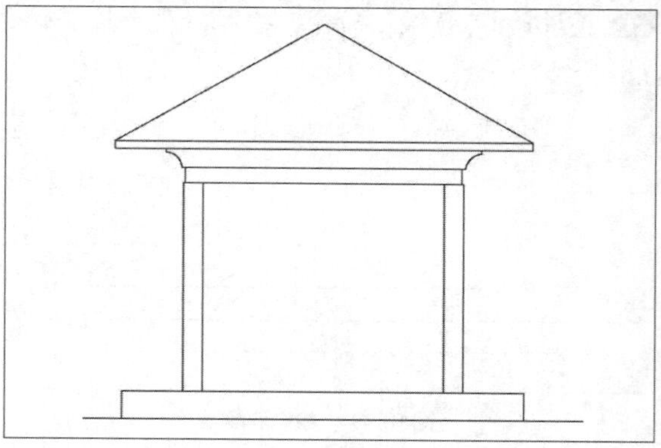

图10-38 绘制屋顶

步骤09 执行“偏移”命令，设置偏移距离为300mm，偏移三角形顶面，如图10-39所示。

步骤10 执行“圆角”命令，设置圆角半径为0，修剪直角，如图10-40所示。

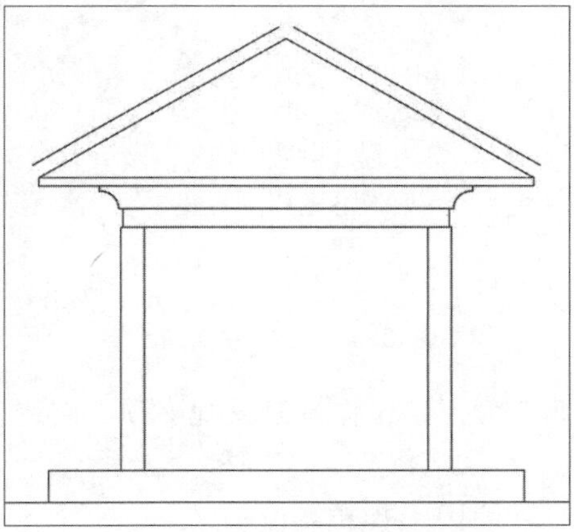

图10-39 偏移屋顶

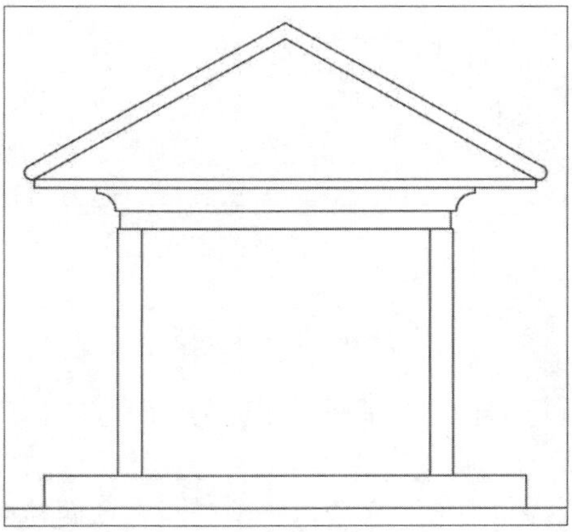

图10-40 修剪直角

步骤11 执行“直线”、“圆弧”命令，绘制屋脊造型。执行“修剪”命令，修剪造型，如图10-41所示。

步骤12 执行“圆”命令，绘制圆形。执行“修剪”命令，修剪圆形，如图10-42所示。

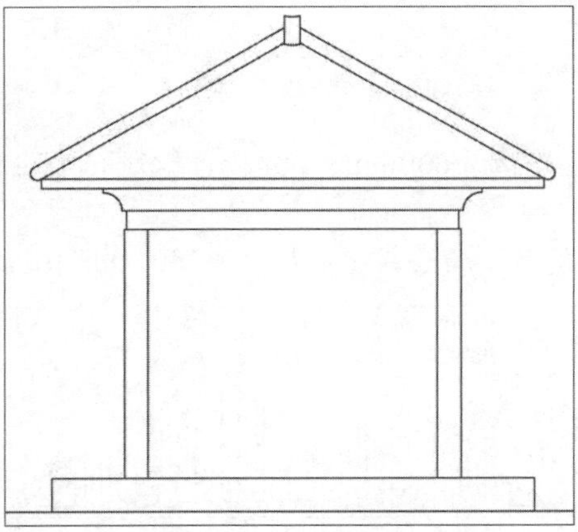

图10-41 绘制屋顶造型

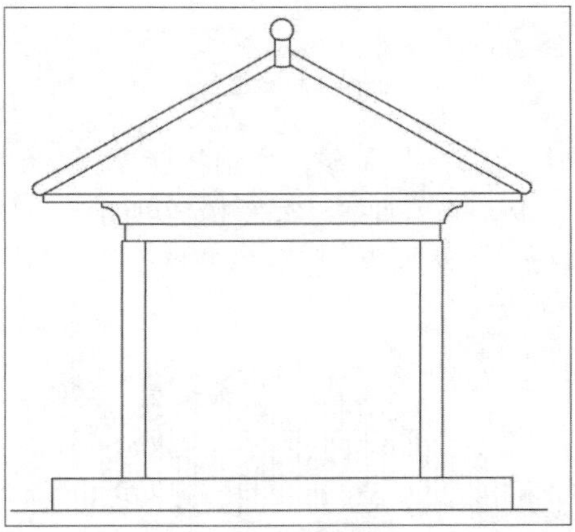

图10-42 绘制屋顶造型

步骤13 执行“直线”、“圆”命令，绘制景观亭顶面砖花纹。执行“修剪”命令，修剪造型，如图10-43所示。

步骤14 执行“复制”命令，复制砖造型。执行“圆弧”命令，绘制弧形连接造型，如图10-44所示。

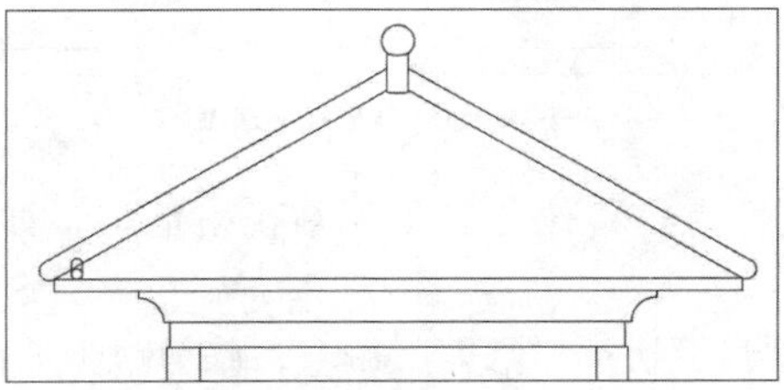

图10-43 绘制砖瓦

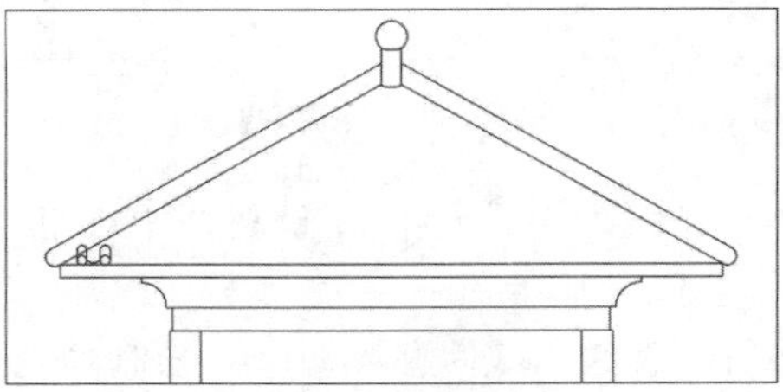

图10-44 复制砖瓦

步骤15 执行“拉伸”命令，将景观亭砖造型向上拉伸，如图10-45所示。

步骤16 执行“复制”、“拉伸”命令，绘制其他景观亭砖，如图10-46所示。

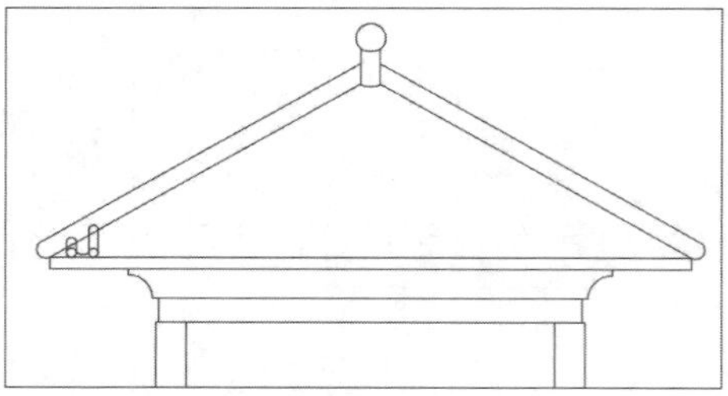

图10-45 拉伸造型

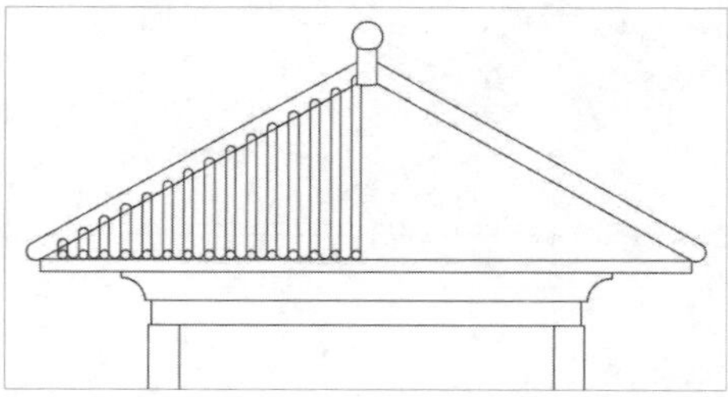

图10-46 复制并拉伸造型

步骤17 执行“镜像”命令，以三角形造型中心点为镜像点，镜像复制景观亭顶面砖造型，如图10-47所示。

步骤18 执行“修剪”命令，修剪景观亭顶面砖造型，如图10-48所示。

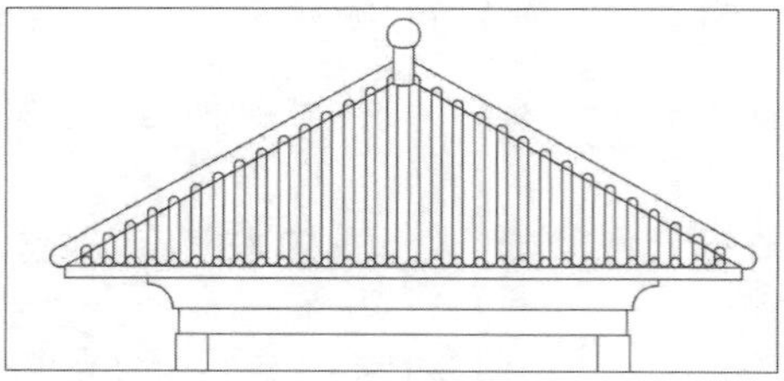

图10-47 镜像造型

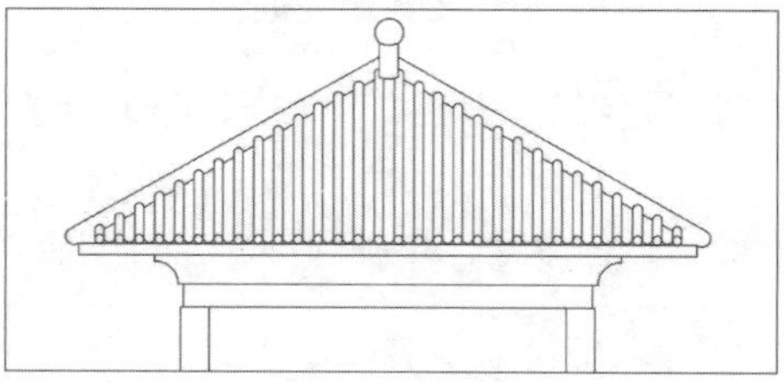

图10-48 修剪造型

步骤19 执行“偏移”命令，分别将横梁向下偏移，距离为600mm、20mm，绘制花格轮廓，执行“修剪”命令，修剪直线，如图10-49所示。

步骤20 执行“偏移”命令，偏移花格造型。执行“修剪”命令，修剪花格造型，如图10-50所示。

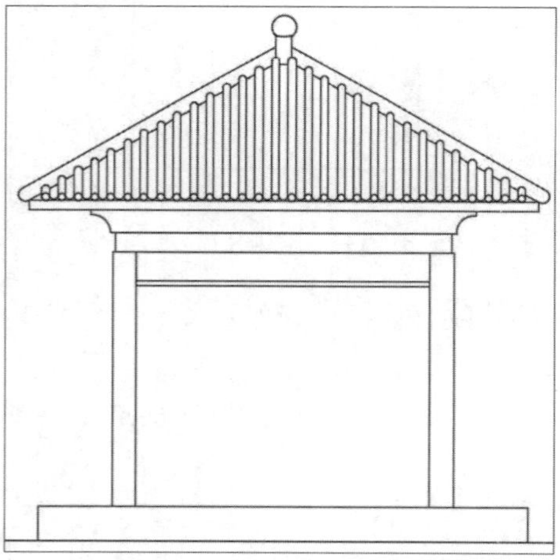

图10-49 偏移直线

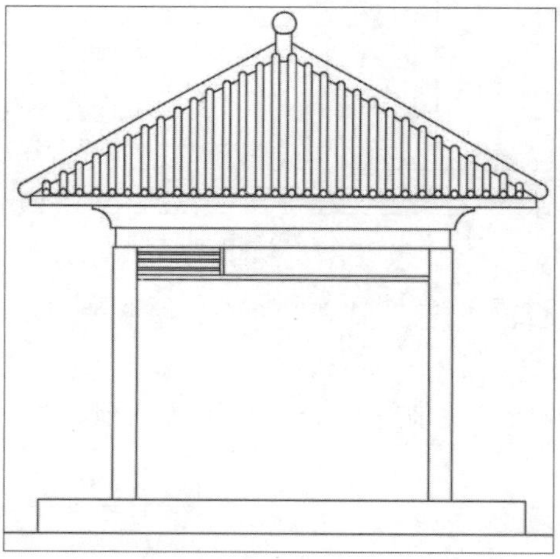

图10-50 偏移花格造型

步骤21 执行“镜像”命令，以景观亭中心点为镜像点，镜像复制景观亭花格造型，如图10-51所示。

步骤22 执行“直线”、“偏移”命令，绘制景观亭踏步。执行“修剪”命令，修剪踏步造型，如图10-52所示。

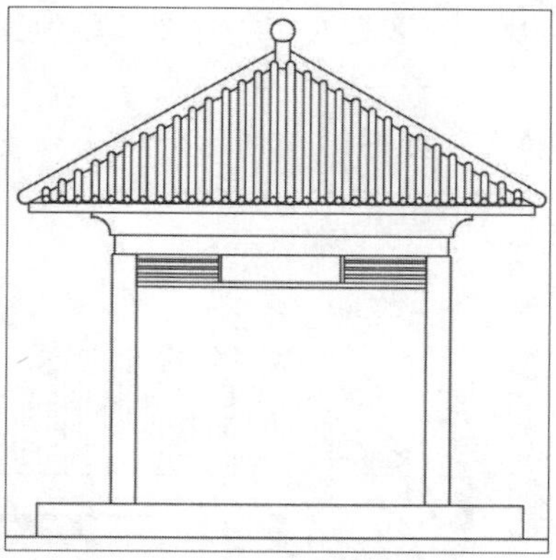

图10-51 镜像造型

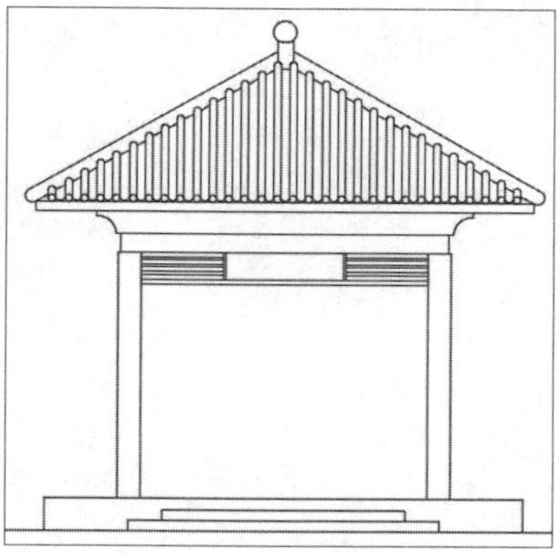

图10-52 绘制踏步

步骤23 执行“直线”命令，绘制景观凳底座。执行“矩形”命令，绘制景观凳立面，如图10-53所示。

步骤24 执行“圆角”命令，设置圆角半径为200mm，修剪景观凳，如图10-54所示。

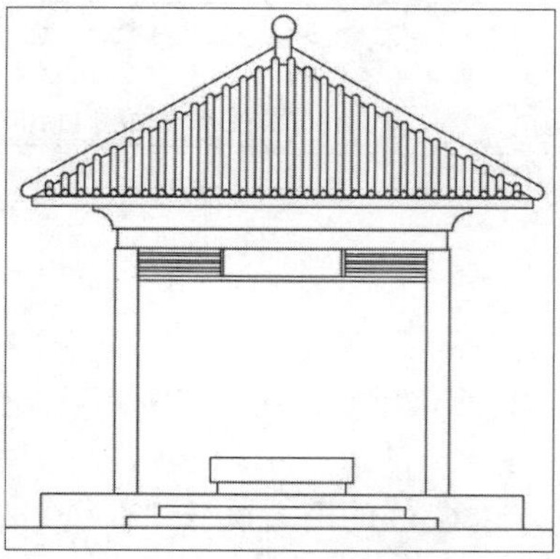

图10-53 绘制景观凳

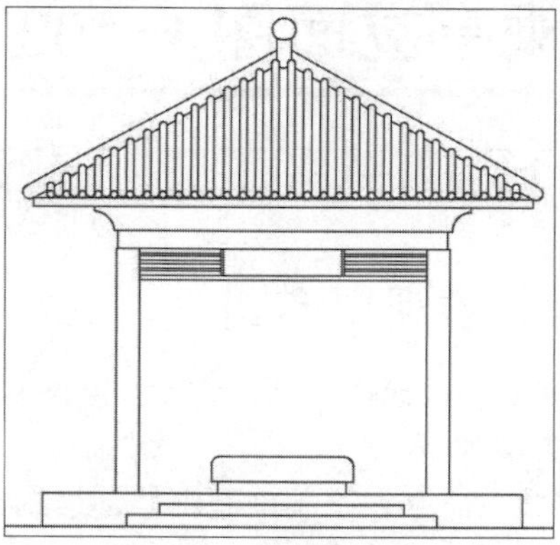

图10-54 修剪圆角

步骤25 执行“线性标注”、“快速标注”命令，标注景观亭立面尺寸，如图10-55所示。

步骤26 执行“引线”命令，绘制引线。执行“多行文字”命令，标注材料名称，如图10-56所示。

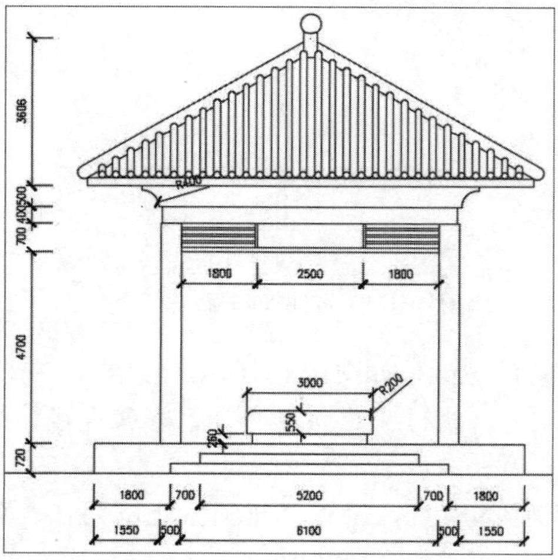

图10-55 标注尺寸

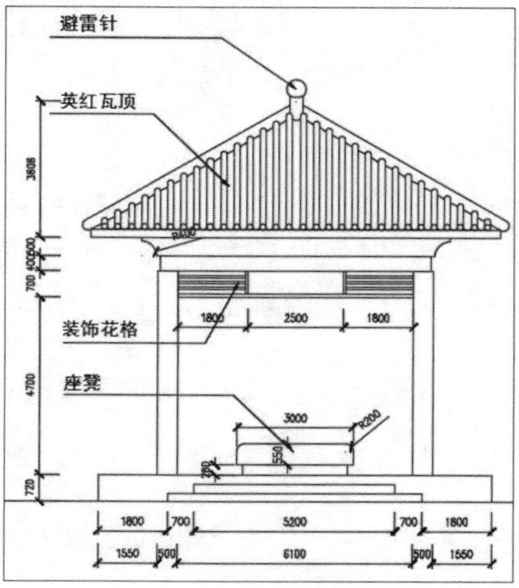

图10-56 绘制引线

步骤27 执行“直线”、“多段线”命令，绘制直线。执行“多行文字”命令，绘制图例说明，如图10-57所示。

步骤28 执行“移动”命令，将图例说明移动到相应位置，如图10-58所示。

图10-57 绘制图例说明

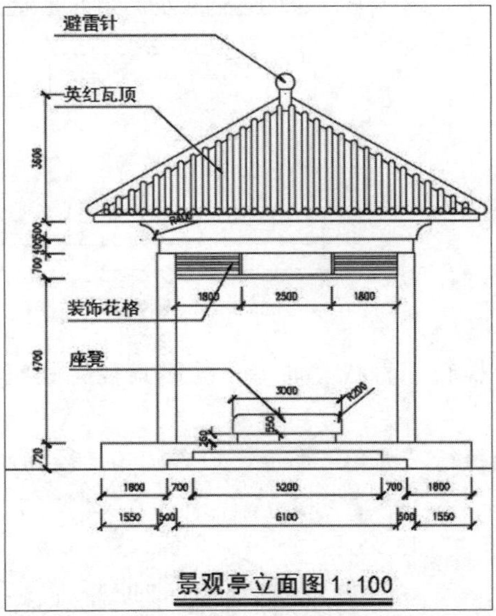

图10-58 景观亭立面图

10.2.3 绘制景观亭详图

详图主要是针对图纸的平面或立面图某些部位进行细化操作，从而方便施工人员按照图纸进行建造，其具体方法如下。

步骤01 执行“圆”命令，绘制剖面符号，绘制半径为350mm的圆。执行“直线”命令，绘制剖切直线，如图10-59所示。

步骤02 执行“多行文字”命令，标注剖切符号名称，如图10-60所示。

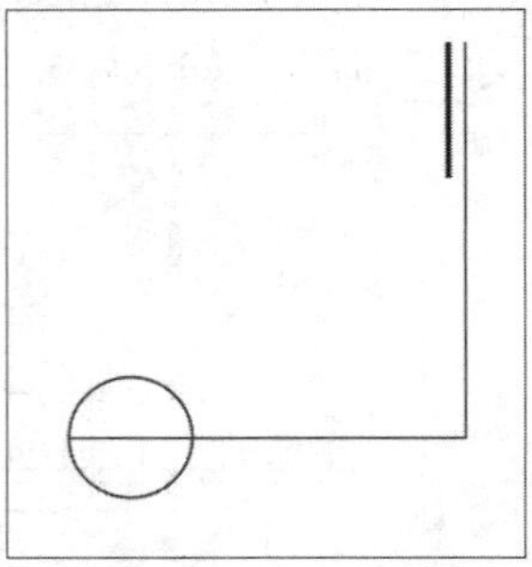

图10-59 绘制剖切符号

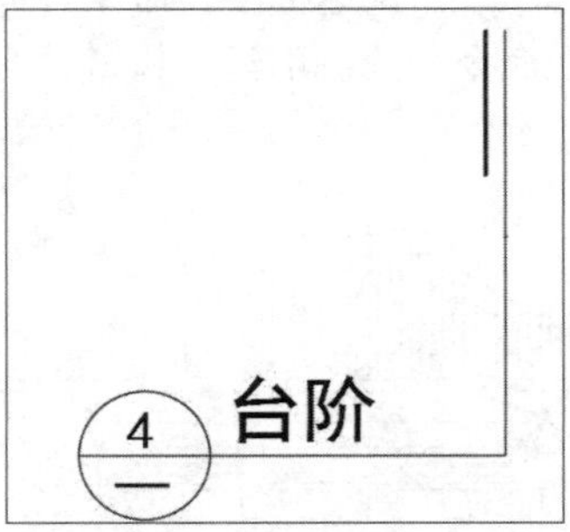

图10-60 标注剖切符号

步骤03 执行“移动”命令，将剖切符号移动到相应的位置，如图10-61所示。

步骤04 执行“直线”、“偏移”命令，绘制剖面轮廓。执行“修剪”命令，修剪直线，如图10-62所示。

步骤05 执行“图案填充”命令，设置填充图案为ANSI31，设置填充图案比例为10，如图10-63所示。

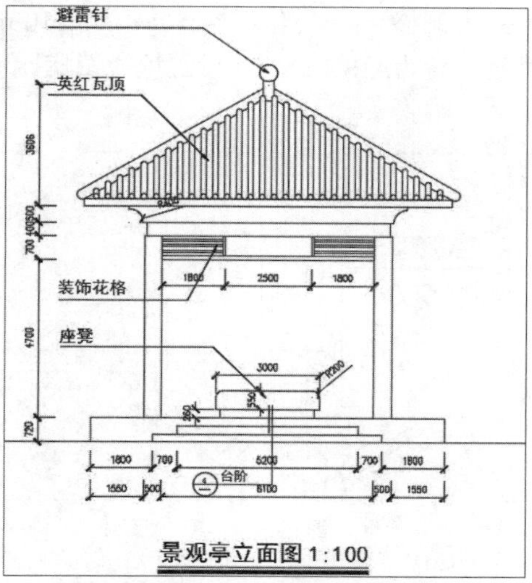

图10-61 放置剖切符号

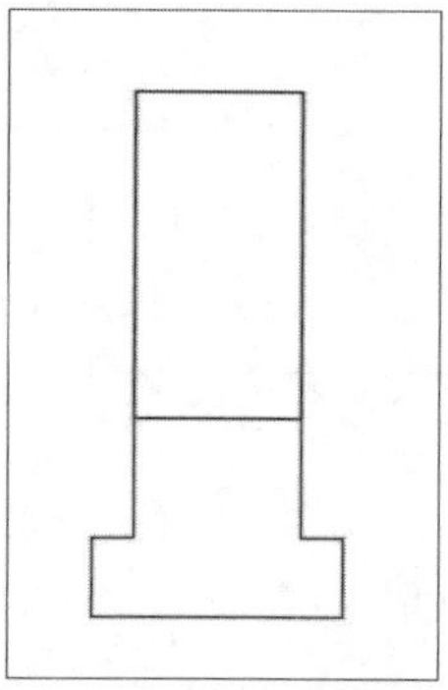

图10-62 绘制剖面轮廓

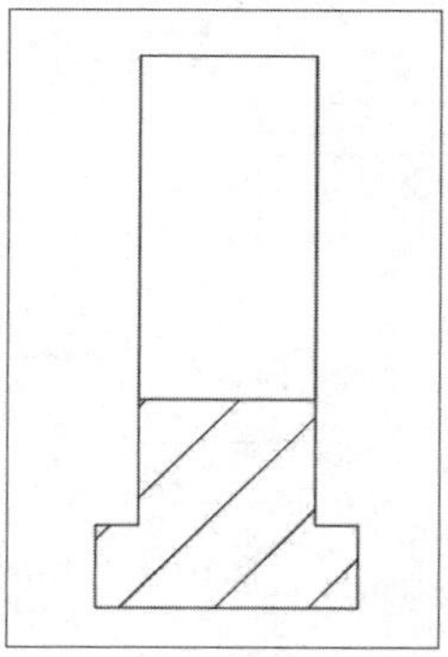

图10-63 填充剖面

步骤06 执行“直线”命令，绘制水平地面，如图10-64所示。

步骤07 执行“偏移”命令，绘制景观亭地面剖切面。执行“倒角”命令，设置倒角值为0，修整直线，如图10-65所示。

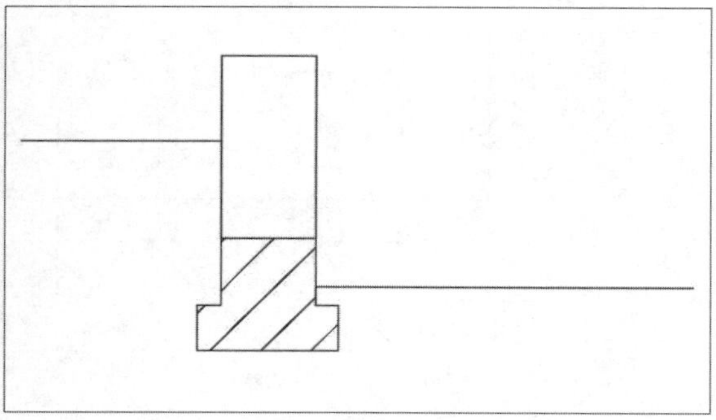

图10-64 绘制水平地面

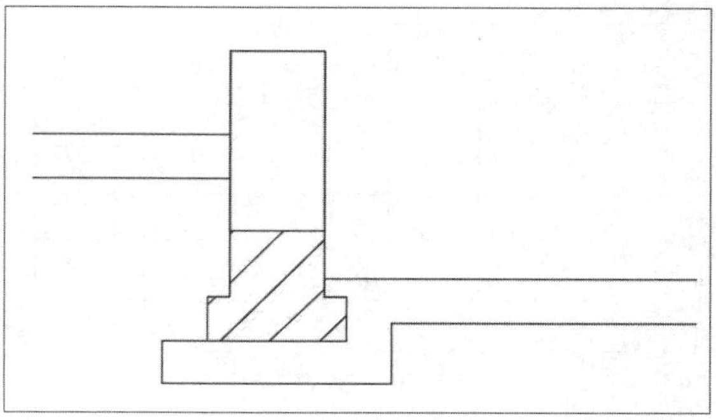

图10-65 偏移剖切面

步骤08 执行“直线”命令，绘制剖切符号。执行“复制”命令，复制剖切符号到如图10-66所示位置。

步骤09 执行“图案填充”命令，填充图案，设置填充图案为EARTH，设置填充角度为45，设置填充图案比例为20。执行“删除”命令，删除直线，如图10-67所示。

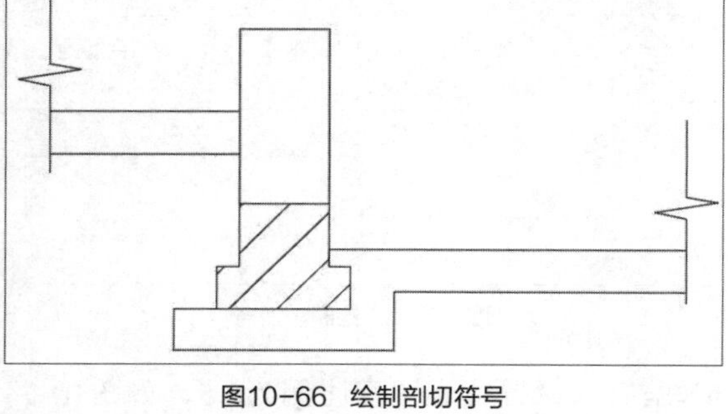

图10-66 绘制剖切符号

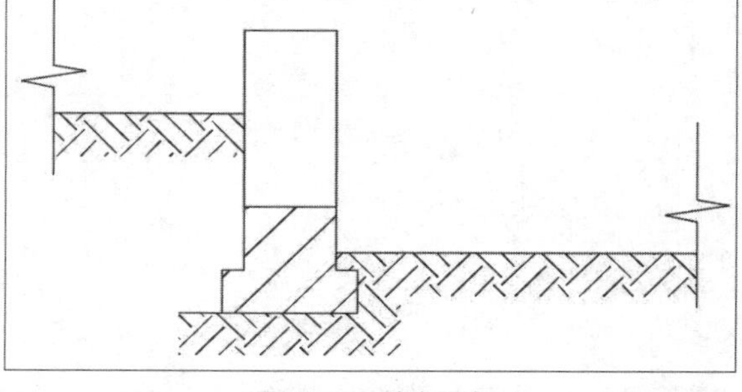

图10-67 填充图案

步骤10 执行“偏移”命令，设置偏移距离为200mm，向上偏移直线，绘制砂土层，如图10-68所示。

步骤11 执行“图案填充”命令，填充砂土层，设置填充图案为AR-SAND，设置填充图案比例为1，如图10-69所示。

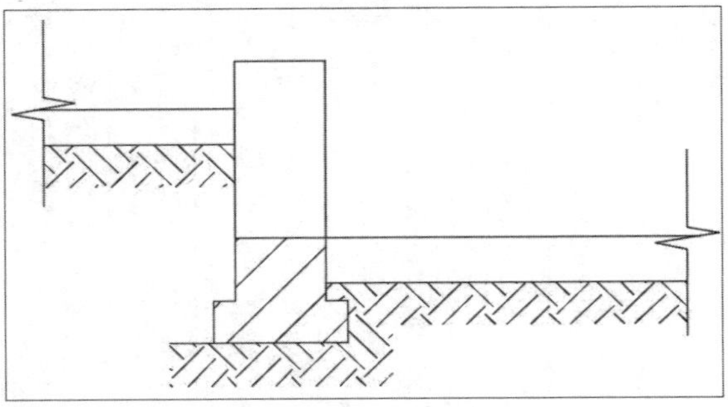

图10-68 绘制砂土层

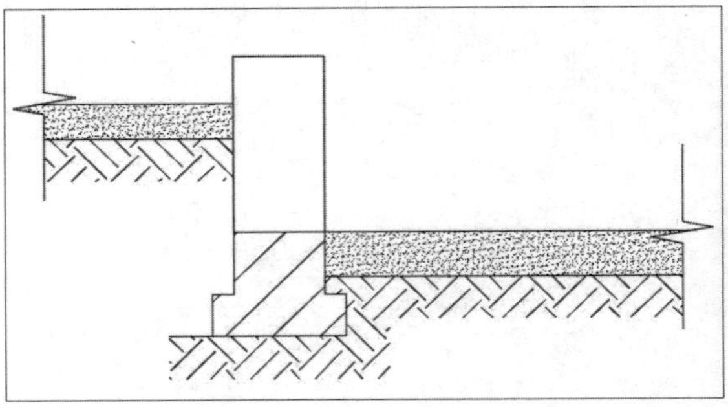

图10-69 填充图案

步骤12 执行“偏移”命令，偏移直线绘制混凝土层。执行“修剪”命令，修剪直线，如图10-70所示。

步骤13 执行“图案填充”命令，填充混凝土层，设置填充图案为AR-CONC，设置填充图案比例为1，如图10-71所示。

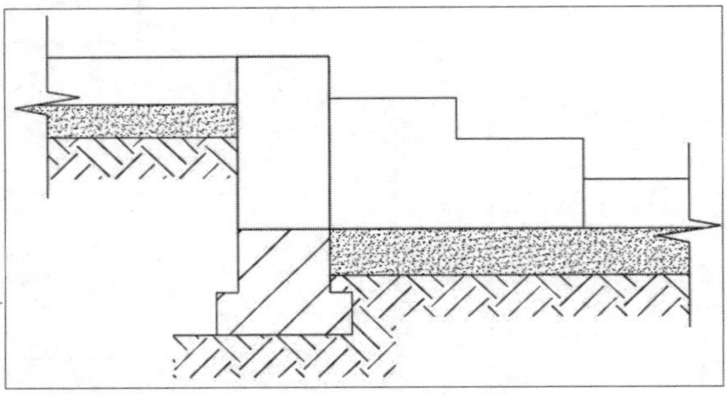

图10-70 偏移混凝土层

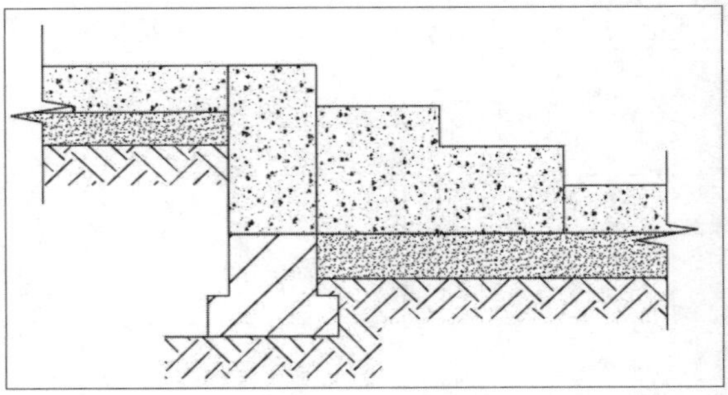

图10-71 填充图案

步骤14 执行“偏移”命令，偏移直线绘制花岗岩铺贴层。执行“修剪”命令，修剪直线，如图10-72所示。

步骤15 执行“直线”、“圆弧”命令，绘制防滑条，如图10-73所示。

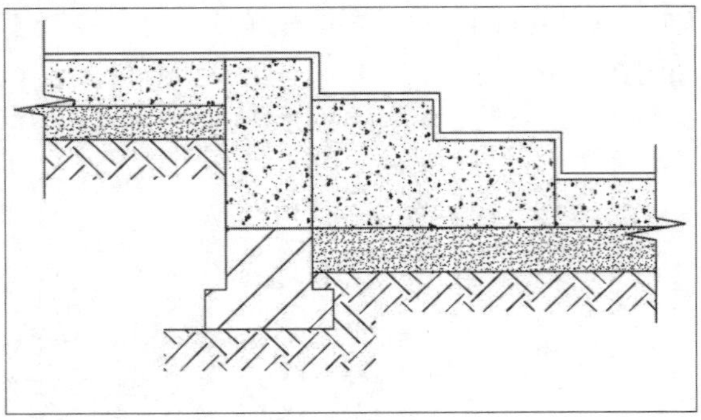

图10-72 偏移铺贴层

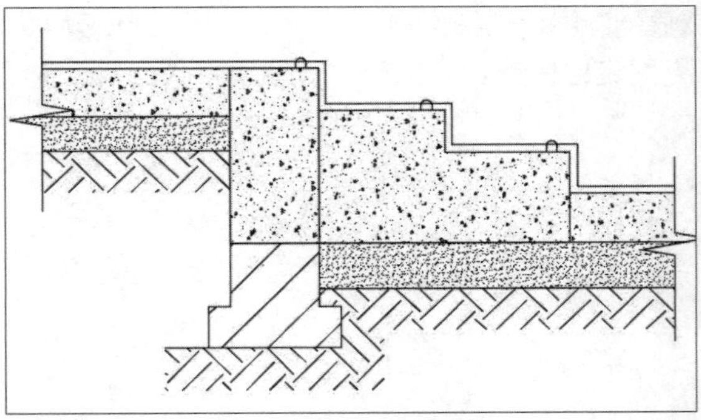

图10-73 绘制防滑条

步骤16 执行“图案填充”命令，设置填充图案为ANSI31，设置填充图案比例为0.5，如图10-74所示。

步骤17 执行“线性标注”、“连续标注”命令，标注景观亭剖面尺寸，如图10-75所示。

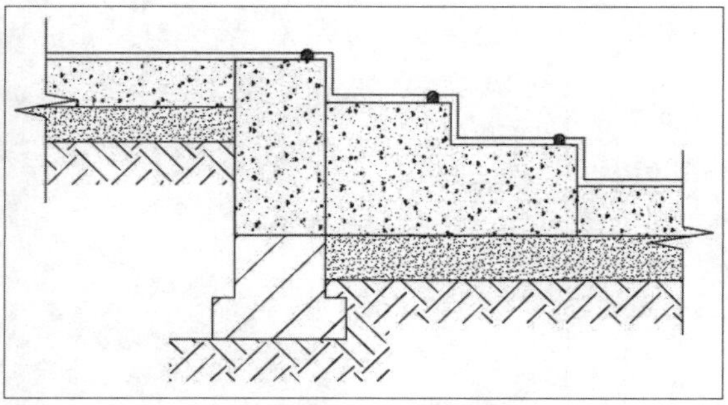

图10-74 填充图案

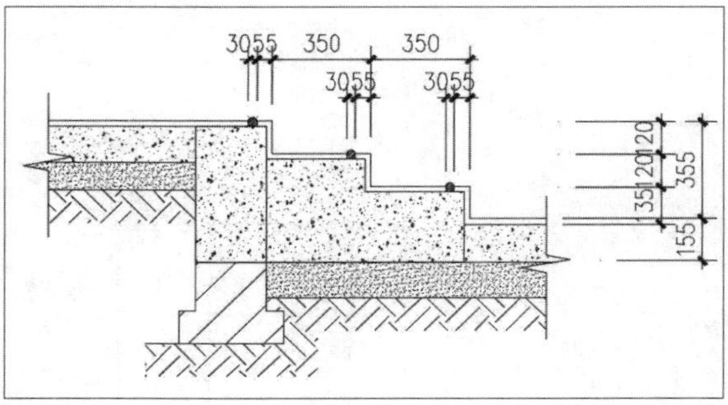

图10-75 标注尺寸

步骤18 执行“引线”命令，绘制引线。执行“多行文字”命令，标注材料名称，如图10-76所示。

步骤19 执行“复制”命令，依次复制引线说明，双击文字更改其内容，如图10-77所示。

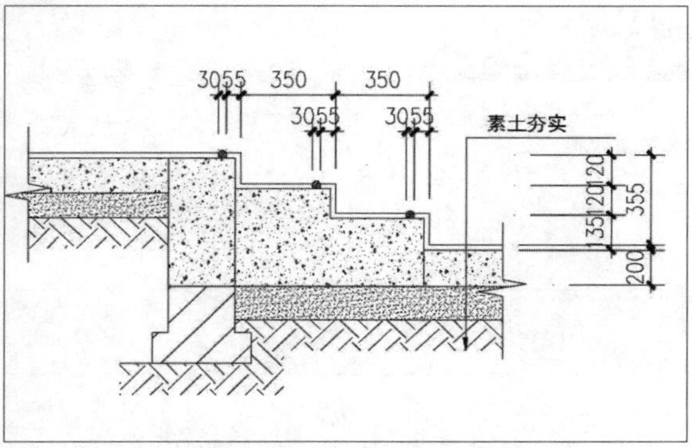

图10-76 绘制引线

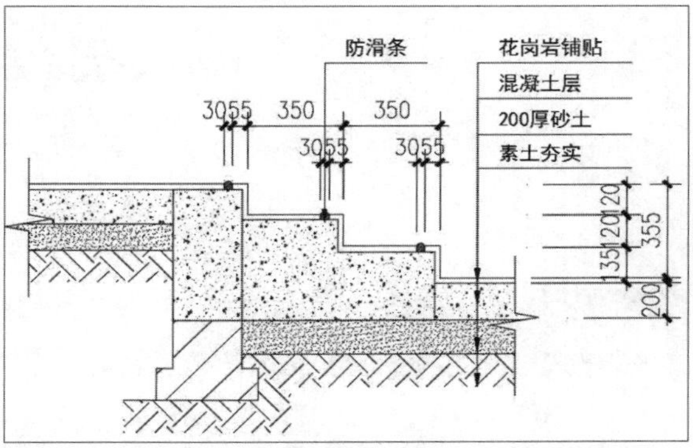

图10-77 复制引线

步骤20 执行“圆”、“偏移”命令，绘制圆形图例。执行“多行文字”命令，绘制图例文字，如图10-78所示。

步骤21 执行“直线”、“多段线”命令，绘制直线。执行“多行文字”命令，绘制图例说明，如图10-79所示。

图10-78 绘制圆形

图10-79 绘制图例说明

步骤22 执行“移动”命令，将图例说明移动到相应的位置，如图10-80所示。

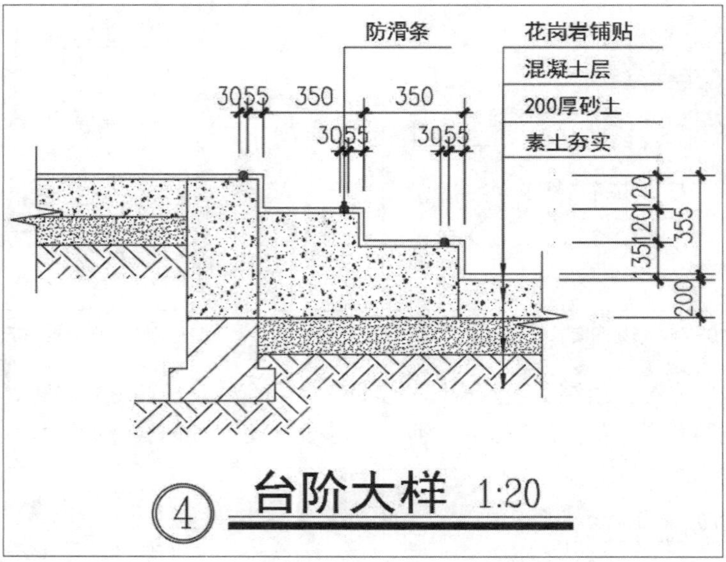

图10-80 剖面图最终效果

10.3 园林小品概述

园林小品的设计不仅体现其功能性，还要体现其优美特性，在满足空间功能的同时又给人以美的享受。景观小品为某一特定外部环境中供休息、装饰、照明、展示和方便园林管理及游人使用的小型建筑设施。景观小品是园林景观的重要元素之一，是景观环境中的一个视觉亮点。

10.3.1 园林小品的基本特点

园林小品是园林景观中的点睛之笔，通常体量较小、色彩单纯，对空间起点缀作用。从某种意义上来说，园林小品指的是公共艺术品，既具有实用功能，又具有审美功能。在公园或休闲广场中，某一组雕塑、几个景观石、指示牌、展示栏或者一组休闲桌椅都可以归类至园林小品中。

10.3.2 绘制园林小品的基本原则

园林小品设计是园林设计中重要的组成部分，无论是风景区规划，还是庭院设计，都属于园林景观设计的范围。园林小品设计的好坏，直接影响整个园林景观整体效果。在进行设计时，需要遵循以下几点原则：

（1）根据当地周边景观环境以及当地人文风情，设计出具有当地特色的园林小品。

（2）整合园林图纸内容，合理布置小品的地理位置。

（3）不破坏原有地质面貌，因地制宜。

（4）利用小品多样性、灵活性的特点，来丰富整个园林空间。

10.4 绘制景观凳

下面将介绍景观凳图纸的绘制操作，其中包括景观凳平面图、立面图以及详图。

10.4.1 绘制景观凳平面图

下面介绍景观凳平面图绘制操作，具体步骤如下。

步骤01 执行“矩形”命令，设置矩形尺寸为800mm×800mm，绘制景观亭桌子平面，如图10-81所示。

步骤02 执行“圆角”命令，设置圆角半径为50mm，修剪矩形圆角，如图10-82所示。

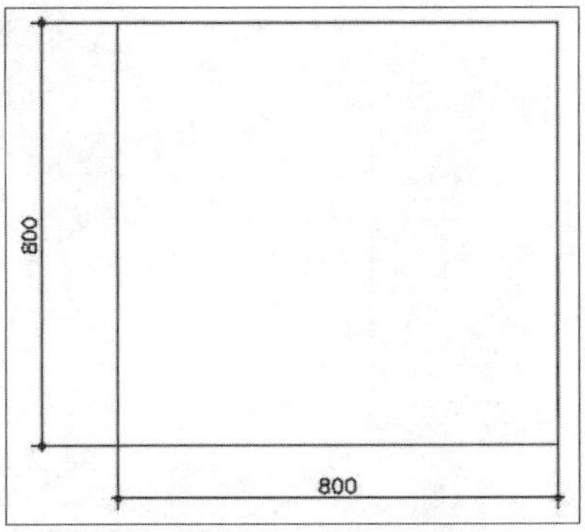

图10-81 绘制矩形桌面

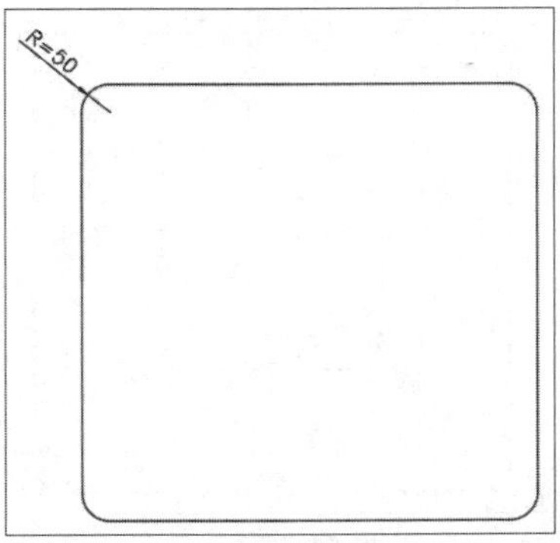

图10-82 修剪圆角

步骤03 执行“偏移”命令，偏移景观亭桌子造型。执行“修剪”命令，修剪凹凸造型，如图10-83所示。

步骤04 执行“缩放”命令，选择景观亭桌子中心点作为缩放基点，选择C复制命令，设置比例因子为0.5，如图10-84所示。

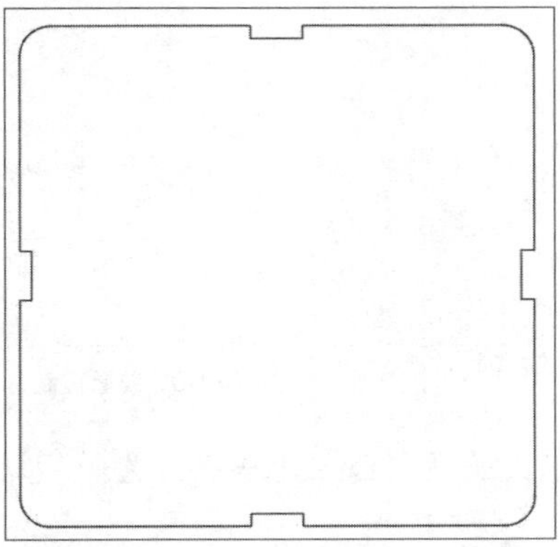

图10-83 修剪造型

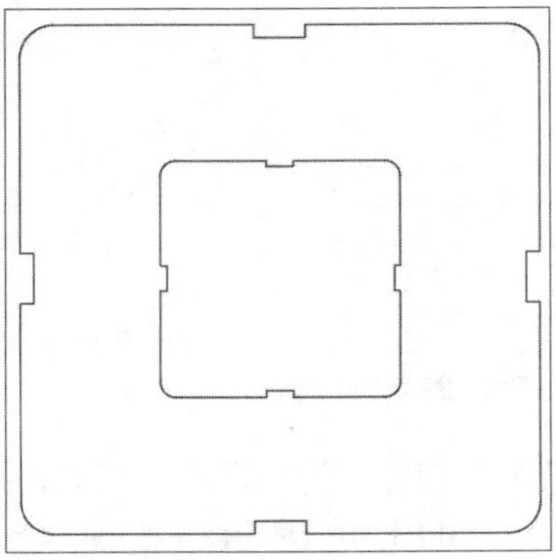

图10-84 复制造型

步骤05 执行“圆”命令，设置半径为50mm，绘制圆形。执行“复制”命令，复制圆形，如图10-85所示。

步骤06 执行“矩形”命令，设置矩形尺寸为320×580mm，绘制矩形凳子，如图10-86所示。

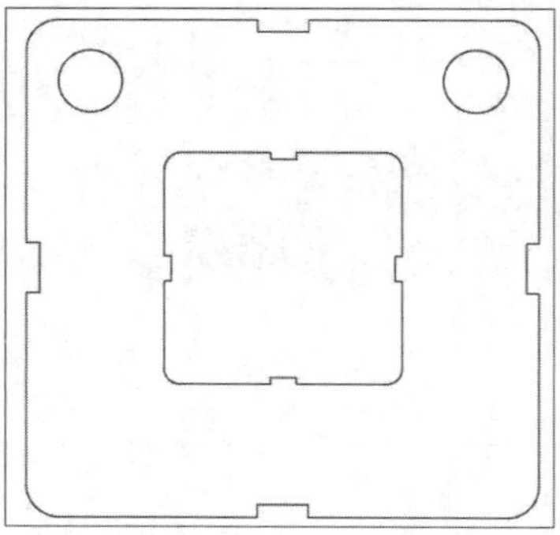

图10-85　绘制圆形

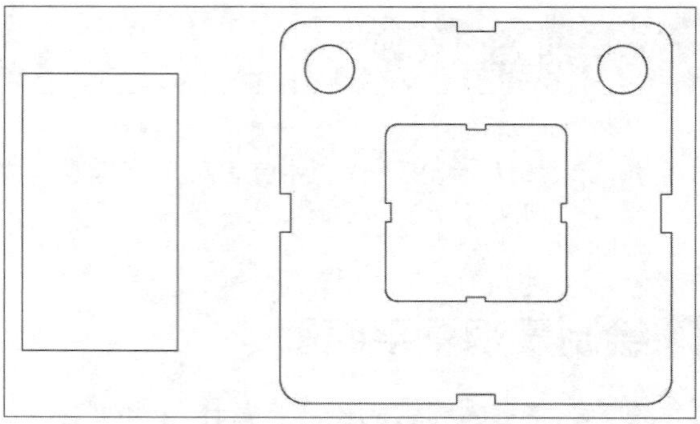

图10-86　绘制矩形凳子

步骤07 执行“偏移”命令，设置偏移距离为40mm，将矩形向内偏移，如图10-87所示。

步骤08 选择内部矩形，执行“特性”命令，设置线型为HIDDEN，如图10-88所示。

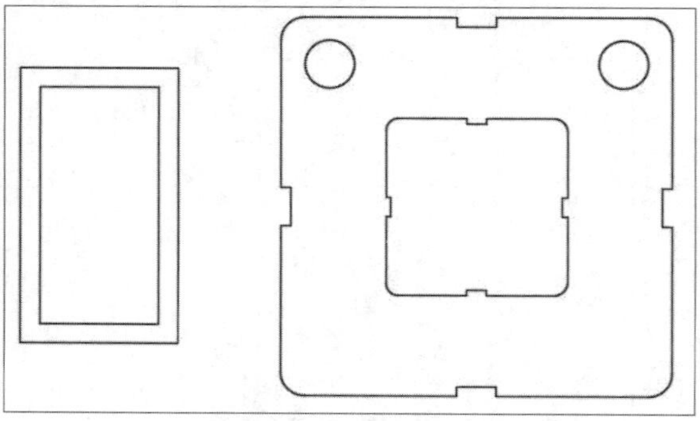

图10-87　偏移矩形

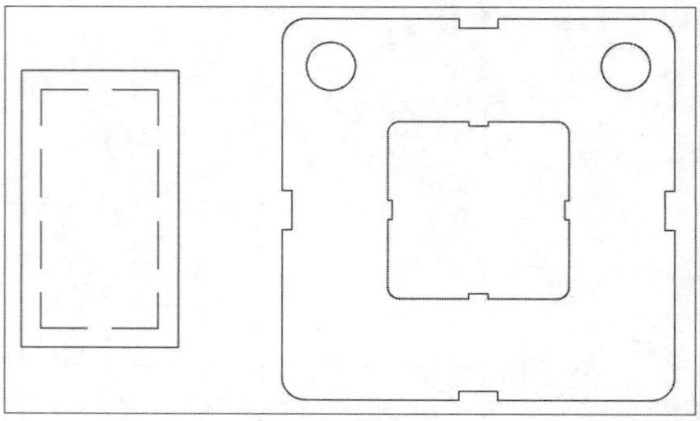

图10-88　更改线型

步骤09 执行“圆角”命令，设置圆角半径为50mm，修剪圆角，如图10-89所示。

步骤10 执行“镜像”命令，以景观桌中心点为镜像点，进行镜像复制，如图10-90所示。

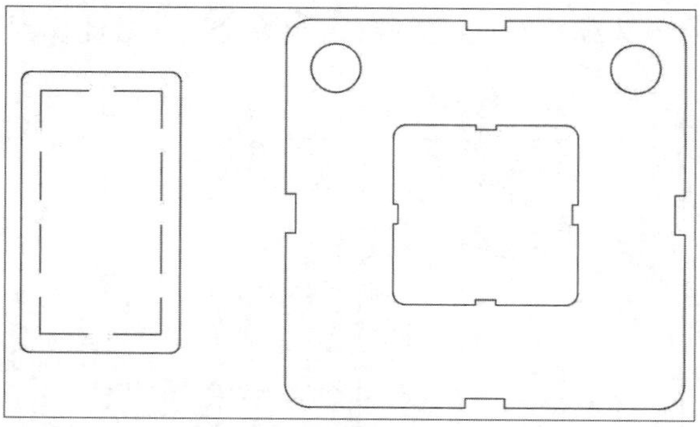

图10-89　修剪圆角

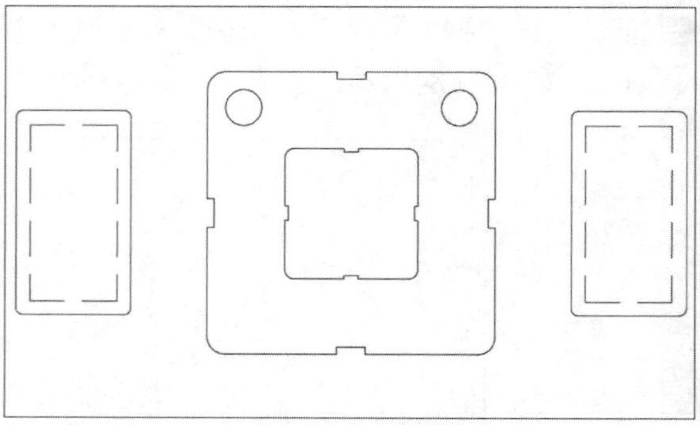

图10-90　镜像复制

步骤11 执行“旋转”命令，选择两边景观凳，指定景观桌中心点为基点。选择“复制”命令，设置旋转角度为90度，如图10-91所示。

步骤12 执行“线性标注”、“半径标注”命令，标注景观凳平面尺寸，如图10-92所示。

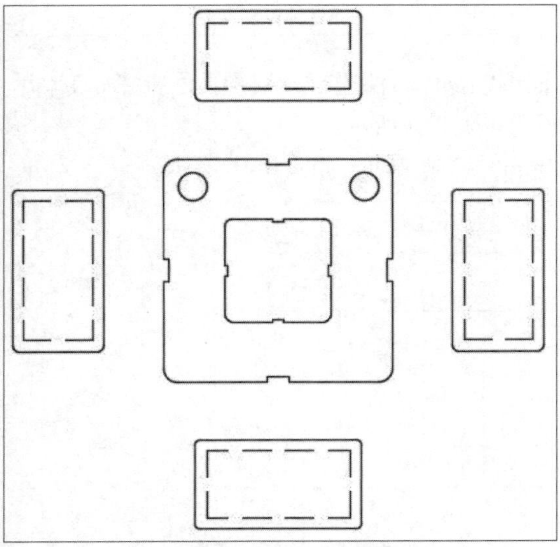

图10-91　旋转复制

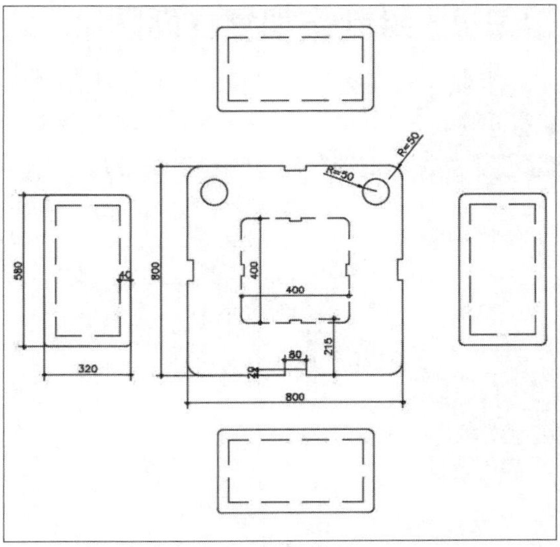

图10-92　标注尺寸

步骤13 执行“多段线”命令，设置线宽为20mm，绘制长度为1000mm的粗线。执行“直线”命令，绘制1000mm长的直线，如图10-93所示。

步骤14 执行“多行文字”命令，绘制图例说明文字，如图10-94所示。

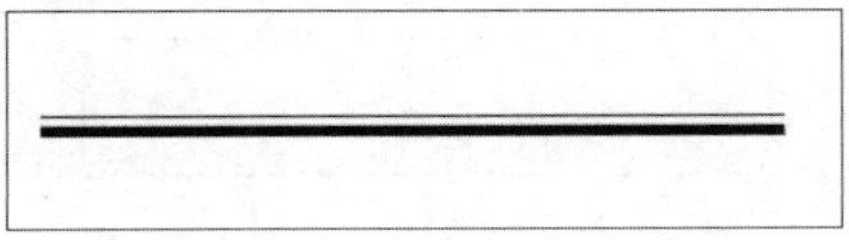

图10-93　绘制多段线

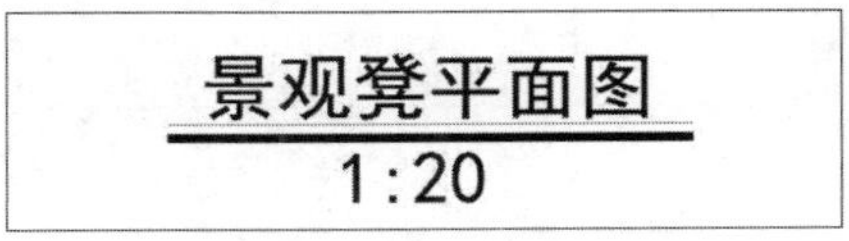

图10-94　标注文字

步骤15 执行“移动”命令，将图例说明移动到相应的位置，如图10-95所示。

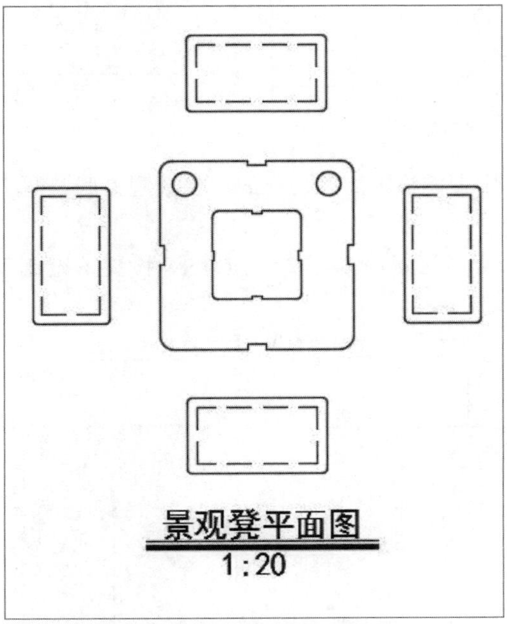

图10-95　景观凳平面图

10.4.2 绘制景观凳立面图

绘制完景观凳平面图后，接下来对绘制景观凳立面图的操作方法进行介绍，具体步骤如下。

步骤01 执行“直线”命令，绘制景观桌底座立面轮廓，如图10-96所示。

步骤02 执行“矩形”命令，设置矩形尺寸为860×180mm，绘制桌面，如图10-97所示。

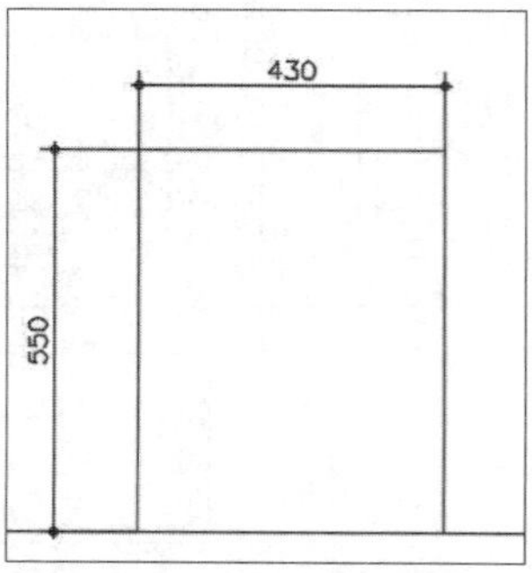

图10-96　绘制景观桌底座

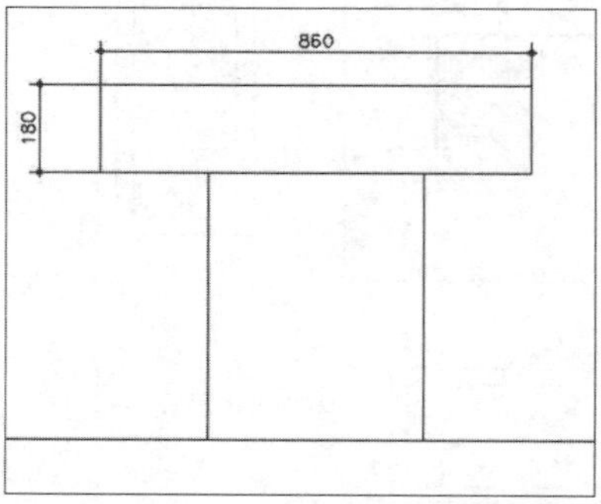

图10-97　绘制桌面

步骤03 执行“圆角”命令，设置圆角半径为40mm，绘制桌面圆角，如图10-98所示。

步骤04 执行“直线”命令，指定桌面中心点向下绘制直线辅助线，执行“偏移”命令，分别向两边偏移50mm，执行“删除”命令，删除辅助线，如图10-99所示。

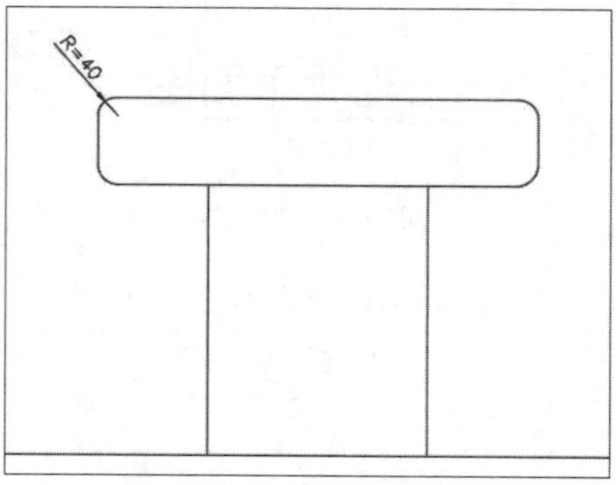

图10-98　修剪圆角

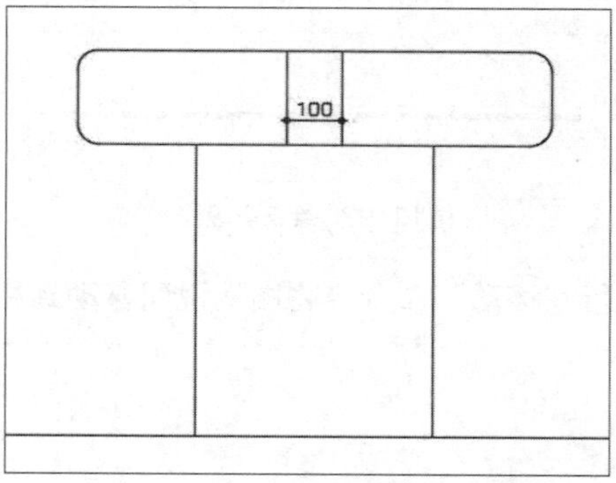

图10-99　偏移直线

步骤05 执行“偏移”命令，设置偏移距离为195mm，将景观桌底座两边直线分别向内偏移195mm，如图10-100所示。

步骤06 执行“图案填充”命令，设置填充图案为DOTS，设置填充比例为200，填充景观桌底座，如图10-101所示。

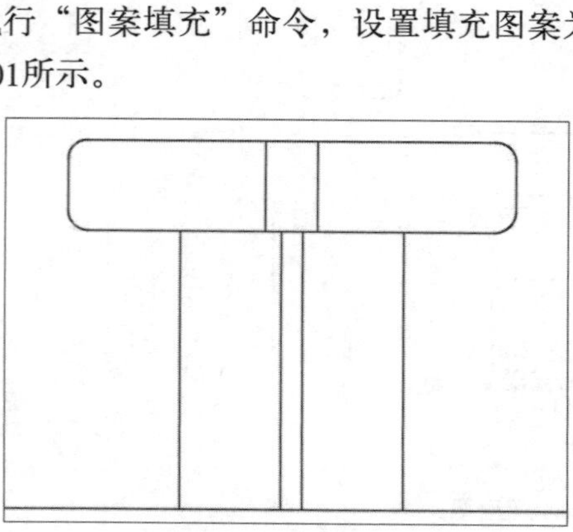

图10-100　偏移直线

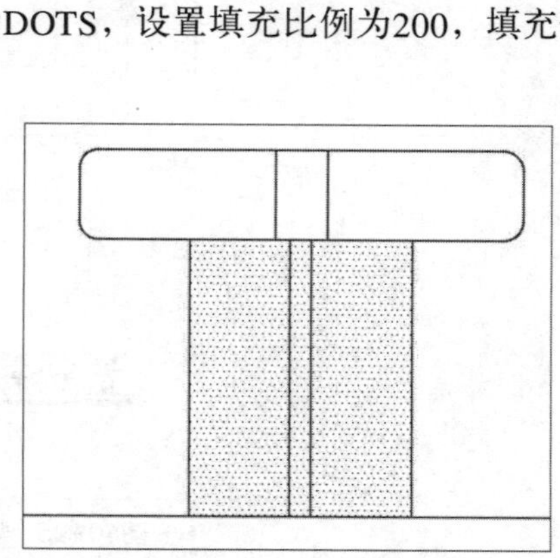

图10-101　填充图案

步骤07 执行“矩形”命令，绘制320×400mm的长方形景观凳，如图10-102所示。

步骤08 执行“分解”命令，分解矩形凳子。执行“偏移”命令，将直线向下偏移150mm，如图10-103所示。

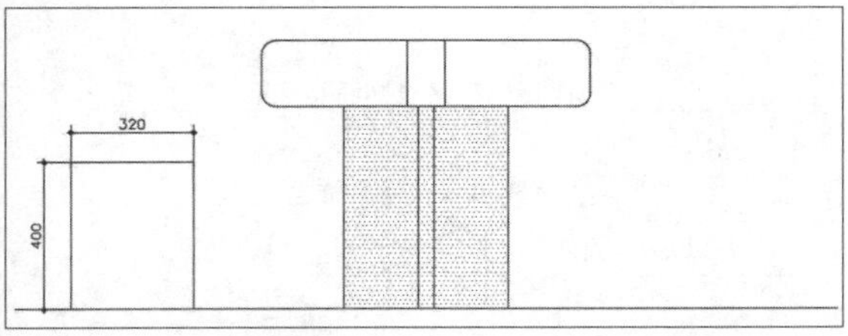

图10-102 绘制矩形

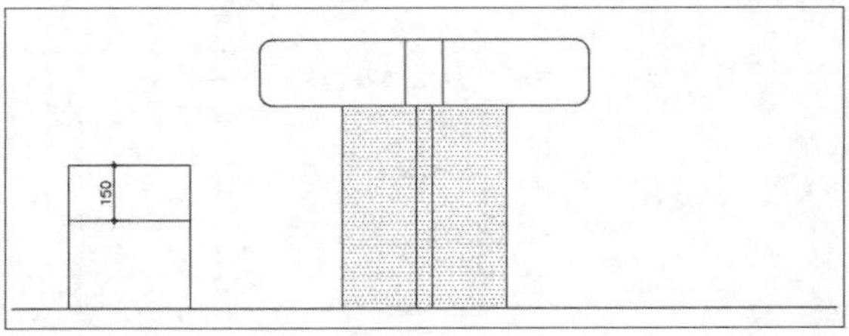

图10-103 偏移直线

步骤09 执行“圆角”命令，设置圆角半径为40mm，修剪景观凳圆角，如图10-104所示。

步骤10 执行“图案填充”命令，设置填充图案为DOTS，设置填充比例为200，填充景观凳，如图10-105所示。

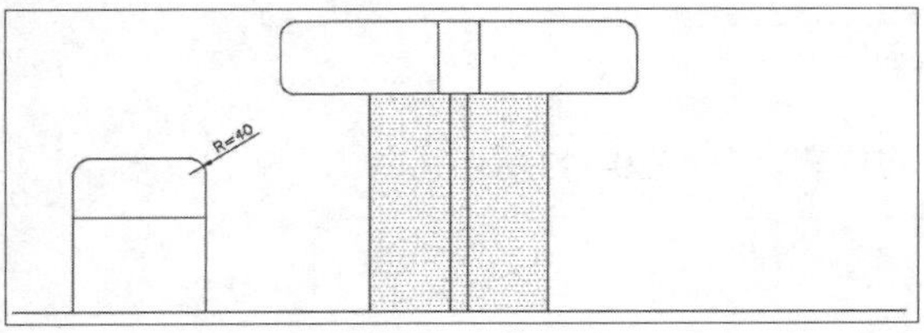

图10-104 修剪圆角

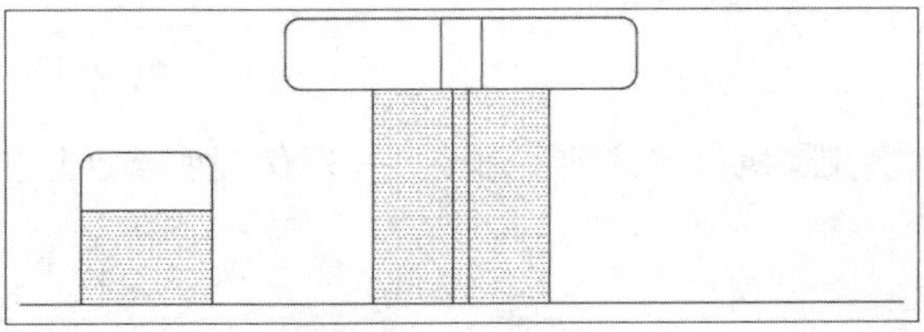
图10-105 填充图案

步骤11 执行“镜像”命令，以景观桌中心点为镜像点，镜像复制景观凳，如图10-106所示。

步骤12 执行“线性标注”、“半径标注”命令，标注景观亭立面尺寸，如图10-107所示。

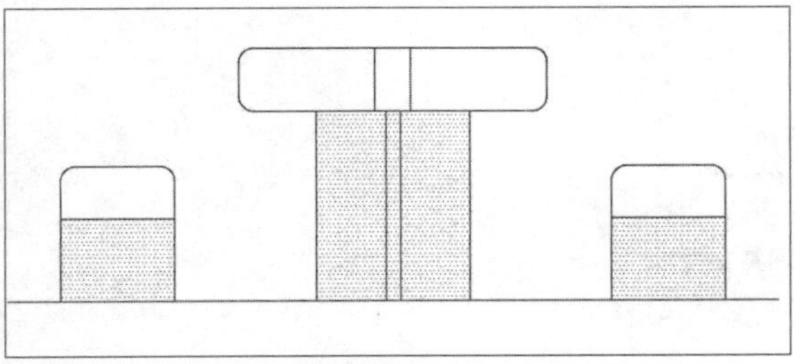
图10-106 镜像复制

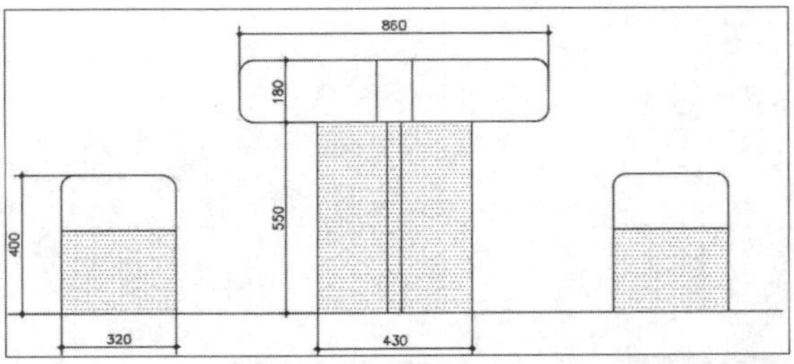

图10-107 标注尺寸

步骤13 执行“引线”命令，绘制引线。执行“多行文字”命令，标注材料名称，如图10-108所示。

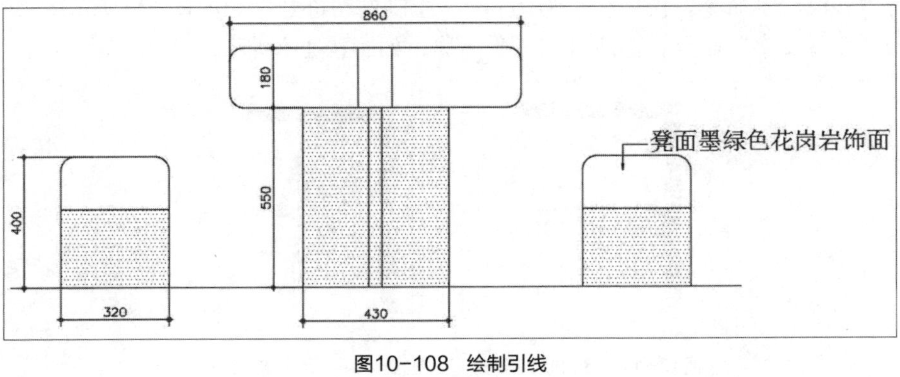

图10-108 绘制引线

步骤14 执行“复制”命令，复制引线、文字，双击文字更改材料名称，如图10-109所示。

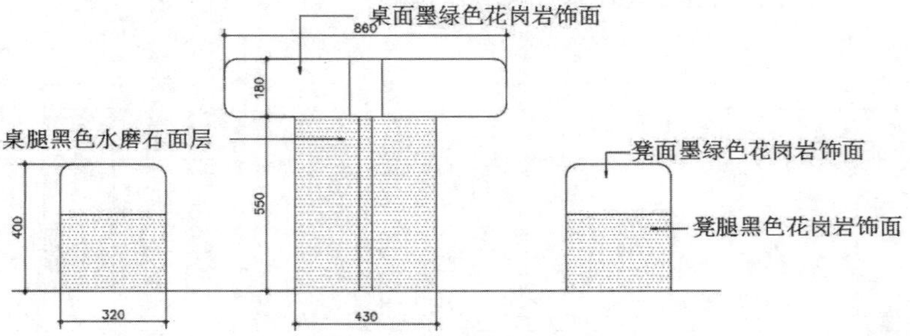

图10-109 复制引线

步骤15 执行“复制”命令，复制景观亭平面图例说明，双击文字更改名称，如图10-110所示。

图10-110 绘制图例说明

步骤16 执行“移动”命令，将图例说明移动到相应的位置，如图10-111所示。

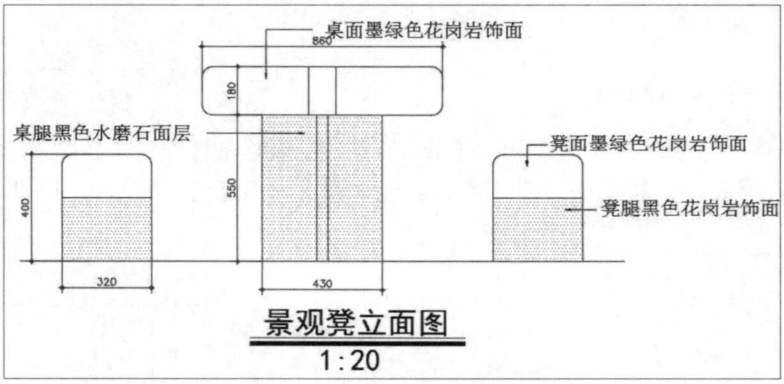

图10-111 景观凳立面图

10.4.3 绘制景观凳详图

下面介绍景观凳详图的绘制方法，具体步骤如下。

步骤01 执行“多段线”命令，设置线宽为10mm， 绘制剖切符号，如图10-112所示。

步骤02 执行“多行文字”命令，标注剖切符号名称，如图10-113所示。

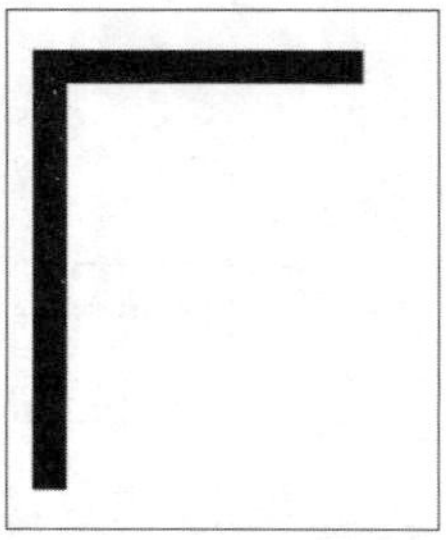

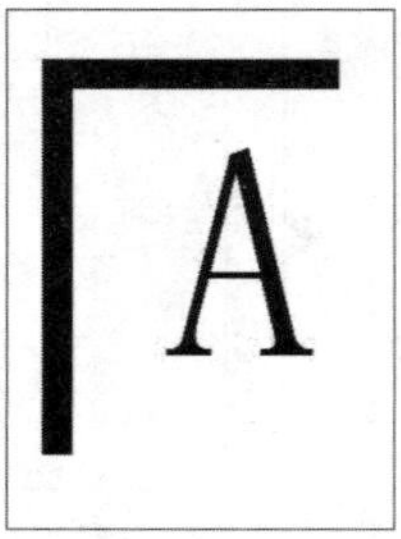

图10-112 绘制剖切符号　图10-113 标注剖切符号

步骤03 执行“移动”命令，将剖切符号移动到相应的位置。执行“镜像”命令，复制剖切符号，如图10-114所示。

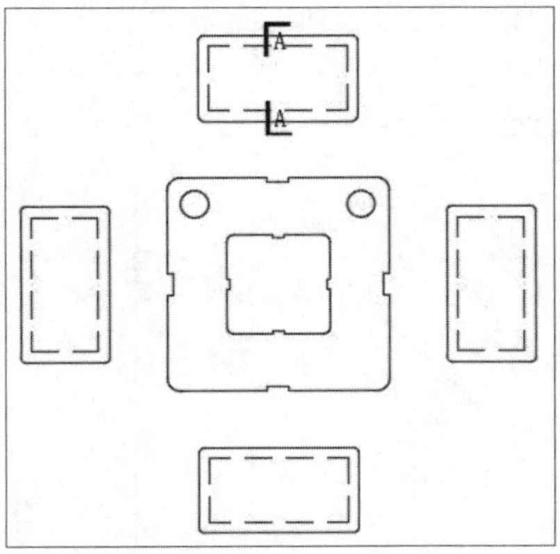

图10-114　放置剖切符号

步骤04 执行“矩形”命令，绘制夯实土壤层。执行“图案填充”命令，设置填充图案为AR-PARQI，设置填充角度为45，设置填充图案比例为5，如图10-115所示。

步骤05 执行“矩形”命令，绘制混凝土层。执行“图案填充”命令，设置填充图案为AR-CONC，设置填充图案比例为1。执行“删除”命令，删除夯实土壤矩形轮廓，如图10-116所示。

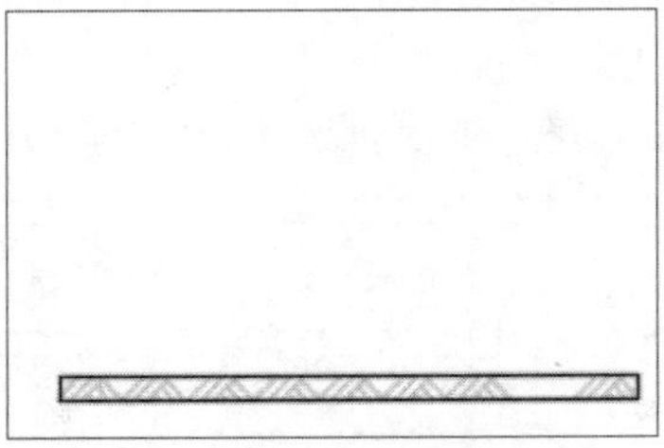

图10-115　绘制夯实土壤剖面

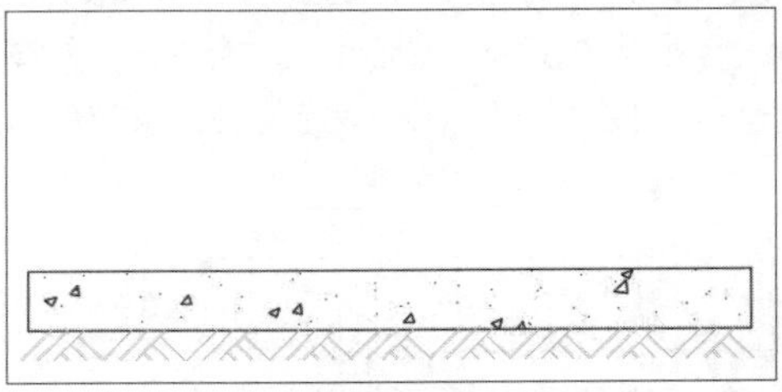

图10-116　绘制混凝土层剖面

步骤06 执行“直线”命令，绘制景观凳结构轮廓，如图10-117所示。

步骤07 执行“偏移”命令，将直线分别向内偏移120mm。执行“修剪”命令，修剪直线，如图10-118所示。

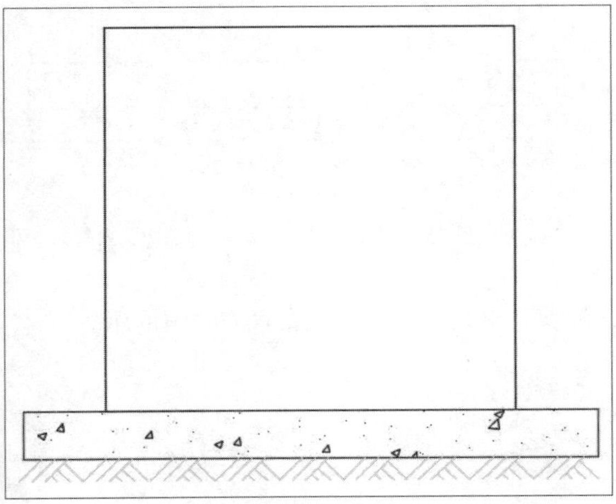

图10-117　绘制结构轮廓

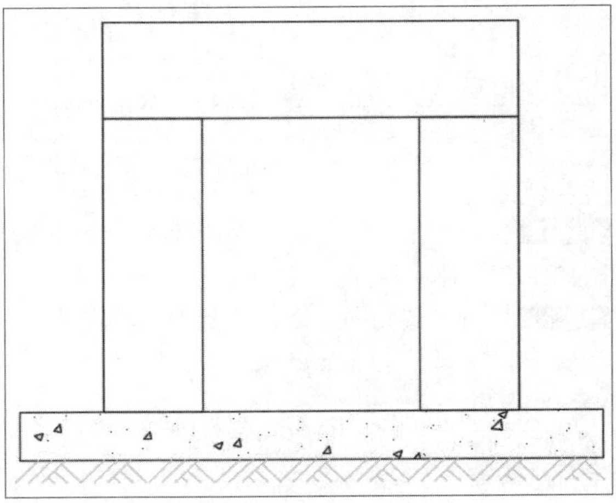

图10-118　偏移直线

步骤08 执行“图案填充”命令，填充砌筑层，设置填充图案为ANSI31，设置填充图案比例为10，如图10-119。

步骤09 执行“直线”命令，绘制钢筋剖面。执行“移动”命令，将图形移动到如图10-120所示位置。

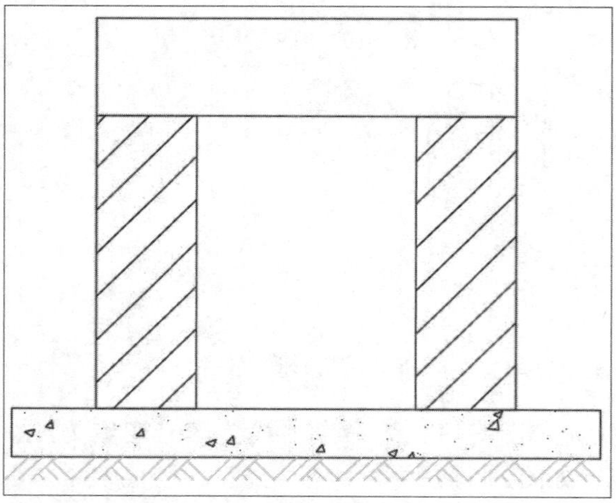

图10-119 填充图案

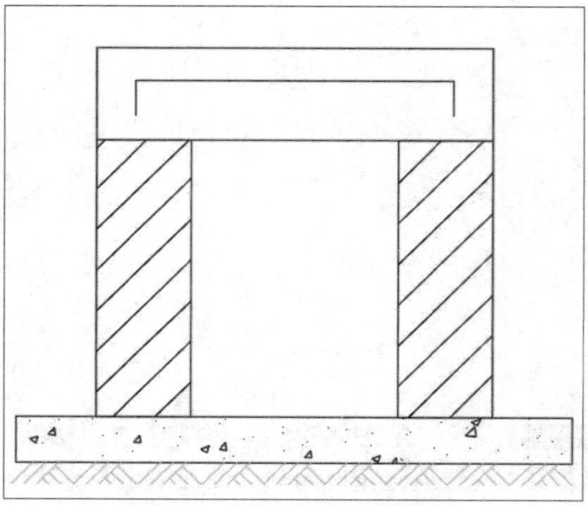

图10-120 绘制钢筋剖面

步骤10 执行“圆”命令，绘制钢筋圆形截面。执行“图案填充”命令，填充截面，设置填充图案为SOLID。执行“复制”命令，复制圆形，如图10-121所示。

步骤11 执行“偏移”命令，设置偏移距离为20mm，将直线向外偏移绘制砂浆层，如图10-122所示。

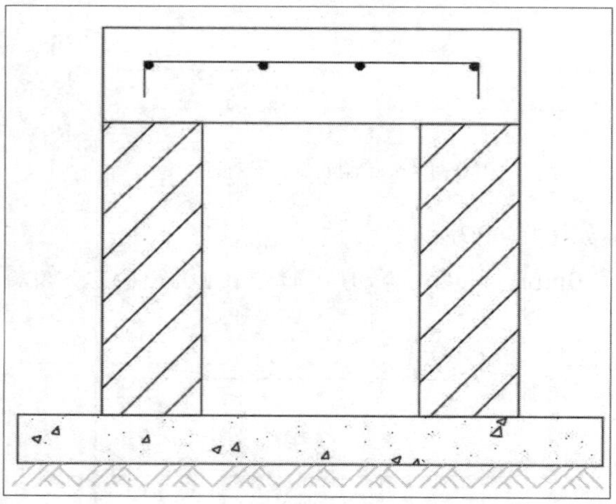

图10-121 绘制钢筋截面

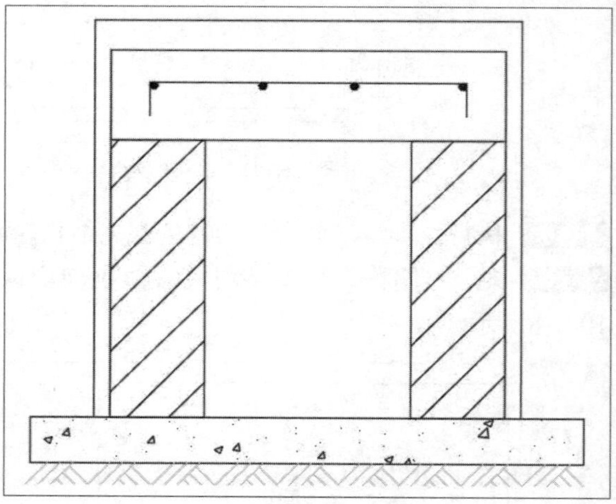

图10-122 偏移砂浆层

步骤12 执行“偏移”命令，偏移直线绘制花岗岩层。执行“直线”、“修剪”命令，修剪直线，如图10-123所示。

步骤13 执行“圆角”命令，设置圆角半径为20mm，修剪花岗岩圆角造型，如图10-124所示。

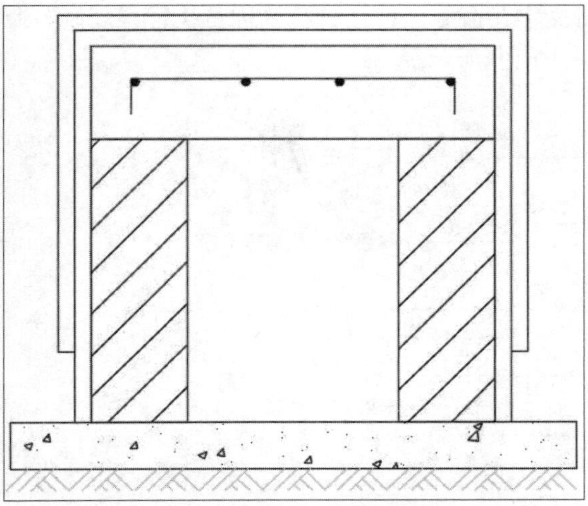

图10-123 偏移花岗岩层

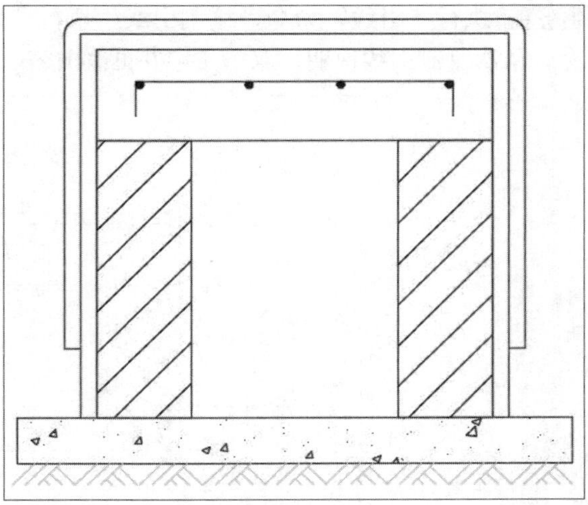

图10-124 修剪圆角

步骤14 执行“图案填充”命令，填充混凝土层，设置填充图案为ANSI33，设置填充图案比例为1，如图10-125所示。

步骤15 执行“直线”、“圆”命令，绘制吸顶灯图形，如图10-126所示。

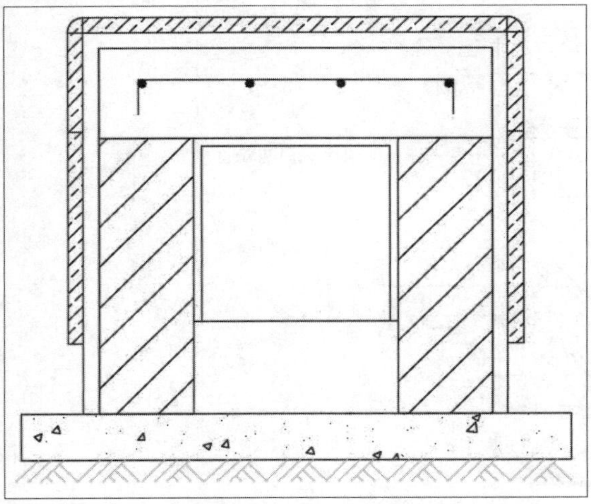

图10-125 填充图案

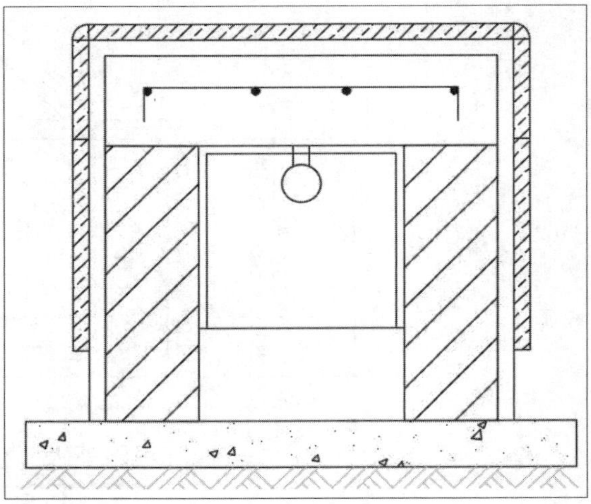

图10-126 绘制吸顶灯

步骤16 执行“线性标注”、“连续标注”命令，标注景观凳剖面尺寸，如图10-127所示。

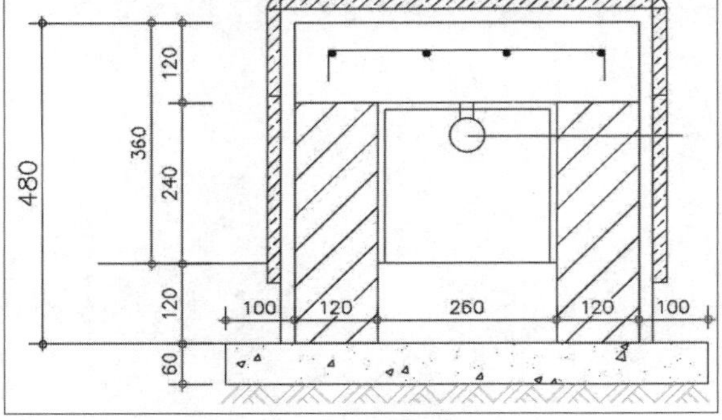

图10-127 标注尺寸

步骤17 执行“引线”命令，绘制引线。执行“多行文字”命令，标注材料名称。执行“复制”命令，依次复制引线说明，双击文字并更改内容，如图10-128所示。

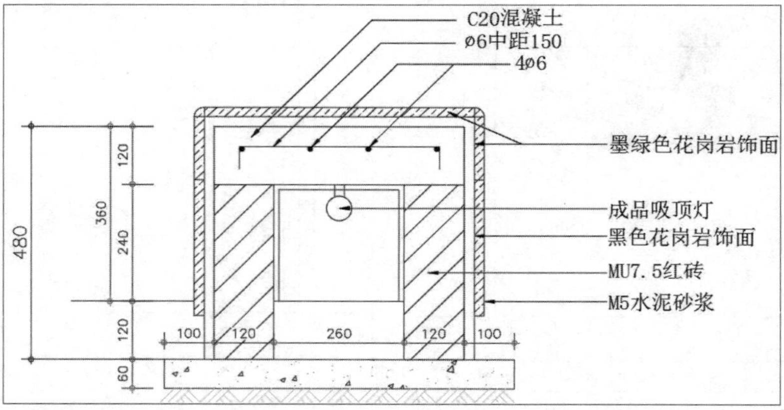

图10-128 绘制引线

步骤18 执行“复制”命令，复制立面图图例说明。执行“缩放”命令，缩放图例，双击文字更改其内容，如图10-129所示。

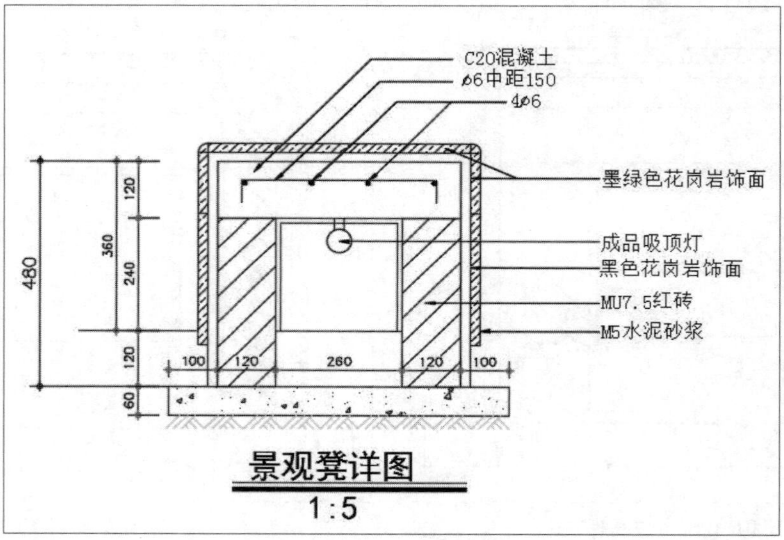

图10-129 剖面图最终效果

Chapter 11

绘制小型公园总平面图

课题概述

本章将介绍公园总平面图的绘制方法与技巧，其内容包含公园广场及入口平面图的绘制，园内建筑平面图的绘制，园路、水路及小品图纸的绘制等。

教学目标

通过对本章内容的学习，使用户了解并熟悉园林或景观规划总平面图的绘制方法。

章节重点

★★★ 绘制苗木配置表
★★ 添加文字标注
★★ 绘制景观小品平面并插入植物图块
★★ 绘制园路及水路平面
★★ 绘制建筑平面
★★ 绘制公园入口及广场平面
★ 公园设计基本概念

光盘路径

最终文件：实例文件\第11章\绘制公园规划平面总图.dwg

11.1 公园设计基本概念

公园设计是在满足其功能性和艺术性的前提下，对公园内的景观、建筑、植被以及水系进行统一规划创造的过程，是规划设计的一种，其设计、绘制方法与规划设计相似。下面向用户介绍公园设计的一些设计原则及注意事项。

11.1.1 公园的种类划分

目前，公园从性能上可分为四大类，分别为综合、专类、带状以及街旁游园。

（1）综合公园：该类型公园一般是指由政府修建并经营的，作为自然观赏和供游人休息游玩的公共场所。该类公园有明确的功能分区，内容设施比较完善，绿地面积往往占整个公园面积的60%以上。

（2）专类公园：简单地说，专类公园是以某项功能为主的公园，也可称为主题公园。例如动物园、植物园或儿童公园等。

（3）带状公园：该类型公园是沿着城市某道路、围墙或水系而形成的公园。该类公园具有一定宽度的带状绿地场所，并有一定的服务设施，供人们游玩观赏使用。

（4）街旁游园：该游园可称为微型公园，通常是以一些中小型开放式绿地的形式体现，虽然游园面积较小，但也同样具备休憩游玩与美化城市景观的功能。

11.1.2 公园设计的基本原则

在对公园进行规划设计时，需要遵循以下几点原则。

（1）以人为本原则。公园设计主要是服务于人，所以以人为本、人性化设计是最基本的原则。人与环境是双向互动的关系，任何景观都应以人的需求为设计出发点，满足人的生理和心理需求，从而营造优美的公园环境。

（2）景观连通性原则。在进行设计构思时，应强调维持与恢复生态过程、格局的连续性和完整性，使城市中林林总总的自然绿色斑块之间有着密切的联系。

（3）整体优化性原则。强调绿色机制，强调景观的自然过程与特征，采用适宜的景观规划方式，塑造城市形象，优化城市空间。

（4）多样性原则。景观的多样性是维持城市生态系统平衡的基础。在对公园进行设计时，应适当增加各式各样的园林景观，从而丰富园内景观。

（5）生态位原则。合理对园内绿色植物进行配备，建立多层次、多结构、多功能的科学植物群落，构成一个长期稳定共存的复杂混交立体植物群落。

11.1.3 公园设计方法与步骤

公园设计所运用的知识繁多，是一个复杂分析与设计构思相结合的过程。当设计师接到公园设计项目时，需要遵循以下几点设计步骤，才能游刃有余地制作出好的设计方案来。

（1）现场踏勘与调研。该阶段主要任务是详细了解公园地形现状与空间关系、地形与周边环境关系、所处城市地段及城市背景等情况。

（2）收集与整理资料。在进行设计前，应当先收集所有设计资料，做到心中有数。这些资料包含甲方提供的图纸资料、文本资料以及实地踏勘调研资料等。

（3）设计前期研究。该阶段主要任务是对照设计目标与内容，明确设计中需解决的问题，提出解决问题的思路与途径，拟定设计要点纲要与初想示意图，再次与委托方商谈，促成一些初期的设计决策。

（4）绘制总平面图。该阶段的主要任务是明确设计方向，定位公园功能，并充分考虑景观的空间组织与功能之间的逻辑关系，绘制总平面图。

（5）绘制详图及施工图。该阶段主要任务是根据平面总图，绘制各局部详图，细化图纸，为施工人员提供施工依据。

11.2 绘制公园总平面图

下面将以小型公园为例，向用户介绍总平面图绘制的具体操作方法。

11.2.1 绘制公园广场及入口平面图

下面介绍公园广场及入口平面图的绘制，具体操作步骤如下。

步骤01 启动AutoCAD 2016软件，执行“格式>图形界限”命令，设置图形界限左下角点为：(0.0000,0.0000)、右上角点为（42000.0000,29700.0000），如图11-1所示。

步骤02 打开“图层特性管理器”面板，单击“新建图层”按钮，创建新图层，如图11-2所示。

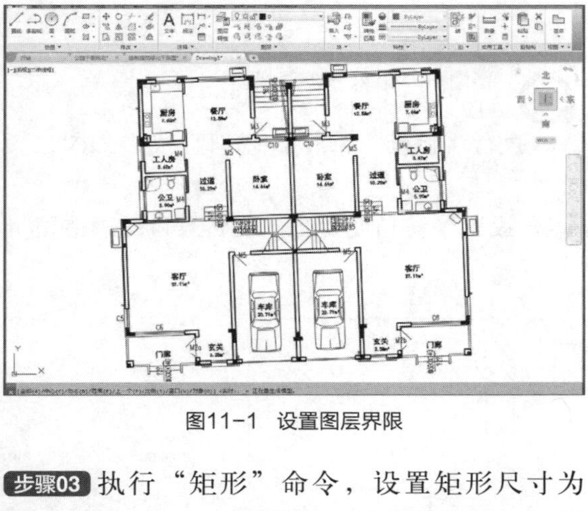

图11-1 设置图层界限

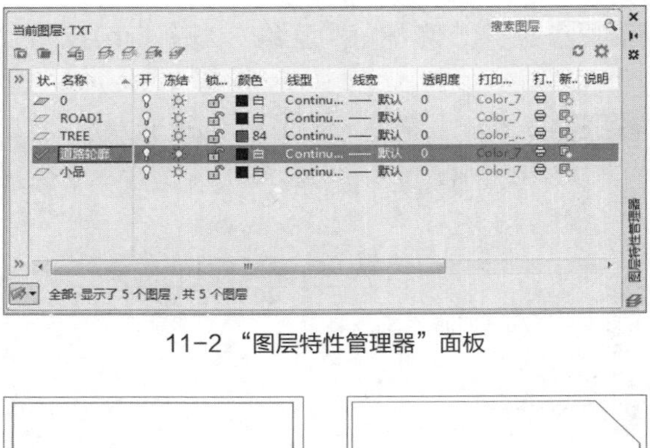

11-2 “图层特性管理器”面板

步骤03 执行“矩形”命令，设置矩形尺寸为160mm×130mm，绘制公园广场轮廓线，如图11-3所示。

步骤04 执行“倒角”命令，设置倒角距离为25mm，绘制切角，如图11-4所示。

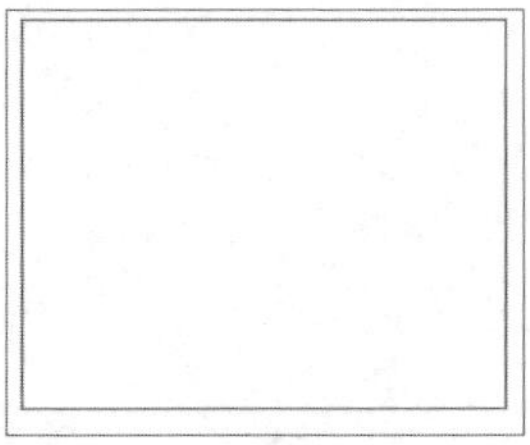

图11-3 绘制广场轮廓线

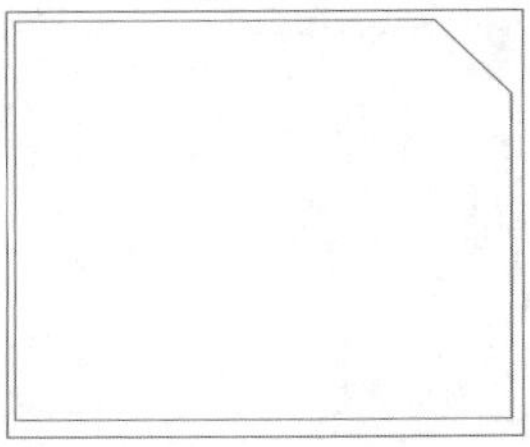

图11-4 绘制倒角

步骤05 执行“圆”命令，设置圆半径为30mm，绘制圆形广场轮廓，如图11-5所示。

步骤06 执行“圆”命令，绘制景观。执行“修剪”命令，修剪圆形，如图11-6所示。

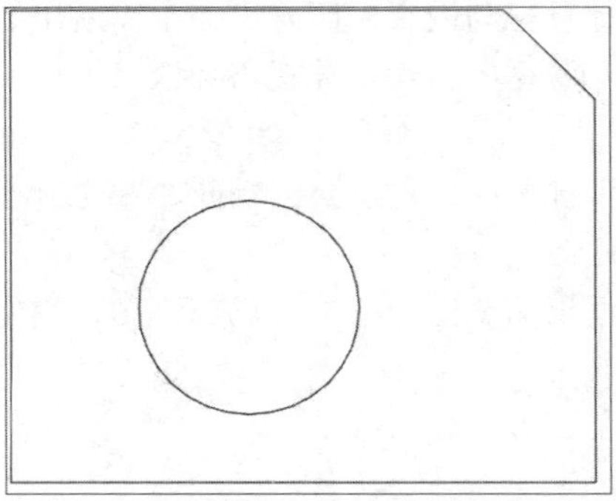

图11-5 绘制圆形

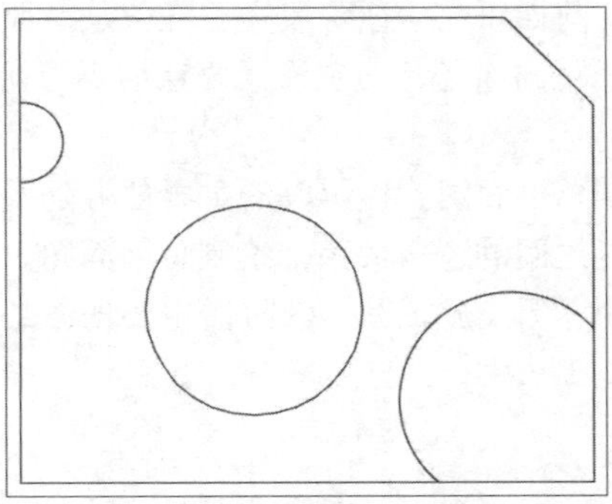

图11-6 修剪圆形

步骤07 执行“直线”、“偏移”命令，绘制景观轮廓。执行“修剪”命令，修剪直线，如图11-7所示。

步骤08 执行“直线”、“镜像”命令，绘制园路轮廓造型。执行“修剪”命令，修剪直线，如图11-8所示。

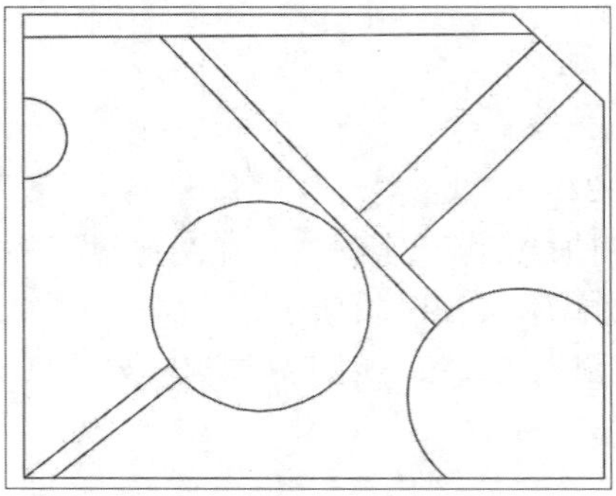

图11-7 绘制直线

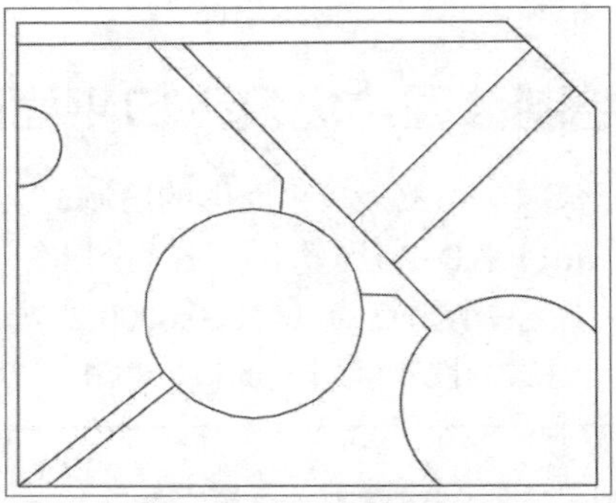

图11-8 镜像、修剪直线

步骤09 执行“偏移”、“直线”命令，绘制入口轮廓。执行“修剪”命令，修剪直线，如图11-9所示。

步骤10 执行“旋转”命令，指定矩形左下角点为基点，设置旋转角度为45，旋转入口轮廓造型，如图11-10所示。

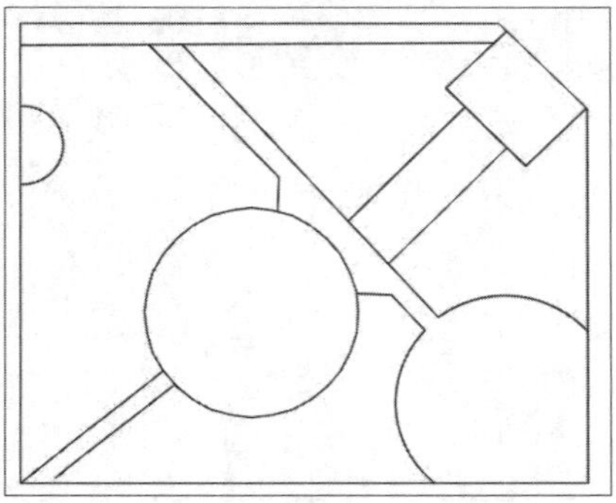

图11-9 绘制入口轮廓

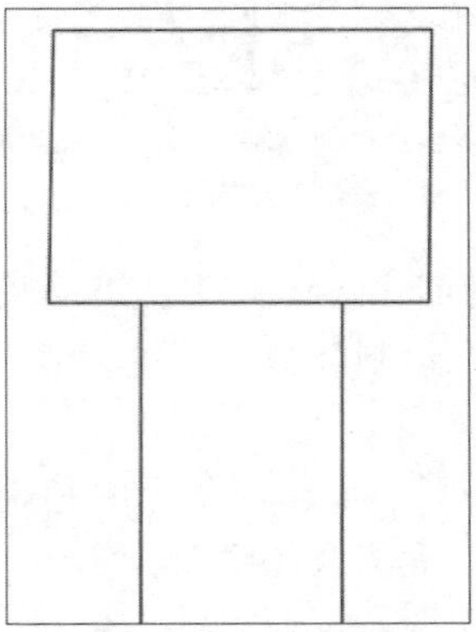

图11-10 旋转入口轮廓

步骤11 执行“偏移”命令，分别设置偏移距离为5mm、0.2mm，依次向下偏移直线，绘制道路线条，如图11-11所示。

步骤12 执行“直线”、“圆弧”命令，设置圆弧半径为10mm，在如图11-12所示位置选择“起点、端点、半径”，绘制圆弧。

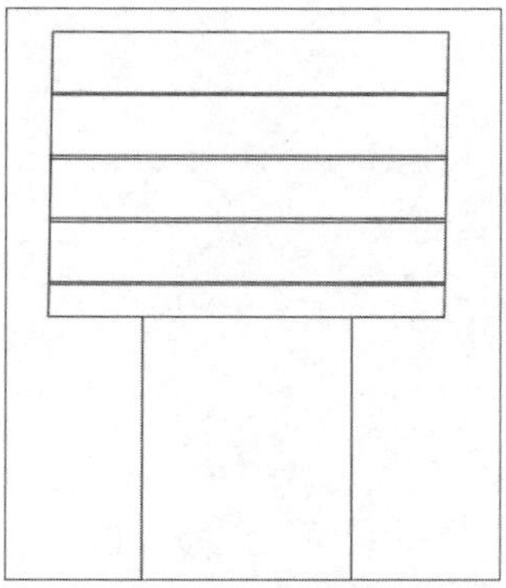
图11-11 偏移直线

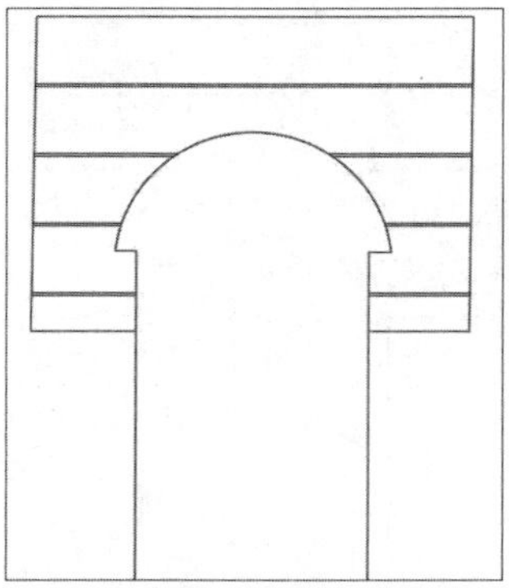
图11-12 绘制圆弧

步骤13 执行 “偏移”命令，设置偏移距离0.2mm，向内偏移圆弧，绘制弧形台阶，如图11-13所示。

步骤14 执行“偏移”命令，向内偏移圆弧，执行“直线”命令，绘制直线。最后执行“修剪”命令，修剪弧形台阶，如图11-14所示。

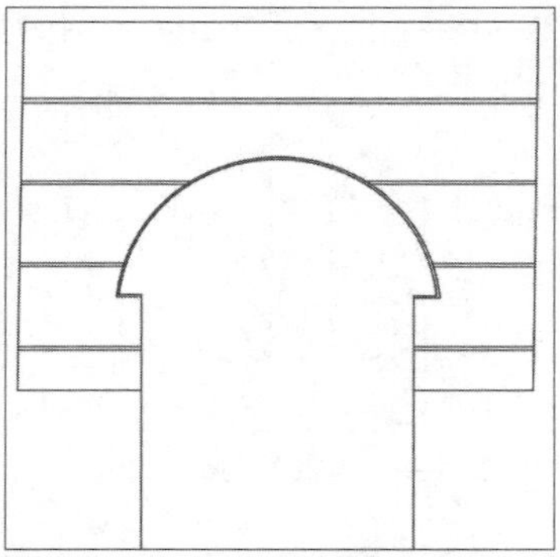
图11-13 绘制台阶

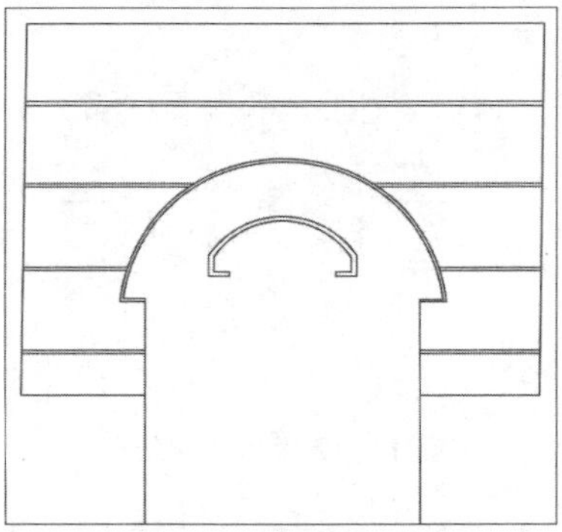
图11-14 修剪台阶

步骤15 执行“矩形”命令，绘制矩形。执行“镜像”命令，镜像复制矩形造型，如图11-15所示。

步骤16 执行“圆弧”命令，绘制圆弧。执行“偏移”命令，依次向上偏移圆弧，如图11-16所示。

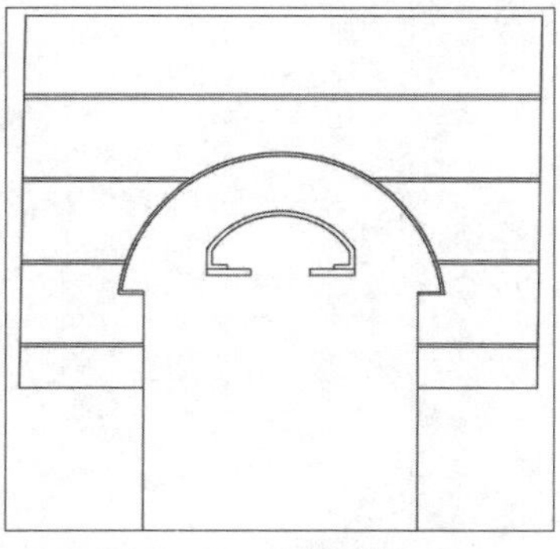
图11-15 镜像复制矩形

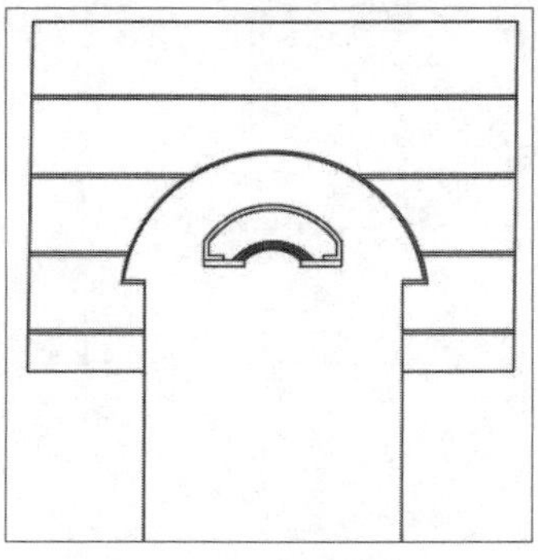
图11-16 绘制圆弧

步骤17 执行“矩形”命令，绘制矩形花坛造型。执行“直线”命令，连接矩形绘制直线，如图11-17所示。

步骤18 执行“多段线”命令，绘制景观造型。执行“圆弧”、“修剪”命令，绘制弧形造型，如图11-18所示。

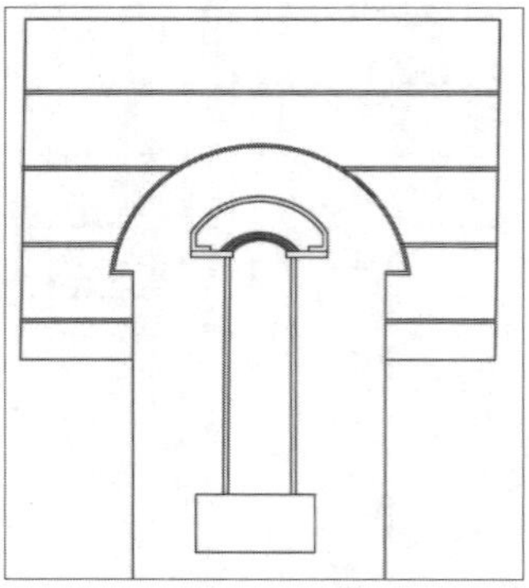

图11-17　绘制矩形花坛

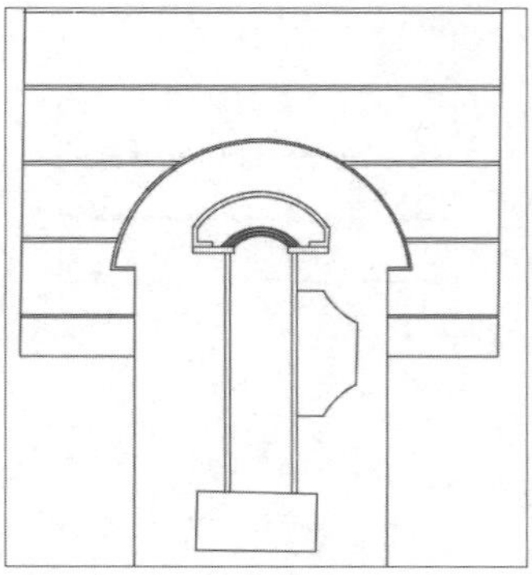

图11-18　绘制圆弧造型

步骤19 执行“偏移”命令，设置偏移距离为0.3mm，将弧形造型向外偏移，如图11-19所示。

步骤20 执行“镜像”命令，指定中心点，镜像复制景观造型，如图11-20所示。

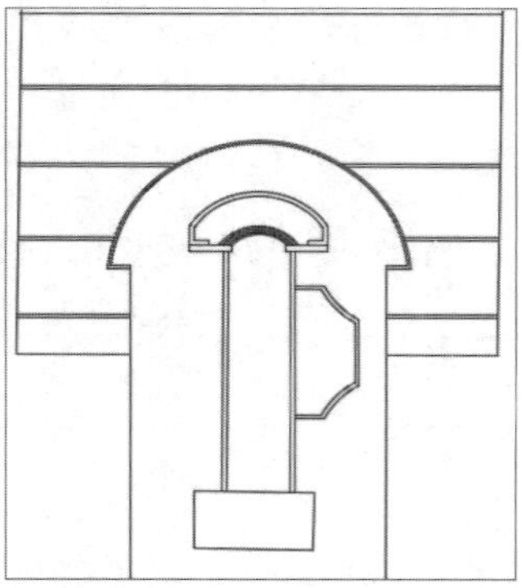

图11-19　偏移圆弧景观造型

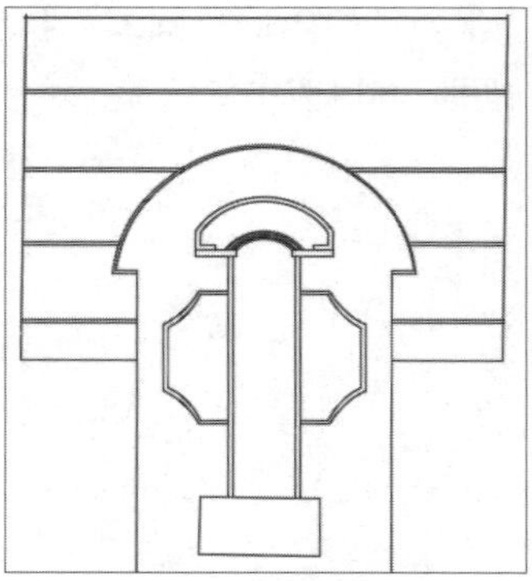

图11-20　镜像复制景观造型

步骤21 执行“插入块”命令，打开“插入”对话框，选择植物模型，导入植物模型，如图11-21所示。

步骤22 执行“复制”命令，指定基点，依次向下复制植物模型，如图11-22所示。

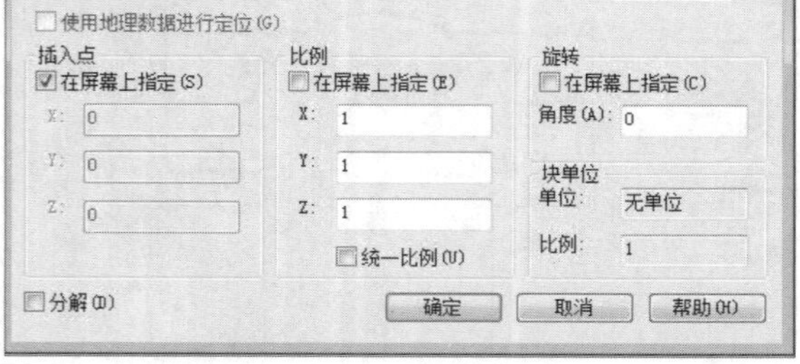

图11-21　插入图块

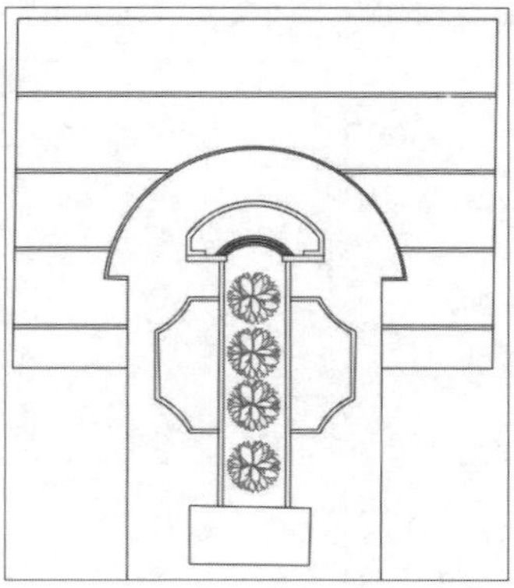

图11-22　复制植物

步骤23 执行“矩形”命令，设置旋转角度为45°，绘制4mm×4mm的矩形。执行“偏移”命令，将矩形向外偏移0.2mm，绘制地砖拼花，如图11-23所示。

步骤24 执行“复制”命令，指定矩形中心点，依次向下复制矩形，如图11-24所示。

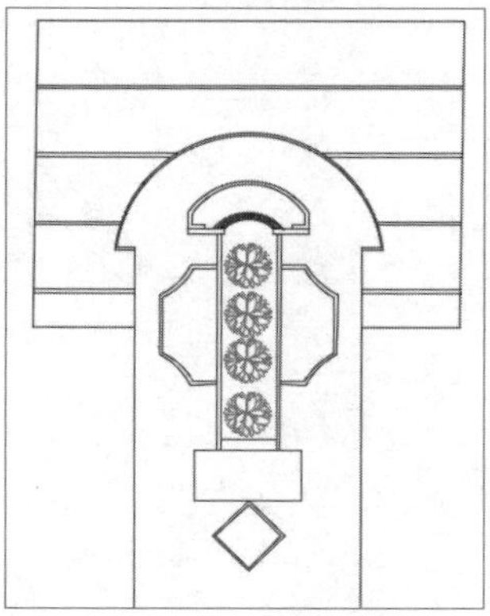

图11-23 绘制矩形

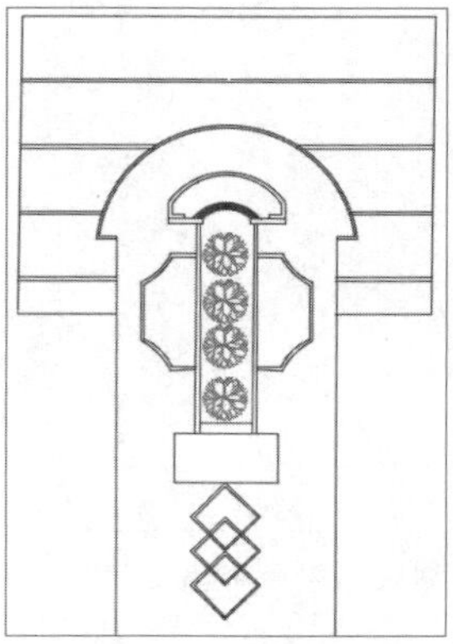

图11-24 复制矩形

步骤25 执行“圆”命令，捕捉矩形顶点绘制圆形，执行“修剪”命令，修剪矩形，如图 11-25 所示。

步骤26 执行“图案填充”命令，设置填充图案为ANSI37，设置填充比例为0.5，填充地砖，如图11-26所示。

步骤27 执行“复制”命令，指定基点，依次向下复制地砖拼花，如图11-27所示。

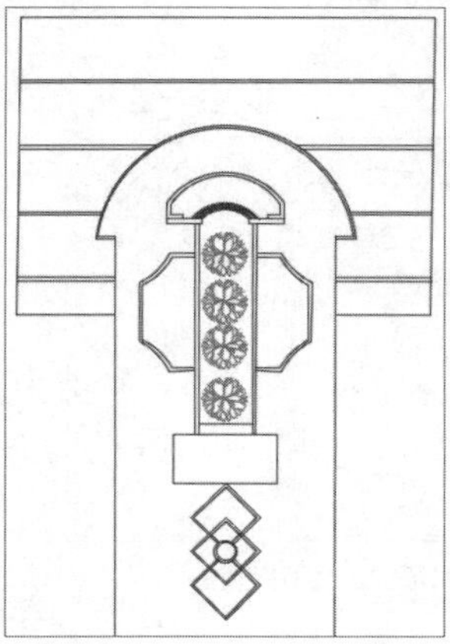

图11-25 绘制圆形造型

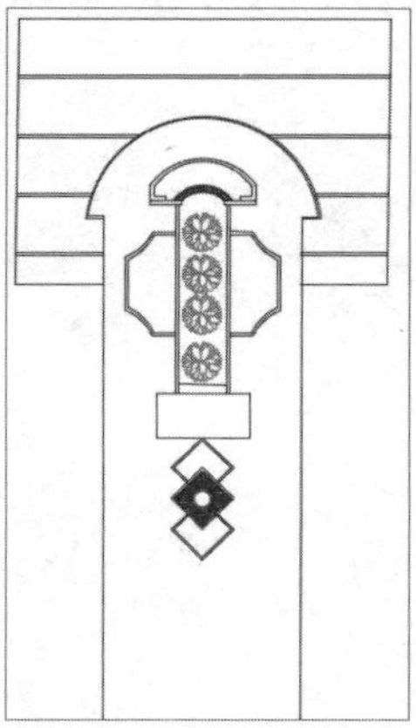

图11-26 填充图案

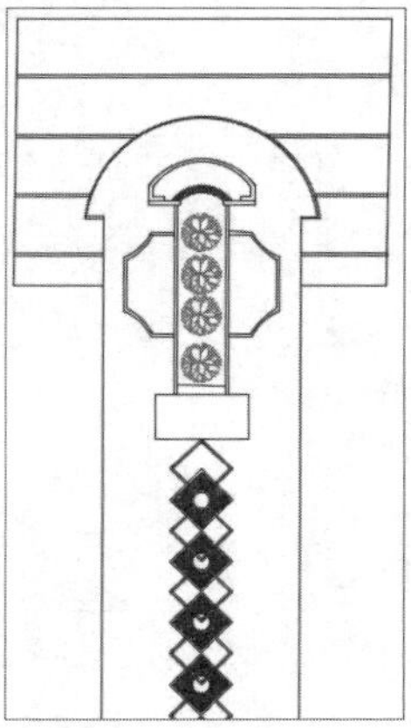

图11-27 复制地砖造型

步骤28 执行“旋转”命令，将入口造型旋转45°，执行“移动”命令，移动到图11-28所示位置。

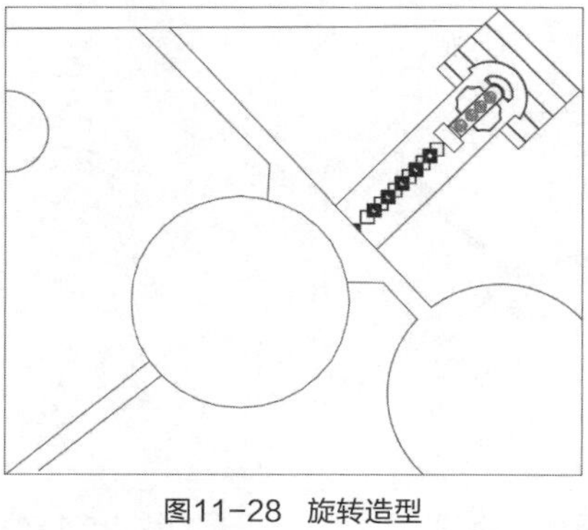

图11-28 旋转造型

步骤29 执行“偏移”命令，设置偏移距离为1mm，将直线分别向外偏移1mm，绘制入口小路，如图11-29所示。

步骤30 执行“图案填充”命令，设置填充图案为AR-CONC，设置填充比例为0.01，填充小路，如图11-30所示。

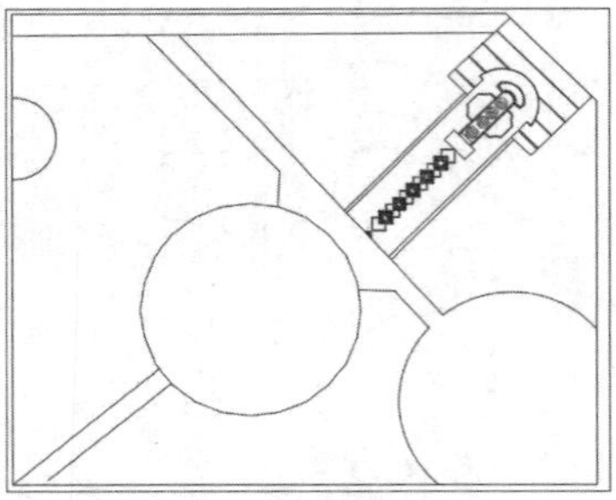
图11-29　偏移直线

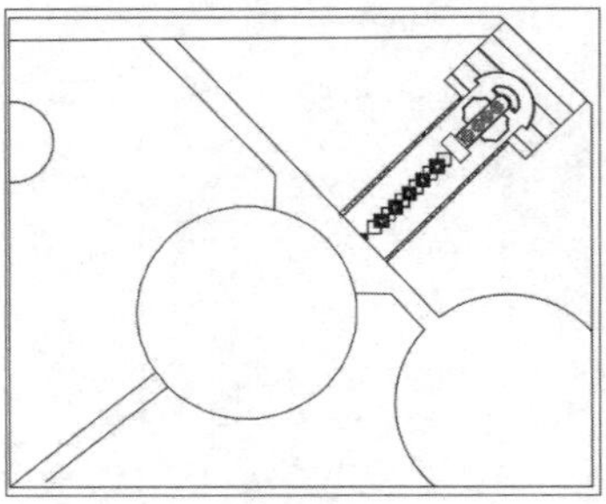
图11-30　填充图案

11.2.2 绘制公园建筑平面图

下面将对公园建筑平面图进行绘制，绘制方法如下。

步骤01 执行“多段线”命令，设置线宽为0.5，选择“圆弧”命令，设置半径为45mm，绘制弧形墙体轮廓，如图11-31所示。

步骤02 执行“偏移”命令，设置偏移距离为7mm，偏移圆弧，执行“多段线”命令，连接直线，如图11-32所示。

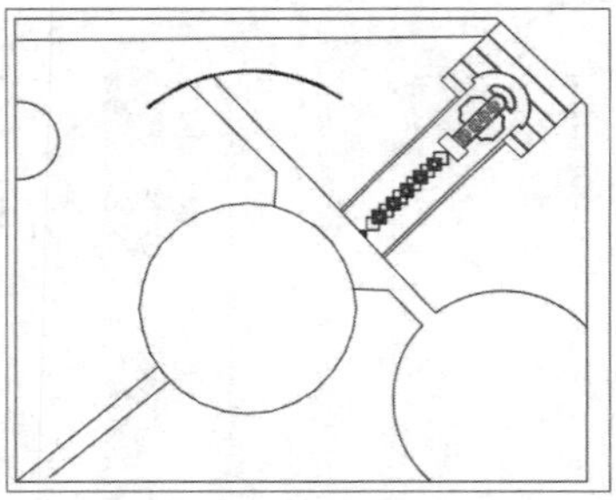
图11-31　绘制轮廓线

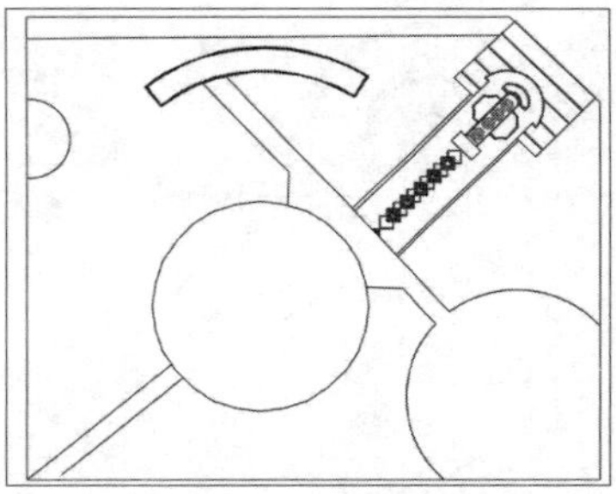
图11-32　偏移圆弧

步骤03 执行“偏移”命令，偏移圆弧。执行“分解”命令，分解多段线。执行“直线”、“修剪”命令，修剪建筑造型，如图11-33所示。

步骤04 执行“偏移”命令，偏移圆弧。执行“直线”、“修剪”命令，修剪建筑造型，如图11-34所示。

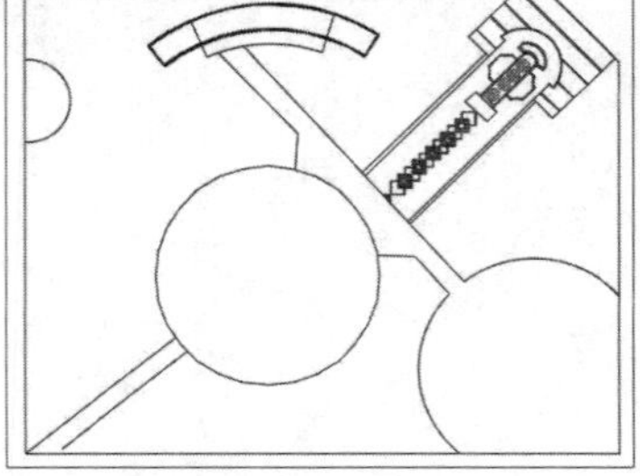
图11-33　偏移圆弧

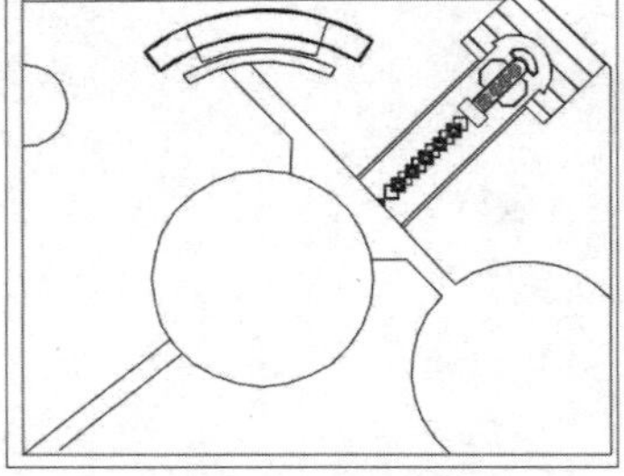
图11-34　偏移圆弧造型

步骤05 执行“多段线”命令，设置线宽为0.5mm，选择“圆弧”命令，绘制弧线，如图11-35所示。

步骤06 执行“偏移”命令，依次向下偏移弧形，执行“延伸”命令，延伸弧线，如图11-36所示。

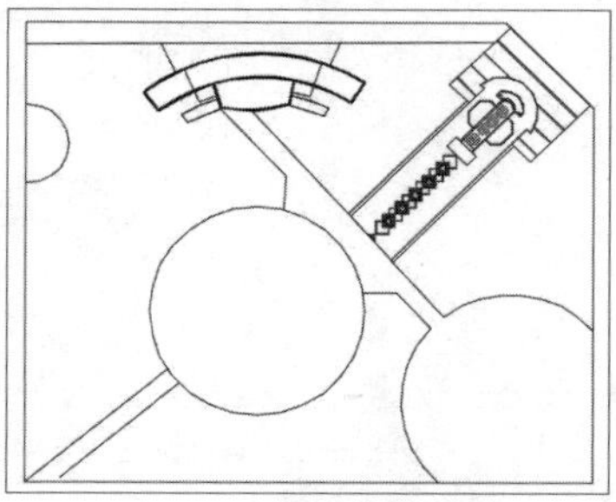
图11-35　绘制多段线

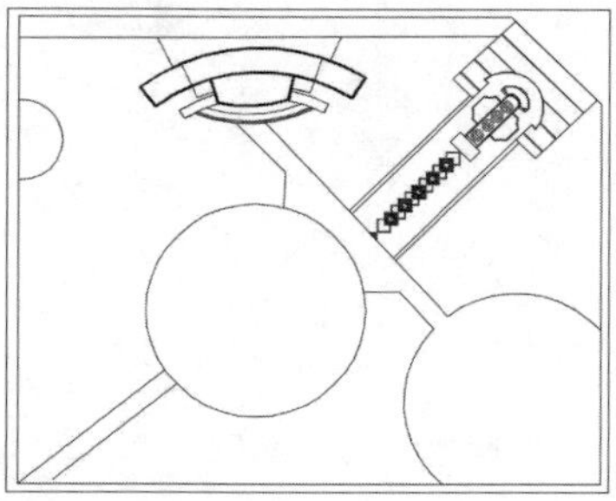
图11-36　偏移延伸弧线

步骤07 执行“圆”命令，设置半径为8mm，绘制圆形造型，如图11-37所示。

步骤08 执行“偏移”命令，设置偏移距离为0.2mm、0.2mm、0.3mm，分别向外偏移圆形，如图11-38所示。

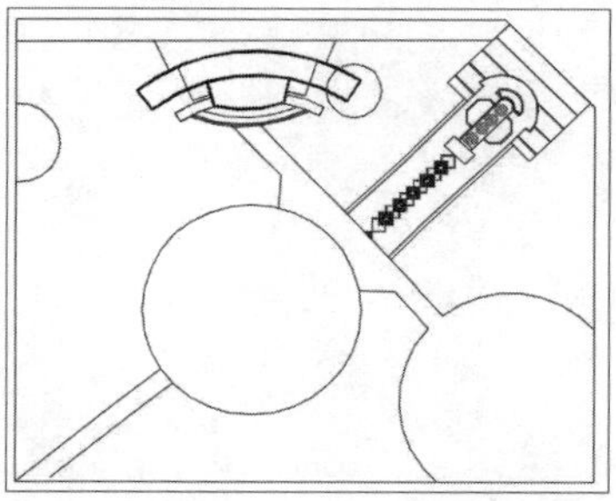
图11-37　绘制圆形

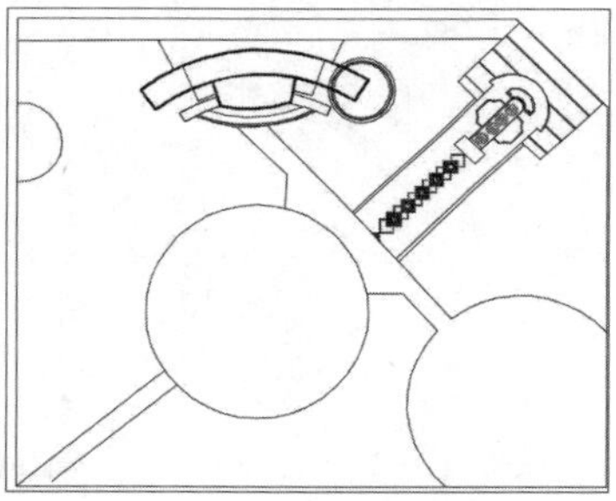
图11-38　偏移圆形

步骤09 执行“多段线”命令，设置线宽为0.5mm，绘制建筑轮廓造型，如图11-39所示。

步骤10 执行“镜像”命令，选择圆形造型，镜像复制建筑造型，如图11-40所示。

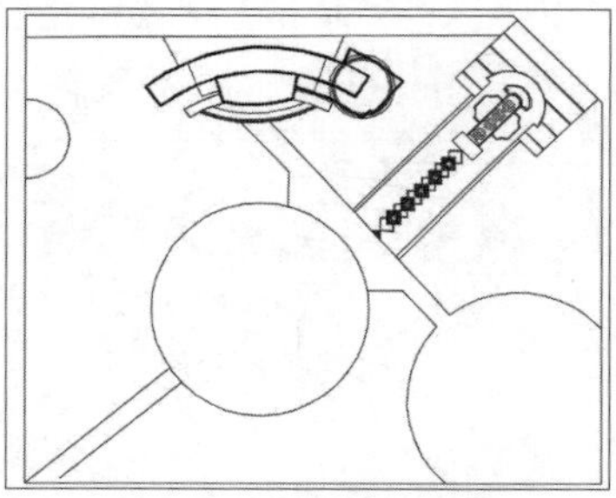
图11-39　绘制多段线

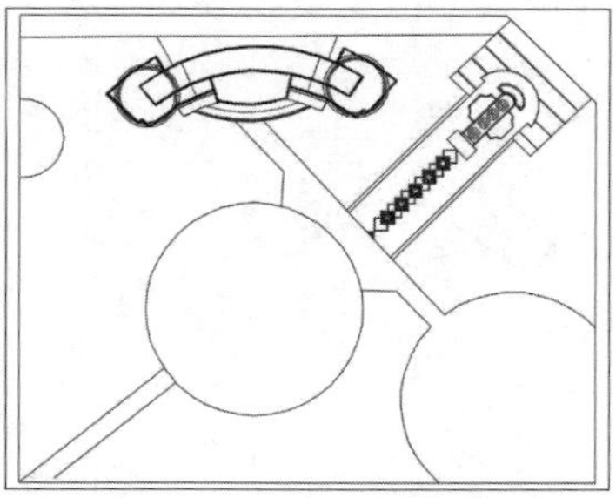
图11-40　镜像复制

11.2.3 绘制公园园路及水路平面图

下面介绍园路及水路平面绘制方法，具体操作步骤如下。

步骤01 执行“偏移”命令，设置偏移为2.5mm，向内偏移圆弧，绘制公园广场下沉广场造型。执行“切角”命令，修剪直角，如图11-41所示。

步骤02 执行“偏移”命令，设置偏移距离为8mm，向内偏移圆弧。执行“延伸”命令，延伸圆弧。执行“直线”命令，连接直线，如图11-42所示。

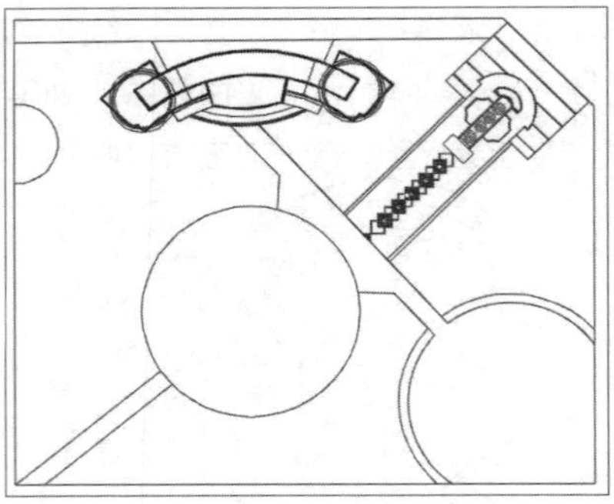

图11-41 偏移圆弧

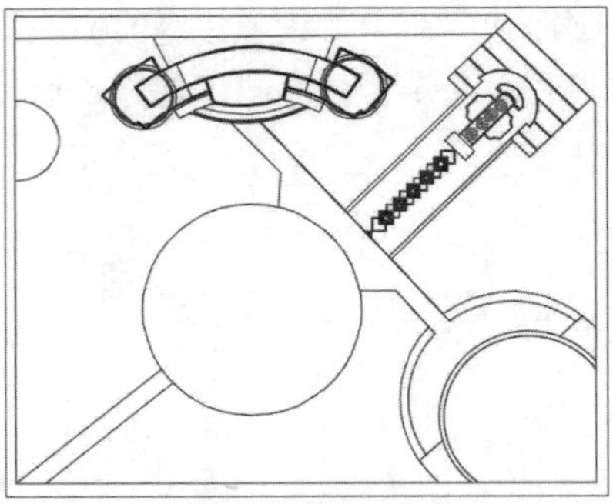

图11-42 偏移圆弧

步骤03 执行“直线”命令，绘制下沉广场网格道路。执行“偏移”命令，偏移直线。执行“修剪”命令，修剪直线，如图11-43所示。

步骤04 执行“插入块”命令，打开“插入”对话框，指定基点，导入植入模型，如图11-44所示。

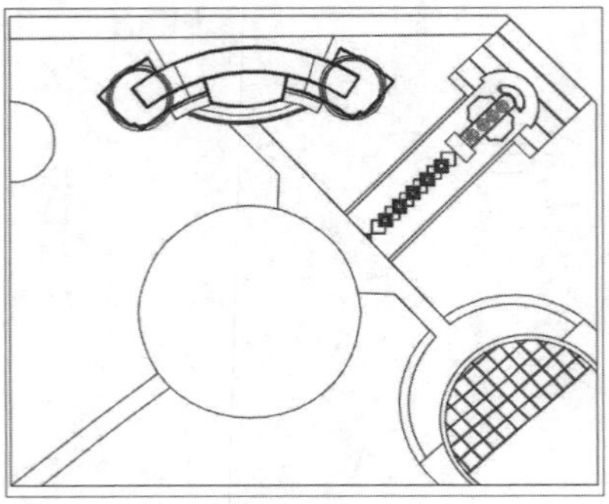

图11-43 绘制网格

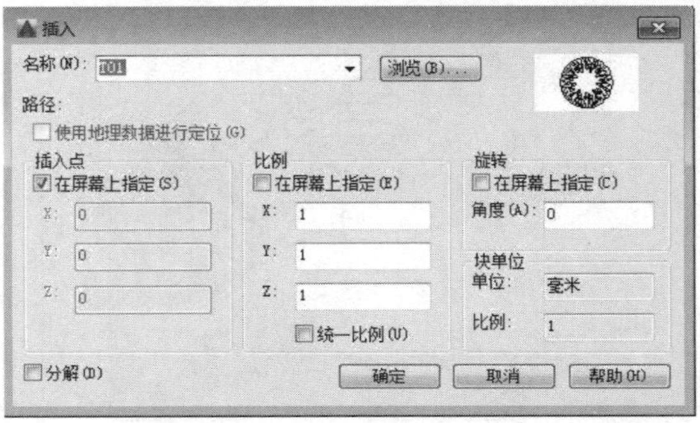

图11-44 导入模型

步骤05 执行“缩放”命令，设置缩放比例为0.5，缩小植物模型。执行“修剪”命令，修剪直线，如图11-45所示。

步骤06 执行“圆”命令，指定植物模型中心点绘制圆形。执行“修剪”命令，修剪圆弧，如图11-46所示。

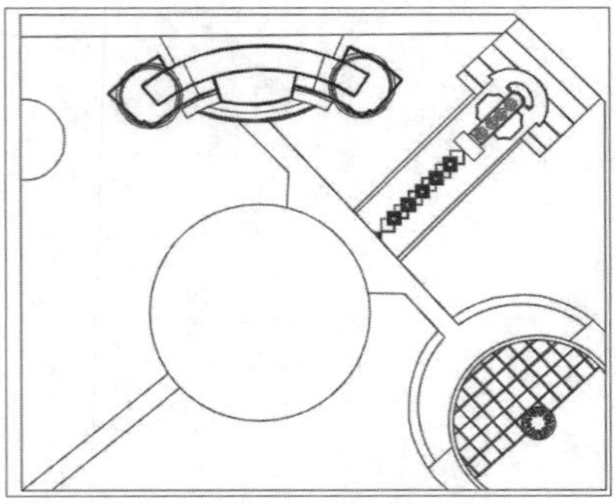

图11-45 缩放模型

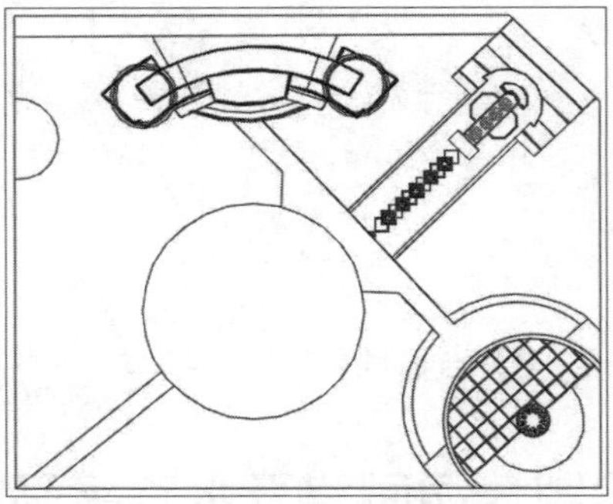

图11-46 绘制圆弧

步骤07 执行“圆”命令，在圆弧上指定基点绘制圆形。执行“图案填充”命令，填充图案，如图11-47所示。

步骤08 执行“直线”命令，连接圆形绘制直线。执行“偏移”命令，分别将直线向两侧偏移。最后执行“删除”命令，删除直线，如图11-48所示。

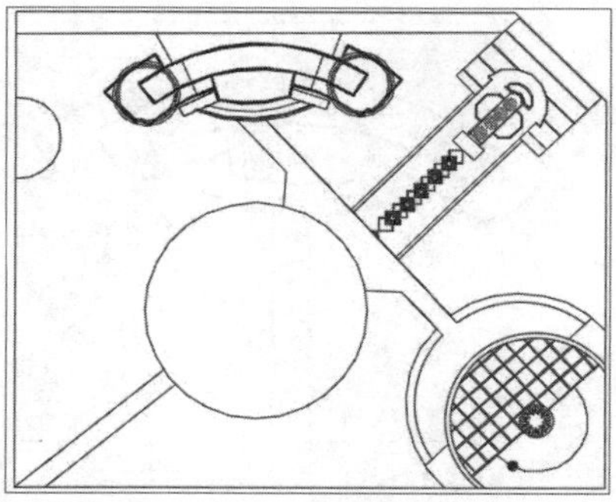
图11-47 绘制圆形

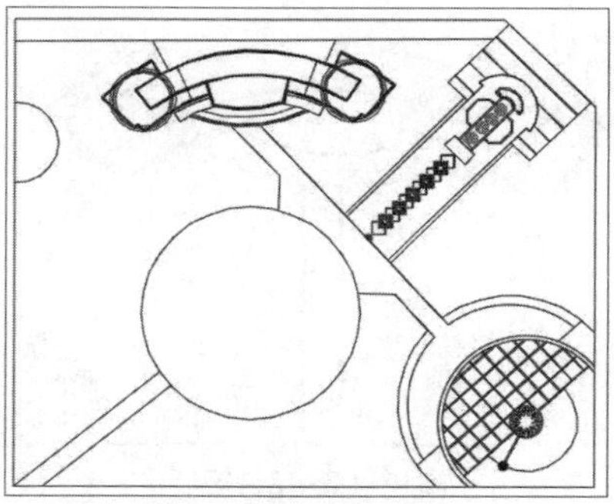
图11-48 绘制直线

步骤09 执行“环形阵列”命令，设置阵列数量10个，阵列角度180°，进行阵列复制，如图11-49所示。

步骤10 执行“删除”命令，删除多余圆形。执行“修剪”命令，修剪园路造型，如图11-50所示。

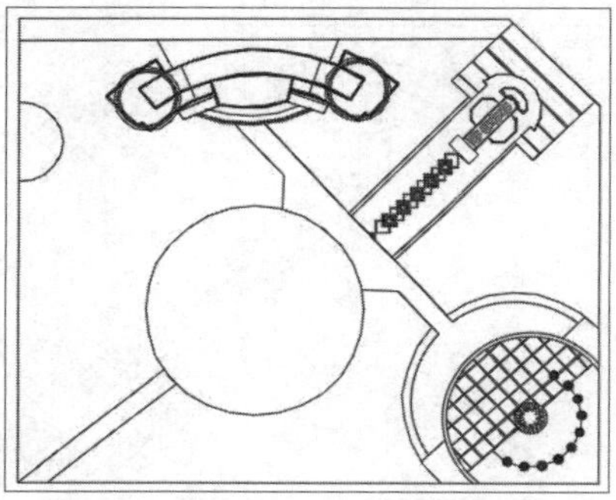
图11-49 阵列复制

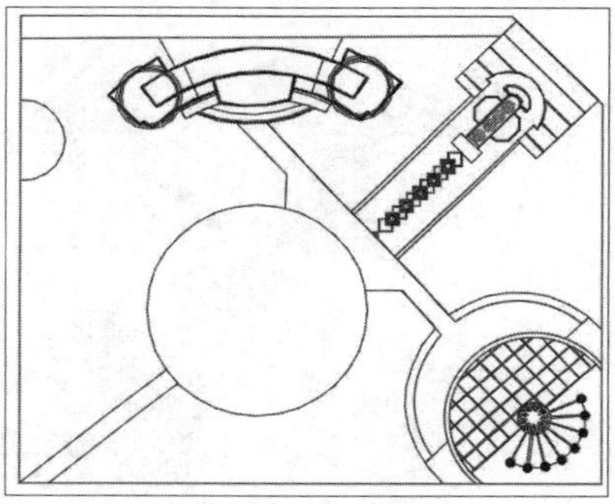
图11-50 修剪圆弧

步骤11 执行“直线”命令，连接直线绘制园路。执行“偏移”命令，绘制园路路牙石，如图11-51所示。

步骤12 执行“图案填充”命令，设置填充图案为AR-HBONE，设置填充图案比例为0.002，如图11-52所示。

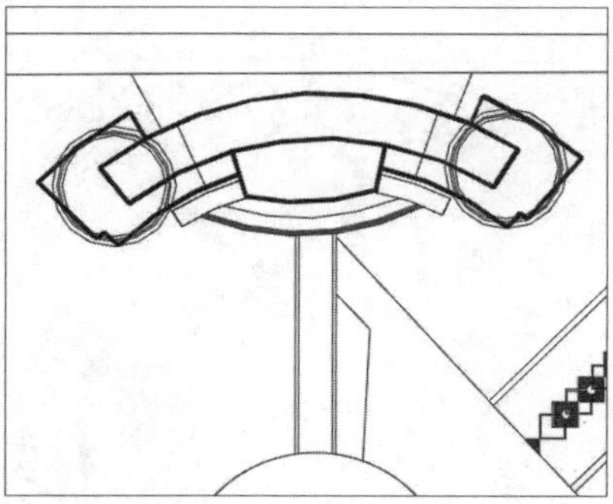
图11-51 绘制直线

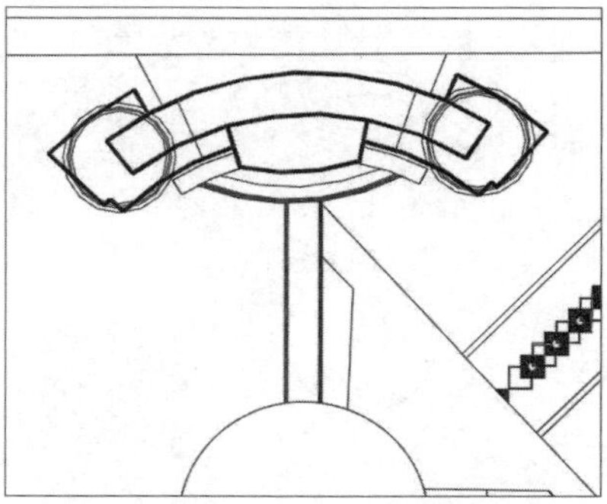
图11-52 填充图案

步骤13 执行“矩形”命令，绘制地砖。执行“复制”、“镜像”命令，绘制园路地砖拼花，如图11-53所示。

步骤14 执行“复制”命令，指定拼花地砖中心点，依次向下复制地砖，绘制园路地砖拼花造型，如图11-54所示。

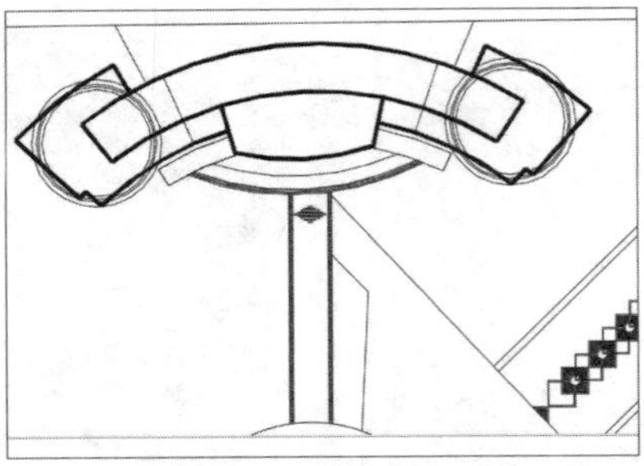

图11-53　绘制矩形

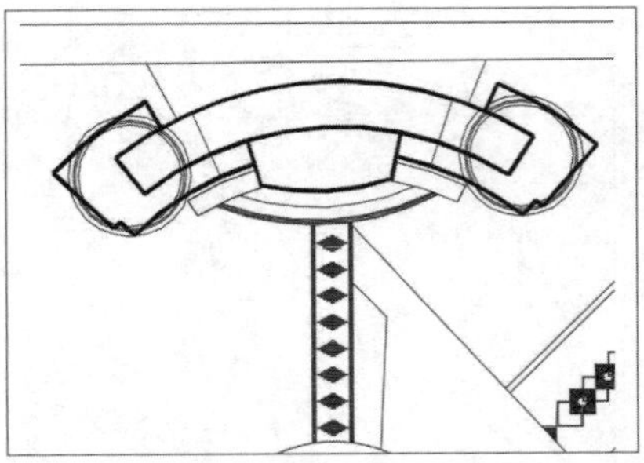

图11-54　复制地砖拼花

步骤15 执行“图案填充”命令，设置填充图案为BRICK，设置填充图案比例为0.2，如图11-55所示。

步骤16 执行“样条曲线”命令，绘制弧形小路。执行“偏移”命令，偏移曲线，单击曲线调整小路造型，如图11-56所示。

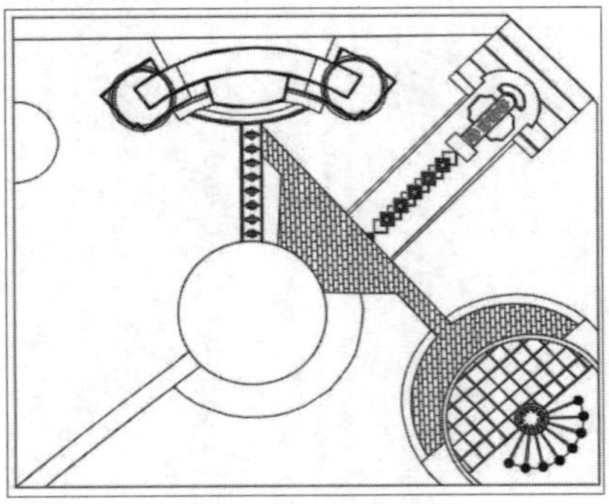

图11-55　填充图案

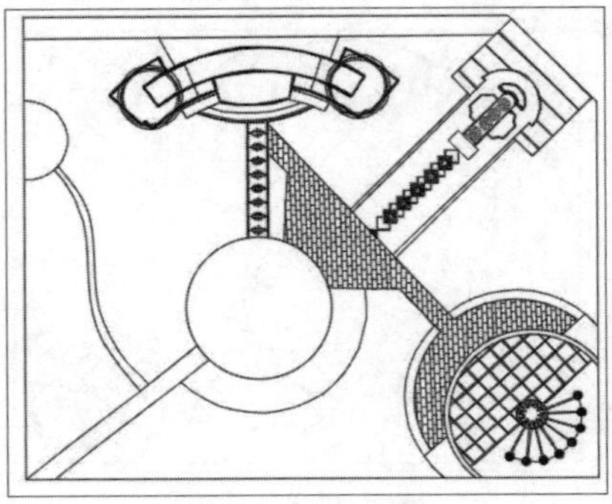

图11-56　绘制样条曲线

步骤17 执行“圆弧”命令，绘制圆弧小路造型。执行“偏移”、“修剪”命令，修正园路，如图11-57所示。

步骤18 执行“镜像”、“旋转”命令，绘制园路圆形造型。执行“移动”命令，调整园路造型，如图11-58所示。

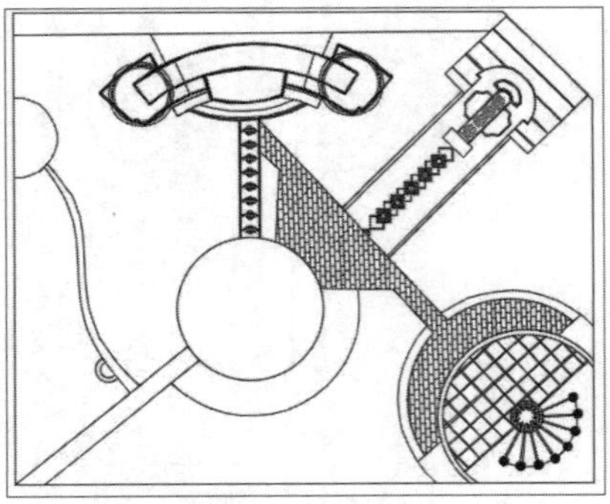

图11-57　绘制圆弧

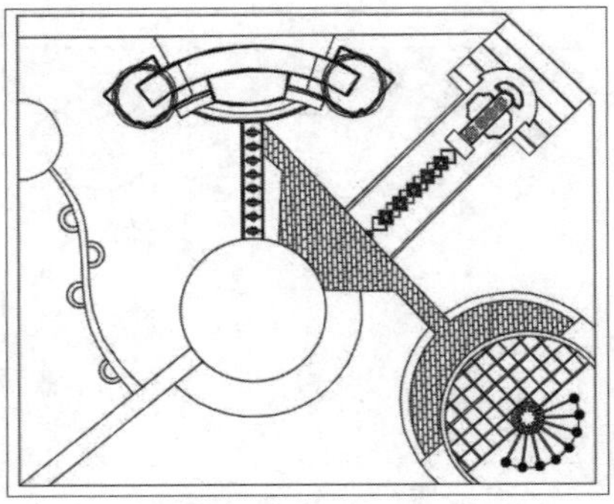

图11-58　镜像复制

步骤19 执行“圆弧”命令，绘制弧形园路。执行“偏移”命令，偏移圆弧。执行“修剪”、“延伸”命令，修整弧形，如图11-59所示。

步骤20 执行“图案填充”命令，设置填充图案为BRICK，设置填充图案比例为0.2，如图11-60所示。

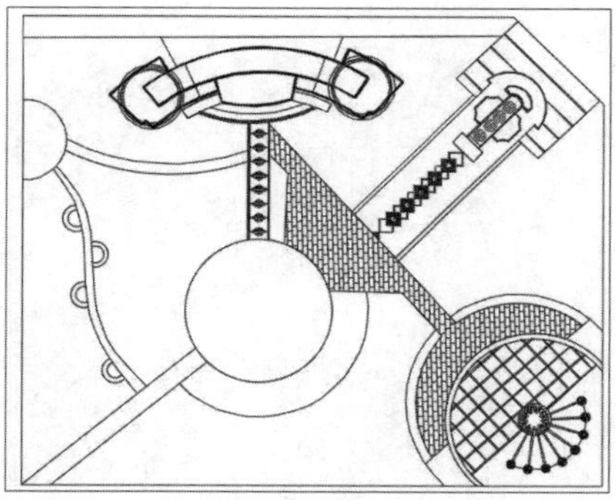

图11-59 绘制圆弧

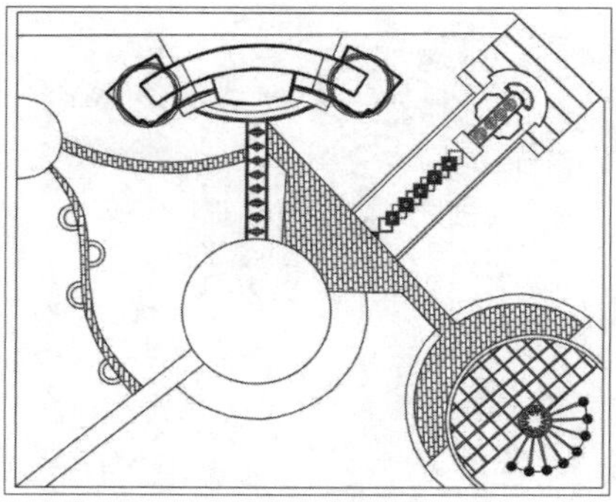

图11-60 填充图案

步骤21 执行“样条曲线”命令，绘制水池造型，单击曲线，调整水池造型，如图11-61所示。

步骤22 执行“偏移”命令，偏移曲线。执行“修剪”命令，修剪曲线造型，如图11-62所示。

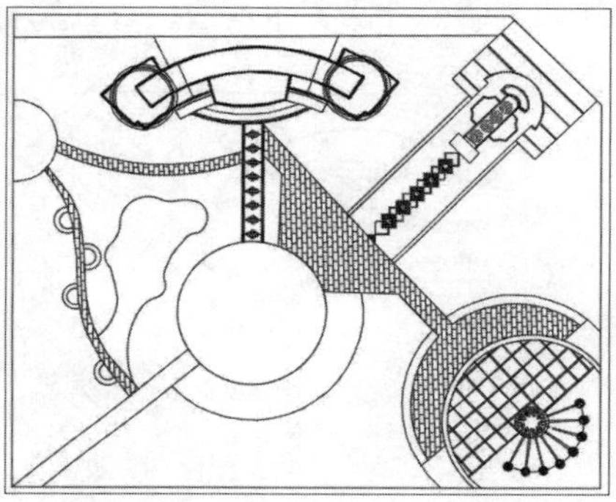

图11-61 绘制样条曲线

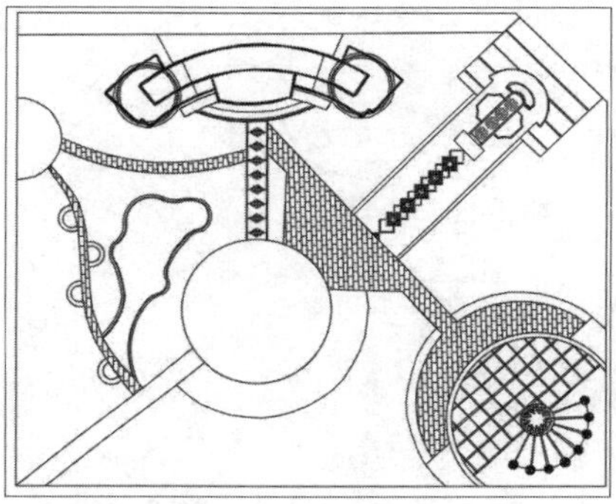

图11-62 偏移曲线

步骤23 执行“图案填充”命令，设置填充图案为AR-RROOF，设置填充图案比例为0.2，如图11-63所示。

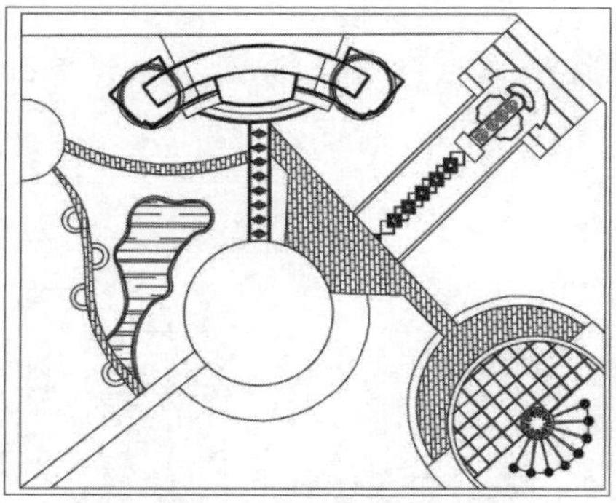

图11-63 填充图案

11.2.4 绘制景观小品平面图

下面将绘制园内景观小品平面图，并为其填充合适的图形，具体操作如下。

步骤01 执行“偏移”命令，分别将圆形水景向外依次偏移8mm、2mm。执行“修剪”命令，修剪圆形，如图11-64所示。

步骤02 执行“直线”、“偏移”命令，绘制直线。执行“修剪”命令，修整直线，如图 11-65 所示。

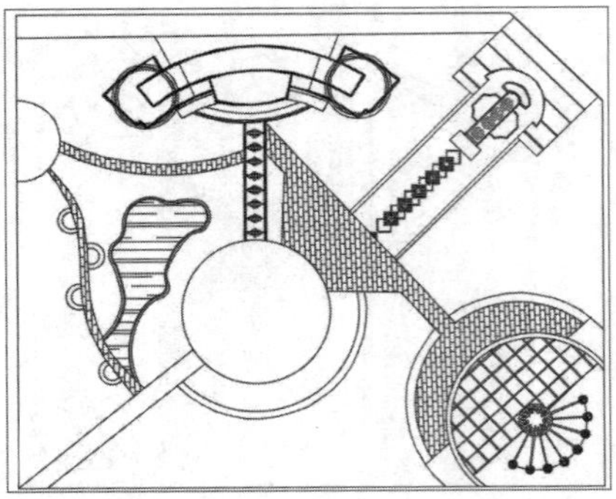

图11-64 偏移圆形

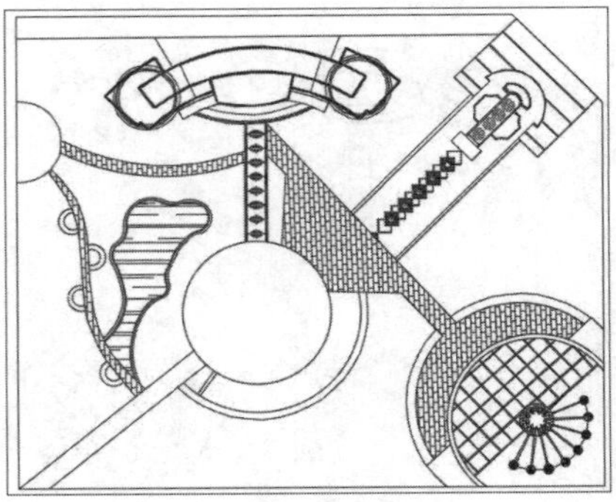

图11-65 连接直线

步骤03 执行“环形阵列”命令，复制景观造型，设置阵列角度157°，阵列数量10，阵列效果如图11-66所示。

步骤04 执行“删除”命令，删除多余直线。执行“修剪”命令，修剪水景造型，如图11-67所示。

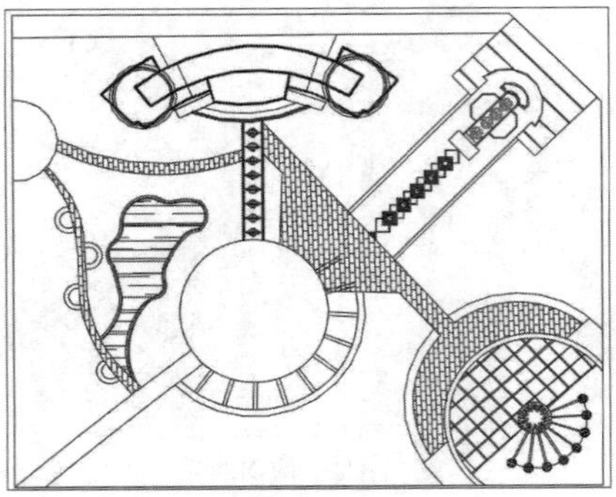

图11-66 阵列复制

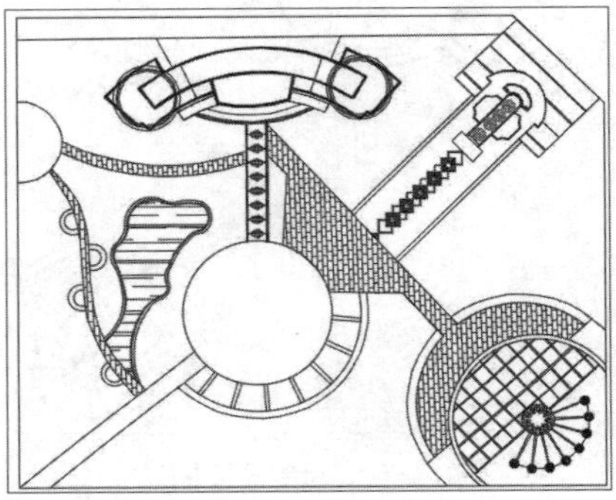

图11-67 修剪造型

步骤05 执行“图案填充”命令，设置填充图案为AR-CONC，设置填充图案比例为0.02，如图11-68所示。

步骤06 执行“偏移”命令，分别将圆形向内偏移1mm、1mm、5mm、0.5mm、0.5mm，如图11-69所示。

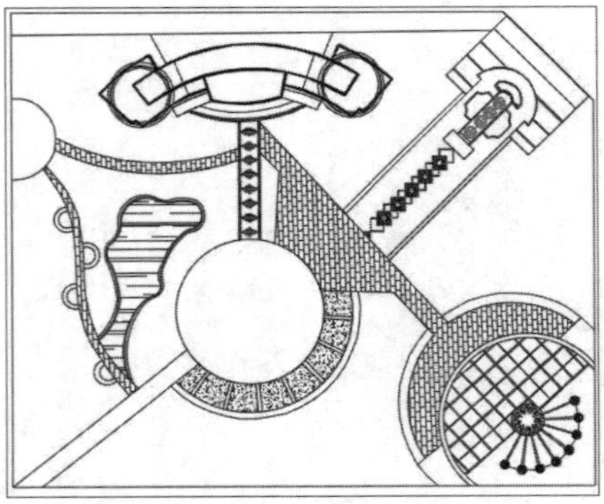

图11-68 填充图案

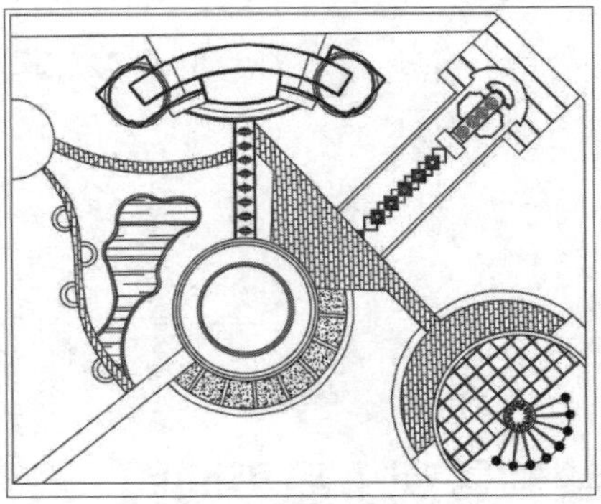

图11-69 偏移圆形

步骤07 继续执行“偏移”命令，分别将圆形向内偏移5mm、0.5mm，如图11-70所示。

步骤08 执行“延伸”命令，选择圆形作为延伸边界，延伸直线。执行“修剪”命令，修剪直线和圆形，如图11-71所示。

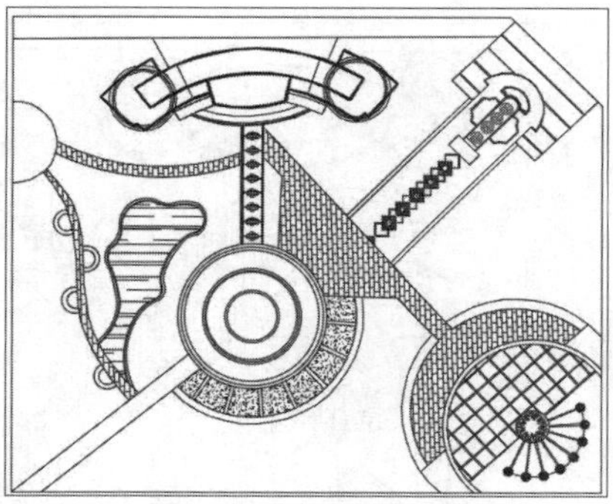

图11-70　偏移圆形

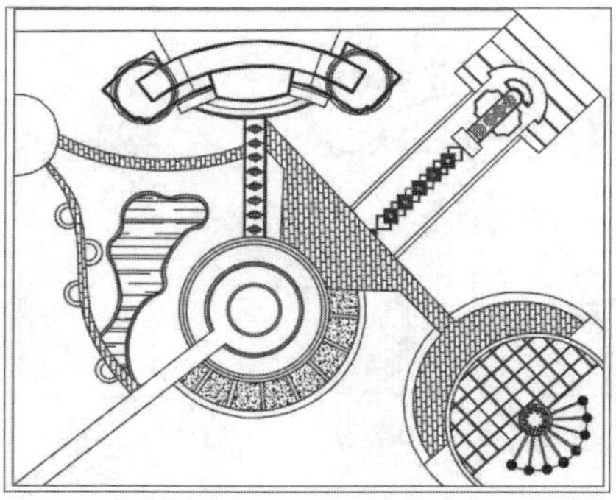

图11-71　延伸直线

步骤09 执行“图案填充”命令，设置填充图案为AR-RROOF，设置填充图案比例为0.2，如图11-72所示。

步骤10 执行“偏移”命令，分别将园路直线向外偏移1mm。执行“修剪”命令，修剪直线，如图11-73所示。

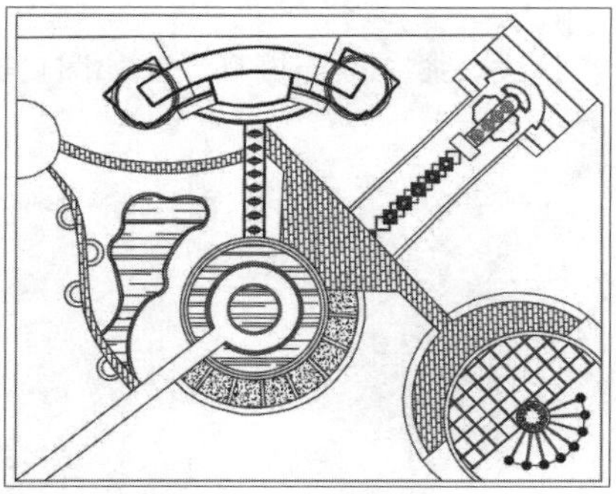

图11-72　填充图案

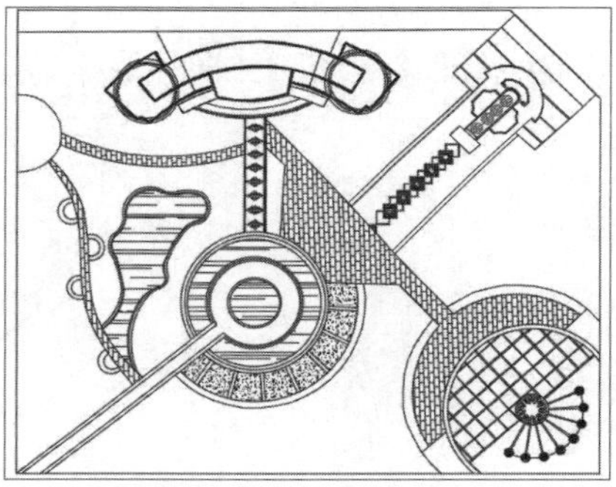

图11-73　偏移直线

步骤11 执行“圆”命令，绘制圆形地灯。执行“偏移”命令，偏移圆形，如图11-74所示。

步骤12 执行“环形阵列”命令，复制景观地灯，设置阵列角度为360°，阵列数量为10，阵列效果如图11-75所示。

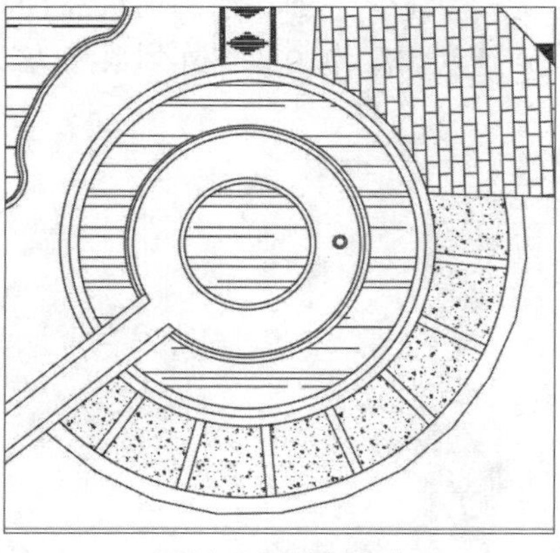

图11-74　绘制圆形

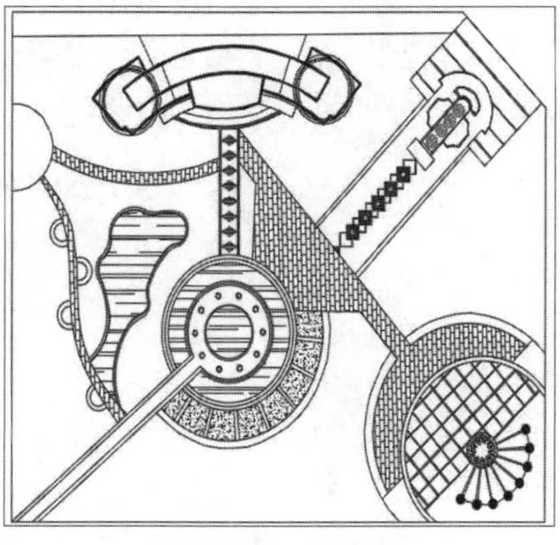

图11-75　阵列复制

步骤13 执行“图案填充”命令，设置填充图案为BRICK，设置填充图案比例为0.2，如图11-76所示。

步骤14 执行“插入块”命令，导入植物模型。执行“复制”命令，复制植物，如图11-77所示。

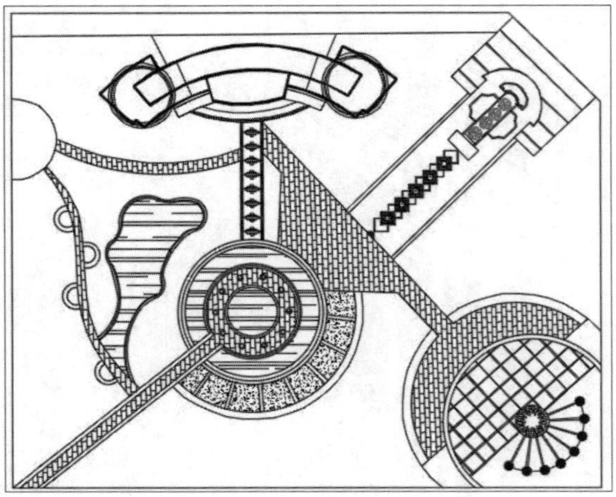

图11-76 填充图案

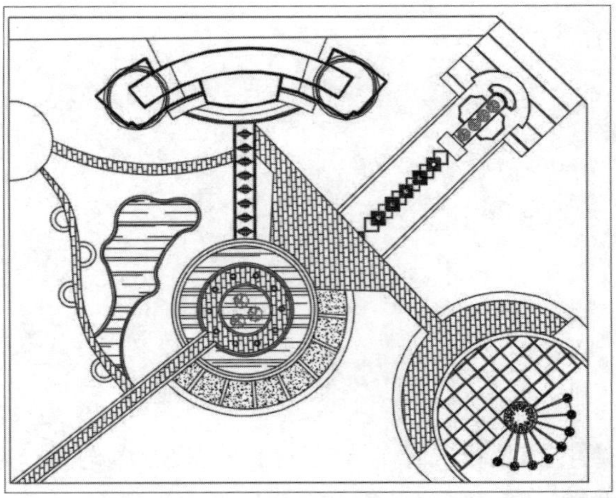

图11-77 导入模型

步骤15 执行“圆弧”、“偏移”命令，绘制弧形栅栏。执行“直线”命令，连接弧形，如图11-78所示。

步骤16 执行“偏移”命令，将圆弧向外偏移。执行“直线”命令，连接直线，如图11-79所示。

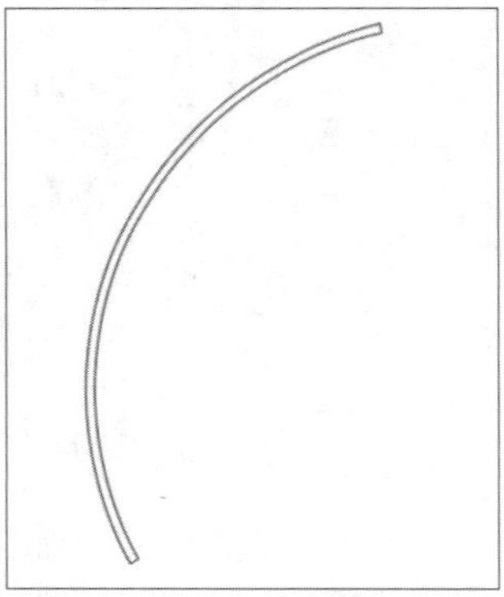

图11-78 绘制圆弧

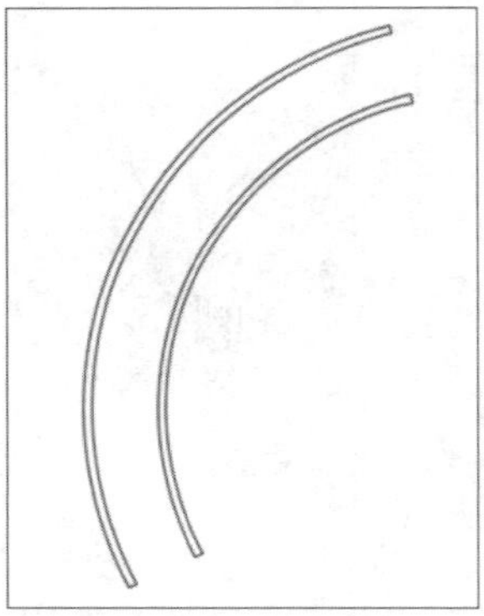

图11-79 偏移圆弧

步骤17 执行“矩形”命令，绘制矩形栅栏。执行“旋转”命令，旋转矩形，如图11-80所示。

步骤18 执行“环形阵列”命令，复制景观栅栏，设置阵列角度为103°，阵列数量为22，阵列效果如图11-81所示。

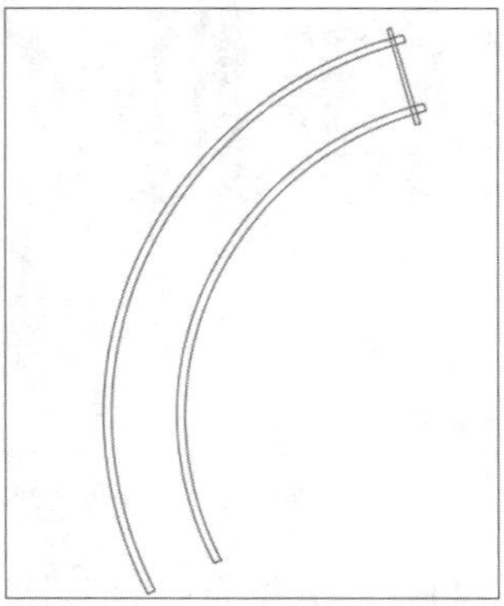

图11-80 绘制矩形

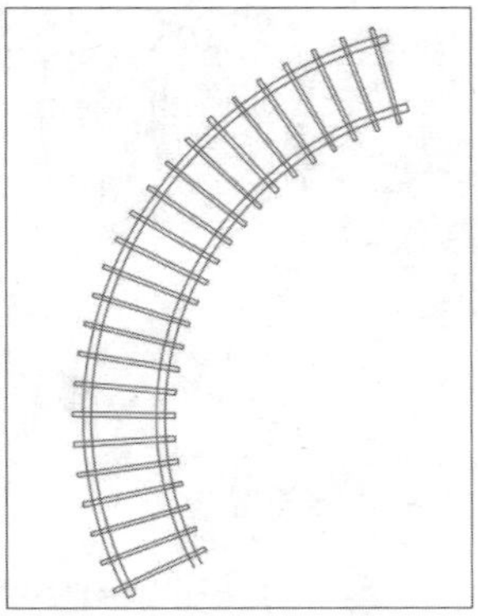

图11-81 阵列复制

步骤19 执行“移动”命令，将栅栏移动到平面图中，如图11-82所示。

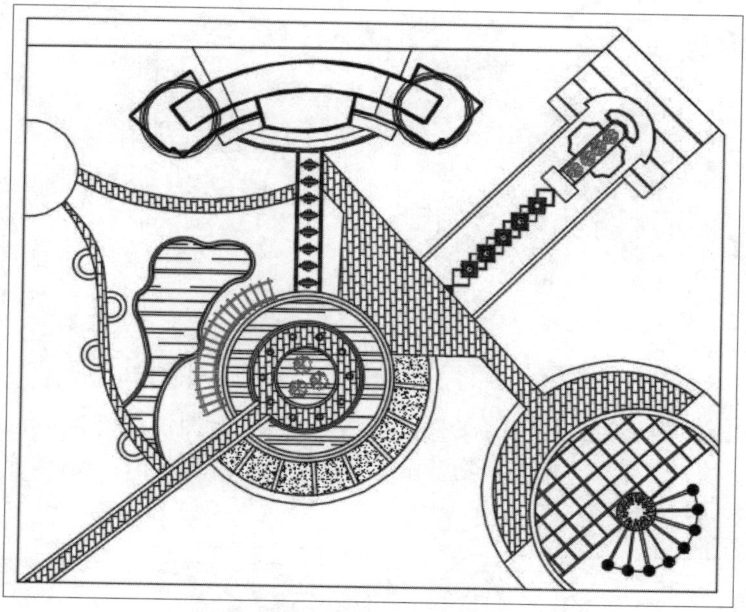

图11-82 移动栅栏到总平面图

11.2.5 绘制并插入植物图块

所有园内图形绘制完成后，用户可以使用“插入”命令，将植物图块插入至平面图中合适位置，其具体操作如下。

步骤01 执行“插入>创建块”命令，打开“块定义”对话框，设置名称为F01，指定中心点为基点，其他参数保持默认设置，如图11-83所示。

步骤02 执行“插入块”命令，单击“浏览”按钮，选择F01选项，选择插入点，导入植物模型，如图11-84所示。

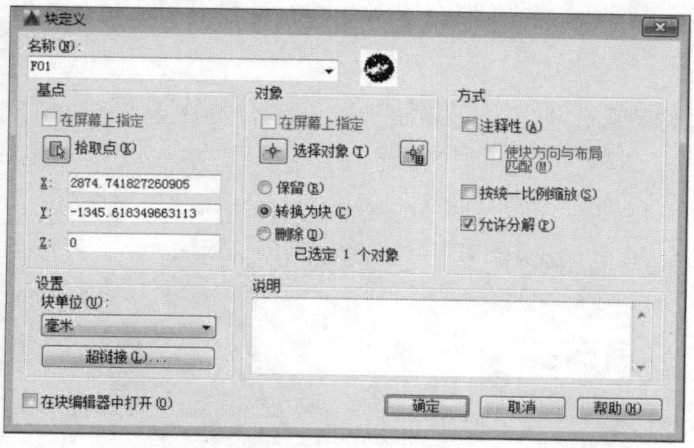

图11-83 创建块

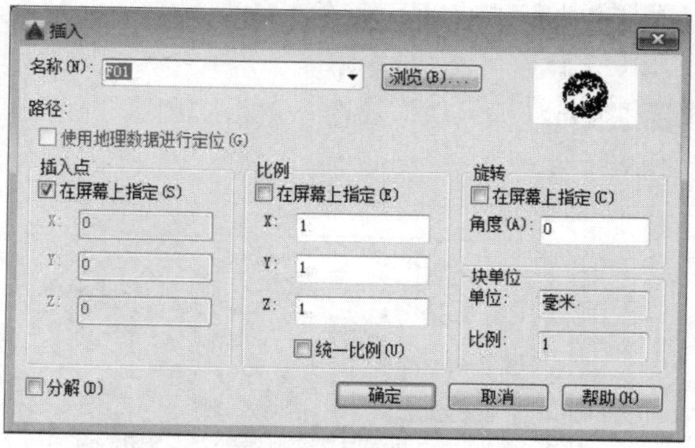

图11-84 导入模型

步骤03 执行“复制”命令，依次复制植物造型F01，如图11-85所示。

步骤04 执行“缩放”命令，选择模型F01，设置缩放比例为2，调整植物大小，如图11-86所示。

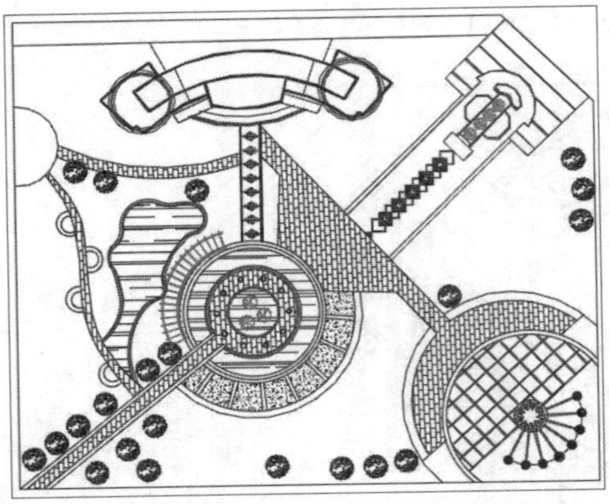
图11-85　复制模型

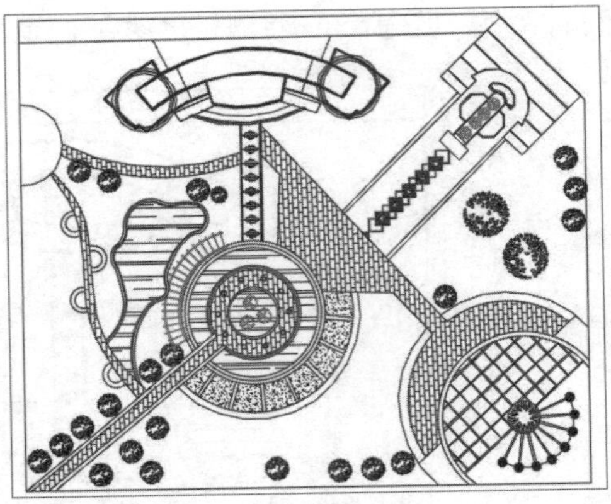
图11-86　缩放植物

步骤05 执行“绘图>徒手画修订云线”命令，绘制植物造型，如图11-87所示。

步骤06 执行“图案填充”命令，填充植物，设置填充图案为ZIGZAG，设置填充图案比例为6，如图11-88所示。

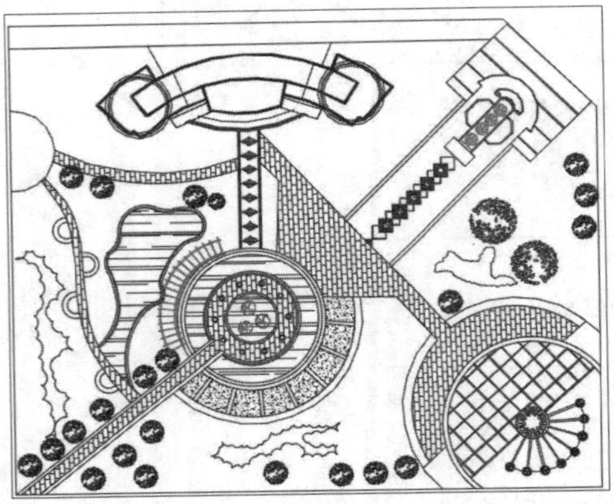
图11-87　绘制云线

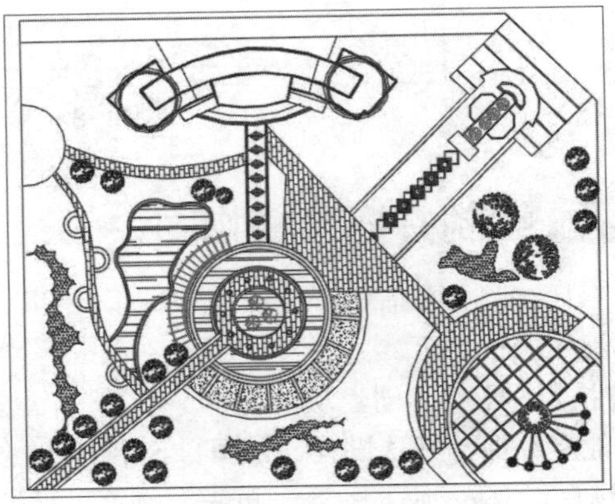
图11-88　填充图案

步骤07 执行“直线”命令，绘制景观石，执行“复制”、“旋转”命令，调整景观石造型，如图11-89所示。

步骤08 行“插入块”命令，单击“浏览”按钮，选择F02选项，选择插入点，导入植物模型，如图11-90所示。

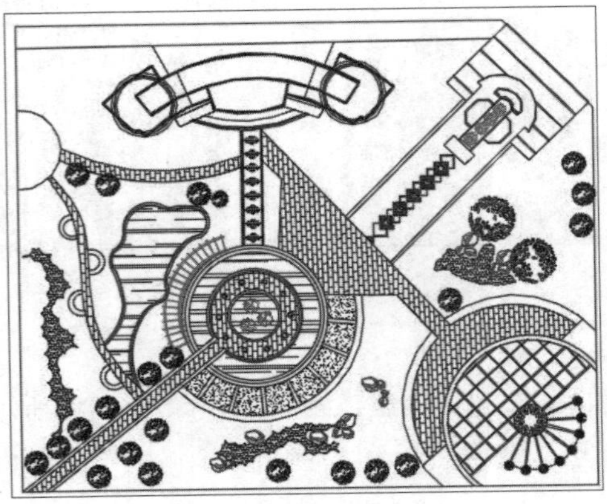
图11-89　绘制景观石

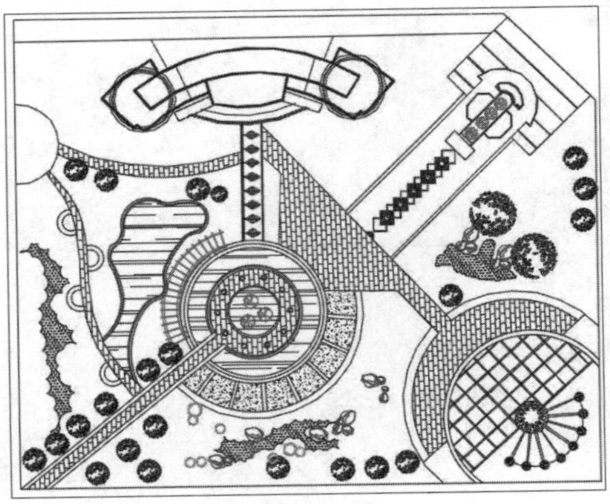
图11-90　导入模型

步骤09 执行“圆”命令，绘制圆形植物平面。执行“圆弧”命令，绘制叶子图形，如图11-91所示。

步骤10 执行“环形阵列”命令，设置阵列角度为360°，阵列数量为12，阵列效果如图11-92所示。

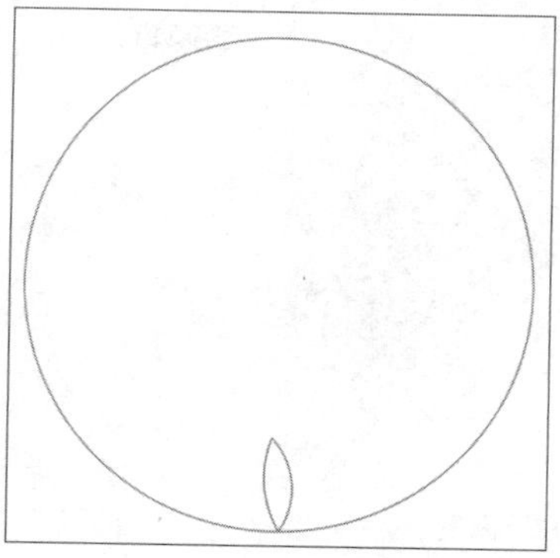

图11-91 绘制圆形

图11-92 阵列复制

步骤11 执行“创建块”命令，打开“块定义”对话框，设置名称为F02，指定中心点为基点，其他参数保持默认设置，如图11-93所示。

步骤12 执行“复制”命令，依次复制植物模型F02，如图11-94所示。

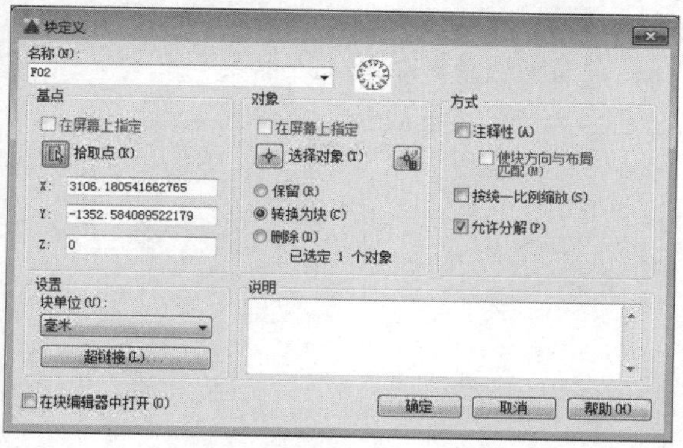

图11-93 创建块

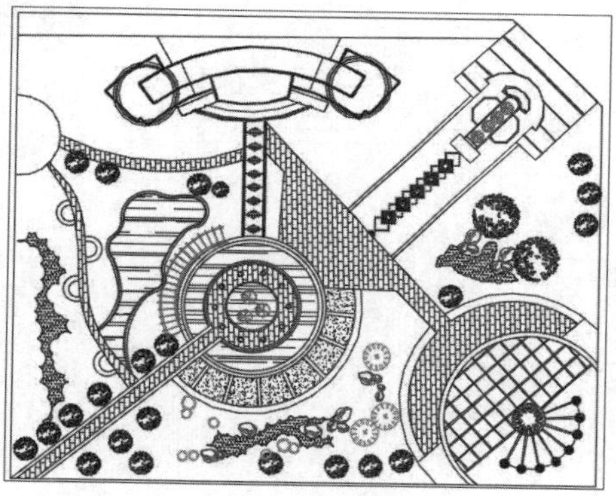

图11-94 复制植物

步骤13 继续执行“插入块”命令，导入植物模型。执行“复制”命令，复制模型，如图11-95所示。

步骤14 执行“直线”命令，绘制水池边石头。执行“复制”、“旋转”命令，调整石头造型，如图11-96所示。

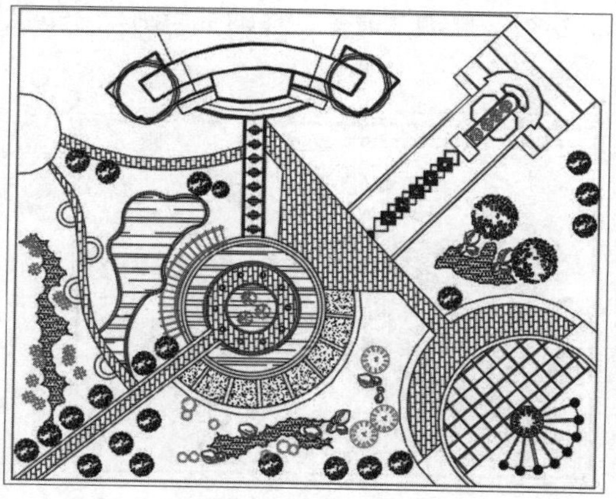

图11-95 导入模型

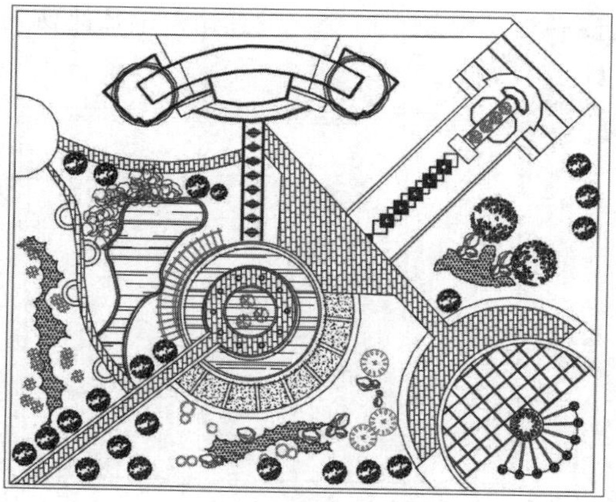

图11-96 绘制石头

步骤15 继续执行“插入块”命令，导入其他植物模型。执行“复制”命令，复制模型，如图11-97所示。

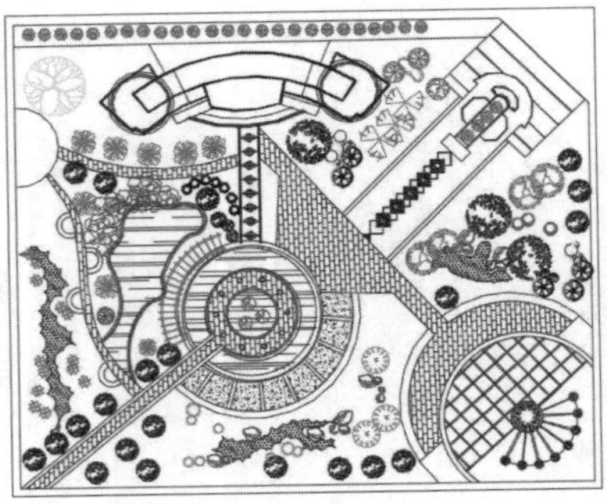

图11-97　总平面图

11.2.6 添加文字标注

在图纸中添加文字标注，对图纸进行进一步解释说明，使浏览者能够读懂图纸。下面为对公园总平面图添加文字标注，具体操作如下。

步骤01 执行“矩形”命令，绘制A3图框，设置长度为420mm，宽度为297mm，如图11-98所示。

步骤02 执行“偏移”命令，设置偏移尺寸为5mm，将矩形向内偏移，如图11-99所示。

图11-98　绘制矩形

图11-99　偏移矩形

步骤03 执行“矩形”命令，设置宽度为2mm，捕捉内部矩形绘制宽度为2mm的矩形，执行“删除”命令，删除内部矩形，如图11-100所示。

步骤04 执行“缩放”命令，设置矩形缩放比例为0.5。执行“移动”命令，移动平面图至合适位置，如图11-101所示。

图11-100　绘制矩形

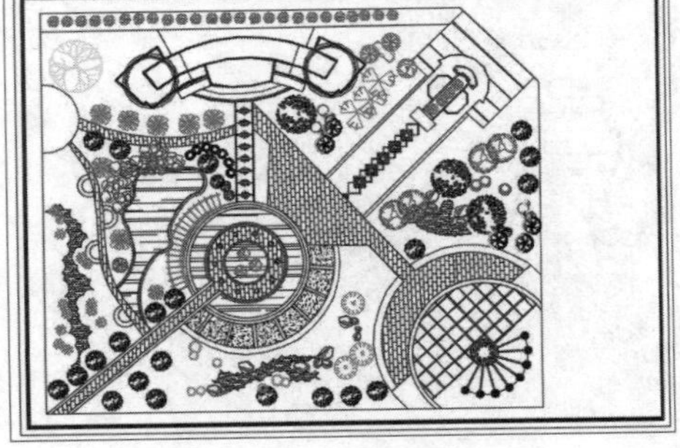

图11-101　缩放图框

步骤05 执行“多行文字”命令，设置文字字体为“黑体”，设置字体颜色为红色，绘制标注文字，如图11-102所示。

步骤06 执行“多行文字”命令，绘制图例文字。执行“复制”命令，复制文字，双击文字更改其内容，如图11-103所示。

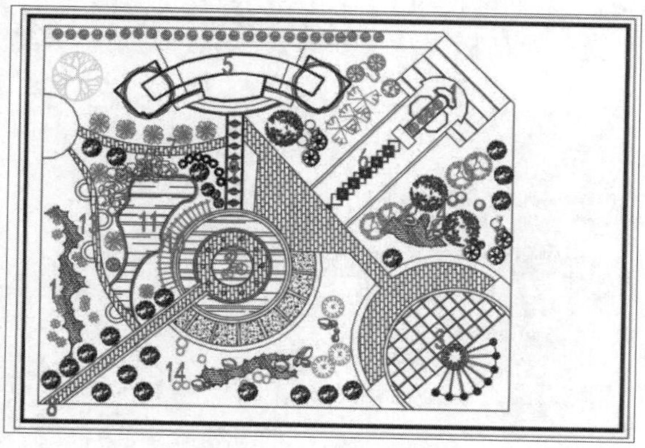

图11-102 设置字体格式

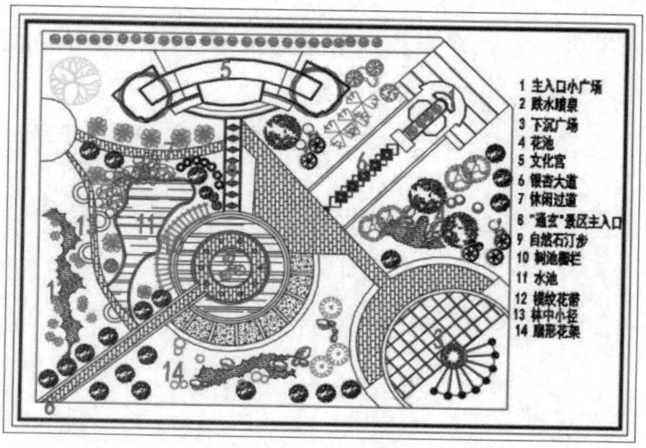

图11-103 标注文字

步骤07 执行“直线”命令，绘制长度为20mm的直线。执行“多段线”命令，设置线宽为0.5mm，绘制图例，如图11-104所示。

步骤08 执行“多行文字”命令，绘制图例文字。执行“复制”、“缩放”命令，复制文字，双击文字以更改其内容，如图11-105所示。

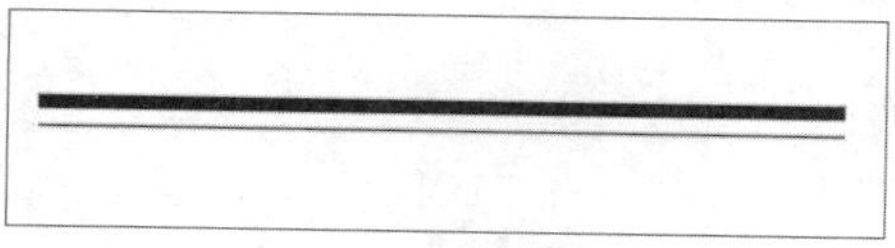

图11-104 绘制图例

图11-105 绘制文字

步骤09 执行“移动”命令，将图例说明移动到相应的位置，如图11-106所示。

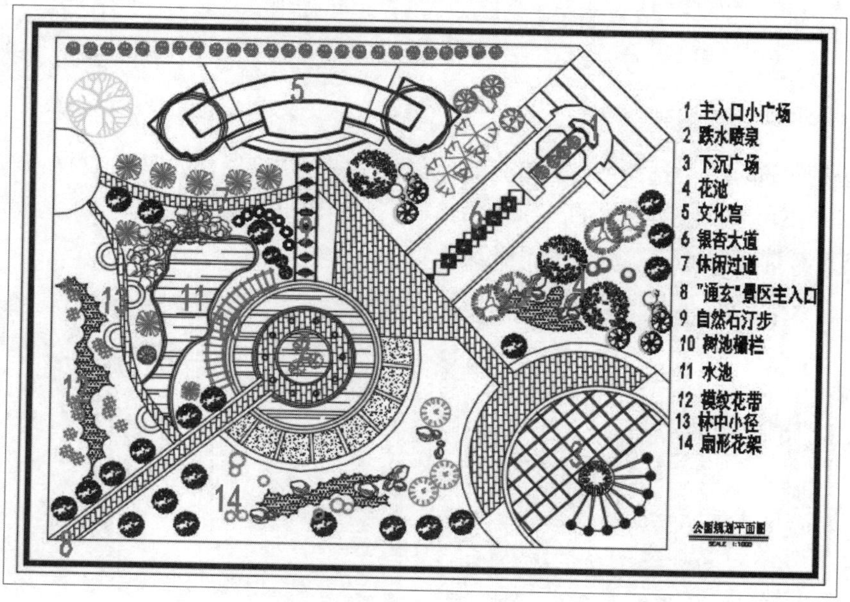

图11-106 公园规划平面图

11.2.7 绘制苗木配置表

植物配置表用于对图纸中的所有苗木进行注释说明，下面介绍在本总平面图中添加苗木配置表的操作方法，具体步骤如下。

步骤01 执行“格式>表格样式”命令，打开“表格样式”对话框，如图11-107所示。

步骤02 单击“新建”按钮，打开“创建新的表格样式”对话框，输入新样式名称，并单击“继续”按钮，如图11-108所示。

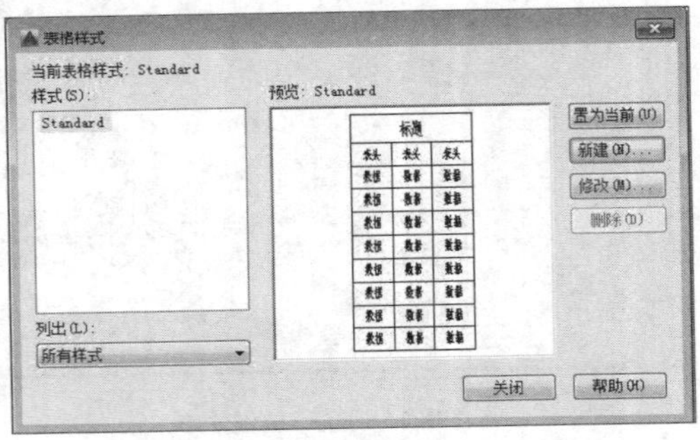

图11-107 打开“表格样式”对话框

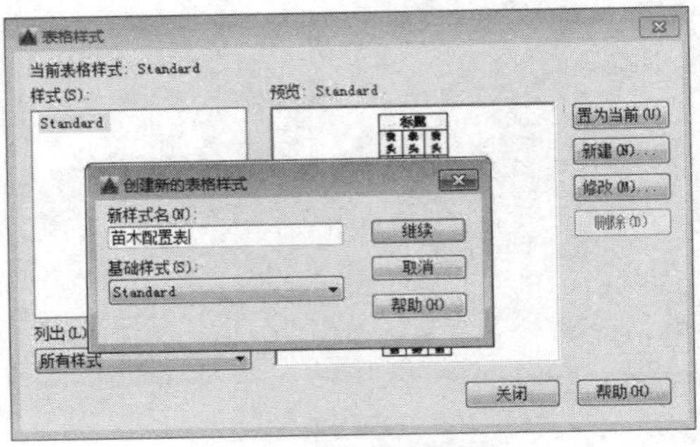

图11-108 新建表格样式

步骤03 在“常规”选项卡中设置对齐方式为“正中”，其他参数保持默认设置，如图11-109所示。

步骤04 在“文字”选项卡中设置文字高度为4.5，其他参数保持默认设置，如图11-110所示。

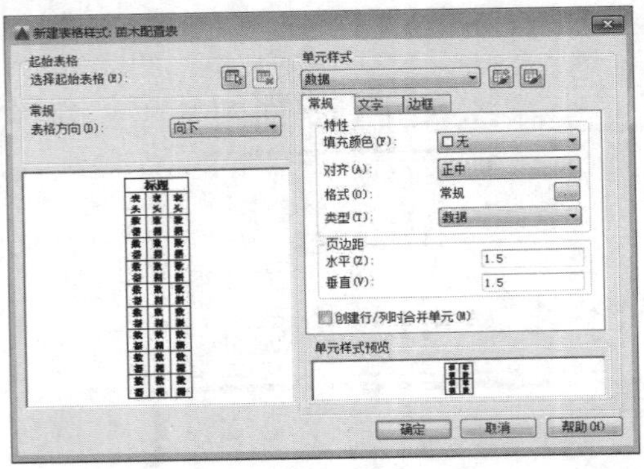

图11-109 设置常规参数

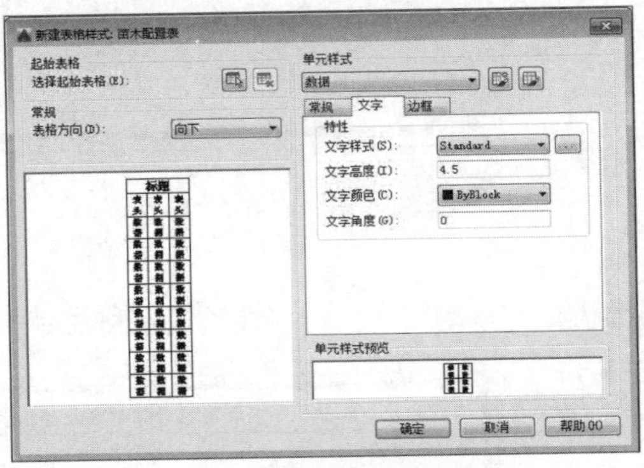

图11-110 设置文字参数

步骤05 在“边框”选项卡中选择所有边框，其他参数保持默认设置，如图11-111所示。

步骤06 选择“苗木配置表”选项，将其置为当前样式，如图11-112所示。

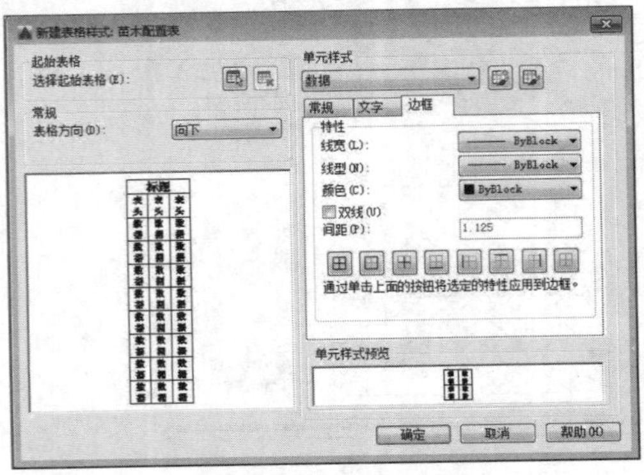

图11-111 设置边框参数

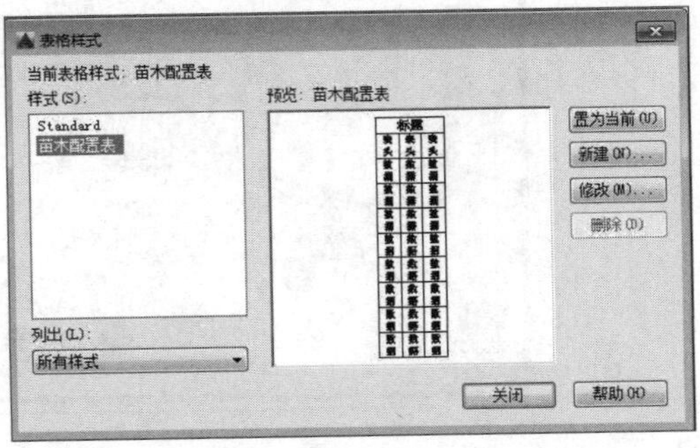

图11-112 单击“置为当前”按钮

步骤07 执行“注释>插入表格”命令，打开“插入表格”对话框，在“列和行设置”选项区域中，将行数设为8，列数设为8，将列宽设为20，将行高设为1行，如图11-113所示。

步骤08 单击“确定”按钮，根据命令行提示，指定表格插入点，然后选择插入的表格并调整其大小，如图11-114所示。

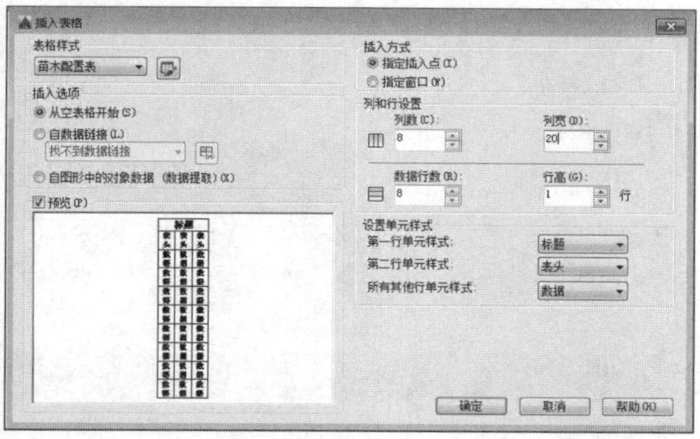

图11-113 插入表格

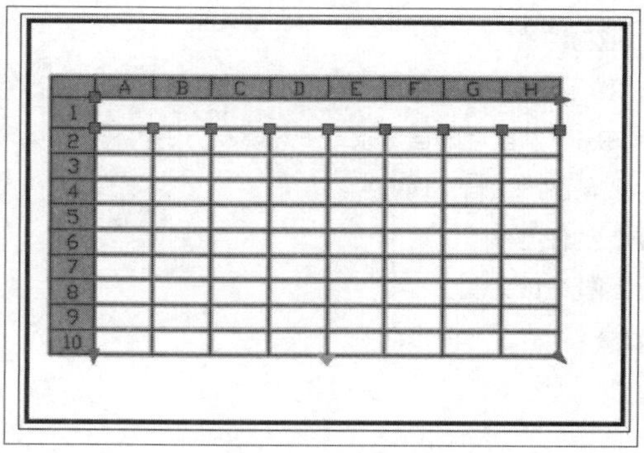

图11-114 调整表格

步骤09 表格插入完成后，则进入文字编辑状态，双击表格输入文字，如图11-115所示。

步骤10 单击表格选择节点，调整表格边框大小，如图11-116所示。

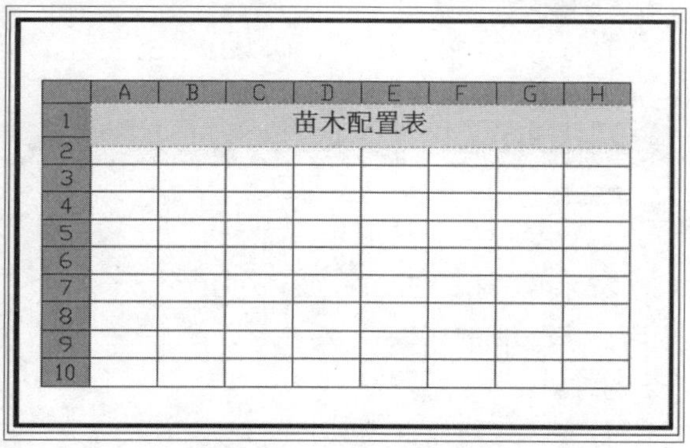

图11-115 输入文字

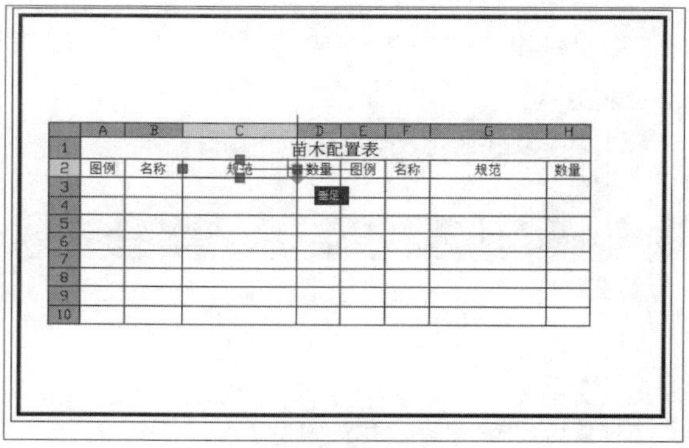

图11-116 调整表格

步骤11 执行“复制”命令，复制植物模型。执行“缩放”命令，调整植物大小。双击表格并输入文字，如图11-117所示。至此，完成公园总平面图的绘制操作。

图11-117 输入表格文字

附录 课后练习答案

Chapter 01

1. 填空题

(1) 植物种植

(2) 平坦地形、凸面地形、凹面地形、山脊地形和谷地

(3) 充分了解当地的自然条件、环境及历史状况；收集图纸资料；现场勘察

(4) 计划任务书

(5) 功能分区图

2. 选择题

(1) C (2) B (3) D (4) C (5) A (6) C

Chapter 02

1. 填空题

(1) 功能选项卡、功能区面板、功能区按钮

(2) 自定义快速访问工具栏；显示菜单栏

(3) 世界坐标系；用户坐标系；X；Y；世界坐标系

2. 选择题

(1) C (2) B (3) D (4) A

Chapter 03

1. 填空题

(1) 多点

(2) 定数等分

(3) 修订云线

(4) 起点；中间点；终点

2. 选择题

(1) A (2) D (3) A (4) B (5) C

Chapter 04

1. 填空题

(1) 使用窗口方式选择；使用窗交方式选择；使用不规则框选方式选择

(2) 矩形阵列；环形阵列；路径阵列

(3) O

2. 选择题

(1) C (2) B (3) D (4) C

Chapter 05

1. 填空题

(1) 内部块；外部块

(2) 缩放

(3) i

(4) 定义属性

2. 选择题

(1) A (2) D (3) C (4) B

Chapter 06

1. 填空题

(1) 文字样式

(2) 特性；文字编辑器

(3) 查找和替换

2. 选择题

(1) B (2) B (3) A (4) C (5) A

Chapter 07

1. 填空题

(1) 修改

(2) 水平方向；垂直方向；旋转方向

(3) 多重引线样式

2. 选择题

(1) A (2) C (3) B (4) B

Chapter 08

1. 填空题

(1) 缩放视图

(2) 模型；图纸

(3) 输入

(4) 显示视口对象>否

2. 选择题

(1) B (2) A (3) C (4) D